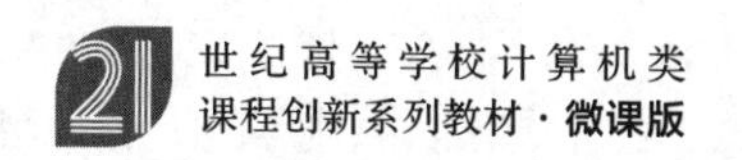

计算机网络基础教程

第4版·题库·微课视频版

吴辰文 李晶 吴辰军 编著

清華大學出版社
北京

内 容 简 介

计算机信息技术特别是网络技术近些年发展极为迅速，为了能使读者更清晰地学习和理解网络技术，掌握网络技术发展的最新动态和热点问题，特别是针对工程教育专业认证给计算机网络教学提出的新要求，本书对网络通信的基本知识和概念、计算机网络体系结构(特别是TCP/IP协议)进行了系统的讨论，对广域网技术、局域网技术、网络互联技术、传输层、网络服务和应用层协议、无线网络技术和互联网音频/视频服务技术进行了比较系统和全面的介绍。另外，介绍了互联网行业的相关法律法规，并通过一个协议数据包分析的实例说明了如何利用专业知识理解复杂系统问题的特征。

本书结构严谨，层次分明，概念清晰，叙述准确，其中主要知识点配有微课视频，更易于学习和理解，可作为高等院校计算机、电子信息以及通信等专业的教材，也可供计算机网络设计人员、开发人员以及网络管理人员作为技术参考书使用。

图书在版编目（CIP）数据

计算机网络基础教程 ：题库 ：微课视频版 / 吴辰文，李晶，吴辰军编著. -- 4 版. -- 北京 ：清华大学出版社，2024. 8. --（21 世纪高等学校计算机类课程创新系列教材 ：微课版）. -- ISBN 978-7-302-66731-5

Ⅰ. TP393

中国国家版本馆 CIP 数据核字第 20242WM183 号

责任编辑：贾　斌
封面设计：刘　键
责任校对：申晓焕
责任印制：杨　艳

出版发行：清华大学出版社

网　　址：https://www.tup.com.cn，https://www.wqxuetang.com
地　　址：北京清华大学学研大厦 A 座　　**邮　　编**：100084
社 总 机：010-83470000　　**邮　　购**：010-62786544
投稿与读者服务：010-62776969，c-service@tup.tsinghua.edu.cn
质量反馈：010-62772015，zhiliang@tup.tsinghua.edu.cn
课件下载：https://www.tup.com.cn,010-83470236

印 装 者：涿州汇美亿浓印刷有限公司
经　　销：全国新华书店
开　　本：185mm×260mm　　**印　　张**：19　　**字　　数**：465 千字
版　　次：2011 年 10 月第 1 版　2024 年 8 月第 4 版　　**印　　次**：2024 年 8 月第1 次印刷
印　　数：1～1500
定　　价：69.00 元

产品编号：104398-01

前　言

本书在第3版的基础上进行了如下的调整：将第2章的2.5节和2.6节删去，将原有的3.4节和3.5节进行重新整理和编排，删减了部分过时的内容，形成了新的3.4～3.6节，增加了广域网和接入网近几年出现的新技术的介绍，另外在第4章增加了以太网的物理层，将以太网的知识点从层次结构上组织得更加系统完整；无线网络近几年发展较快，因此对第8章的无线网络部分知识进行了更新，主要涉及8.2～8.4节内容。改版后的教材内容更加新颖，能反映目前主流网络技术的应用情况，体系结构更加合理、完整，配套大纲、课件等更加完善，扩充了题库，制作了全新的课程知识点思维导图，便于概览教材的知识点及其之间的关联关系。修改后的内容是计算机网络最基本的知识，而这些基本知识是比较成熟和稳定的，因此这些部分不会有大的变动，教师可根据授课对象、专业、学时数等情况选择使用。另外，本书的主要内容紧扣目前计算机专业工程认证的相关内容，适合作为计算机、电子信息以及通信等专业的教材，同时，依据现有考试大纲，本书涵盖了计算机科学与技术专业硕士研究生入学考试统考中的网络课程的知识点，亦可以作为研究生入学考试和网络工程师考试的参考书。

全书共8章。第1章介绍计算机网络的形成与发展、网络的定义与分类、网络体系结构、互联网的结构及通信方式和互联网行业的相关法律法规。第2章介绍数据通信知识，涉及数据通信的基本概念、数据调制和编码、传输介质、多路复用技术。第3章介绍广域网技术，包括广域网的演变与发展、广域网结构与参考模型、广域网的数据链路层、广域网的交换方式和连接类型、广域网通信网的基础网络和宽带接入技术等。第4章介绍局域网技术，包括局域网参考模型与协议标准、以太网、高速以太网和虚拟局域网。第5章介绍网络互联技术，包括网络互联的基本概念、网际协议(IPv4)、路由选择算法与路由协议、路由器与第三层交换技术、IP多播与IGMP协议、IPv6技术、虚拟专用网(VPN)和网络地址转换(NAT)等。第6章介绍两个主要的传输层协议UDP和TCP。第7章介绍网络服务和应用层协议，包括域名系统(DNS)、电子邮件系统、WWW协议与服务、文件传输协议(FTP)、动态主机配置协议(DHCP)、远程登录协议(Telnet)、P2P应用协议和协议数据包的分析过程。第8章专门介绍无线网络的相关技术，以及互联网音频/视频服务等内容。最后，在附录中给出了以太网的常见类型及参数，方便读者对照学习。

本书由兰州交通大学吴辰文、李晶和甘肃省广播电视局吴辰军编著。其中吴辰文编写了第1、4章，吴辰军编写了第2、3章和第8章，李晶编写了第5～7章，并进行了微课的录制，吴辰文进行了全书的统稿工作。

在本书的编写过程中，得到了兰州交通大学电子与信息工程学院和清华大学出版社的大力支持，兰州交通大学交通运输学院李晓军和王建强老师，电子与信息工程学院王庆荣和王婷老师、研究生刘岚、梁雨欣、田鸿雁、王莎莎、曹雪同、李亨彤、雷丹丹、蒋佳霖和叶娜等同学,以及实验室的其他老师和同学在文字录入、插图绘制、PPT制作、题库编写和整理、微课录制等方面做了大量的工作,在此表示由衷的感谢。

本书的参考学时数为48左右,若课程学时数较少可以只学习前7章,这样仍然可以学习到计算机网络最基本的知识。

由于网络技术发展非常迅速,涉及的知识面广,加之编者水平有限,书中难免存在错误与不妥之处,恳请读者批评指正。

编　者
2024年6月

目　录

第1章 概 论

1.1 计算机网络的形成与发展

1.1.1 计算机网络发展阶段的划分

计算机网络从产生到发展,总体来说可以分成以下4个阶段。

第1阶段:20世纪60年代末到20世纪70年代初为计算机网络发展的萌芽阶段。其主要特征是为了增加系统的计算能力和资源共享,把小型计算机连成实验性的网络。第一个远程分组交换网络称为ARPANET,是由美国国防部于1969年建成的,第一次实现了由通信网络和资源网络复合构成计算机网络系统,标志着计算机网络的真正诞生。ARPANET是这一阶段的典型代表。

第2阶段:20世纪70年代中后期是局域网(LAN)发展的重要阶段,其主要特征是局域网络作为一种新型的计算机体系结构开始进入产业部门。局域网技术是从远程分组交换通信网络和I/O总线结构的计算机系统派生出来的。1974年,英国剑桥大学计算机研究所开发了著名的剑桥环局域网(Cambridge Ring)。1976年,美国Xerox公司的Palo Alto研究中心推出以太网(Ethernet),它成功地采用了夏威夷大学ALOHA无线电网络系统的基本原理,使之发展成为第一个总线竞争式局域网。这些网络的成功实现,一方面标志着局域网的产生,另一方面它们形成的以太网及环网对以后局域网的发展起到导航的作用。

第3阶段:整个20世纪80年代是计算机局域网的发展时期。其主要特征是局域网络完全从硬件上实现了ISO的开放系统互连通信模式协议。计算机局域网及其互联产品的集成,使得局域网与局域网互联、局域网与各类主机互联,以及局域网与广域网互联的技术越来越成熟。综合业务数据通信网络(ISDN)和智能化网络(IN)的发展,标志着局域网的飞速发展。1980年2月,美国电气和电子工程师协会(IEEE)下属的802局域网络标准委员会宣告成立,并相继提出IEEE 802.1~IEEE 802.21等局域网标准草案,其中的绝大部分内容已被国际标准化组织(ISO)正式认可。作为局域网的国际标准,它标志着局域网协议及其标准的确定,为局域网的进一步发展奠定了基础。

第4阶段:20世纪90年代初至今是计算机网络飞速发展的阶段,其主要特征是Internet、高速通信网络技术、接入网、网络和信息安全技术的盛行。Internet作为国际性的网际网与大型信息系统,在当今经济、文化、科学研究、教育与人类社会生活等方面发挥着越来越重要的作用。性能更强的Internet 2正在发展之中。宽带网络技术的发展,为社会信息化提供了技术基础,网络与信息安全技术为网络应用提供了重要的安全保障。基于光纤技术的宽带城域网与接入网技术,以及移动计算网络、网络多媒体计算、网络并行计算、网格计算、存储区域网络与无线网络已成为网络应用与研究的热点问题。

为了让读者对计算机网络的发展有一个比较清晰的概念,下面以表格的方式给出了计算机网络的发展历史,如表1-1所示。

表1-1 计算机网络发展历史

时 间	事 件	主要影响领域
1946年	第一台计算机ENIAC诞生	计算机技术
1958年	美国成立ARPA(Advanced Research Projects Agency,高级研究计划局)	互联网
1960年	美国国防部授权RAND公司寻找一种有效的通信网络解决方案	互联网
1963年	Bob Bemer制定出统一的信息表示方法ASCII	通信编码技术
1961—1964年	Baran、Kleinrock、Davies三人相继提出分组交换设想 出现了分布式网络的思想	互联网、广域网
1966—1967年	时年29岁的Larry Roberts担任ARPA的负责人,他采纳了Wesley Clark建议的分组交换通信子网的设想,并着手筹建了ARPANET(世界上首个远程分组交换网络),因此称他为ARPANET之父	互联网、广域网
1969年	ARPANET正式联通,因此这一年称为Internet元年	互联网
1970年	夏威夷大学发明了无线通信网ALOHANET,提出了共享传输介质的算法,为以太网的发展奠定了理论基础	局域网
1973年	哈佛大学的Bob Metcalf在其博士论文中首次提出Ethernet的基本原理,并在1973年5月实现了第一个Ethernet网络	局域网
1974年	斯坦福大学(Stanford University)的Vint Cerf(被称为Internet之父)和Robert E. Kahn提出采用TCP和IP实现计算机网络的互联	互联网、广域网
1977年	CSMA/CD协议诞生 ARPANET实现了与无线分组网络、卫星分组网络互联	局域网 互联网、广域网
1980年	DIX 1.0诞生	局域网
1982年	DIX 2.0诞生,在此基础上产生了IEEE 802.3	局域网
1983年	TCP/IP正式成为ARPANET的标准协议	互联网、广域网
1990年	10Base-T诞生	局域网
1995年	快速以太网(Fast Ethernet,100Mb/s Ethernet,IEEE 802.3u)诞生	局域网
1999年	千兆以太网(IEEE 802.3ab双绞线/802.3z光纤和同轴)诞生	局域网、城域网
2002年	万兆以太网(10Gb/s Ethernet,IEEE 802.3ae)诞生	局域网、广域网
2010年	四万兆/十万兆以太网(40/100Gb/s Ethernet,IEEE 802.3ba)诞生	局域网、广域网

1.1.2 互联网的发展

1. 互联网概述

起源于美国的互联网现在已成为世界上最大的国际性计算机互联网。

网络(Network)由若干结点(Node)和连接这些结点的链路(Link)组成。网络中的结点可以是计算机、集线器、交换机或路由器等。图1-1(a)给出了一个具有4个结点和3条链路的网络。从图中可知,有3台计算机通过3条链路连接到一个交换机上,构成一个简单网络。在很多情况下,可以用一朵云表示一个网络。这样处理的作用是可以不去关心网络中的细节问题,因而可以集中精力研究与网络互联有关的一些问题。

网络和网络还可以通过路由器互联起来，这样就构成了一个覆盖范围更大的网络，即互联网，如图 1-1(b)所示。因此互联网是“网络的网络”。

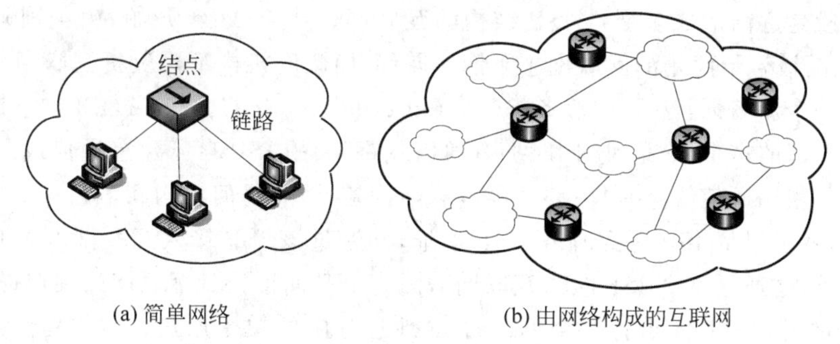

(a) 简单网络　　(b) 由网络构成的互联网

图 1-1　网络

因特网(Internet)是世界上最大的互联网络。习惯上，人们把连接在互联网上的计算机都称为主机(Host)。互联网也常常用一朵云来表示，图 1-2 所示的是许多主机连接在互联网上，这种表示方法是把主机画在网络的外部，而省略了网络内部的细节(即路由器怎样把许多网络连接起来)。

图 1-2　互联网与连接的主机

因此，网络把许多计算机连接在一起，而互联网则把许多网络连接在一起。另外还必须注意，网络互联并不是把各计算机仅仅简单地在物理上连接起来，因为这样做并不能达到各计算机之间能够相互交换信息的目的，还必须在计算机上安装许多使计算机能够交互信息的软件才行。因此当谈到网络互联时，就隐含地表示在这些计算机上已经安装了适当的软件，因而在计算机之间可以通过网络交换信息。

2. 互联网发展的阶段

互联网的基础结构大体上经过了以下 3 个阶段的演进。

第一阶段是从单个网络 ARPANET 向互联网发展的过程。1969 年美国国防部创建的第一个分组交换网 ARPANET 最初只是一个单个的分组交换网，所有要连接在 ARPANET 上的主机都直接与就近的结点交换机相连。但到了 20 世纪 70 年代中期，人们已经认识到不可能仅使用一个单独的网络来满足所有的通信问题。于是 ARPA(DARPA 的前身)开始研究多种网络互联技术，这就导致后来互联网的出现。1983 年 TCP/IP 协议成为 ARPANET 上的标准协议，使得所有适用 TCP/IP 协议的计算机都能利用互联网相互通信，因而人们就把 1983 年作为互联网的诞生时间。

第二阶段是建成了三级结构的互联网。从 1985 年起，美国国家科学基金会(National Science Foundation，NSF)就围绕 6 个超级计算机中心建设计算机网络，即美国国家科学基金会网(NSFNET)，它采用一种层次型结构，分为主干网、地区网与校园网(或企业网)。这种三级计算机网络覆盖了全美国主要的大学和研究所，并且成为互联网的主要组成部分。1991 年，NSF 和美国的其他政府机构开始认识到，互联网必须扩大其使用的范围，不应仅限于大学和研究机构。世界上的许多公司纷纷接入互联网，使网络上的通信量急剧增大，导致互联网的容量已不能满足需要。于是美国政府决定将互联网的主干网转交给私人公司来经营,并开始对接入互联网的单位收费。1992年互联网上的主机超过100万台,1993年互联网主干网的速率提高到了45Mb/s(T3速率)。

第三阶段是逐渐形成多层次ISP结构的互联网。从1993年开始,由美国政府资助的NSFNET逐渐被若干商用的互联网主干网所取代,而政府机构不再负责互联网的运营。这样就出现了一个新名词:互联网服务提供商(Internet Service Provider,ISP),它拥有从互联网管理机构申请的多个IP地址,同时拥有通信线路(大的ISP自己建造通信线路,小的ISP则向电信公司租用通信线路)以及路由器等联网设备,因此任何机构和个人只要向ISP交纳规定的费用,就可以从ISP得到所需的IP地址,并通过该ISP接入互联网。人们通常所说的"上网"就是指"通过某个ISP接入互联网",因为ISP向连接到互联网的用户提供了IP地址。IP地址的管理机构不会把一个单个的IP地址分配给单个用户(不"零售"IP地址),而是把一批IP地址有偿分配给经审查合格的ISP(只"批发"IP地址)。由此可以看出,现在的互联网已不是某个单个组织所拥有的网络,而是全世界无数大大小小的ISP所共同拥有的网络。图1-3说明了用户、ISP与互联网的关系。

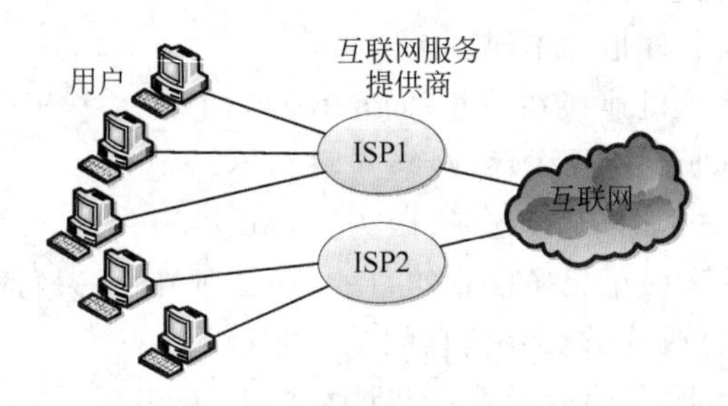

图1-3 用户通过ISP接入到互联网

根据提供服务的覆盖面积大小及所拥有的IP地址数目的不同,ISP分为不同的层次。图1-4所示为具有三层ISP结构的互联网概念示意图。

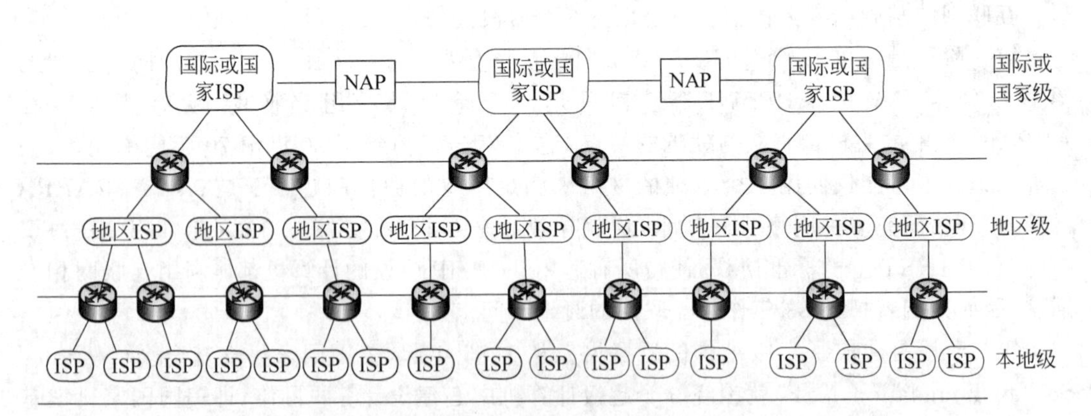

图1-4 具有三层ISP结构的互联网概念示意图

在图1-4中,最高级别的第一层ISP的服务面积最大(一般能够覆盖国家范围),并且还拥有高速主干网。第二层ISP和一些大公司都是第一层ISP的用户。第三层ISP又称为本地ISP,它们是第二层ISP的用户,只拥有本地范围的网络。一般的校园网、企业网及拨号上网的用户都是第三层ISP的用户。为了使不同层次ISP经营的网络都能够相互通信,

1994 年美国开始创建 4 个网络接入点(Network Access Point,NAP),分别由四家电信公司经营。NAP 是 Internet 最高级的接入点,主要是向各 ISP 提供交换设施,使它们能够相互通信。到 21 世纪初,美国的 NAP 的数量已经达到十几个。现在有一种趋势,即比较大的第一层 ISP 希望绕过 NAP 而直接通过高速通信线路(速率为 2.5~10Gb/s 或更高)和其他的第一层的 ISP 交换大量数据,这样可以使第一层 ISP 之间的通信更加快捷。

3. 下一代互联网计划

在互联网技术高速发展的今天,各国都将互联网的发展列入了国家的重要发展战略。

欧盟从 2016 年 11 月至 2017 年 1 月就下一代互联网计划(NGI)举行了开放研讨会,并于 2017 年 3 月 6 日发布了研讨会成果报告。

2010 年美国 NSF 设立了未来互联网体系结构(FIA)计划。FIA 的目标是设计和验证下一代互联网的综合的、新型的体系结构,研究范围包括网络设计、性能评价、大规模原型实现、端用户应用试验等。FIA 资助了 4 个项目,即 NDN、MobilityFirst、NEBULA 和 XIA,这些项目分别致力于未来网络体系结构研究和设计的不同方向,同时也对集成架构方面有所考虑,为建立综合的、可信的未来网络体系结构提供技术支撑。

目前学术界对于下一代互联网还没有统一定义,但对其主要特征已达成如下共识。

(1) 更大的地址空间:采用 IPv6 协议,使下一代互联网具有巨大的地址空间,网络规模更大,接入网络的终端种类和数量更多,网络应用更广泛。

(2) 更快:实现最低速率为 100Mb/s 的端到端高性能通信。

(3) 更安全:可进行网络对象识别、身份认证和访问授权,具有数据加密和完整性验证,实现可信任的网络。

(4) 更及时:提供多播服务,进行服务质量控制,可开发大规模实时交互应用。

(5) 更方便:移动和无线通信应用无处不在。

(6) 更可管理:实现有序的管理、有效的运营、及时的维护。

(7) 更有效:有盈利模式,可创造重大社会效益和经济效益。

2021 年 9 月,在中国乌镇下一代互联网论坛上,提出了下一代互联网的特征,就是从互联网到物联网再到全联网。全联网有两个显著特征:一是全球性的互联互通,未来可能延伸到外层空间甚至其他星球;二是人、机、物全联,每个人、每个物件不需要登录,就可以成为底层网络的接口。全联网将在现有的互联网、物联网、智能计算、新型传感器等的基础上,重构互联互通的拓扑结构,成为全球经济社会发展一体化的新平台。

4. Internet 组织、管理机构与标准

目前,计算机网络领域具有影响的标准化组织主要有国际电信联盟(ITU)、国际标准化组织(ISO)、电子工业协会(EIA)、电气与电子工程师协会(IEEE)。

1992 年,国际电话电报咨询委员会(CCITT)更名为国际电信联盟(ITU),它负责电信方面的标准制定。ISO 的宗旨是协商国际网络中使用的标准并推动世界各国间的互通。ISO 中负责数据通信标准的是 97 技术委员会(TC97)。ISO 共颁布了 5000 多个标准,包括非常重要的开放系统互连(OSI)参考模型。EIA 制定的 RS-232 接口标准在通信中应用广泛。近年来,EIA 在移动通信领域的标准制定方面表现非常活跃,很多蜂窝移动通信网采用的临时标准 IS-41、IS-94、IS-95 都是由 EIA 组织制定的。IEEE 是国际电子电信行业最大的专业学会,局域网领域最重要的 802 系列标准就是 IEEE 组织制定的。

实际上,没有任何组织、企业或政府能够拥有 Internet,但是它也是由一些独立的管理机构来管理的,每个机构有自己特定的职责。图 1-5 给出了 Internet 管理机构示意图。

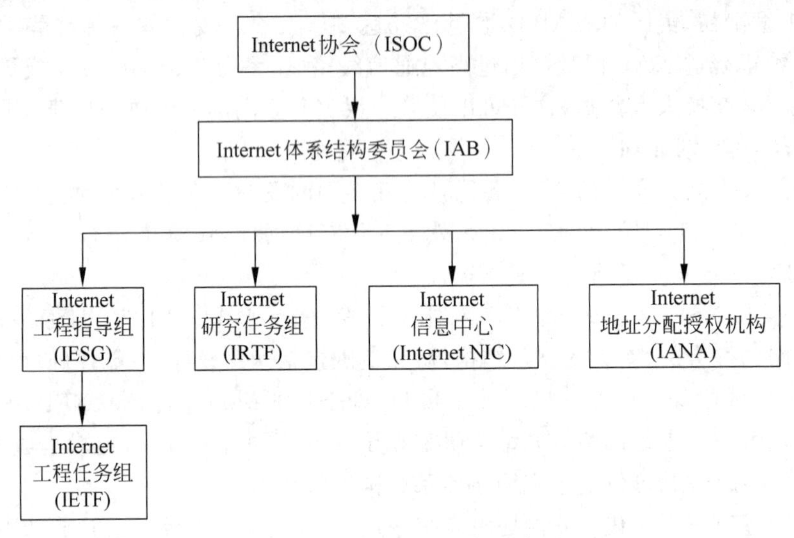

图 1-5　Internet 管理机构示意图

所有的互联网标准都是以 RFC 的形式在互联网上发表。RFC(Request for Comments)的意思就是“请求评论”。所有的 RFC 文档都可以从 Internet 上免费下载。但需要注意,并不是所有的 RFC 文档都是 Internet 标准,只有一小部分 RFC 文档能最终变成 Internet 标准。制定 Internet 的正式标准要经过以下 4 个阶段。

(1) Internet 草案(Internet Draft)——这个阶段还不是 RFC 文档。

(2) 建议标准(Proposed Standard)——从这个阶段开始就成为 RFC 文档。

(3) 草案标准(Draft Standard)。

(4) Internet 标准(Internet Standard)。

1.1.3　计算机网络在我国的发展

1980 年,我国铁道部(现改名为中国铁路总公司)开始进行计算机联网实验,其目的是建立一个为铁路指挥和调度服务的运输管理系统。该网当时覆盖了 12 个铁路局和 56 个分局,早期的铁路客票发售和预订系统在该网上运行。

1989 年 11 月我国第一个公用分组交换数据网(CNPAC)建成运行。CNPAC 分组交换网由 3 个分组结点交换机、8 个集中器和一个双机组成的网络管理中心所组成。

20 世纪 80 年代后期,公安、银行、军队及其他一些部门也相继建立了各自的专用计算机广域网。

1993 年 9 月建成新的中国公用分组交换数据网(CHINAPAC),由国家主干网和各省、区、市的省内网组成。网络管理中心仍设在北京。在北京、上海设有国际出入口。主干网的覆盖范围从原来的 10 个城市扩大到 2300 个市、县及乡镇,端口容量达 13 万个。用户的通信速率为 1.2～64kb/s,而中继线的通信速率为 64kb/s～2.048Mb/s。

1994 年 4 月 20 日,我国用 64kb/s 专线正式接入 Internet,从此,我国被国际上正式承认为接入 Internet 的国家。同年 5 月,中国科学院高能物理研究所设立了我国的第一个万维网服务器。

1996年底建成了4个基于Internet技术并可以和Internet互联的全国性公用计算机网络，即中国公用计算机互联网(CHINANET)、中国金桥信息网(CHINAGBN)、中国教育和科研计算机网(CERNET)、中国科学技术网(CSTNET)。其中前两个是经营性网络，而后两个是公益性网络。

中国下一代互联网(China's Next Generation Internet，CNGI)的目标是打造我国下一代互联网的基础平台，使之成为产、学、研、用相结合的平台及中外合作开发的、速度超过现有网络速度1000倍的开放式网络平台，并将是世界上最大的IPv6网络之一。

随着Web 2.0、Web 3.0乃至Web 5.0、Web 6.0概念的出现，互联网出现了博客、微博、SNS社交网络网站、WIKI、问答、微信、各种App、物联网及"互联网+"等各种网络应用服务。互联网上的网络信息的接收者，同时也是网络信息的创造者，互联网将不再以地域和疆界进行划分，而是以兴趣、语言、主题、职业、专业进行聚集和管理，并仿照人类社会，在数字空间中建立各种各样的"虚拟社会"。

2023年8月28日，中国互联网络信息中心(CNNIC)发布了第52次《中国互联网络发展状况统计报告》，数据显示，截至2023年6月，我国网民规模达到10.79亿，互联网普及率达76.4%，超过全球平均水平10%，形成了全球最为庞大、生机勃勃的数字社会，而工业互联网、线上办公、互联网医疗和农村数字化服务成为近期快速发展的主要应用领域。在通信基础设施建设方面，我国已建成全球最大规模光纤和移动通信网络，光纤宽带用户占比超过95%，累计建成并开通5G基站超过300万个。目前，我国5G网络覆盖了全国所有地级市城区、超过98%的县城城区和80%的乡镇镇区，5G基站总量占全球30%以上，移动电话用户总数达21.48亿户，移动物联网连接数达到18.45亿户，万物互联范围不断扩大。这些都说明，我国互联网进入了一个高速发展的时期。

1.2 计算机网络的定义、分类及性能指标

1.2.1 计算机网络的定义

关于计算机网络的最简单定义是：一些相互连接的、以共享资源为目的的、自治的计算机的集合。

最简单的计算机网络只有两台计算机和连接它们的一条链路，即两个结点和一条链路。因为没有第三台计算机，因此不存在交换的问题。

最庞大的计算机网络就是互联网。它由非常多的计算机网络通过许多路由器互联而成，因此互联网也称为"网络的网络"。

计算机网络的功能主要表现在硬件资源共享、软件资源共享和用户间信息交换三方面。

(1) 硬件资源共享。可以在全网范围内提供对处理资源、存储资源、输入输出资源等昂贵设备的共享，使用户节省投资，也便于集中管理和均衡分担负荷。

(2) 软件资源共享。允许互联网上的用户远程访问各类大型数据库，可以得到网络文件传送服务、远程进程管理服务和远程文件访问服务，从而避免软件研制上的重复劳动及数据资源的重复存储，也便于集中管理。

(3) 用户间信息交换。计算机网络为分布在各地的用户提供了强大的通信手段。用户可以通过计算机网络传送电子邮件、发布新闻消息和进行电子商务活动。

1.2.2 计算机网络的分类

按照不同的划分标准,计算机网络有不同的分类。目前常见的有以下5种划分标准:地理范围、不同使用者、网络传输技术、用户接入Internet的方式和网络的拓扑形状。

1. 按照地理范围分类

计算机网络按照地理范围划分,可以分为以下几种。

(1) 个人区域网(Personal Area Network,PAN)。个人区域网就是在个人工作的地方把属于个人使用的电子设备(如笔记本计算机、平板计算机、便携式打印机及蜂窝电话等)用无线技术连接起来的自组网络,不需要使用接入点(AP),因此也常称为无线个人区域网(Wireless PAN,WPAN),其范围大约为10m。

(2) 局域网(Local Area Network,LAN)。局域网是最常见、应用最广的一种网络。局域网一般用微型计算机或工作站通过高速通信线路相连(速率通常在10Mb/s以上),它所覆盖的地理范围较小(如5km左右)。目前局域网最快的速率是100Gb/s以太网。IEEE的802标准委员会定义了多种主要的局域网:以太网(Ethernet)、令牌环网(Token Ring)、光纤分布式接口网络(FDDI)、异步传输模式网(ATM)及无线局域网(WLAN)。

(3) 城域网(Metropolitan Area Network,MAN)。城域网的作用范围一般是一个城市,可跨越几个街区甚至整个城市,其作用的距离为5~50km。城域网可以为一个或几个单位所拥有,但也可以是一种公用设施,用来将多个局域网进行互联,由于光纤连接的引入,使城域网中高速的局域网互联成为可能。目前很多城域网采用的是以太网技术。

(4) 广域网(Wide Area Network,WAN)。这种网络也称为远程网,覆盖的地理范围可从几十千米到几千千米,可以覆盖一个地区、国家或横跨几个洲。广域网利用公共分组交换网、卫星通信网和无线分组交换网,将分布在不同地区的城域网、局域网或大型计算机系统互联起来,以达到资源共享的目的。如果局域网的作用是增强信息社会中资源共享的深度,则广域网的作用就是扩大信息社会中资源共享的范围。广域网是互联网的核心部分,连接广域网结点交换机的链路一般都是高速链路,具有较大的通信容量。

2. 按照不同使用者分类

计算机网络按照不同使用者划分,可以分为以下两种。

(1) 公用网(Public Network)。公用网是指电信公司(国有或私有)出资建造的大型网络。"公用"的意思就是所有愿意按电信公司的规定交纳费用的人都可以使用这种网络。因此公用网也称为公众网。

(2) 专用网(Private Network)。专用网是指某个部门由于本单位的特殊业务工作需要而建造的网络。这种网络不向本单位以外的人提供服务,如军队、铁路、电力等系统均有本系统的专用网。

3. 按照网络传输技术分类

在通信技术中,通信信道有两种类型:广播式信道和点对点信道。在广播式信道中,多个结点共享一个通信信道,一个结点广播信息,其他结点都能够接收到信息。在点对点通信信道中,一条通信线路只能连接一对结点,如果两个结点之间没有直接连接的线路,则它们只能通过中间结点进行转接。因此，按照传输技术可以将计算机网络分为两类，即广播式网络(Broadcast Networks)和点对点式网络(Point-to-point Networks)。

(1) 广播式网络。广播式网络是指所有联网计算机共享一个公共通信信道的计算机网络。当一台计算机利用共享通信信道发送报文分组时，所有的计算机都会"收听"到这个分组。由于分组中带有目的地址和源地址，接收到该分组的计算机将检查目的地址是否与本结点地址相同。若相同，则接收该分组，否则忽略该分组(不接收该分组更不进行进一步的处理)。在广播式网络中，分组的目的地址有3种：单一结点地址、多结点地址和广播地址。

(2) 点对点式网络。点对点式网络是指每条物理线路只连接一对计算机的网络。假如两台计算机之间没有直接连接的线路，则它们之间的分组传输需要通过中间结点的转发，直至目的结点。中间结点需要首先接收分组并存储在自己的转发队列中，然后按照一定的转发策略进行转发。由于连接多台计算机之间的线路结构可能很复杂，因此从源结点到目的结点可能存在多条路径。决定分组从源结点到目的结点的路径需要路由选择算法。采用分组存储转发与路由选择机制是点对点网络与广播式网络的重要区别之一。

4. 按照用户接入 Internet 的方式分类

用来把用户接入 Internet 的计算机网络也就是接入网。目前，可以作为用户接入网的主要有三类：计算机网络、电话通信网与广播电视网。长期以来，我国的这3种网络是由不同的部门管理的，它们按照各自的需求，采用不同的体制发展。由电信部门经营的电话通信网最初主要是电话交换网，用于模拟语音信息的传输。由广播电视部门经营的广播电视网用于模拟的图像、语音信息的传输。计算机网络出现得比较晚，不同的计算机网络由不同部门各自建设和管理，它们主要传输计算机所产生的数字信号。尽管这3种网络所使用的传输介质、传输机制都不相同，但是随着文本、语音、图像与视频信息实现数字化，这3种网络在传输数字信号这个基本点上是一致的。同时，它们在完成自己原来的传统业务之外，还有可能经营原本属于其他网络的业务。目前，从接入方式看，主要包括有线接入和无线接入两类。有线接入主要有利用电话交换网的 ADSL 技术、利用有线电视网的 Cable Modem 技术、光纤接入技术、局域网接入技术等；无线接入主要有 IEEE 802.11 标准的无线局域网 WLAN 技术、IEEE 802.16 标准的无线城域网 WMAN 技术，以及正在发展的 Ad hoc 接入技术。

5. 按照网络的拓扑形状分类

除了按照上述方式对计算机网络进行分类外，还可以按照网络的拓扑形状对计算机网络进行分类。计算机网络拓扑是通过网中结点与通信线路之间的几何关系表示网络结构，以反映出网络中各实体之间的结构关系。计算机网络拓扑是将计算机、交换机、路由器等设备实体抽象成与其大小、形状无关的点，将通信链路抽象成线的一种几何图形。常见的网络拓扑有总线型、星状、树状、环状和网状。采用广播信道网络的基本拓扑形状有总线型、星状和树状；采用点对点线路网络的基本拓扑形状有星状、树状、环状和网状。图1-6给出了常见的几种网络拓扑形状。

(1) 总线型拓扑：如图1-6(a)所示，总线型拓扑结构是指采用单根传输线作为总线，所有结点都共用一条总线的网络拓扑结构。当其中一个结点发送信息时，该信息将通过总线传到每一个结点上。结点在接收到信息时，先分析该信息的目的地址与本结点地址是否相同，若相同则接收该信息；若不相同，则忽略。总线型拓扑结构的优点是电缆长度短，布线容易，便于扩充；其缺点主要是总线中任一结点或连接点发生故障将导致整个网络的瘫痪，

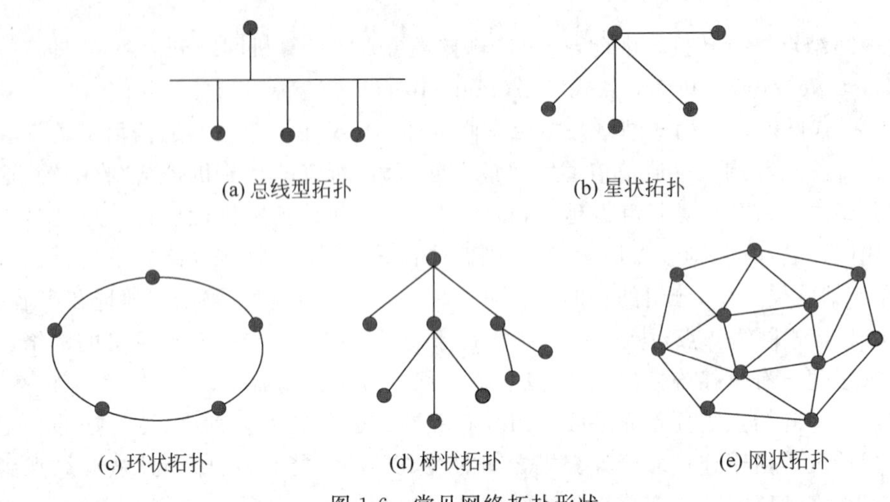

图 1-6　常见网络拓扑形状

且故障诊断比较困难。

(2) 星状拓扑：如图 1-6(b)所示，在星状拓扑结构的网络中，结点通过点对点通信线路与中心结点连接。中心结点控制全网的通信，任何两个结点之间的通信都要通过中心结点。星状拓扑结构简单，易于实现，便于管理，但是，网络的中心结点是全网可靠性的瓶颈，中心结点的故障可能造成全网瘫痪。

(3) 环状拓扑：如图 1-6(c)所示，在环状拓扑结构中，结点通过点对点通信线路连接成闭合环路，环中的数据沿一个方向逐站进行传递。环状拓扑结构简单，传输时延确定，但是环中每个结点和结点间的通信线路都会成为网络可靠性的瓶颈。环中任何一个结点或通信线路出现故障，都可能造成网络瘫痪。为了保证环的正常工作，需要进行比较复杂的环的管理和维护工作，环结点的加入和撤出过程都比较复杂。

(4) 树状拓扑：如图 1-6(d)所示，在树状拓扑结构中，结点按层次进行连接，信息交换主要在上、下结点之间进行，相邻及同层结点之间一般不进行数据交换或数据交换量小。树状拓扑可以看作多个星状拓扑组合而构建的网络，减少了中心结点的信息交换量，形成了一种分布式的信息交换方式。但树状拓扑的根结点也是全网可靠性的瓶颈，一旦根结点出现故障，对全网的核心信息交换会造成较大的影响。树状拓扑网络适用于汇聚信息交换方式的应用需求。

(5) 网状拓扑：如图 1-6(e)所示，网状拓扑又称为无规则型。在网状拓扑结构中，结点之间的连接是任意的，没有规律。网状拓扑的主要优点是系统可靠性高。但是，网状拓扑的结构复杂，必须采用路由选择算法和流量控制方法。目前实际存在与使用的互联网结构，就是一个最典型的非常复杂的网状拓扑结构。

视频讲解

1.2.3　计算机网络的性能指标

计算机网络的性能指标从不同的方面来度量计算机网络的性能。常见的计算机网络性能指标包括速率、带宽、吞吐量、时延、时延带宽积、往返时间和利用率等。

1. 速率

网络技术中的速率是指连接在计算机网络上的主机在数字信道上传送数据的速率，它也称为数据率或比特率。速率是计算机网络中最重要的性能指标。速率的单位是 b/s(比特每秒，或 bps，即 bit per second。bit 和 b 含义相同，用中文表述时都称为“位”或“比特”）。当数据率较高时，可以使用 kb/s($k=10^3=$千)、Mb/s($M=10^6=$兆)、Gb/s($G=10^9=$吉)或 Tb/s($T=10^{12}=$太)。现在人们常用更简单并且不严格的记法来描述网络的速率。如 100M 以太网，省略了单位中的 b/s，它的意思是速率为 100Mb/s 的以太网。顺便指出，上面所说的速率往往是指额定速率或标称速率。在计算机中的数据量往往用字节作为衡量单位，1 字节(Byte，记为大写 B)代表 8 比特，千字节的“千”用大写 K 表示，它等于 2^{10}，即 1024。同样，在计算机中，M(兆)、G(吉)分别表示 2^{20} 和 2^{30}，而并非 10^6 和 10^9。在通信领域，k(千)、M(兆)、G(吉)分别表示 10^3、10^6 和 10^9。

2. 带宽

带宽有以下两种不同的定义。

(1) 从频域角度看，带宽是指某个信号具有的频带宽度。信号的带宽是指该信号所包含的各种不同频率成分占据的频率范围。例如，在传统的通信线路上传送的电话信号的标准带宽是 3.1kHz(语音的主要成分的频率范围为 300Hz～3.4kHz)。这种意义上的带宽单位是赫兹(或千赫、兆赫、吉赫等)。在过去很长一段时间内，通信的主干线路传送的是模拟信号。因此，表示通信线路允许通过的信号频带范围就称为线路的带宽(或通频带)。

(2) 从时域角度看，网络带宽表示在单位时间内从网络中的某一点到另一点所能通过的最高数据率。单位是比特每秒，记为 b/s。在这个单位的前面也常常有千(k)、兆(M)、吉(G)或太(T)这样的词头。本书中提到的带宽主要是指这个意义上的带宽。

3. 吞吐量

吞吐量(Throughput)表示单位时间内通过某个网络(或信道、接口)的数据量。吞吐量经常用于对网络的一种测量，以便知道实际上到底有多少数据量能够通过网络。显然，吞吐量受网络的带宽或网络的额定速率的限制。例如，对于一个 100Mb/s 的以太网，其额定速率为 100Mb/s，那么这个数值也是该以太网的吞吐量的绝对上限。因此，对于 100Mb/s 的以太网，其典型的吞吐量也可能只有 70Mb/s。注意，有时吞吐量还可以用每秒传送的包(即帧)数来表示，单位为 p/s。

4. 时延

时延(Delay)是指数据(一个报文或分组，甚至比特)从网络(或链路)的一端传送到另一端所需的时间。时延是很重要的性能指标，有时也称为延迟。

网络中的时延是由以下几个不同的部分组成的。

(1) 发送时延(Transmission Delay)是指主机或路由器发送数据帧所需要的时间，也就是从发送数据帧的第一比特算起，到该帧的最后一比特发送完毕所需的时间。因此发送时延也称为传输时延。发送时延的计算公式为

$$发送时延=\frac{数据帧长(b)}{信道带宽(b/s)} \tag{1-1}$$

由此可见，对于一定的网络，发送时延并非固定不变，而是与发送的帧长(单位是比特)成正比，与信道带宽成反比。

(2) 传播时延(Propagation Delay)是电磁波在信道中传播一定的距离需要花费的时间。传播时延的计算公式为

$$传播时延=\frac{信道长度(m)}{电磁波在信道上的传播速率(m/s)} \tag{1-2}$$

电磁波在自由空间的传播速率是光速，即 3.0×10^8 m/s。电磁波在网络传输媒体中的传播速率比在自由空间要略低一些：在铜线电缆中的传播速率约为 2.3×10^8 m/s，在光纤中的传播速率为 2.0×10^8 m/s。例如，长度为 1000km 的光纤线路产生的传播时延大约为 5ms(而长度为 1000km 的电缆线路产生的传播时延约为 4.35ms)。

(3) 处理时延是指主机或路由器在收到分组时要花费一定的时间进行处理，如分析分组的首部、从分组中提取数据部分、进行差错检验或查找适当的路由等，这就产生了处理时延。

(4) 排队时延是指分组在经过网络传输时，要经过许多的路由器。但分组在进入路由器后要先在输入队列中排队等待处理。在路由器确定了转发接口后，还要在输出队列中排队等待转发。排队时延的长短往往取决于网络当时的通信量。当网络的通信量很大时会发生队列溢出，使分组丢失，这相当于排队时延为无穷大。

由此可知，数据在网络中经历的总时延就是以上 4 种时延的和，即

$$总时延=发送时延+传播时延+处理时延+排队时延 \tag{1-3}$$

一般情况下，小时延的网络要优于大时延的网络。在某些情况下，一个低速率、小时延的网络很可能要优于一个高速率、大时延的网络，尤其在视频、语音通信方面，时延是一个非常重要的网络性能指标。

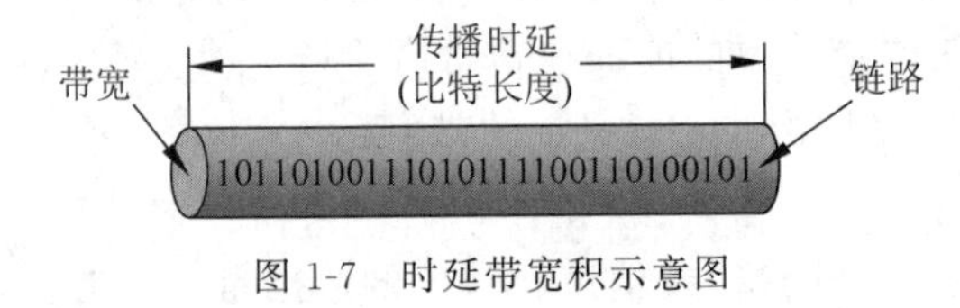

图 1-7 时延带宽积示意图

5. 时延带宽积

时延带宽积由传播时延乘以带宽得到，可以用图 1-7 所示的示意图来表示时延带宽积。这是一个代表链路的圆柱形管道，管道的长度是链路的传播时延，而管道的截面积是链路的带宽。因此时延带宽积就表示这个管道的体积，表示这样的链路可容纳多少比特。例如，设某段链路的传播时延为 20ms，带宽为 10Mb/s，可算出时延带宽积 $=20\times10^{-3}\times10\times10^6=2\times10^5$ b。这就表示，若发送端连续发送数据，则在发送的第一比特即将达到终点时，发送端就已经发送了 20 万比特，而这 20 万比特都正在链路上向前移动，因此，链路的时延带宽积又称为以比特为单位的链路长度。

6. 往返时间

往返时间(Round-Trip Time，RTT)表示从发送方发送数据开始，到发送方收到来自接收方的确认(接收方收到数据后便立即发送确认)总共经历的时间。往返时间一般近似等于传播时延的两倍，但实际中往返时间还包括处理时延、排队时延和发送时延。

当使用卫星通信时，往返时间相对比较长。通信卫星位于赤道上空 36 000km 的同步轨道，从一个地球站发出的数据到达另一个地球站的时延约为 270ms，通信时数据往返时延(RTT)需要 540ms，这个时延远远大于地面光缆传输的时延，而同步卫星的传输时延是由电磁波的传输速率与卫星对地面的距离决定的，无法改变。

7. 利用率

利用率包括信道利用率和网络利用率，信道利用率就是信道平均被占用的程度。如果信道利用率为 10%，就表示这个信道平均在 10%的时间是被占用的(处于繁忙状态)，而平均在 90%的时间是未被占用的(处于空闲状态)。网络利用率则是全网络的信道利用率的

加权平均值。通信信道往往是为广大用户所共享使用的，从用户的角度来看，用户当然希望通信信道的利用率很低，越低越好。在这种情况下，用户什么时候想使用就可以使用，不会遇到信道太忙无法使用的情况。用户使用公用的通信信道是随机使用的，如果在某个时间使用信道的人数太多，信道就可能处于繁忙状态，这时，有的用户就无法使用这样的信道。从通信公司的角度来看，要考虑到通信线路的建设成本和利润。如果电信公司使通信信道的容量能够应付用户通信量最高峰，那么这种信道的造价一定很高，而在平时，这种信道的利用率肯定是很低的，这样，在经济上就很不划算。因此，电信公司总是希望他们所建造的通信信道的利用率高一些，越高越好。但是，信道利用率并非越高越好，因为根据排队理论来讲，当某信道的利用率增大时，该信道引起的时延也就迅速增加。当网络的通信量很少时，网络产生的时延并不大，但在网络通信量不断增大的情况下，由于分组在网络结点（路由器或交换机）进行处理时需要排队等候，因此网络引起的时延就会增大。如果 D_0 表示网络空闲时的时延，D 表示网络当前的时延，那么在适当的条件下，D、D_0 和利用率 U 之间的关系可表示为

$$D=\frac{D_0}{1-U} \qquad (1\text{-}4)$$

式中，U 是网络利用率，$0\leqslant U\leqslant 1$。当网络的利用率达到 50%时，时延就要加倍。特别值得注意的是，当网络的利用率接近最大值 1 时，网络的时延就趋于无穷大。图 1-8 给出了时延和利用率的关系示意图。因此一些拥有较大主干网的 ISP 通常控制其信道利用率不超过 50%。如果超过了就要准备扩容，增加线路的带宽。

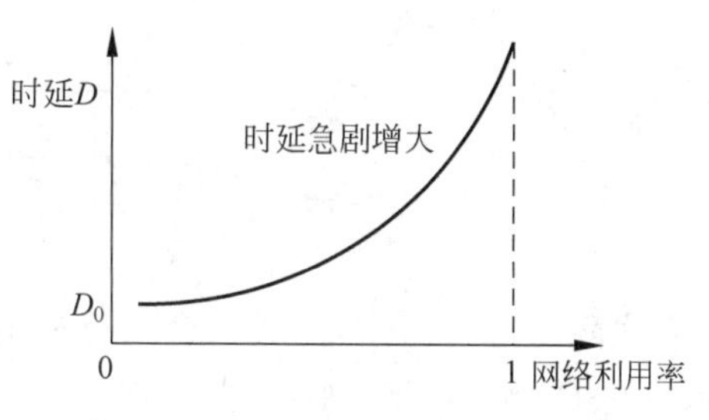

图 1-8　时延和利用率的关系示意图

1.3　计算机网络的体系结构

视频讲解

1.3.1　网络体系结构的基本概念

1. 网络协议

计算机网络是由多个互联的结点组成的，结点之间需要不断地交换数据与控制信息。要做到有条不紊地交换数据，每个结点都必须遵循一些事先约定好的规则。协议就是一组控制数据通信的规则，这些规则明确地规定了所交换数据的格式和时序。这些为网络数据交换而制定的规则、约定与标准称为网络协议。网络协议也简称协议。

网络协议主要由以下 3 个要素构成。

（1）语法，即数据与控制信息的结构和格式。

（2）语义，用于解释比特流每一部分的意义。它规定了需要发出何种控制信息、完成何种动作及做出何种响应。

（3）时序，对事件实现顺序的详细说明。

2. 层次

相互通信的两个计算机系统必须高度协调工作，而这种协调是相当复杂的。为了设计

这样复杂的计算机网络,早在最初设计 ARPANET 时就提出了分层的方法。分层(Layer)可以将庞大而复杂的问题,转换为若干较小的局部问题,而这些较小的局部问题就比较容易研究和处理了。

图 1-9 显示了一个 5 层网络,每一层都建立在其下一层的基础之上,每一层的目的都是向上一层提供特定的服务,而把如何实现这些服务的细节对上一层加以屏蔽。

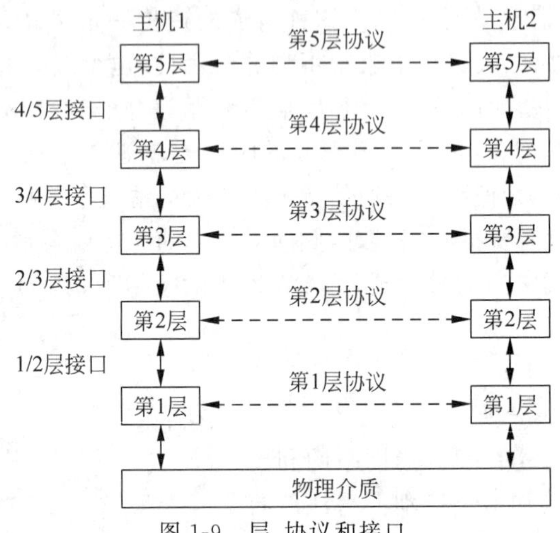

图 1-9　层、协议和接口

实际上,数据并不是从一台计算机的第 n 层直接传送到另一台计算机的第 n 层。相反,每一层都将数据和控制信息传递给该层的下一层,这样一直传递到最底层。第 1 层下面是物理介质,通过它进行实际的通信。

同一结点内相邻层之间通过接口连接,接口定义了下层向上层提供哪些操作和服务。只要接口条件不变、低层功能不变,低层功能的具体实现方法和技术的变化就不会影响整个系统的工作。

3. 各层设计的关键问题

在计算机网络中,有一些关键的设计问题可能会出现在多个层中。下面简单地介绍其中一些比较重要的问题。

(1) 编址机制。在每一层上,都需要有一种机制来标识出发送方和接收方。由于一般的网络中都有许多计算机,而且有些计算机上又有很多进程,因此,这就需要有一种方法来标识计算机和其上的进程。

(2) 错误控制机制。由于物理通信电路并不是完美无缺的,因此要保证准确传输必须采用错误检测和错误纠正的编码方案,并且接收方必须有办法告知发送方哪些报文已经正确接收到,哪些报文还没有接收到。另外,也必须解决报文到达可能出现乱序、重复等问题。

(3) 流量控制机制。当发送方发送速度过快时,可能导致接收方被数据淹没。所以必须采取相应的流量控制机制,如反馈机制(将接收方的当前情况反馈给发送方),或者限制发送方以协商好的速率进行数据发送。另外,并不是所有进程都可以接收任意长度的报文,所以会对报文进行拆分、重组。

(4) 复用/分用。为每一对通信进程都建立一个单独的连接,有时很不方便或非常昂贵，所以下面的层可能会决定将多个通信进程复用在同一个连接上，使其共享传输介质，然后在接收端再对其进行分解。

4. 网络体系结构

网络体系结构(Network Architecture)是指网络层次结构模型与各层协议的集合。网络体系结构对计算机网络应该实现的功能进行了准确的定义，而这些功能是用什么样的硬件与软件完成的，是具体实现的问题。体系结构是抽象的，而实现是具体的，指能运行的一些硬件和软件。

1.3.2 网络体系结构的研究方法

计算机网络中采用层次结构，有以下一些好处。

(1) 各层之间相互独立。高层并不需要知道低层是如何实现的，而仅需要知道该层通过层间的接口所提供的服务。

(2) 灵活性好。当任何一层发生变化时(如由于技术的变化)，只要层间接口保持不变，则在这层以上或以下各层均不受影响。另外，当某层提供的服务不再需要时，甚至可以将这层取消。

(3) 各层都可以采用最适合的技术来实现，各层实现技术的改变不影响其他层。

(4) 易于实现和维护。因为整个系统已被分解为若干易于处理的部分，这个结构使得一个庞大而复杂的系统的实现和维护变得容易控制。

(5) 有利于标准化。这主要是因为每层的功能与所提供的服务已有精确的说明。

1974 年 IBM 公司提出了世界上第一个网络体系结构，这就是系统网络体系结构(System Network Architecture，SNA)，这个著名的网络标准就是按照分层的方法制定的。不久后，其他一些公司也相继推出自己的具有不同名称的网络体系结构。

不同的网络体系结构出现后，使用同一个公司生产的各种网络设备都能够很容易地互联，这种情况显然有利于一个公司垄断市场。用户一旦购买了某个公司的网络产品，当需要升级和维护时，就只能再购买原公司的产品。如果购买了其他公司的产品，由于网络体系结构的不同，就很难互相连通。为了使不同体系结构的计算机网络都能互联，国际标准化组织(ISO)于 1977 年成立了专门的机构来研究该课题。

1.3.3 常见的参考模型

1. OSI 参考模型

1983 年国际标准化组织(International Organization for Standardization，ISO)发布了著名的 ISO/IEC 7498 标准，它定义了网络互联的 7 层框架，也就是开放系统互连参考模型(Open Systems Interconnection/Reference Model，OSI/RM)。这里的“开放”是指非独家垄断，因此只要遵循 OSI 标准，一个系统就可以和位于世界上任何地方的、同样遵循这一标准的其他任何系统进行通信。这一点很像世界范围的电话和邮政系统，这两个系统都是开放系统。这里的“系统”是指在现实的系统中与互联有关的各部分。OSI/RM 是一个抽象的概念。

(1) OSI 参考模型的结构。OSI 参考模型包含 7 层[图 1-10(a)]：物理层、数据链路层、网络层、传输层、会话层、表示层和应用层。注意，OSI 参考模型本身并不是一个网络体系结构，因为它并没有定义每一层上所用到的服务和协议，它只是指明了每一层上应该做什么事情。

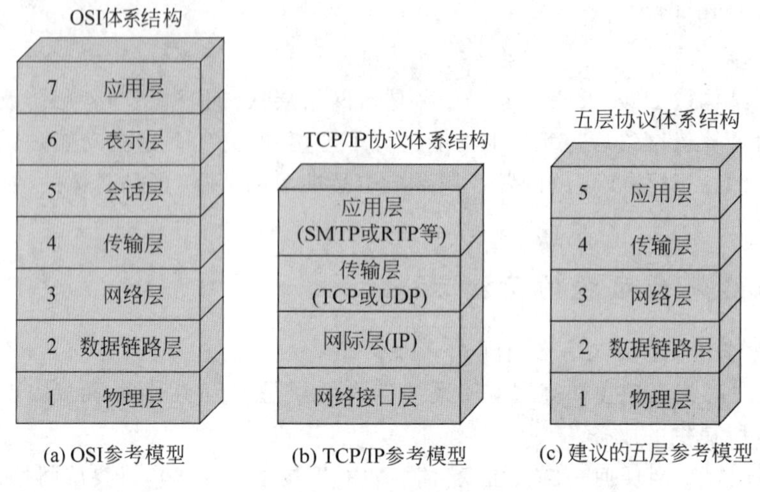

图 1-10 常见的参考模型

(2) OSI 参考模型的缺陷。OSI 参考模型试图达到一种理想境界,即全世界的计算机网络都遵循这个统一的标准,因而全世界的计算机将能够很方便地进行互联和交换数据。然而到 20 世纪 90 年代初期,虽然整套的 OSI 国际标准都已经制定出来,但由于互联网已抢先在全世界覆盖了相当大的范围,而与此同时却几乎找不到几家公司已生产出符合 OSI 参考模型的商用产品。因此,人们得出这样的结论:OSI 只获得了一些理论性的研究成果,但在市场化方面则彻底失败了,现今规模最大的、覆盖全世界范围的互联网并未使用 OSI 参考模型,而是使用 TCP/IP 参考模型。

OSI 失败的原因可归纳为以下几方面。

(1) OSI 的专家们缺乏实际经验,他们完成的 OSI 标准缺乏商业驱动力。

(2) OSI 的协议实现起来过于复杂,而且运行效率很低。

(3) OSI 标准的制定周期太长,因而使得按 OSI 标准生产的设备无法及时进入市场。

(4) OSI 的层次划分不太合理,有些功能在多个层次中重复出现。

按照一般的概念,网络技术和设备只有符合有关的国际标准才能大范围地获得工程上的应用。但现在情况却相反,得到最广泛应用的不是法律上的国际标准 OSI,而是非国际标准 TCP/IP。这样,TCP/IP 就常被称为是事实上的国际标准。从这个意义上说,能够占领市场的就是标准。在过去制定标准的组织中往往以专家、学者为主,但现在许多公司都纷纷挤进各种各样的标准化组织,使得技术标准具有浓郁的商业气息。一个新标准的出现,有时不一定反映其技术水平是最先进的,而往往有着一定的市场背景。

2. TCP/IP 参考模型

(1) TCP/IP。最初的 ARPANET 使用的是租用的、以点对点通信为主的链路,当卫星通信系统与通信网发展起来之后,ARPANET 最初开发的网络协议使用在通信可靠性较差的通信子网中时出现了不少问题,这就导致了新的网络协议 TCP/IP 的出现。TCP/IP 是目前最流行的商业化协议,并被认为是当前的工业标准或事实上的标准。在 TCP/IP 出现后,出现了 TCP/IP 参考模型。1974 年 Kahn 定义了最早的 TCP/IP 参考模型,1985 年 Leiner 等对它开展了研究,1988 年 Clark 在参考模型出现后对其设计思想进行了讨论。

TCP/IP 从诞生到现在，一共出现了 6 个版本。其中后 3 个版本是版本 4、版本 5 和版本 6。目前人们使用的是版本 4。在互联网所使用的各种协议中，最重要的和最著名的就是 TCP/IP，TCP(Transmission Control Protocol)指传输控制协议，IP(Internet Protocol)指网际协议。现在人们经常提到的 TCP/IP 并不一定单指 TCP 和 IP 这两个具体协议，而往往是表示互联网所使用的整个 TCP/IP 协议族。

(2) TCP/IP 参考模型。TCP/IP 参考模型[图 1-10(b)]包含 4 层，从下到上为网络接口层、网际层、传输层和应用层。它是目前互联网使用的参考模型，也是事实上的国际标准。

每层的主要协议如图 1-11 所示。

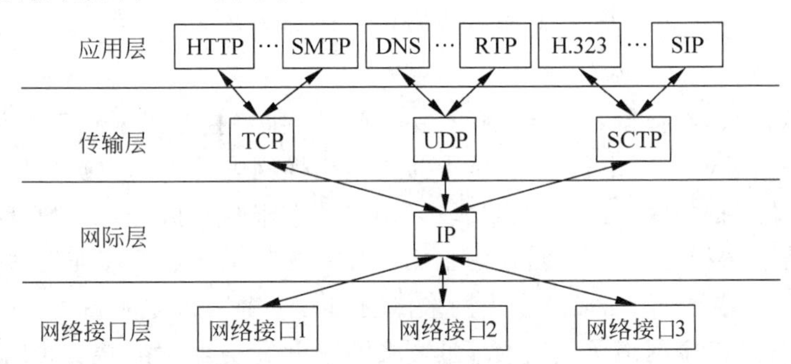

图 1-11　TCP/IP 参考模型各层主要协议

3. 一种建议的参考模型

OSI 的 7 层参考模型概念清楚，理论也比较完整，但它既复杂又不实用。TCP/IP 参考模型则不同，它现在得到了非常广泛的应用。TCP/IP 包括网络接口层、网际层、传输层和应用层。其中网际层这个名称是强调这一层是为了解决不同网络的互联问题。不过从实质上讲，TCP/IP 只有最上面的三层，因为最下面的网络接口层没有什么具体内容。因此，在学习计算机网络的原理时往往采取折中的方法，即综合 OSI 和 TCP/IP 的优点，采用一种 5 层体系结构的参考模型，如图 1-10(c)所示，这样既简洁又能将概念阐述清楚。

现在结合互联网的情况，自下而上、非常简单地介绍一下各层的主要功能。实际上，只有认真学习本书各章的协议后才能真正弄清各层的作用。

(1) 物理层(Physical Layer)。在物理层上所传送数据的单位是比特。物理层的任务是透明地传送比特流。也就是说，发送方发送 1(或 0)时，接收方应当收到 1(或 0)而不是 0(或 1)。因此物理层要考虑用多大的电压代表“1”或“0”，以及接收方如何识别出发送方所发送的比特。物理层还要确定连接电缆的插头应有多少根引脚，以及各条引脚应如何连接。注意，传递信息所利用的一些物理媒体，如双绞线、同轴电缆、光缆、无线信道等，并不在物理层协议之内，而是在物理层协议的下面。因此也有人把物理媒体当作第 0 层。

(2) 数据链路层(Data Link Layer)，简称链路层。由于两个主机之间的数据传输总是在一段一段的链路上传送的，也就是说，在两个相邻结点之间(主机和路由器之间或两个路由器之间)数据是直接传送的(点对点)，这就需要有专门的链路层协议。在两个相邻结点之间传送数据时，数据链路层将网络层传送的 IP 数据报组装成帧(Frame)，在两个相邻结点之间的链路上“透明”地传送帧中的数据，每一帧包含数据和必要的控制信息(如同步信息、地址信息、差错控制等)。这里的“透明”表示无论什么样的比特组合的数据都能够通过数据链路层,这些数据就好像"看不见"数据链路的存在。数据链路层传送数据的单位是帧,典型的帧长是几百字节到一千多字节。

在接收数据时,控制信息使接收端能够知道一个帧从哪一比特开始和到哪一比特结束。这样,数据链路层在收到一个帧后,就可以从中提取出数据部分,上交给网络层。控制信息还使接收端能够检测到所收到的帧中有无差错,如发现差错,数据链路层就简单地丢弃这个出了差错的帧,以免继续传送下去白白浪费网络资源。如果需要改正错误,就由传输层的TCP来完成。

数据链路层上的另一个问题是(大多数高层都有这样的问题),如何避免一个快速的发送方"淹没"掉一个慢速的接收方。所以,往往需要一种流量调节机制,以便让发送方知道接收方当时有多大的缓存空间。通常情况下,这种流量调节机制与差错控制机制集成在一起。

对于广播式网络,在数据链路层上还有一个问题:如何控制对于共享信道的访问。

(3) 网络层(Network Layer)。它负责为分组交换网上的不同主机提供通信服务。在发送数据时,网络层把传输层产生的报文段或用户数据报封装成分组或包进行传送。网络层的另一个任务是选择合适的路由,使源主机封装后的分组或包能够通过网络中的路由器找到目的主机。当一个分组必须从一个网络传输到另一个网络才能到达目的地时,可能会发生很多问题,如第二个网络所使用的编址方案不同于第一个网络,第二个网络可能由于分组太大而不能接收,两个网络可能使用的协议不同,等等。网络层应负责解决这些问题,从而允许不同种类的网络互联起来。

在广播式网络中,路由问题比较简单,因此这种网络的网络层非常简单,甚至可以没有网络层。

(4) 传输层(Transport Layer)。它负责为两个主机中进程之间的通信提供服务。由于一个主机可能同时运行多个进程,因此传输层有复用和分用的功能。复用就是应用层的多个进程可同时使用传输层的服务,分用则是把传输层收到的信息分别交付给应用层中的相应进程。

传输层定义了两个非常重要的端到端的协议。

① 传输控制协议(Transport Control Protocol,TCP)。它是一个可靠的、面向连接的协议,允许从一台计算机发出的字节流正确无误地递交到互联网上的另一台计算机上。TCP还负责处理流量控制,以便保证一个快速的发送方不会因为发送太多的报文,超出了一个慢速接收方的处理能力,而把它淹没掉。

② 用户数据报协议(User Datagram Protocol,UDP)。它是一个不可靠的、无连接的协议,广泛应用于语音和视频通信。

(5) 应用层(Application Layer)。它直接为用户的应用进程提供服务,包含了所有的高层协议,如虚拟终端协议[也称远程登录协议(Telnet)]、文件传输协议(FTP)、简单邮件传送协议(SMTP)、超文本传输协议(HTTP)、域名系统(DNS)、简单网络管理协议(SNMP)等。

图1-12说明了应用进程的数据在各层之间的传递过程,为了简单起见,这里假定两个主机是直接相连的。

假定主机1的应用进程AP_1向主机2的应用进程AP_2传送数据。AP_1先将其数据交

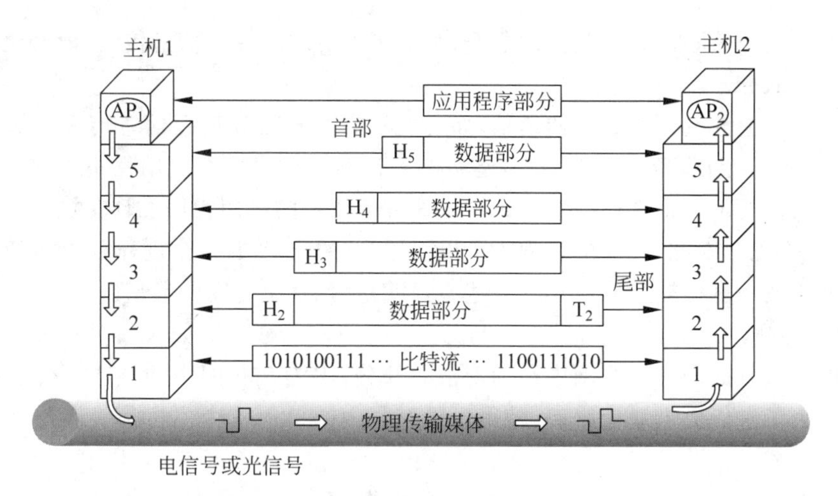

图 1-12 数据在各层之间的传递过程

给本主机的应用层。应用层加上必要的控制信息 H_5 就变成了下一层(即传输层)的数据单元。传输层收到这个数据单元后,加上本层的控制信息 H_4,再交给网络层,成了网络层的数据单元,以此类推。不过到了数据链路层后,控制信息分成两部分,分别加到本层数据单元的首部(H_2)和尾部(T_2),而第一层由于是比特流传送,因此不再加控制信息。当这一串比特流离开主机 1 经网络的物理媒体传送到目的主机 2 时,就从主机 2 的物理层逐层上升到应用层。每一层根据控制信息进行相应的操作,然后将控制信息剥去,将该层剩下的数据单元交给更高的一层。最后,把应用进程 AP_1 发送的数据交给目的主机 2 的应用进程 AP_2。

1.4 互联网的结构及通信方式

1.4.1 互联网的结构划分

互联网是人类建立的最复杂、最巨大的网络系统。互联网的拓扑结构从理论上讲,是一个异常复杂的、随时处于变化中的网状结构网络,也是任何一个组织或个人无法准确弄清楚的,因为其属于不同的部门、组织和机构。但是,从宏观地分析问题的角度来看,为了分析问题的简化,可以将互联网划分为边缘部分和核心部分。

1. 边缘部分

互联网的边缘部分是由连接在互联网上的各类主机所组成的,也是直接面向用户的部分。互联网的边缘部分主要为用户提供各种互联网的服务和资源共享。

互联网边缘部分的主机又称为端系统,即"末端"的意思。端系统在功能或性能上可能会有很大的差别,如小的端系统可以是一台普通个人计算机或者具有上网功能的智能手机,或者是一个网络摄像头,甚至是一个体积很小的物联网结点(连入网络的温湿度传感器等),而大的端系统则可能是一台非常昂贵的巨型计算机(如 2017 年位列全球超级计算机 500 强第一名、运算速度达到每秒 9.3 亿亿次浮点运算的中国超算"神威·太湖之光")。端系统的拥有者既可以是个人,也可以是单位(如学校、企业、政府机关等),还可以是某个 ISP。互联网的边缘部分利用核心部分所提供的服务,为众多主机之间提供信息传输、信息交换和信息资源的共享等服务。

对于互联网上的端系统之间的通信,如“主机 A 和主机 B 进行信息传输”时,实际上是指“运行在主机 A 上的某个应用程序与运行在主机 B 上的另一个应用程序进行信息传输”,这一点会在后面的第 6 章进行详细的讲解。这种运行着的应用程序在计算机中的存在和表现方式就是“进程”,因此,上面的过程也可以表述为“主机 A 的某个进程和主机 B 的另一个进程进行通信或信息传输”,而简化的表述方式就是“计算机之间的通信”。

2. 核心部分

互联网的核心部分是互联网中最为复杂的部分,因为互联网中的核心部分要向互联网边缘部分的大量主机提供通信服务,使得边缘部分中的任何一台主机都能够与其他主机进行通信。

在互联网的核心部分起特殊作用的是路由器[Router,早期也称为接口信息处理机(Interface Message Processor,IMP)]。路由器是一种专用的计算机(路由器中也有 CPU、存储设备和专用的操作系统,但通常不称其为主机),是实现信息转发的关键构件,其任务是转发收到的分组,直到最终到达目的地。互联网采取了专门的措施(传输协议、差错检测和拥塞控制等)来保证数据传输的高可靠性,当网络中的某些结点或者链路突然出现故障时,在各个路由器中运行的路由选择协议能够自动地找到其他路径转发分组。

互联网核心部分的设备连接方式一般是采用网状拓扑结构,这种连接方式可以避免单个链路失效而带来的网络中断现象,提升网络的可靠性,但也正是这种连接方式使得互联网的核心部分非常复杂。

1.4.2 互联网的通信方式

互联网上端系统之间的通信方式通常可以划分为两类:客户/服务器方式(C/S 方式,Client-Server)和对等连接方式(P2P 方式,Peer-to-Peer,此处 to 是 two 的谐音,因此简写为 2)。

1. 客户/服务器方式

客户/服务器方式是在互联网上最常见、应用最广的一种方式,也是比较传统的方式。通常上网浏览网站的页面、发送电子邮件、观看视频时都是采用这种方式。

客户(Client)和服务器(Server)均指通信中所涉及的两个端系统的应用进程,客户/服务器方式描述的是进程之间服务和被服务的关系,即通常客户发起访问请求,服务器则响应服务请求并向客户提供相应的服务。如图 1-13 所示,主机 A 运行客户程序,主机 B 则运行服务器程序,在此情况下,则端系统 A 就是客户,B 则是服务器。客户 A 向服务器 B 发出请求服务,服务器 B 则向客户 A 提供服务,因此,客户就是服务的请求方,而服务器则是服务的提供方,处于互联网边缘部分的服务请求方和服务提供方都要使用互联网核心部分所提供的服务来实现信息的传输。

在客户端,须运行客户应用程序(运行后通常称为客户端应用进程),在通信时首先主动地向远端的服务器发起访问请求,因此,客户程序必须知道服务器程序的地址(即后面讲到的套接字:IP 地址+端口号),而且客户端通常不需要特殊的硬件和复杂的操作系统(最简单的如体积极小的嵌入式无线传感器结点等)。

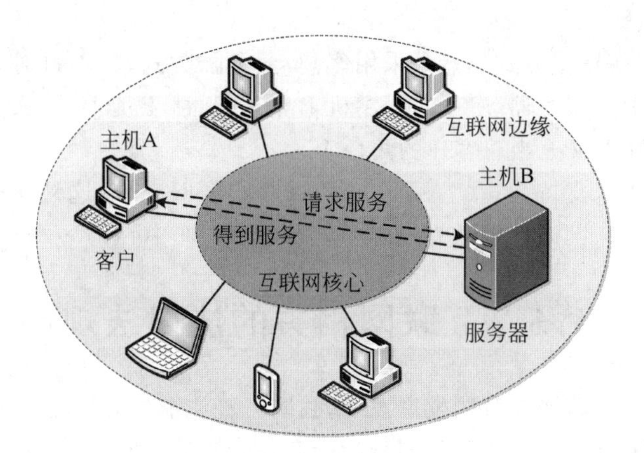

图 1-13　客户/服务器方式

在服务器端，首先其硬件性能要远高于客户端，也需要安装高级的（网络版的）操作系统，因为需要运行能够提供某种服务的程序，且可以同时处理多个（某些公众大量访问的服务器需要提供上百万连接数的服务）服务访问请求。服务器端应用程序启动后（通常称为服务器端应用进程），需要连续不间断地运行，被动地等待并接收来自互联网边缘的各地的客户访问请求，因此，服务器通常是预先不知道客户程序地址的；收到访问请求后，服务器可以看到客户端的地址（套接字），并按照该地址回送访问应答。

一旦客户与服务器的通信关系建立以后，通信就可以双向进行，客户端和服务器端都可以发送和接收数据。

2. 对等连接方式

对等连接是指两台主机中的每一方都拥有相同的功能，不区分哪个是服务请求方，哪个是服务提供方，只要两台主机都运行了对等连接软件（P2P 软件，常见的如 Bitcomet、比特精灵等），则任何一方都可以启动通信会话，从而进行平等的对等连接和通信。对等网络属于一种短暂的（临时的）互联网会话，它允许具有相同网络程序的一群计算机用户互相连接，并且直接访问具备访问权限的另一个硬盘驱动器中的共享文档。

图 1-14 中显示了一个对等网络通信的例子，其中主机 A、B、C 都运行了 P2P 软件，因此这几台主机都可进行对等通信，如主机 A 和 B 进行对等通信的同时，主机 A 和 C 也在进行对等通信。

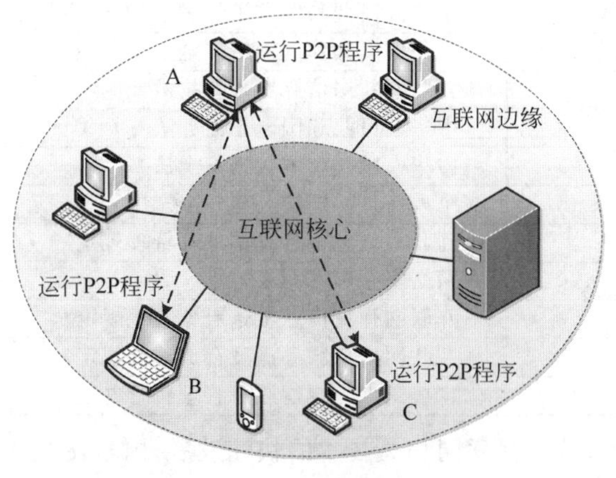

图 1-14　对等连接方式

从本质上看,对等连接方式仍然是采用客户/服务器方式,只不过对等连接中的每一台主机既是客户又同时是服务器。例如,当主机B请求A时,B是客户,A是服务器;但同时主机A又请求C,则A又充当着客户的角色。

对等连接方式可以支持大量(上百万个)对等用户同时工作,这种连接方式的一个重要特点是改变了传统互联网以大网站为中心的状态,重返"非中心化"。

1.5 互联网相关的法律法规

自计算机网络和互联网在我国发展以来,我国一直注重相关的法律法规建设,以确保维护国家的网络安全和互联网环境下的各种社会秩序。现在,我国已经基本上确定了互联网的治理体系,颁布了一系列相关的互联网法律法规。

1994年,我国正式接入互联网,同时颁布了首个相关标志性法规《中华人民共和国计算机信息安全保护条例》,开启了互联网立法的进程,并逐步形成了"法律-法规-规章"的基本体系,构建了互联网领域的法律法规体系。

我国的互联网立法包括直接立法和间接立法。直接立法是指相关部门颁布的一系列互联网领域的专门法律法规、司法解释和相关规定等,表1-2列出了部分有代表性的直接立法的相关内容。间接立法是指在近年来新增或修订的法律法规中,增补了与互联网活动相关的内容和条款,这些法律法规包括《刑法》《民法通则》《国家安全法》《著作权法》《合同法》《未成年人保护法》等。从内容上看,我国的互联网立法已经涉及网络与信息安全、互联网内容管理、隐私保护、知识产权保护、业务管理、电子商务、IP地址管理和域名资源管理等各个方面,基本覆盖了社会生活的所有范畴。

表1-2 有代表性的相关互联网法律法规(部分)

颁布/修订时间	法律/法规
1994年2月18日	《中华人民共和国计算机信息系统安全保护条例》
1996年2月1日/1997年5月	《中华人民共和国计算机信息网络国际互联网管理暂行规定》
1997年12月30日/2011年1月	《计算机信息网络安全保护管理办法》
2001年12月20日/2013年	《计算机软件保护条例》
2001年12月25日/2011年3月	《互联网出版管理条例》
2004年8月28日	《中华人民共和国电子签名法》
2016年11月7日/2022年9月	《中华人民共和国网络安全法》
2017年12月1日	《互联网新闻信息服务新技术新应用安全评估管理规定》
2019年1月1日	《中华人民共和国电子商务法》
2021年8月1日	《中华人民共和国数据安全法》
2021年8月20日	《个人信息保护法》
2021年12月31日	《互联网信息服务算法推荐管理规定》
2022年1月4日	《网络安全审查办法》
2022年9月30日	《互联网弹窗信息推送服务管理规定》
2022年11月25日	《互联网信息服务深度合成管理规定》
2023年7月13日	《生成式人工智能服务管理暂行办法》

从表1-2可以看出,随着互联网相关技术的快速发展,国家在互联网相关领域的立法也在快速推进并逐步完善,特别是在知识产权保护、信息安全与网络安全、个人隐私保护等方

面的立法越来越严格、明晰和具体。针对个人隐私保护的《个人信息保护法》，其立法的严格程度堪比欧盟《通用数据保护条例》(General Data Protection Regulation,GDPR)，后者被视为目前全球最严格也最健全的网络数据隐私保护框架。而在“电子缔约安全保障”方面的立法则保证了互联网金融领域各环节的合法合规性。这些都为管理部门依法依规管理互联网提供了坚实的法律法规基础，也为今后互联网的健康、有序发展提供了法律法规保障。

1.6 本书的内容构成及讲解方法

下面用一个实际案例来说明本书所要涉及的内容和知识点。

假设有一个客户端计算机(Client)要访问一个万维网服务器(Server)，客户端计算机和服务器端的相关地址(IP 地址、TCP 端口和 MAC 地址)如图 1-15 所示，服务器端除了和客户端相对应的地址外(由于服务器端 MAC 地址对原理的讲解无太大意义，故未标出)，还标注了其 URL 地址“www. baidu. com”。图 1-15 中虚线和箭头标注的是每一层协议作用的范围。

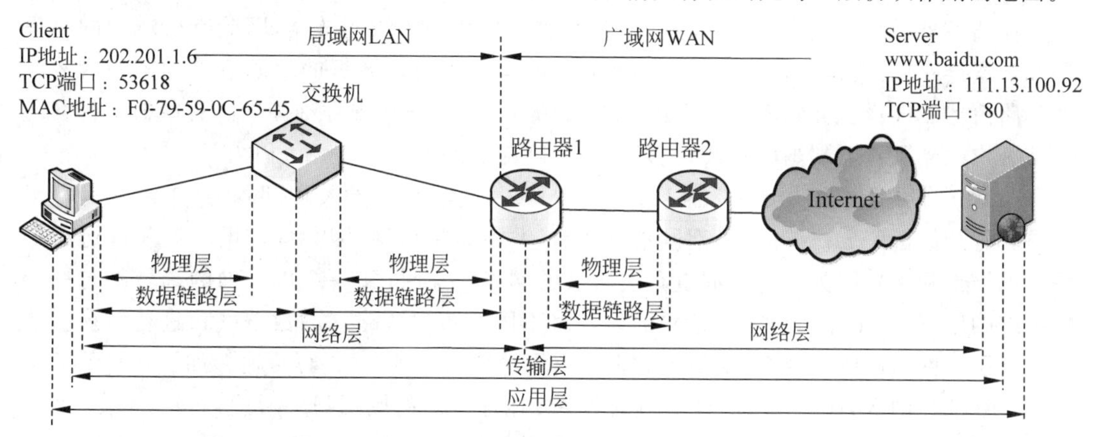

图 1-15 一个客户端访问服务器端的模型

当客户端计算机打开浏览器，在浏览器地址栏输入“www. baidu. com”，在一个很短的时间(通常几十毫秒或者几百毫秒)内在浏览器上就会显示出百度主页面。那么在这很短的时间内究竟发生了什么？这就是计算机网络课程需要解决的问题。这里将问题从低到高归纳为以下 3 个层次。

(1) 在很短时间内发生了什么？这是本课程的最低目标，即了解计算机网络的工作原理。

(2) 在这个过程中出现了问题如何解决？这是本课程的中等目标，即能够发现问题、分析并解决问题。

(3) 如何更有效地、安全地访问网络？这是本课程的最高目标，即对现有网络进行分析、优化、升级或者设计、规划一个新的网络，能更好地为用户提供安全、可靠的网络服务。

在这很短时间内发生的事件如下。

(1) 浏览器接收到访问 www. baidu. com 的命令后，若是第一次访问，客户端计算机并不知道该地址在哪里(因为现在的 TCP/IP 协议都是根据 IP 地址寻找目的地的位置)，因此要把该域名地址转换成 IP 地址(111. 13. 100. 92)，这就是本书所讲的 DNS 域名解析的内容。解析出IP地址后,将访问请求封装为服务器可以理解的应用程序数据。

(2) 由于访问WWW服务器需要采用传输层的TCP,而TCP在访问时要与对方建立TCP连接,因此客户端就选择一个临时端口号(如53618)与服务器端的熟知端口号(80)建立TCP连接,即第6章传输层中TCP的三次握手的内容。连接建立以后,将应用层的数据加上TCP的头部后封装为TCP数据报。

(3) 此时需要由网络层封装IP数据报并负责找到目的地,将数据报顺利交付目的端即服务器。寻找目的地就需要采用合适的路由协议和路由算法,由于在图1-15中从路由器经过互联网到达服务器端的中间会跨越很多个路由器,这些路由器之间如何寻找路径并协同工作是比较复杂的问题,本书仅对一些基本的问题进行讨论,这些问题在第5章进行讲解。当然这里还应明白IP地址是如何分配和管理的,IP数据报如何封装,IP数据报在传送的过程中出现了问题会怎样处理,路由器是如何工作的,本地网络地址不够时怎么解决等,这些问题均会在第5章进行讲解。图1-15中网络层画成了两段,路由器1收到IP数据报后会对数据报进行差错校验,并对部分参数(如TTL等值)进行修改,然后重新构造新的IP数据报并向路由器2转发出去。路由器1与路由器2之间是广域网链路,因此有广域网的物理层和数据链路层,具体看是哪种广域网及其链路类型来决定数据的编码方式和帧的封装方式。路由器2同样也会剥离出网络层的IP数据报,为了简化未详细画出。有些书中将网络层从客户端到服务器端画成一段,则是简化了路由器的处理细节。

(4) 链路层需要解决的问题是数据帧的"一段一段"传输的具体问题,这里的"一段"指的是具有相同链路层协议的"局部网络"(注意,并不是局域网,因为广域网也有相同链路层协议的局部网络),因为具有不同链路层协议的网络相连时(如一个以太网的局域网与一个帧中继的广域网)则需要路由器这样的设备对不同的数据链路层的数据(帧)进行转换。数据链路层将网络层的IP数据报加上数据链路层的帧头和帧尾,进行传输。如果在封装帧时不知道目的地的MAC地址(此处的目的MAC地址就是局域网与广域网连接的地方,即路由器左侧接口的MAC地址),则需要采用ARP协议根据IP地址解析出MAC地址。这些内容在第3~5章进行讲解,其中第3章讲解的是广域网的数据链路层,第4章讲解的是局域网的数据链路层。ARP地址解析由于涉及IP地址,因此放在第5章进行讲解。无论是广域网还是局域网,数据链路层的工作都由网络适配器(早期又称为网卡)来实现,即由硬件实现。注意,在路由器中并没有这样的单独卡板,而是集成在路由器中的链路层处理单元完成的。图1-15中在局域网LAN部分将数据链路层画成了两段,只是为了说明交换机对收到的数据帧进行了接收、差错校验,然后查找转发表后转发出去,并不对数据帧进行任何改变。

(5) 最后由物理层将数据链路层组成的帧进行编码传输,包括在哪种传输介质用哪种编码方法、码流(比特流)传输时如何进行复用和分用、传输的方法(同步、异步)、速率等,这些内容将在第2章进行讲解。

上述过程形成的数据报文格式如图1-16所示。这是基于TCP/IP+以太网的模式构建的数据报文结构,IP头部和TCP头部都是采用常见的头部大小来画的。

比特流到达服务器端后,服务器端将按照上述次序的逆序逐步解析出应用层数据,并将访问应答(如百度主页面数据)按照上述顺序并基于HTTP传送给客户端,由客户端的浏览器解析后显示在客户机的浏览器界面中。至此,客户机(Client)访问服务器(Server)的过程完成。

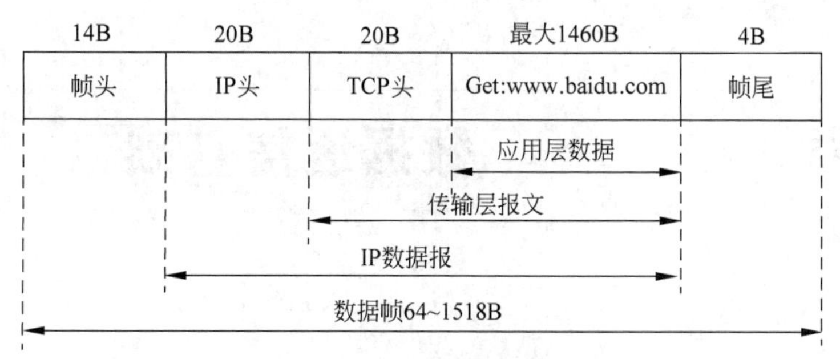

图 1-16 形成的数据报文格式

TCP/IP＋以太网的每层的功能和作用,以及每层用到的典型协议,如表 1-3 所示。

表 1-3 网络各层次的功能和作用以及每层用到的典型协议

网络层次	功能及作用	地址类型	协议及应用举例	所属章节
应用层	为用户的应用进程提供服务	URL 地址	HTTP: get:www.baidu.com FTP,Telnet,SMTP	第 7 章
传输层	为两个主机中进程之间的通信提供服务,传输层报文封装,复用与分用,流量控制、拥塞控制、可靠传输(确认)	端口号,0～65535	TCP: 基于连接的可靠传输 UDP: 无连接的数据报,不可靠传输	第 6 章
网络层	为分组交换网上的不同主机提供通信服务,IP 数据报封装,路由选择,差错问题报告	IP 地址	IP,ICMP,RIP,OSPF	第 5 章
数据链路层	相邻结点间数据帧的传输,数据帧的封装,流量控制,差错控制,透明传输(局域网与广域网是有区别的,主要表现在帧格式上)	MAC 地址,不同的广域网具有不同的地址类型	CSMA/CD ARP 广域网: HDLC,PPP	第 4 章 第 3 章
物理层	透明地传送比特流 编码与解码,调制与解调 信道复用	实际连接的物理端口	编码: 曼彻斯特,4B/5B 8B/10B,HDB3,CMI,AMI,OFDM 调制: 64-QAM,256-QAM RS-232,RS-449,X. 21,V. 35 10Base-2/5,100Base-T,1000Base-T	第 2 章

以太网的常见类型及参数参见附录 A,便于读者更好地参考和比较。

第2章 数据通信基础

2.1 数据通信的基本概念

2.1.1 信息、数据和信号

1. 信息与数据

通信的目的是交换信息,信息的载体可以是数字、文字、语音、图形或图像。计算机产生的信息一般是字母、数字、语音、图形或图像的组合。为了传送这些信息,首先要将字母、数字、语音、图形或图像用二进制代码的数据表示。在网络中,为了传输二进制代码的数据,必须将它们用模拟或数字信号编码的方式表示。数据通信是指在不同计算机之间传送二进制代码(0、1)比特序列的模拟或数字信号的过程。数据是信息的载体,数据涉及对事物的表示形式,信息涉及对数据所表示内容的解释。

2. 信号

信号是数据的电子或电磁编码。信号分为模拟信号和数字信号。模拟信号是随时间连续变化的电流、电压或电磁波,可以利用其某个参量(如幅度、频率或相位等)来表示要传输的数据;数字信号则是一系列离散的电脉冲,可以利用其某一瞬间的状态来表示要传输的数据。

2.1.2 信道的基本概念

1. 信道

信道(Channel)是用来表示某一个方向上传送信息的媒体。信道和电路并不等同,一般一条通信电路往往包含一条发送信道和一条接收信道。从双方信息交互的方式来看,通信可以有以下3种基本方式。

(1) 单工(Simplex)通信:只能有一个方向上的通信而没有反方向的交互。无线电广播或有线电广播及电视广播就属于这种类型。

(2) 半双工(Half Duplex)通信:通信的双方都可以发送信息,但不能双方同时发送(当然也不能同时接收)。

(3) 全双工(Full Duplex)通信:通信的双方可以同时发送和接收信息。

单工通信只需要一条信道,半双工和全双工通信都需要两条信道(每个方向各一条)。

视频讲解

2. 信道的最大数据传输率

任何实际的信道都不是理想的,信道的带宽总是有限的。由于信道带宽的限制和信道干扰的存在，信道的数据传输率总有一个上限。早在1924年，奈奎斯特就推导出具有理想低通矩形特性的信道在无噪声情况下的最高速率与带宽的关系公式，这就是奈奎斯特准则。

奈奎斯特准则(也称为采样定理)指出：如果任意一个信号已经通过了一个带宽为 H 的低通滤波器，则只要每秒 $2H$ 次采样，过滤后的信号就可以被完全重构出来。采样超过每秒 $2H$ 次是没有意义的，因为通过这种采样恢复出来的高频成分已经被过滤掉了。如果该信号包含 V 个离散级数，则奈奎斯特的定理为

$$\text{最大数据传输率} = 2H\log_2 V(\text{b/s}) \tag{2-1}$$

例如，无噪声的3kHz的信道不可能以超过6000b/s的速率传输二进制(即只有两级)信号。

奈奎斯特定理描述了有限带宽、无噪声信号的最大数据传输速率与信道带宽的关系。香农定理则描述了有限带宽、有随机热噪声信道的最大传输速率与信道带宽、信号噪声功率比之间的关系。

香农定理指出：在有随机热噪声的信道上传输信号时，数据的最大传输速率与信号带宽 H、信噪比 S/N 的关系为

$$\text{最大数据传输率} = H\log_2\left(1+\frac{S}{N}\right) \tag{2-2}$$

式中，最大数据传输率的单位为b/s。信噪比是信号功率和噪声功率之比的简称。$S/N=1000$ 表示该信道上信号功率是噪声功率的1000倍。如果 $S/N=1000$，信道带宽为3000Hz，则该信道上的最大数据传输率大约为30kb/s。在有些书中信噪比是用分贝(dB)来表示的，这是因为在通信系统中，信噪比通常以分贝作为度量单位。即

$$\text{信噪比(dB)} = 10\log_{10}\frac{S}{N} \tag{2-3}$$

例如，当 $S/N=10$ 时，信噪比为10dB，而当 $S/N=1000$ 时，信噪比为30dB。

3. 码元和波特率

在数字通信中常常用时间间隔相同的符号来表示一位二进制数字，这样的时间间隔内的信号称为二进制码元，而这个间隔被称为码元长度。1码元可以携带 n 位的信息量。这里的符号一般指的是一定相位或幅度值的一段正弦载波。

码元传输速率，又称为码元速率或传码率。其定义为每秒传送码元的数目，单位为“波特”，常用符号Baud表示，简写为B。

一个以 m 波特传送信号的信道，其传送二进制数据的速率不一定是 m 比特/秒，因为每个信号(即码元)可以携带多于1比特的数据，如使用0、1、2、3、4、5、6、7共8个电平级，则每个信号值可代表3比特，因而在这种条件下比特率将是波特率(即码元传输速率)的3倍。而当每个波特的信号有两种变化时，则携带1比特，此时波特率等于比特率。

码元的另一种定义是，在使用时间域(简称时域)的波形表示数字信号时，代表不同离散数值的基本波形就称为码元。

4. 误码率

误码率是指二进制数据在数据传输系统中被传错的概率，它在数值上近似等于

$$P_e = N_e/N \tag{2-4}$$

式中，N 为传输的二进制比特总数；N_e 为被传错的比特数。

在理解误码率的定义时,应该注意以下几个问题。

(1) 误码率应该是衡量数据传输系统正常工作状态下传输可靠性的参数。

(2) 对于一个实际的数据传输系统,不能笼统地说误码率越低越好,要根据实际传输要求提出误码率要求;在数据传输系统中,误码率越低,传输系统设备越复杂,造价越高。

(3) 对于实际的数据传输系统,如果传输的不是二进制数,要换算成二进制数来计算。

2.1.3 数据通信系统模型

数据通信系统的基本组成一般包括源系统(也称为发送端、发送方)、传输系统(或传输网络)、目的系统(或接收端、接收方)。图2-1所示为两台PC通过普通电话线,再经过公用电话网进行通信的过程。

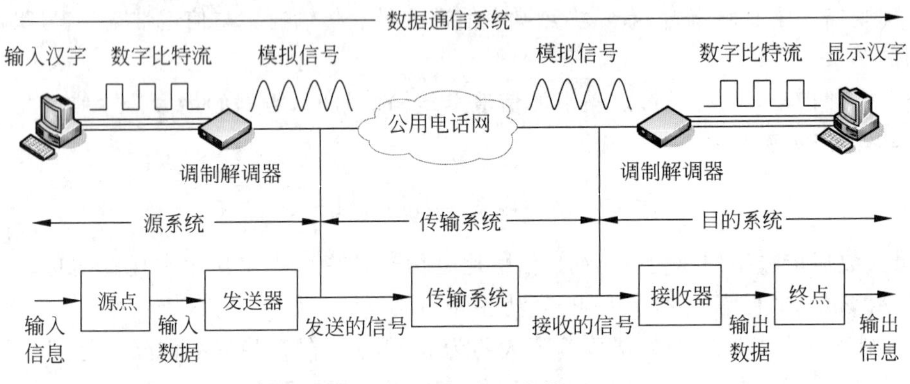

图2-1 数据通信系统模型

(1) 源系统一般包括以下两部分。

① 源点:源点设备产生要传输的数据,如从PC键盘输入汉字,PC产生输出的数字比特流。源点又称为信源。

② 发送器:通常源点生成的数字比特流要通过发送器编码后才能在传输系统上进行传输。典型的发送器就是调制器。

(2) 目的系统一般包括以下两部分。

① 接收器:接收器接收传输系统传送过来的信号,并把它转换为能够被目的设备处理的信息。典型的接收器就是解调器,它把来自传输线路上的模拟信号进行解调,还原出发送端所产生的数字比特流。

② 终点:终点设备从接收器获取传送过来的数字比特流,然后把信息输出(如把汉字在PC屏幕上显示出来)。终点也称为信宿。

在源系统和目的系统之间的传输系统可以是简单的传输线,也可以是连接源系统和目的系统之间的复杂网络。

2.2 数据调制和编码

按承载信息的电信号形式的不同,通信可以分为模拟传输和数字传输。模拟传输是指以模拟信号来传送信息的通信方式。数字传输是指以数字信号来传送信息的通信方式。不论是数字数据还是模拟数据,都可以采用两种传输方式之一进行传输。表2-1显示了数据类型和传输类型的转换。

表 2-1　数据类型和传输类型的转换

数据类型	转　　换	传输类型
数字数据	编码为数字信号	数字传输
数字数据	调制为模拟信号(Modem)	模拟传输
模拟数据	编码为数字信号(PCM)	数字传输
模拟数据	调制为模拟信号	模拟传输

2.2.1　数字数据编码为数字信号

视频讲解

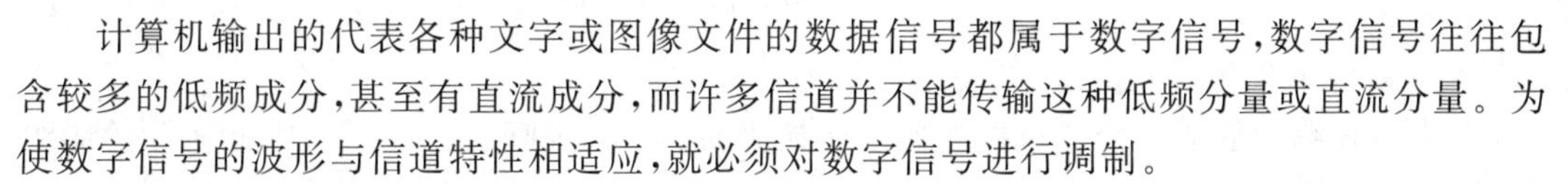

计算机输出的代表各种文字或图像文件的数据信号都属于数字信号,数字信号往往包含较多的低频成分,甚至有直流成分,而许多信道并不能传输这种低频分量或直流分量。为使数字信号的波形与信道特性相适应,就必须对数字信号进行调制。

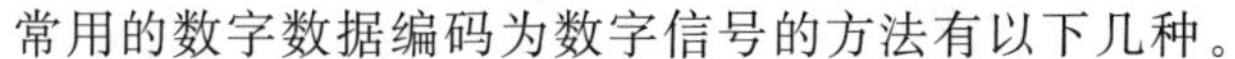

常用的数字数据编码为数字信号的方法有以下几种。

1. 非归零码

非归零码(Non-Return to Zero,NRZ)的波形如图 2-2(a)所示。NRZ 码可以规定用低电平表示逻辑“0”,用高电平表示逻辑“1”;也可以有其他表示方法。

NRZ 码无法判断一位的开始与结束,收发双方不能保持同步。为了保证收发双方同步,必须在发送 NRZ 码的同时,用另一个信道同时传输同步信号。另外,如果信号中“1”和“0”的个数不相等时,存在直流分量,这是在数据传输中不希望存在的。

2. 曼彻斯特编码

曼彻斯特(Manchester)编码是目前应用最广泛的编码方法之一。典型的曼彻斯特编码波形如图 2-2(b)所示。曼彻斯特编码的规则如下:每比特的周期 T 分为前 $T/2$ 和后 $T/2$ 两部分;通过前 $T/2$ 传送该比特的反码,通过后 $T/2$ 传送该比特的原码。

曼彻斯特编码的优点如下。

(1) 每比特中间有一次电平的跳变,两次电平跳变的时间间隔可以是 $T/2$ 或 T,利用电平的跳变可以产生收发双方的同步信号。因此,曼彻斯特编码信号又称为“自含时钟编码”信号,发送曼彻斯特编码信号时无须另外发送同步信号。

(2) 曼彻斯特编码信号不含直流分量。

曼彻斯特编码的缺点是效率较低,如果信号传输速率为 10Mb/s,则发送时钟信号的频率为 20MHz。

3. 差分曼彻斯特编码

差分曼彻斯特(Difference Manchester)编码是对曼彻斯特编码的改进。典型的差分曼彻斯特编码的波形如图 2-2(c)所示。差分曼彻斯特编码与曼彻斯特编码的区别如下。

(1) 每比特的中间跳变仅做同步用。

(2) 每比特的值是根据其开始边界是否发生跳变来决定的。1 比特开始处出现电平跳变,则表示传输二进制“0”;不发生跳变,则表示传输二进制“1”。

曼彻斯特编码和差分曼彻斯特编码是数据通信中最常用的数字数据编码为数字信号的方法。它们的优点是明显的,但也有明显的缺点,即需要的编码的时钟信号的频率是发送信号频率的两倍。

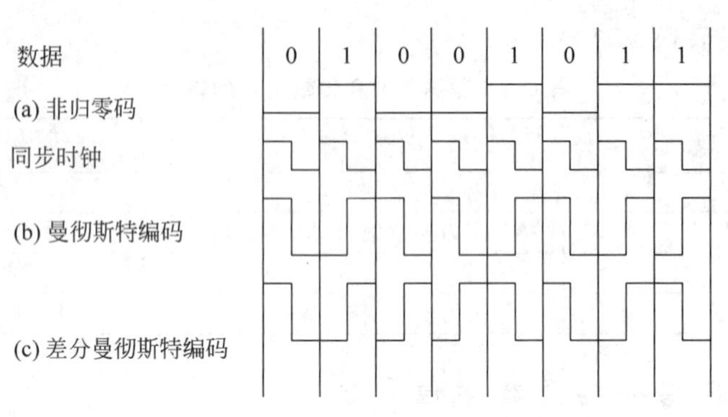

图 2-2　数字数据编码为数字信号的方法

4. nB/mB 编码

nB/mB 编码是把 n 个二进制的码组转换为 m 个二进制码组，$m>n$，因此实际的码组有 2^n 种，冗余码组有 2^m-2^n 个。

在高速光纤传输系统中，应用较广泛的有 4B/5B(应用于 FDDI)、5B/6B、8B/10B(应用于千兆以太网)、64B/66B(应用于万兆以太网)。采用这些编码的原因是，使得编码后的数字信号中的"1"和"0"的个数趋于平衡，从而减少连续多个"0"或连续多个"1"造成的直流分量的影响。

2.2.2　数字数据调制为模拟信号

电话通信信道是典型的模拟通信信道，它是世界上覆盖范围最广、应用最普遍的一类通信信道。无论网络与通信技术如何发展，电话仍然是一种基本的通信手段。传统的电话通信信道是为传输语音信号设计的，只适用于传输音频范围(300～3400Hz)的模拟信号，无法直接传输计算机的数字信号。为了利用模拟语音通信的电话交换网实现计算机的数字信号的传输，必须用载波进行调制，把数字信号的频率范围迁移到较高的频段以便在信道中进行传输。

人们将发送端数字数据信号变化为模拟数据信号的过程称为调制(Modulation)，将调制设备称为调制器(Modulator)；将接收端模拟数据信号还原成数字数据信号的过程称为解调(Demodulation)，将解调设备称为解调器(Demodulator)。因此，同时具备调制和解调功能的设备就称为调制解调器(Modem)，即俗称的"猫"。

在调制过程中，首先要选择音频范围内的某一角频率 ω 的正(余)弦信号作为载波，该正(余)弦信号可以写为

$$u(t)=u_{\mathrm{m}}\sin(\omega t+\varphi_0) \tag{2-5}$$

在该载波 $u(t)$ 中，有 3 个可以改变的电参量(振幅 u_{m}、角频率 ω 与相位 φ_0)，可以通过调制振幅、频率、相位 3 种载波特性之一或这些特性的某种组合来实现对数字数据的编码。

最基本的调制方法有以下 3 种。

(1) 振幅键控(Amplitude-Shift Keying，ASK)。振幅键控方法是通过改变载波信号振幅来表示数字信号 1、0，而载波的频率、相位都保持不变。例如，可以用载波幅度 u_{m} 表示数字 1，用载波幅度 0 表示数字 0。ASK 信号的波形如图 2-3(a)所示。振幅键控(ASK)信号实现容易，技术简单，但抗干扰能力较差。

(2) 移频键控(Frequency-Shift Keying,FSK)。移频键控方法是通过改变载波信号的角频率来表示数字信号 1、0,而载波的振幅、相位保持不变。例如,可以用角频率 ω_1 表示数字 1,用角频率 ω_2 表示数字 0。FSK 信号的波形如图 2-3(b)所示。移频键控(FSK)信号实现容易,技术简单,抗干扰能力较强,是目前最常用的调制方法之一。

(3) 移相键控(Phase-Shift Keying,PSK)。移相键控方法是通过改变载波信号的相位来表示数字信号 1、0,而载波的振幅、频率保持不变。如果用相位的绝对值表示数字信号 1、0,则称为绝对调相。如果用相位的相对偏移值表示数字信号 1、0,则称为相对调相。

① 绝对调相。在载波信号 $u(t)$中,φ_0 为载波信号的相位。最简单的情况下,可以用相位的绝对值来表示它所对应的数字信号。当表示数字 1 时,取 $\varphi_0=0$;当表示数字 0 时,取 $\varphi_0=\pi$。绝对调相的波形如图 2-3(c)所示。

② 相对调相。相对调相用载波在两个数字信号的交界处产生的相位偏移来表示载波所表示的数字信号。最简单的相对调相方法是:两比特信号交接处遇 0,载波信号的相位不变;两比特信号交接处遇 1,载波信号相位偏移 π。相对调相的波形如图 2-3(d)所示。

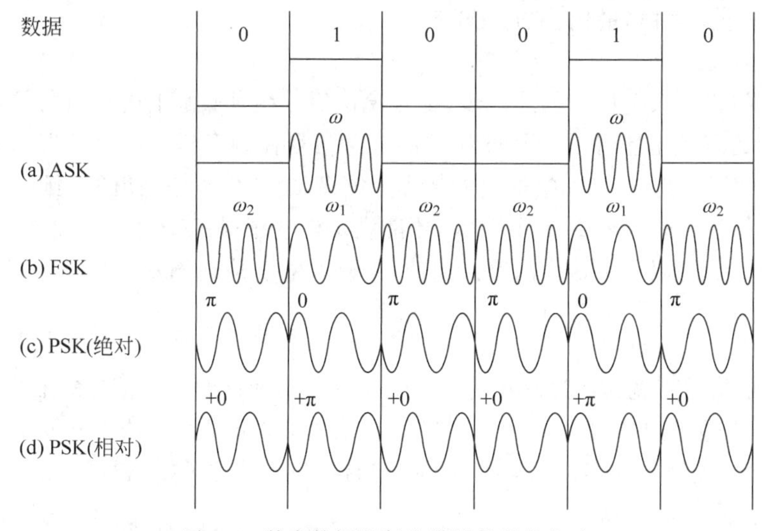

图 2-3　数字数据调制为模拟信号的方法

以上讨论的是二相位调制方法,即用两个相位值分别表示二进制 0、1,这样每个码元传输 1 比特,则在 2400 波特的线路上的传输速率为 2400×1=2400b/s。在模拟数据通信中,为了提高数据传输速率,人们常常采用多相调制方法。例如,可以将待发送的数字信号按两比特一组的方式组织,两位二进制比特可以有 4 种组合,即 00、01、10、11。每组是一个双比特码元,可以用 4 个不同的相位值去表示这 4 组双比特码元。因此,在调相信号传输过程中,每个码元可以传输 2 比特,人们把这种调相方法称为四相调制。正交相移键控(Quadrature Phase Shift Keying,QPSK)就是采用 45°、135°、225°、315°的四相调制方法。如果在 2400 波特的线路上,利用 QPSK 可以达到的传输速率为 2400×2=4800b/s。另外,为了进一步提高数据传输速率,可以采用技术上更复杂的多元值的振幅相位混合调制方法。例如,正交振幅调制方法(Quadrature Amplitude Modulation,QAM)采用 4 种振幅和 4 种相位,总共有 16 种组合,这样每个码元可以传输 4 比特。如果在 2400 波特的线路上,利用 QAM16 可以达到的传输速率为 2400×4=9600b/s。

2.2.3 模拟数据编码为数字信号

由于数字信号传输失真小、误码率低、数据传输率高,因此在网络中除计算机直接产生的数字信号外,语音、图像信息的数字化已成为发展的必然趋势。脉冲编码调制(Pulse Code Modulation,PCM)是模拟数据数字化的主要方法。

PCM 技术的典型应用是语音数字化。语音可以用模拟信号的形式通过电话线传输,但在计算机网络将语音与计算机产生的数字、文字、图形和图像同时传输,就必须首先将语音信号数字化。在发送端通过 PCM 编码器将语音信号转换为数字化语音信号,通过通信信道传送到接收端,接收端再通过 PCM 解码器将它还原成语音信号。注意,这里的 PCM 编码器的编码部分将语音信号(即模拟信号)转换为数字信号的过程与调制解调器中的解调部分将模拟信号转化为数字信号的过程是不一样的,PCM 编码器的编码部分可以将任意的一个模拟信号(可以是非正弦波信号)转换为数字信号,而调制解调器的解调部分只能将已调制的正弦波信号转换为数字信号。

PCM 操作包括采样、量化、编码三部分。

1. 采样

模拟数据编码为数字信号的第一步,是对模拟信号在时域范围内实施离散化。通常,信号在时域范围的离散化是用一个周期为 T 的脉冲信号控制采样电路对模拟信号 $f(t)$ 实施采样,得到样本序列 $f_s(t)$。如果取出的样本足够多,这个样本序列就能逼近原始的连续信号(即模拟信号)。但采样周期 T 取多大,才能满足样本序列 $f_s(t)$[代表模拟信号 $f(t)$]的要求呢?采样定理可以解决这个问题。因此,采样频率 f 应该满足

$$f=\frac{1}{T}\geqslant 2H \quad 或 \quad f=\frac{1}{T}\geqslant 2f_{\max} \tag{2-6}$$

式中,H 为通信信道带宽;T 为采样周期;$f_{\max}$ 为信道允许通过的信号的最高频率。

PCM 的工作原理如图 2-4 所示。研究结果表明,如果以大于或等于通信信道带宽的 2 倍的速率定时对信号进行采样,其样本可以包含足以重构原模拟信号的所有信息。

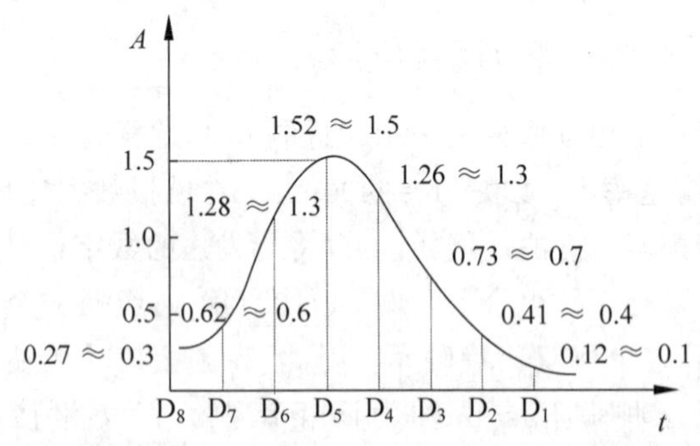

样本	量化	二进制编码	编码信号
D1	1	0001	
D2	4	0100	
D3	7	0111	
D4	13	1101	
D5	15	1111	
D6	13	1101	
D7	6	0110	
D8	3	0011	

图 2-4 PCM 的工作原理

2. 量化

量化是将采样样本幅度按量化级决定取值的过程。经过量化后的样本幅度为离散的量级值,已不是连续值。量化之前要规定将信号分为若干量化级,如 8 级或 16 级,或者更多的量化级,这要根据精度要求决定。

3. 编码

编码是用相应位数的二进制代码表示量化后的采样样本的量级。如果有 K 个量化级，则二进制位数为 $\log_2 K$。例如，如果量化级有 16 个，就需要 4 位二进制编码。在目前常用的语音数字化系统中，多采用 128 个量级，需要 7 位编码。

当 PCM 用于数字化语音系统时（此处主要指模拟语音电话），它将声音分为 128 个量化级，每个量化级采用 7 位二进制编码表示，加上 1 位校验位，每个量化级为 8 位二进制编码。由于采样速率为 8000 次/秒，因此无校验的纯语音信号的数据速率应为 7b×8000 次/秒=56kb/s，而含有校验位的语音信号的速率则为 8b×8000 次/秒=64kb/s。实际传输语音的应用中，为了保证语音信号的正确无差错传输，所传输语音的数字数据中均含有校验位，因此其速率为 64kb/s，而这个速率就代表一个电话呼叫，被称为 DS0（数字信号第 0 级）。

PCM 技术最初是为了电话局之间传送多路电话。由于历史原因，PCM 有两个互不兼容的国际标准，即北美/日本的 24 路 PCM（简称 T1）和欧洲的 30 路 PCM（简称 E1）。我国采用的是欧洲的 E1 标准。E1 的速率为 2.048Mb/s，而 T1 的速率为 1.544Mb/s。

2.2.4 模拟数据调制为模拟信号

在无线电通信和广播中，需要传送由语音、音乐等转换成的电信号。由于这些信号频率比较低，根据电磁理论，低频信号不能直接以电磁波的形式有效地从天线上发射出去。因此，在发送端需采用调制的方式，将低频信号加到高频信号之上，然后将这种携带有低频信号的高频信号发射出去，在接收端则把携带这种低频信号的高频信号接收下来，经过频率变换和相应的解调方式“检出”原来的低频信号，从而达到通信和广播的目的。

要把低频信号“加到”高频载波信号上，可由低频信号去控制高频载波信号（一般是正弦波或余弦波）的某一参数（振幅、频率或相位）来达到。这种用低频信号去控制高频载波信号，使其具有低频信号特征的过程称为调制。其中，低频信号称为调制信号，被控制的高频信号称为载波信号，经过调制后的高频信号称为已调波。根据低频信号所控制载波信号参数的不同，有以下 3 种不同的调制技术：调幅（Amplitude Modulation，AM）、调频（Frequency Modulation，FM）和调相（Phase Modulation，PM），其中最常见的是调幅和调频。

1. 调幅

调幅是一种使高频载波信号的幅度随调制信号（低频的模拟信号）幅度的变化而变化的调制方式。载波的幅度会在整个调制过程中变动，而载波的频率是不变的。调幅的数学表达式为

$$S_{AM}(t)=s(t)\cos(\omega t) \tag{2-7}$$

式中，$\cos(\omega t)$为载波信号；$s(t)$为调制信号。

2. 调频

调频是一种使高频载波信号的频率随调制信号（低频的模拟信号）的幅度变化而变化的调制方式。载波的频率在整个调制过程中波动，而载波的幅度保持不变。调频的数学表达式为

$$S_{FM}(t)=A\cos\left[\omega t+\int_{-\infty}^{t}K_{F}s(t)\mathrm{d}t\right] \tag{2-8}$$

式中,K_F 为调频器的灵敏度;$s(t)$为调制信号。

3. 调相

调相是一种使高频载波信号的相位随调制信号(低频的模拟信号)的幅度变化而变化的调制方式。载波的相位在整个调制过程中变动,而载波的幅度保持不变。调相的数学表达式为

$$S_{PM}(t)=A\cos[\omega t+K_P s(t)] \tag{2-9}$$

式中,K_P 为调相器的灵敏度;$s(t)$为调制信号。

2.3 传输介质

传输介质也称为传输媒体或传输媒介,它就是数据传输系统中在发送器和接收器之间的物理通路。传输介质可分为两大类,即导向传输介质和非导向传输介质。在导向传输介质中,电磁波被导向沿着固体介质(铜线或光纤)传播,而非导向传输介质就是指自由空间,电磁波在非导向传输介质中的传输常称为无线传输。图 2-5 所示为电磁波谱和它在通信中的用途。

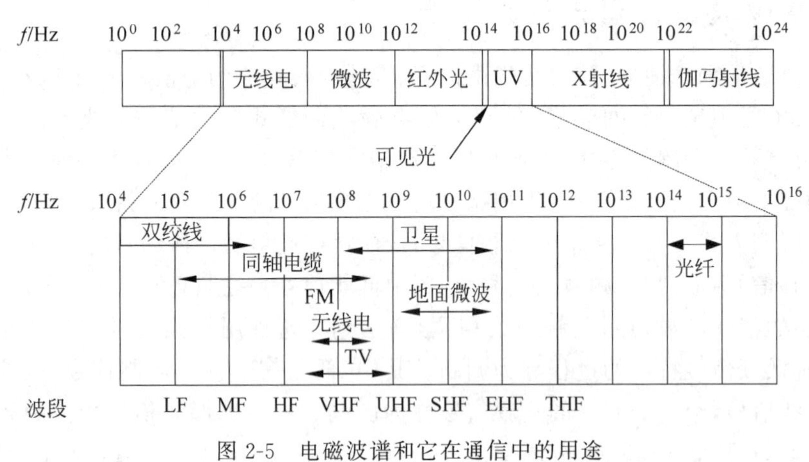

图 2-5 电磁波谱和它在通信中的用途

2.3.1 导向传输介质

1. 双绞线

无论是模拟信号还是数字信号,也无论是广域网还是局域网,双绞线都是最常用的传输介质。

双绞线是用一对互相绝缘的铜导线互相绞合(Twist)而形成的。把两根绝缘的铜导线按一定密度互相绞在一起,可以降低信号干扰的程度,每一根导线在传输中辐射的电波会被另一根导线上发出的电波抵消。"双绞线"的命名也是由此而来。

在实际使用时,双绞线是由多对双绞线一起包在一个绝缘电缆套管中的。典型的双绞线有两对、四对的,也有更多对双绞线放在一个电缆套管中的,称为双绞线电缆。在双绞线电缆内,不同线对应具有不同的扭绞长度,一般来说,线对内两根导线的扭绞长度为 38.1mm~14cm,相邻线对的扭绞长度在 12.7mm 以上,一般扭绞越密其抗干扰能力就越强。与其他传输介质相比,双绞线在传输距离、信道宽度和数据传输速度等方面均受到一定

限制，但价格较为低廉。

双绞线分为屏蔽双绞线(Shielded Twisted Pair，STP)与非屏蔽双绞线(Unshielded Twisted Pair，UTP)。屏蔽双绞线在双绞线与外层绝缘封套之间有一个金属屏蔽层。屏蔽层可减少辐射，防止信息被窃听，也可阻止外部电磁干扰的进入，使屏蔽双绞线比同类的非屏蔽双绞线具有更高的传输速率。非屏蔽双绞线是一种数据传输线，由四对不同颜色的传输线所组成，广泛用于以太网和电话线中。图 2-6 所示为双绞线示意图。

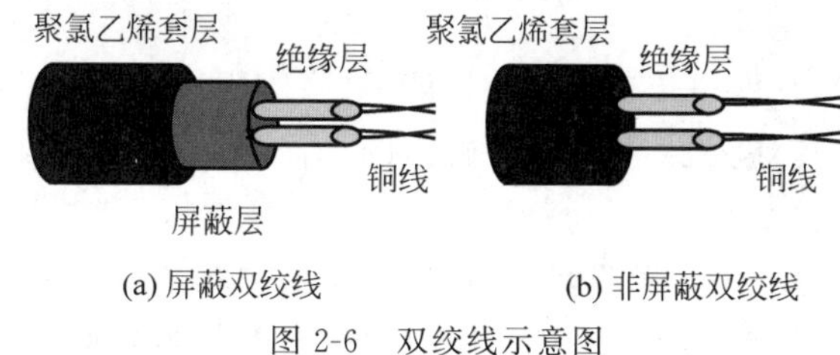

(a) 屏蔽双绞线　　(b) 非屏蔽双绞线

图 2-6　双绞线示意图

1991 年，美国电子工业协会(Electronic Industries Association，EIA)和电信行业协会(Telecommunications Industries Association，TIA)联合发布了标准 ETA/TIA-568A(简称 T568A)和 ETA/TIA-568B(简称 T568B，这是目前最常用的一种连接标准)，这两个标准最主要的不同就是芯线序列的不同，如果双绞线的两端都是 T568B 的标准则称为直连线(或直通线)；如果双绞线的一端是 T568B 标准，一端是 T568A 标准，则称为交叉线。

标准 T568B：橙白—1，橙—2，绿白—3，蓝—4，蓝白—5，绿—6，棕白—7，棕—8。

标准 T568A：绿白—1，绿—2，橙白—3，蓝—4，蓝白—5，橙—6，棕白—7，棕—8。

除两台 PC 之间用交叉线连接之外，一般人们使用的是直连线连接。

随着网络技术的发展和应用需求的提高，双绞线传输介质标准也得到了发展与提高。从最初的一、二类线，发展到今天的八类线，而且据悉这一介质标准还有继续发展的空间。在这些不同的标准中，它们的传输带宽和速率也相应得到了提高，八类线的带宽已达到 2000MHz。表 2-2 给出了常用的双绞线的类型、带宽和典型应用。

表 2-2　常用的双绞线的类型、带宽和典型应用

双绞线类型	带宽/MHz	典型应用
3	16	模拟电话；10Base-T、100Base-T4 以太网；4Mb/s 令牌环网
4	20	很少使用，未被 EIA/TIA-568A/B 标准定义
5	100	100Base-T 以太网；155Mb/s ATM 网络；通过由 TSB-95 指定的性能测试后可以应用于 1000Base-T 以太网(目前已不用)
5e	100	100Base-T 以太网；通过由 TSB-95 指定的性能测试后可以应用于 1000Base-T 以太网(目前较少使用)
6	250	1000Base-T 以太网，要求传输通道上所有组件(配线电缆、连接器和电缆)都严格匹配(目前大量使用)
6A	500	10Gb/s 以太网
7	600	10Gb/s 以太网(均为双层屏蔽双绞线)
8/8.1/8.2	2000	40Gb/s 以太网(均为双层屏蔽双绞线，传输距离不超过 30m)

2. 同轴电缆

同轴电缆的结构示意图如图 2-7 所示，它由内导体、绝缘层、外屏蔽层及外部保护层组

图 2-7 同轴电缆的结构示意图

成。由于外屏蔽层的作用,同轴电缆具有很好的抗干扰性,被用于较高数据速率的传输。

在局域网发展的初期曾广泛地使用同轴电缆作为传输介质。但随着技术的进步,现在局域网领域基本上都采用双绞线作为传输介质。目前同轴电缆仍部分地应用于居民小区的有线电视信号传输中。同轴电缆的带宽取决于电缆的质量,高质量的同轴电缆的带宽已接近 1GHz。

3. 光缆

光纤缆线简称光缆,是网络传输介质中性能最好、应用最广泛的一种。光纤通信就是利用光导纤维(简称光纤)传递光脉冲来进行通信的,有光脉冲表示比特 1,无光脉冲表示比特 0。

光纤通常是由非常透明的石英玻璃拉成细丝,主要由纤芯和包层构成。纤芯很细,其直径为 8～10μm。光波正是通过纤芯传导。包层较纤芯有较低的折射率。当光线从高折射率的介质射向低折射率的介质时,其折射角将大于入射角,如图 2-8 所示。因此当入射角足够大时,就会出现全反射,即光线碰到包层时就会折射回纤芯,这个过程不断重复,光就沿着光纤传播下去。

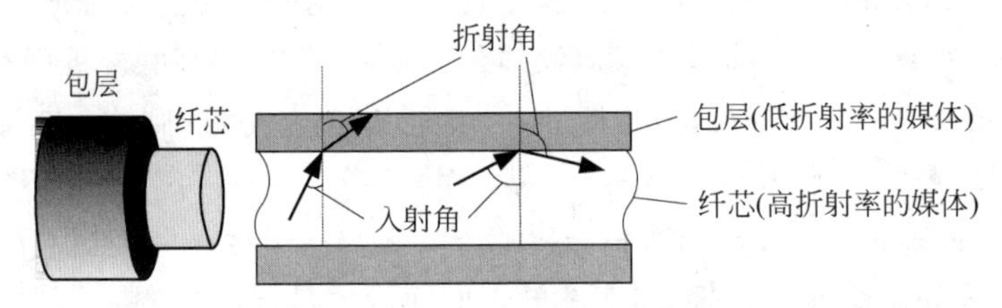

图 2-8 光线在光纤中的折射

典型的光纤传输系统结构示意图如图 2-9 所示。在光纤的发送端,可以采用发光二极管(LED)或半导体激光器产生光源,它们在电脉冲的作用下产生光脉冲。在接收端利用光电二极管(PIN)做成光检测器,将检测到的光脉冲还原成电脉冲。

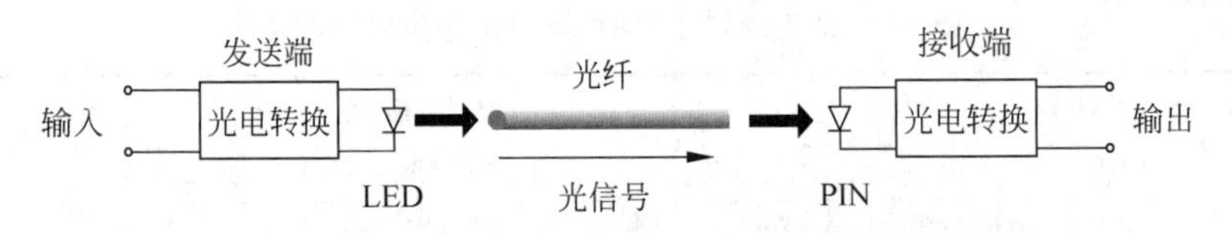

图 2-9 典型的光纤传输系统结构示意图

根据模式的不同,光纤可分为单模光纤和多模光纤。所谓"模式",是指以一定角度进入光纤的一束光。单模光纤采用半导体激光器做光源,多模光纤则采用发光二极管做光源。

单模光纤(Single Mode Fiber):纤芯很细,直径一般为 9μm 或 10μm,只能传输一种模式的光,使光线一直向前传播,而不会产生多次反射。单模光纤的衰耗较小,在 2.5Gb/s 高速下可传输数千米而不必采用中继器,性能优于多模光纤,但单模光纤的制造成本相对较高。

多模光纤(Multi Mode Fiber):纤芯相对较粗,直径一般为 50μm 或 62.5μm,可传输多种模式的光。多模光纤允许多束光在光纤中同时传播,因而会形成模分散(因为每一个"模式"光进入光纤的角度不同,则它们到达另一端点的时间也不同,这种特征称为模分散),从而造成失真。因此多模光纤只适合于近距离传输。

光纤工作常用的3个波段的中心波长分别为850nm、1300nm和1550nm，所有这3个波段的带宽为25 000～30 000GHz，因此，光纤的通信容量是很大的。常用的光纤规格如下：单模有8/125μm、9/125μm、10/125μm；多模有50/125μm(欧洲标准)，62.5/125μm(美国标准)，其中斜杠前面的数字代表纤芯直径，后面的数字代表包层直径。表2-3和表2-4列出了光纤的几种典型的传输距离与速率的关系。

表2-3　多模光纤几种典型的传输距离与速率的关系

传输速率及波长	普通50μm多模	普通62.5μm多模	新型50μm多模
1Gb/s，850nm波长	550m	275m	1100m
10Gb/s，850nm波长	250m	100m	550m

表2-4　单模光纤几种典型的传输距离与速率的关系

传输速率	G.652单模光纤(纤芯直径9μm)	G.655单模光纤(纤芯直径9μm)
2.5Gb/s，1550nm波长	100km	390km
10Gb/s，1550nm波长	60km	240km
40Gb/s，1550nm波长	4km	16km

光纤不仅具有通信容量非常大的优点，而且还有其他一些特点。

(1) 传输损耗小，中继距离长，对远距离传输特别经济。

(2) 抗雷电和电磁干扰性能好。

(3) 无串音干扰，保密性好。

(4) 体积小、质量轻。例如，长度为1km的1000对双绞线电缆的质量为8000kg，而同样长度但容量大得多的一对两芯光缆的质量仅为100kg。

(5) 光纤的主要缺点是：将两根光纤精确地连接需要专用设备，并且目前光电接口还比较昂贵。

目前，实验室里单根光纤的传输速率可达80Tb/s，该速率可供全球70多亿人同时通话，或者可以在1秒内传输上万部蓝光高清电影。商用条件下单根光纤的传输速率也已经超过100Gb/s。

2.3.2　非导向传输介质

在非导向传输介质中电磁波的传输常称为无线传输，无线传输可使用的频段很广，整个电磁频谱包含从电波到宇宙射线的各种波、光和射线的集合。不同频率段分别命名为无线电(3kHz～3000GHz)、红外线、可见光、紫外线、X射线、γ射线和宇宙射线。从图2-5可以看出，人们现在已经利用了多个波段进行通信。紫外线和更高频段目前还不能用于通信。图2-5最下方给出了ITU对于波段的正式名称。表2-5列出了无线电频谱和波段划分。

表2-5　无线电频谱和波段划分

频段名称	频段范围 (含上限不含下限)	波段名称	波长范围 (含上限不含下限)
甚低频(VLF)	3～30kHz	超长波	10～100km
低频(LF)	30～300kHz	长波	1～10km

续表

频段名称	频段范围（含上限不含下限）	波段名称		波长范围（含上限不含下限）
中频(MF)	300～3000kHz	中波		100～1000m
高频(HF)	3～30MHz	短波		10～100m
甚高频(VHF)	30～300MHz	米波		1～10m
特高频(UHF)	300～3000MHz	分米波	微波	10～100cm
超高频(SHF)	3～30GHz	厘米波		1～10cm
极高频(EHF)	30～300GHz	毫米波		1～10mm
巨高频(THF)	300～3000GHz	丝米波		0.1～1mm

1. 无线电波

无线电波很容易产生，可以传播很远，容易穿透建筑物，因此，无线电波被广泛用于通信领域，既可用于室内也可用于室外。由于无线电波是全方向传播的，这意味着它们将从源点沿着所有方向传播出去，因此发射设备和接收设备不必在物理上很准确地对准。

无线电波的特性与频率相关。在低频部分，无线电波能够很容易地穿透障碍物，但是能量随着与信号源距离的增大而急剧减少。在高频上，无线电波趋于直线传播并会受到障碍物的阻挡，还会被雨水吸收。在所有频率上，无线电波都会受到发动机与其他电子设备的干扰。

在 VLF、LF 和 MF 波段，无线电波沿着地面传输，如图 2-10(a)所示，在较低频率上，可以在 1000km 内检测到这些电波，在较高频率上距离范围要短一些。AM(即调幅)无线电广播使用了 MF 频段。在 HF 和 VHF 波段，地面波会被地球吸收，然而，到达电离层的波可以被电离层折射回来，再送回到地球上，如图 2-10(b)所示。

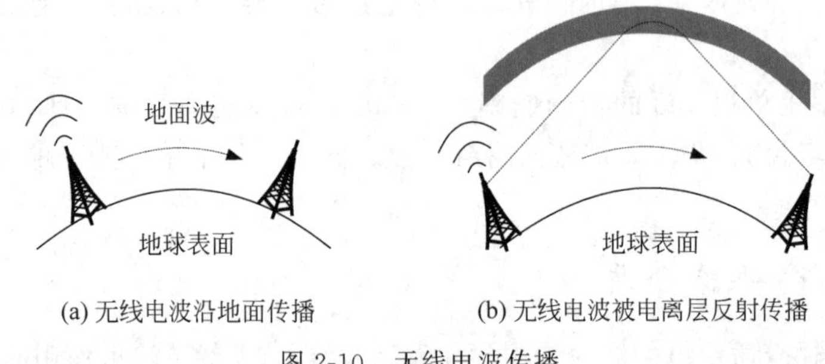

(a) 无线电波沿地面传播　　(b) 无线电波被电离层反射传播

图 2-10　无线电波传播

由于无线电波能够传播很远的距离，用户之间的相互串扰是个问题，因此，所有的政府都严格管制无线电发射器的用途(除了 ISM 频段)。ISM 是 Industry、Scientific、Medical(工业、科学、医学)的缩写，即所谓的“工、科、医频段”，它可以被用户自由使用，而不需政府授权。例如，车门控制器、无绳电话、无线电控制的玩具、无线鼠标，以及其他的无线家用设备都是用 ISM 频段。图 2-11 所示为美国的 ISM 频段，现在的无线局域网就使用其中的 2.4GHz 和 5.8GHz 频段。频率越高，越接近准光线传播，遇到墙等障碍物的反射损耗越大，传输的速率也会大大降低。

2. 微波

微波是指频率为 300MHz～3000GHz 的电磁波，包括分米波、厘米波、毫米波和丝米

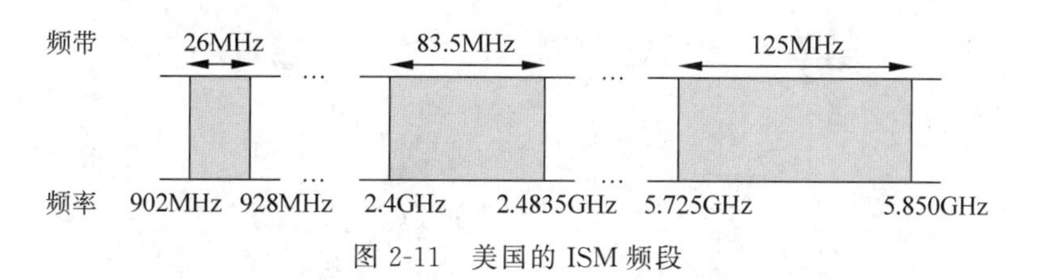

图 2-11　美国的 ISM 频段

波。目前主要使用 2～40GHz 的频率范围。微波在空间主要是直线传播。由于微波会穿透电离层而进入宇宙空间，因此它不像在 HF 和 VHF 波段的无线电波可以经电离层反射传播到地面上很远的地方。传统的微波通信主要有两种方式：地面微波接力通信和卫星通信。

1）地面微波接力通信

由于微波在空间是直线传播，而地球表面是个曲面，因此其传输距离往往受到限制，一般只有 50km 左右。但若采用 100m 高的天线塔，则传输距离可以扩大到 100km。为了实现远距离通信，必须在一条无线电通信信道的两个终端之间建立若干中继站。中继站把前一站送来的信号经过放大后再发送到下一站，因此称为“接力”。大多数长途电话业务使用 4～6GHz 的频率范围。

地面微波接力通信主要用于远距离远程无线通信和楼宇间短距离的点对点通信。地面微波接力通信的优点如下。

（1）微波波段频率很高，其频带范围也很宽，因此其通信信道的容量很大。

（2）因为工业干扰和天电干扰的主要频谱成分比微波频率低得多，因此微波传输质量较高。

（3）与相同容量和长度的电缆载波通信相比，微波接力通信建设成本低、见效快，易于跨越山区和江河。

微波接力通信有以下缺点。

（1）相邻站之间必须直视，不能有障碍物。有时一个天线发出的信号也会分成几条略有差别的路径到达接收天线，因而造成失真。

（2）微波传输有时会受到恶劣气候的影响。

（3）与电缆通信相比，微波通信的隐蔽性和保密性较差。

（4）对大量中继站的使用和维护需要耗费较多的人力和物力。

2）卫星通信

卫星通信主要利用人造地球卫星作为中转站，转发微波信号，在多个微波站（或称为地球站）之间传送信息。卫星通信主要用于长途电话通信、蜂窝电话、电视转播和其他应用。

常用的卫星通信方法是在地球站之间利用位于 36 000km 高空的人造同步地球卫星作为中继器的一种微波接力通信。因此，卫星通信的主要优缺点大体上跟地面微波通信差不多。同步地球卫星发射出的电磁波能辐射到地球上的通信覆盖区的跨度大约为 18 000km，面积约占全球的 1/3。因此，只要在地球赤道上空的同步轨道上等距离地放置 3 颗相隔 120°的卫星，就能基本上实现全球通信。图 2-12 所示为卫星通信的工作原理。一个典型的卫星通常拥有 12～20 个转发器，每个转发器的频带宽度为 36～50MHz。

卫星通信的主要优点是通信距离远，且通信费用与通信距离无关，并且卫星通信有较大

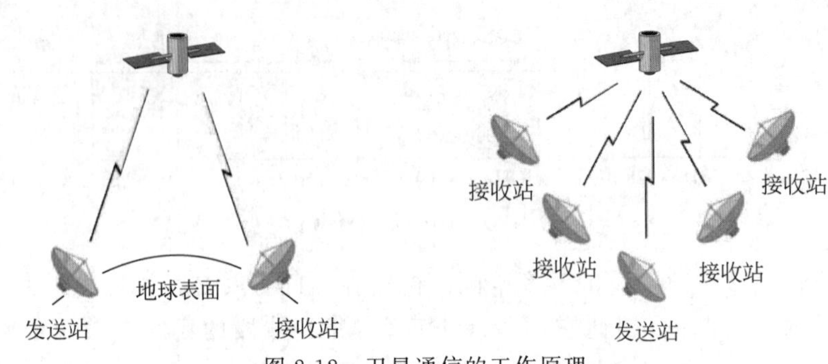

图 2-12 卫星通信的工作原理

的传播时延。不管两个地球站之间的地面距离是多少(几百米或上万千米),从一个地球站经卫星到达另一个地球站的传播时延为 250～300ms,一般为 270ms。这和其他通信有较大的差别。相比之下,地面微波接力通信链路的传播时延一般为 3.3μs/km。

通信卫星本身和发射卫星的火箭造价都很高,受电源和元器件寿命的影响,同步卫星的使用寿命一般只有 7～8 年。卫星地球站的技术较复杂,价格也比较贵,这些都是选择传输介质时应全面考虑的。

目前卫星通信常用的 3 个频段如表 2-6 所示。

表 2-6 卫星通信常用的 3 个频段

波段	频率(GHz)	下行链路(GHz)	上行链路(GHz)	带宽(MHz)	主要问题
C	4/6	3.7～4.2	5.925～6.425	500	地面的干扰
Ku	11/14	11.7～12.2	14.0～14.5	500	降雨
Ka	20/30	17.7～21.7	27.5～30.5	3000	降雨；设备昂贵

除了上述同步卫星外,在 20 世纪 90 年代初,随着小卫星技术的发展,出现了中、低轨道通信卫星。中、低轨道卫星相对于地球不是静止的,而是不停地围绕地球旋转,这些卫星在天空上构成了高速的链路。

3. 红外线

红外线的主要特点是不能穿透固体物质,这意味着一间房屋内的红外系统不会对其他房屋中的系统产生干扰,而其防窃听的安全性要比无线电系统好。所以红外系统不需要政府授权。

红外通信通过调制非相干红外线光的收发机进行,收发机互相置于视线内对准,直接或经房间天花板的浅色表面反射传递信息,被广泛用于短距离通信。例如,电视机、录像机使用的遥控器都利用了红外线通信。红外线具有方向性、便宜并且容易制造,也成为室内无线网的候选对象。

4. 光波

将两个建筑物内的 LAN 通过屋顶上安装的激光连接起来是光波传输最经典的应用。由于激光的光信号是单向的,因此,每个建筑物都必须安装自己的激光发生器和光检测器。这种方案提供了非常高的带宽,成本也比较低,并且它相对容易安装,也不要求政府的许可。激光的缺点是不能够穿透雨水或浓雾。

2.4 多路复用技术

多路复用是网络中的基本概念，在计算机网络中的信道广泛地使用各种复用技术。多路复用的实质是：发送方将多个用户的数据通过复用器进行汇聚，然后通过共享高速信道进行通信，在接收端再使用分用器，把信息分别送到相应的终点。图 2-13 所示为多路复用示意图。

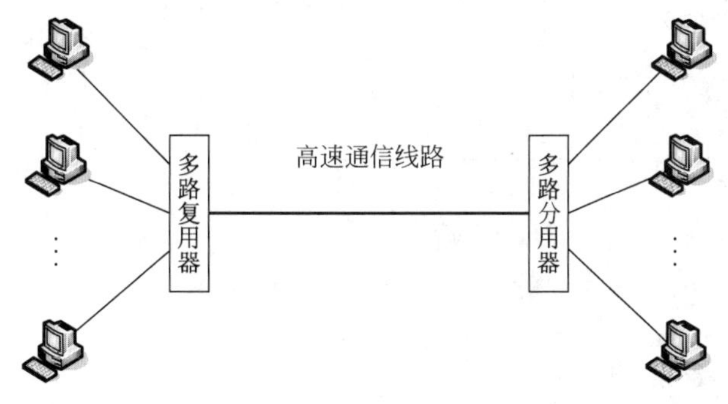

图 2-13 多路复用示意图

多路复用一般包括以下 4 种基本形式。

(1) 频分多路复用(Frequency Division Multiplexing，FDM)。

(2) 时分多路复用(Time Division Multiplexing，TDM)。

(3) 波分多路复用(Wavelength Division Multiplexing，WDM)。

(4) 码分多路复用(Code Division Multiplexing，CDM)。

2.4.1 频分多路复用

频分多路复用(Frequency Division Multiplexing，FDM)的基本原理是：在一条高速信道可以设计多路通信信道，每路信道的信号以不同的载波频率进行调制，各个载波频率是互不重叠的，相邻信道之间用“警戒频带”隔离。这样，一条高速信道就可以同时独立地传输多路信号。

频分多路复用的原理图如图 2-14 所示。如果设计单个信道的带宽为 B_m，警戒信道带宽为 B_g，则每个信道实际占有的带宽 $B=B_m+B_g$。由 N 个信道组成的频分多路复用系统所占用的总带宽为 $B_S=N\times B=N\times(B_m+B_g)$。例如，第 1 个载波频率为 60～64kHz，带宽为 4kHz；第 2 个信道载波频率为 64～68kHz，带宽为 4kHz；第 3 个信道的载波频率为 68～72kHz，带宽为 4kHz。第 1、2、3 信道的载波频率不重叠。如果这条高速共享信道的可用带宽为 96kHz，按照每一路信道占用 4kHz 计算，则这条高速共享信道可以复用 24 路信号。

在进行频分复用时，若每一个用户占用的带宽不变，则当复用的用户数增加时，复用后的总带宽就跟着变宽。例如，传统的电话通信每一个标准话路的带宽为 4kHz(即通信用的 3.1kHz 加警戒频带)，如果有 1000 个用户进行频分多路复用，则复用后的总带宽为 4MHz。

频分复用是以信道频带作为分割对象，通过为多个信道分配互不重叠的频率范围来实现多路复用，因此频分多路复用更适合模拟信号的传输。

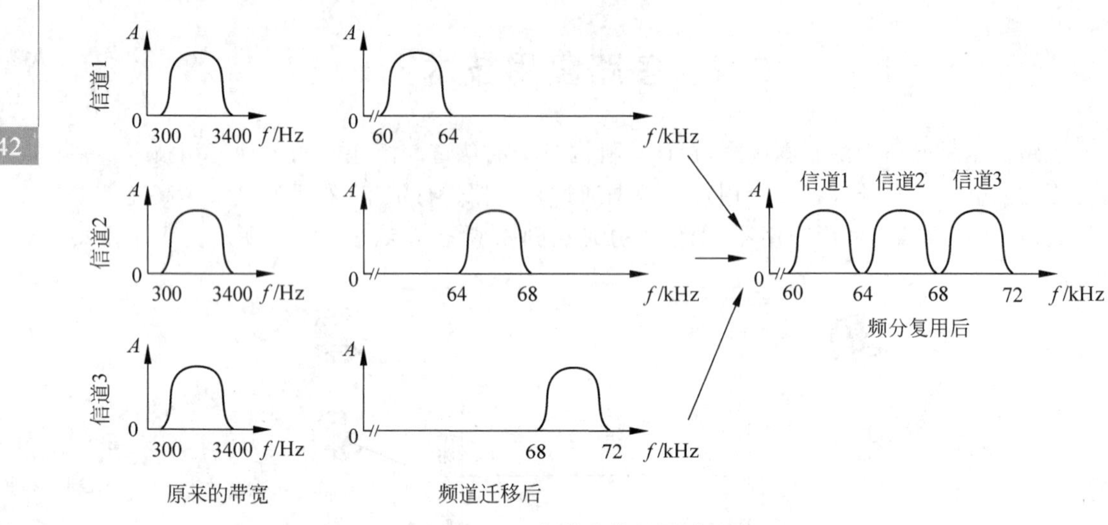

图 2-14　频分多路复用原理图

视频讲解

2.4.2　时分多路复用

时分多路复用(Time Division Multiplexing,TDM)是以信道的传输时间作为分割对象,通过为多个信道分配互不重叠的时间片的方法实现多路复用。因此,时分多路复用更适合数字信号的传输。

时分多路复用的基本原理是:将信道用于传输的时间划分为一段段等长的时分复用帧(TDM 帧),每一个时分复用的用户在每一个 TDM 帧中占用固定序号的时隙。图 2-15 所示为一个时分多路复用原理图。

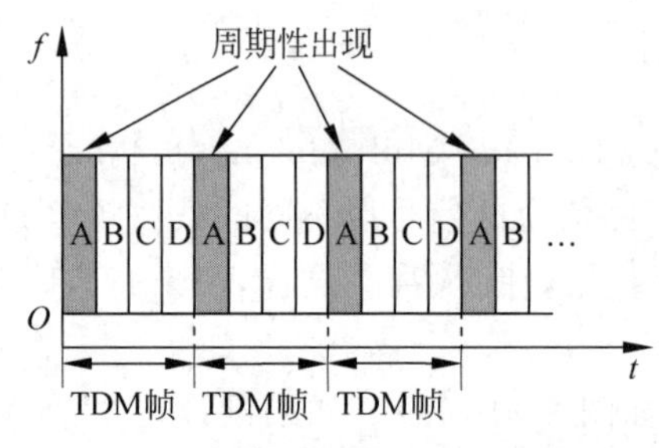

图 2-15　时分多路复用原理图

为了简单起见,在图 2-15 中,只画出了 4 个用户 A、B、C 和 D。每个用户所占用的时隙是周期性地出现(其周期是 TDM 帧的长度)。从图中可以看出,时分复用的所有用户是在不同的时间占用同样的频带宽度。

目前,应用最广泛的时分多路复用方法是欧洲的 E1 和北美与日本的 T1。E1 将 32 个话路采用时分多路方式复用到一条高速的信道上。每路音频信号在送到多路复用器之前,要通过一个 PCM 编码器,由于编码器每秒取样 8000 次,相当于采样周期 $T=125\mu s$。因此 E1 的一个时分复用帧的长度也就为 $125\mu s$,每个时分复用帧划分为 32 个相等的时隙,每个时隙对应一个话路,传送 8 位,则整个 32 个时隙共有 256 位。因此一次群 E1 的速率为 $256b/125\mu s=2.048Mb/s$。在 32 个时隙中,有 2 个时隙分别用于帧同步和传送信令。直接用于通话的共有 30 个时隙,因此一个 E1 的时分复用帧共有 30 个话路。

T1 将 24 个话路采用时分多路方式复用到一条高速信道上，每个话路用 7 位编码，然后再加 1 位用于信道控制，因此一个话路也是占用 8 位。每个 TDM 帧由 24×8＝192 位组成，附加一位作为帧开始标志位，所以每个帧共有 193 位。由于发送一帧仍然需要 125μs，因此一次群 T1 的速率为 193b/125μs＝1.544Mb/s。

当需要有更高的数据传输率时，可以继续采用复用的方法。例如，4 个一次群可以构成一个二次群。当然，一个二次群的数据速率要比 4 个一次群速率的总和还要多一些，这些多出来的位主要用于成帧或者当线路失去同步时恢复。表 2-7 给出了欧洲和北美系统的高次群话路数和数据率。

表 2-7　欧洲和北美系统的高次群话路数和数据率

系统类型		一次群	二次群	三次群	四次群	五次群
欧洲标准	符号	E1	E2(4E1)	E3(4E2)	E4(4E3)	E5(4E4)
	话路数	30	120	480	1920	7680
	速率(Mb/s)	2.048	8.448	34.368	139.264	565.148
北美标准	符号	T1	T2(4T1)	T3(7T2)	T4(6T3)	
	话路数	24	96	672	4032	
	速率(Mb/s)	1.544	6.312	44.736	274.176	

当使用时分多路复用系统传送计算机数据时，由于计算机数据的突发性，一个用户对已经分配到的子信道的利用率一般不高，因为当用户在某一段时间暂时无数据传输时，就只能让分配到的子信道空闲，其他用户无法使用这个暂时空闲的线路资源。统计时分复用(Statistic TDM，STDM)是一种改进的时分复用方式，它能明显地提高信道的利用率。集中器(Concentrator)常使用这种统计时分复用方式。图 2-16 所示为统计时分复用的原理图。一个统计时分复用的集中器连接 4 个低速用户，然后将他们的数据集中起来通过高速线路发送到一个远地计算机。

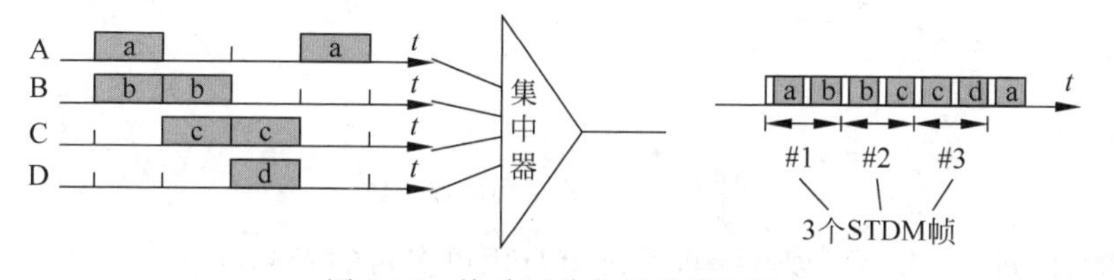

图 2-16　统计时分复用的原理图

统计时分复用使用 STDM 帧来传送复用的数据。但每个 STDM 帧中的时隙数小于连接在集中器上的用户数。各用户有了数据就随时发往集中器的输入缓存，然后集中器按顺序依次扫描输入缓存，把缓存中的输入数据放入 STDM 帧中。对没有数据的缓存就跳过去。当一个帧的数据装满后，就发送出去。因此，STDM 帧不是固定分配时隙，而是按需动态地分配时隙。因此统计时分复用可以提高线路的利用率。由于用户所占的时隙并不是周期性地出现，因此在每个时隙中还必须有用户地址信息。人们把这种统计复用也称为异步时分复用，而普通的时分复用称为同步时分复用。注意，TDM 帧和 STDM 帧都是在物理层传送的比特流中所划分的帧，这种“帧”和数据链路层的“帧”是完全不同的概念。

2.4.3 波分多路复用

波分多路复用(Wavelength Division Multiplexing,WDM)就是光的频分多路复用。光纤技术的应用使得数据的传输率空前提高。目前,在不采用复用技术的情况下,一根单模光纤的数据传输率最高可达到2.5Gb/s。再提高传输速率就比较困难了。如果设法对光纤传输中的色散问题加以解决,如采用色散补偿技术,则一根单模光纤的传输速率可达到20Gb/s。这几乎达到了单个光载波信号传输速率的极限值。如果借助频分多路复用的设计思想,就能够在一根光纤上同时传输很多个频率接近的光载波信号,实现基于光纤的频分多路复用技术。最初,人们将在一根光纤上复用两路光载波信号的方法称为波分复用WDM。

波分复用的原理图如图2-17所示,图中所示的两束光波的频率是不相同的,它们经过棱镜(或光栅)之后,使用了一条共享的光纤传输,它们到达目的结点后,再经过棱镜(或光栅)重新分成两束光波。因此,波分多路复用并不是什么新概念,只不过是频分多路复用在极高频率上的应用而已。只要每条信道上有它自己的频率(也就是波长)范围且互不重叠,它们就能够以多路复用的方式通过共享光纤进行远距离传输。与电信号的FDM不同的是,波分多路复用是在光学系统中利用衍射光栅来实现多路不同频率的光波信号的合成与分解。

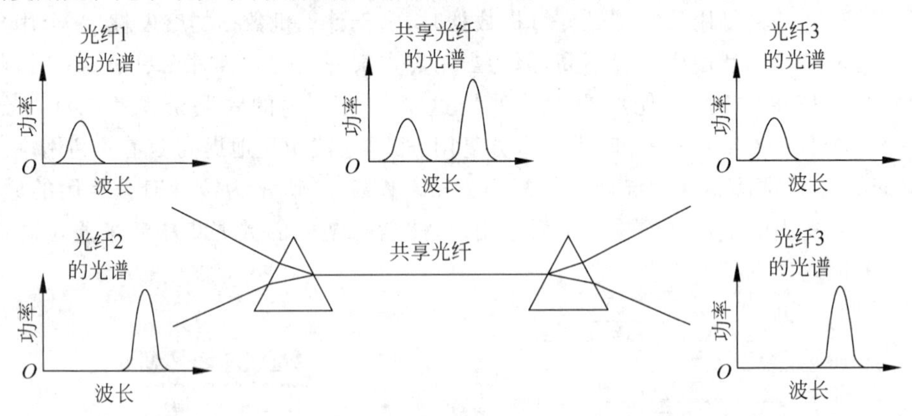

图2-17 波分复用的原理图

随着技术的进步,人们可以在一根光纤上复用更多路的光载波信号。目前可以复用80路或更多路的光载波信号。因此,这种复用技术也称为密集波分复用(Dense Wavelength Division Multiplexing,DWDM)。例如,将8路传输速率为2.5Gb/s、波长为1310nm的光信号进行光调制后,分别将光信号的波长变换到1550～1517nm,每个光载波相隔大约1nm,因此经过密集波分复用后,一根光纤的总的数据传输速率为8×2.5Gb/s=20Gb/s。这种系统在目前的高速主干网中已被广泛应用。图2-18所示为密集波分复用原理图。

在图2-18中,8个波长很接近的光载波经过光复用器(也称合波器)后,就在一根光纤中传输,但光信号传输一段距离后就会衰减,因此对衰减了的光信号必须进行放大才能进行传输。现在已经有很好的掺铒光纤放大器,能够直接对光信号进行放大。两个光纤放大器之间光缆长度可达120km,通过放置4个光纤放大器,可使光复用器和光分用器(也称为分波器)之间的无光电转化的距离达到600km。

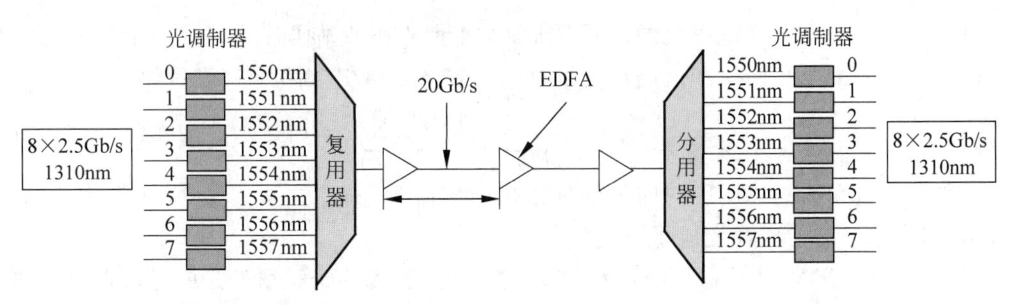

图 2-18 密集波分复用原理图

2.4.4 码分多路复用

码分多路复用(Code Division Multiplexing,CDM)是另一种共享信道的方法。实际上,人们更常用的名词是码分多址(Code Division Multiple Access,CDMA)。每一个用户可以在同样的时间使用同样的频带进行通信。由于各用户使用经过特殊挑选的不同码型,因此各用户之间不会造成干扰。码分复用最初是用于军事通信,因为这种系统发送的信号有很强的抗干扰能力。其频谱类似于白噪声,不易被敌人发现。随着技术的进步,CDMA 设备的价格和体积都大幅度下降,因而现在已广泛使用在民用的移动通信中,特别是在无线局域网中。采用 CDMA 可提高通话的话音质量和数据传输的可靠性,减少干扰对通信的影响,增大通信系统的容量(是使用 GSM 系统容量的 4～5 倍),降低手机的平均发射功率。

在 CDMA 中,每比特时间再划分为 m 个短的间隔,称为码片(Chip)。通常 m 的值是 64 或 128。在下面的原理性说明中,为了简单起见,设 $m=8$。

使用 CDMA 的每一个站被指派一个唯一的 mb 码片序列(Chip Sequence)。一个站如果要发送比特 1,则发送它自己的 mb 码片序列。如果要发送比特 0,则发送该码片序列的二进制反码。例如,指派给 S 站的 8b 码片序列是 00011011。当 S 发送比特 1 时,它就发送序列 00011011,而当 S 发送比特 0 时,就发送 11100100。为了方便,可以按照惯例将码片中的 0 写为-1,将 1 写为$+1$。因此 S 站的码片序列是$(-1-1-1+1+1-1+1+1)$。

现假定 S 站要发送信息的数据率为 b b/s。由于每比特要转换成 m 比特的码片,因此 S 站实际上发送的数据率提高到 mb b/s,同时 S 站所占用的频带宽度也提高到原来数值的 m 倍。这种通信方式是扩频(Spread Spectrum)通信中的一种。扩频通信通常有两大类:一类是直接序列(Direct Sequence)扩频,如上面讲的使用码片序列就是这一类,记为 DS-CDMA;另一类是跳频(Frequency Hopping)扩频,记为 FH-CDMA。

CDMA 系统的一个重要特点就是这种体制给每一个站分配的码片序列不仅必须各不相同,并且还必须互相正交。在实用的系统中是使用伪随机码序列。

用数学公式可以很清楚地表示码片序列的这种正交关系。令向量 $\boldsymbol{S}$ 表示 S 站的码片向量,再令 $\boldsymbol{T}$ 表示其他任何站的码片向量。两个不同站的码片序列正交,就是向量 $\boldsymbol{S}$ 和 $\boldsymbol{T}$ 的规格化内积(Inner Product)都为 0,表示如下:

$$\boldsymbol{S} \cdot \boldsymbol{T} \equiv \frac{1}{m}\sum_{i=1}^{m}\boldsymbol{S}_i\boldsymbol{T}=0 \tag{2-10}$$

例如,向量 $\boldsymbol{S}$ 为$(-1-1-1+1+1-1+1+1)$,同时设向量 $\boldsymbol{T}$ 为$(-1-1+1-1+1+1+1-1)$,这相当于 T 站的码片序列为 00101110。将向量 $\boldsymbol{S}$ 和 $\boldsymbol{T}$ 的各分量值代入式(2-10)

就可看出这两个码片序列是正交的。不仅如此,向量 $\boldsymbol{S}$ 和各站码片反码的向量的内积也为0。另外,任何一个码片向量和该码片向量自己的规格化内积也都为1,表示如下:

$$\boldsymbol{S} \cdot \boldsymbol{S} = \frac{1}{m}\sum_{i=1}^{m} \boldsymbol{S}_{\mathrm{i}}\boldsymbol{S}_{\mathrm{i}} = \frac{1}{m}\sum_{i=1}^{m} \boldsymbol{S}_{\mathrm{i}}^{2} = \frac{1}{m}\sum_{i=1}^{m} (\pm 1)^{2} = 1 \tag{2-11}$$

而一个码片向量和该码片反码的向量的规格化内积值为−1。这从式(2-11)中可以很清楚地看出,因为求和的各项都变成了−1。

假定在一个CDMA系统中有很多站都在相互通信,每一个站所发送的是数据比特和本站的码片序列的乘积,因而是本站的码片序列(相当于发送比特1)和该码片序列的二进制反码(相当于发送比特0)的组合序列,或者什么也不发送(相当于没有数据发送)。还可以假定所有的站所发送的码片序列都是同步的,即所有的码片序列都在同一个时刻开始。利用全球定位系统GPS就不难做到这点。

现假定有一个X站要接收S站发送的数据。X站就必须知道S站特有的码片序列。X站使用它得到的码片向量 $\boldsymbol{S}$ 与接收到的位置信号进行求内积的运算。X站接收到的信号是各个站发送的码片序列之和。根据式(2-10)和式(2-11),再根据叠加原理(假定各种信号经过信道到达接收端是叠加的关系),那么求内积得到的结果是:所有其他站的信号都被过滤掉(其内积的相关项都是0),而只剩下S站发送的信号。当S站发送比特1时,在X站计算内积的结果是+1,当S站发送比特0时,内积的结果是−1。图2-19所示的是CDMA的工作原理。设S站要发送的数据是1、1、0三个码元。再设CDMA将每一个码元扩展为8个码片,而S站选择的码片序列为(−1−1−1+1+1−1+1+1)。S站发送的扩频信号为 $\boldsymbol{S}_{\mathrm{x}}$。我们应当注意到,S站发送的扩频信号 $\boldsymbol{S}_{\mathrm{x}}$ 中,只包含互为反码的两种码片序列。T站选择的码片序列为(−1−1+1−1+1+1+1−1),T站也发送1、1、0三个码元,而T站的扩频信号为 $\boldsymbol{T}_{\mathrm{x}}$。因为所有的站都使用相同的频率,所以每一个站都能够收到所有的站发送的扩频信号。对于这里的例子,所有的站收到的都是叠加的信号 $\boldsymbol{S}_{\mathrm{x}}+\boldsymbol{T}_{\mathrm{x}}$。

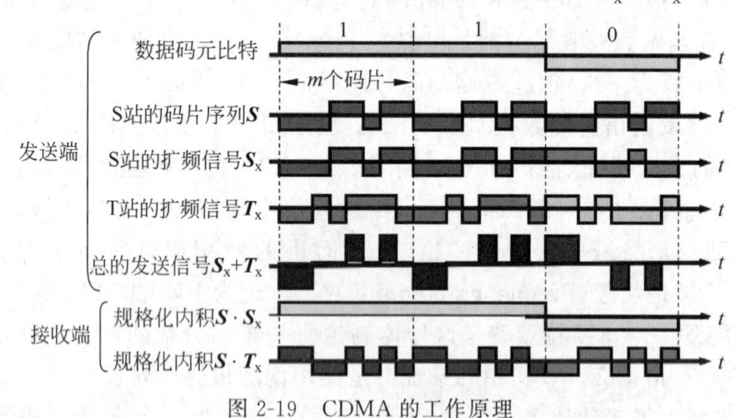

图2-19　CDMA的工作原理

当接收站打算接收S站发送的信号时,就用S站的码片序列与收到的信号求规格化内积。这相当于分别计算 $\boldsymbol{S} \cdot \boldsymbol{S}_{\mathrm{x}}$ 和 $\boldsymbol{S} \cdot \boldsymbol{T}_{\mathrm{x}}$,然后再求它们的和。显然,后者是零,而前者就是S站发送的数据比特。

第3章 广域网技术

3.1 广域网的演变与发展

3.1.1 广域网技术的特点

计算机网络按覆盖的地理范围划分，主要分为广域网（Wide Area Network，WAN）、城域网（Metropolitan Area Network，MAN）与局域网（Local Area Network，LAN）3 种类型。而 Internet 是将多个广域网、城域网与局域网互联构成的网际网。

局域网用于将一个实验室、一栋大楼或一个校园的有限范围内的各种计算机、终端与外部设备互联。城域网的规模介于广域网与局域网之间，它的设计目标是要满足 50km 范围内的大量企业、机关、公司的多个局域网互联的要求。广域网所覆盖的地理范围为 50～5000km。如果从网络技术发展历史的角度看，最先出现的是广域网，然后是局域网，城域网是在 Internet 大规模接入的背景下出现的，因此它出现的时间相对较晚。

由于局域网、城域网与广域网出现的年代、发展背景，以及各自的设计目标不同，因此它们各自形成了自己鲜明的技术特点。将广域网与局域网进行比较后就会发现，它们的不同之处主要表现在：覆盖的地理范围不同；核心技术与标准不同；组建和管理方式不同。

局域网覆盖有限的地理范围，广域网所覆盖的地理范围为 50～5000km，它覆盖一个地区、国家或横跨几个洲。广域网利用公共分组交换网、卫星通信网和无线分组交换网，将分布在不同地区的城域网、局域网或大型计算机系统互联起来，以便达到资源共享的目的。

在广域网的发展过程中，可以用于构成广域网的典型网络类型和技术主要有公共电话交换网（Public Switched Telephone Network，PSTN）、公用数据网 X. 25、帧中继（Frame Reply，FR）网、综合业务数字网（Integrated Service Digital Network，ISDN）、异步传输模式（Asynchronous Transfer Mode，ATM）网、数字数据网（Digital Data Network，DDN）、同步光纤网（Synchronous Optical Network，SONET）和同步数字体系（Synchronous Digital Hierarchy，SDH）。

3.1.2 广域网研究的技术思路

通过研究广域网的发展史，人们会发现研究与开发广域网技术有两类人员：一类是从事电信网技术的研究人员；另一类是研究计算机网络的技术人员。

从事电话交换、电信网与通信技术的人员考虑的问题是：如何在成熟技术和广泛使用的电信网络的基础上，将传统的语音传输业务和数据传输业务结合，这就出现了 ISDN、

X.25与WDM的研究与应用。

早期,人们利用公共电话交换网(PSTN)的模拟信道,使用调制解调器完成计算机与计算机之间的低速数据通信。1974年,X.25出现。随着光纤开始应用,一种简化的X.25协议的网络(即帧中继网)得到广泛应用。数字数据网(DDN)是一种基于点到点连接的窄带公共数据网。这几种技术在早期的广域网建设中发挥了一定的作用。ATM网的概念最初是从事电话交换与电信网的技术人员提出的,它们试图将语音与数据传输放在一个网络中完成,并且覆盖从局域网到广域网的整个领域。但是,这条技术路线不是很成功。尽管目前部分广域网的核心交换网仍然使用ATM技术,但是它的发展空间已经比较小了。

20世纪80年代,波分复用(WDM)技术已在美国AT&T公司的网络中使用,它的传输速率为2×1.7Gb/s。从20世纪90年代中期开始,波分复用技术在北美得到快速发展,并首先向密集波分复用(DWDM)方向发展。欧洲各国大的电信运营商安装了大量的点到点DWDM系统,这些系统以16×2.5Gb/s的DWDM系统为主。2000年,DWDM实验系统的速率为82×40Gb/s,传输距离为300km。目前光纤传输系统最高容量是80Tb/s,并且在远距离点到点传输的广域网中得到应用。早期的SONET/SDH是为传统电信业务服务的,它并不适合传输IP分组。由于数据业务将成为未来电信业务的主体,而绝大多数运营商的传输网是SONET/SDH网络,出于经济的原因,他们不会放弃大量已存在的、成熟可靠的SONET/SDH技术。为了适应数据业务发展的需要,SDH发展趋势是支持IP和Ethernet业务的接入,并不断融合ATM和路由交换功能,构成以SDH为基础的广域网平台。广域网发展的一个重要趋势是IP over SONET/SDH。

从事计算机网络的研究人员早期是在电信网的基础上,考虑如何利用物理层的通信设施和设备,将分布在不同区域的计算机连接起来。在此基础上,他们把研究的重点放在物理层接口标准、数据链路层协议与网络层IP上。当局域网的Ethernet技术日趋成熟和广泛使用时,他们调整了高速局域网的设计思路,在速率为1Gb/s的千兆以太网、10Gb/s的万兆以太网和40G/100Gb/s四万兆以太网及十万兆以太网物理层设计中,考虑利用光纤作为远距离传输介质,发展光以太网技术,将Ethernet技术从局域网扩大到城域网和广域网。目前看来,这条技术路线是十分成功的。

图3-1给出了广域网和数据传输技术的发展过程。图中涉及的技术是以ISDN、X.25、WDM与GE/10GE/40GE/100GE这4条路线来组织。图3-1中横坐标表示的是对应技术的发展时间。

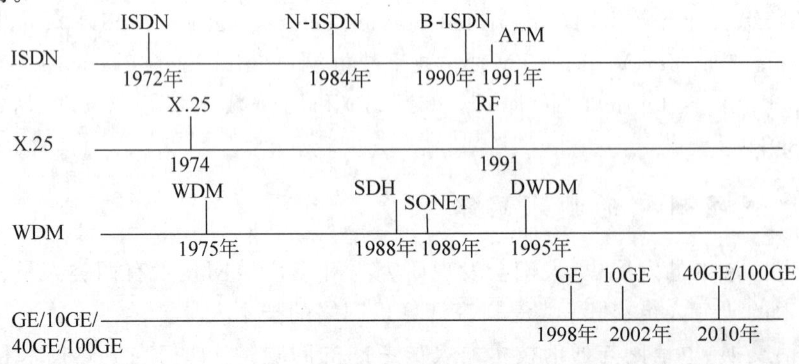

图3-1　广域网和数据传输技术的发展过程

3.2 广域网结构与参考模型

3.2.1 广域网的组成

早期的计算机网络主要是广域网，在以广域网为背景研究网络体系的结构的过程中，人们总结出计算机网络要完成的两大基本功能是数据处理和数据通信，相应的计算机网络从逻辑功能上分为资源子网和通信子网两部分，如图 3-2 所示。

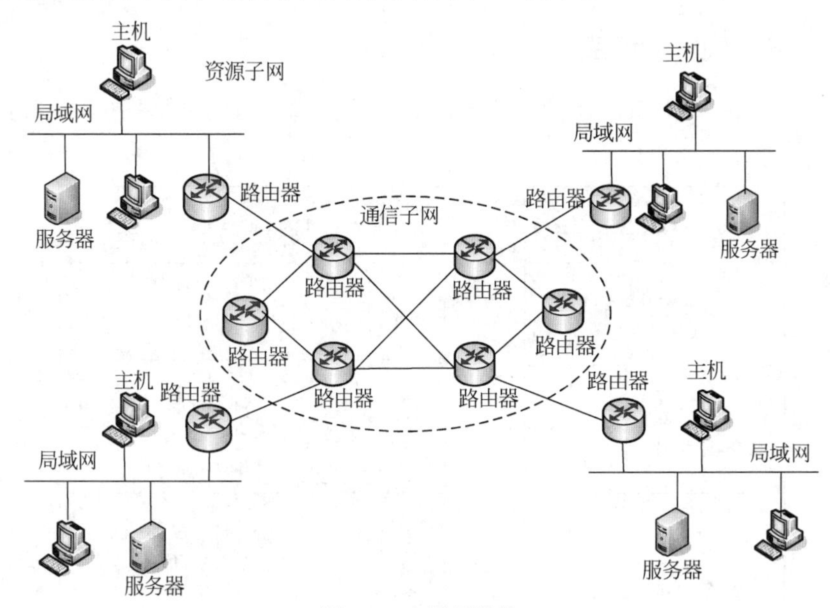

图 3-2 广域网结构

1. 资源子网

资源子网由主计算机系统、终端、终端控制器、联网外设、各种软件资源与信息资源组成。资源子网负责全网数据的处理业务，向网络用户提供各种网络资源和网络服务。主计算机系统简称主机(Host)，它可以是大型机、中型机、小型机、工作站或微型机。主机是资源子网的主要组成单元，它通过高速通信线路与通信子网的通信控制处理机(或路由器)相连接。普通用户终端通过主机联入网内。主机要为本地用户访问网络中其他主机设备与资源提供服务，同时要为网中远程用户共享本地资源提供服务。终端(Terminal)是用户访问网络的界面，终端可以是简单的输入、输出终端，也可以是带有处理机的智能终端，它可以通过主机接入网内，也可以通过终端控制器、报文分组组装与拆卸装置或通信控制处理机连入网内。

2. 通信子网

通信子网由通信控制处理机(Communication Control Processor，CCP)、通信线路与其他通信设备组成，负责完成网络中分组数据的发送、接收与转发等通信处理任务。CCP 就是目前广泛使用的路由器的前身，因此后面讨论中可以用路由器代替 CCP。在广域网中，路由器是通信子网中的网络结点。一方面，它作为与资源子网的主机、终端的连接接口，将主机和终端接入网内；另一方面，它又作为通信子网中分组存储转发结点，完成分组的接收、校验、存储、转发等功能，实现将源主机分组准确发送到目的主机的作用。通信线路为路由器与路由器、路由器与主机之间提供通信信道。计算机网络采用了多种通信线路，如电话线、双绞线、同轴电缆、光缆、无线通信信道、微波与卫星通信信道。

计算机网络的拓扑主要是指通信子网的拓扑。网络拓扑是通过通信子网中路由器与通信线路之间的几何关系来表示网络结构，反映网络中各实体间的结构关系。

需要指出的是，广域网可以明确地划分出资源子网和通信子网，而局域网由于采用的工作原理和结构的限制，不能明确地划分出子网的结构。

3.2.2 广域网参考模型

广域网主要工作在 OSI 参考模型底层的 3 个层次，即物理层、数据链路层和网络层，如图 3-3 所示。

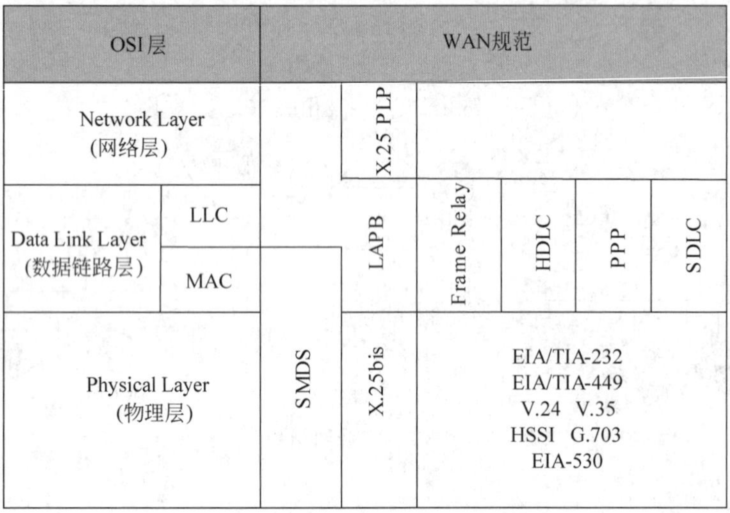

<table>
<tr><th colspan="2">OSI层</th><th colspan="6">WAN规范</th></tr>
<tr><td colspan="2">Network Layer
(网络层)</td><td rowspan="2"></td><td>X.25 PLP</td><td colspan="4"></td></tr>
<tr><td rowspan="2">Data Link Layer
(数据链路层)</td><td>LLC</td><td rowspan="2">LAPB</td><td rowspan="2">Frame Relay</td><td rowspan="2">HDLC</td><td rowspan="2">PPP</td><td rowspan="2">SDLC</td></tr>
<tr><td>MAC</td><td rowspan="2">SMDS</td></tr>
<tr><td colspan="2">Physical Layer
(物理层)</td><td>X.25bis</td><td colspan="4">EIA/TIA-232
EIA/TIA-449
V.24 V.35
HSSI G.703
EIA-530</td></tr>
</table>

图 3-3 广域网技术规范与 OSI 参考模型的关系

如果从网络覆盖的范围与网络体系结构的角度，广域网与城域网的设计一定要解决网络层的路由问题，局域网不需要考虑路由，因此它可以不涉及网络层的问题。早期的广域网 X. 25 与 ATM 都设计了自己的网络层协议，但是，在 Internet 广泛应用的今天，不管是哪种类型的局域网、城域网与广域网技术，它的网络层都统一使用 IP，这已经成为一种趋势，因此目前的局域网、城域网与广域网研究都将注意力集中到物理层和数据链路层，负责解决好低两层的数据通信问题。根据这种发展趋势，本章主要讨论广域网的物理层与数据链路层技术和协议，网络层问题将在第 5 章中讨论。

广域网标准通常描述物理层传送方式与数据链路层操作，包括寻址、数据流控制与封装。广域网标准由许多经认可授权的组织定义及管理，其中包括如下机构。

(1) 国际电信联盟的电信标准化部门(ITU-T)，即前国际电话与电报咨询委员会(CCITT)。

(2) 国际标准化组织(ISO)。

(3) 因特网工程任务组(IETF)。

(4) 电子工业协会(EIA)。

(5) 电信工业协会(TIA)。

3.2.3 广域网的物理层

广域网物理层协议描述了如何提供广域网服务的电子、机械、操作及功能方面的连接，大多数的广域网都需要通信服务提供商、交换电信公司(如网际网络服务提供商)等提供的互联架构。

1. 数据终端设备和数据通信设备

广域网物理层描述了数据终端设备(Data Terminating Equipment，DTE)和数据通信设备(Data Circuit-terminating Equipment，DCE)之间的接口(如图 3-4 所示)，其中 DTE 是具有一定的数据处理能力和数据收发能力的设备，负责提供存储或接收数据，如连接到调制解调器上的计算机(或路由器)就是一种 DTE。DCE 提供了到网络的物理连接，提供时钟信号用于同步 DCE 和 DTE 之间的数据传输，并转发数据流，如 Modem。DCE 设备通常是与 DTE 对接。

图 3-4　串行 DCE 和 DTE 连接

对于标准的串行接口，通常从外观就能判断是 DTE 还是 DCE，DTE 是针头(俗称公头)，DCE 是孔头(俗称母头)，这样两种接口才能连接在一起。

连接到 WAN 时，串行连接的一端为 DTE 设备，另一端为 DCE 设备。两台 DCE 设备之间是 WAN 服务提供商传输网络，在这种情况下，DTE 通常是路由器，但是如果终端、计算机、打印机或传真机直接连接到服务提供商网络，则它们将充当 DTE。

DCE 通常是调制解调器或 CSU/DSU，它将来自 DTE 的用户数据转换为 WAN 服务提供商传输链路能够接收的格式。远程 DCE 收到信号后，将其解码为比特序列，然后将其传输给远程 DTE。其中，CSU/DSU(信道服务单元/数据服务单元)是一种数字接口设备，负责将 DTE 设备上的物理接口连接到 DCE 设备的接口。CSU 接收和传送来往于 WAN 线路的信号，并提供对其两边线路干扰的屏蔽作用。CSU 也可以响应电话公司的用于检测目的地的回响信号。DSU 进行线路控制，在输入和输出间转换以下几种形式的帧：RS-232C、RS-449 或局域网的 V.35 帧和 T1 线路上的 TDM DSX 帧。

电子工业协会(EIA)和国际电信联盟电信标准局(ITU-T)一直积极制定让 DTE 能够与 DCE 通信的标准。EIA 将 DCE 称为数据通信设备，而 ITU-T 将 DCE 称为数据电路端接设备。

符合标准的 DTE/DCE 接口定义了如下规范。

(1) 机械/物理特征：引脚数量和连接器类型。

(2) 电气特征：定义了表示 0 和 1 的电平。

(3) 功能特征：通过指定接口中每条信令线路的含义定义了其执行的功能。

(4) 过程特征：指定数据传输事件的顺序。

用于连接 DTE 和 DCE 的电缆是屏蔽串行转接电缆。屏蔽串行转接电缆的路由器端可能是 DB-60 连接器，用于连接串行 WAN 接口卡的 DB-60 接口；另一端可以是符合标准的连接器。WAN 提供商或 CSU/DSU 通常决定了这种电缆的类型。主流网络设备均支持串行标准 EIA/TIA-232、EIA/TIA-449、V.35、X.21 和 EIA/TIA-530,如图 3-5 所示。

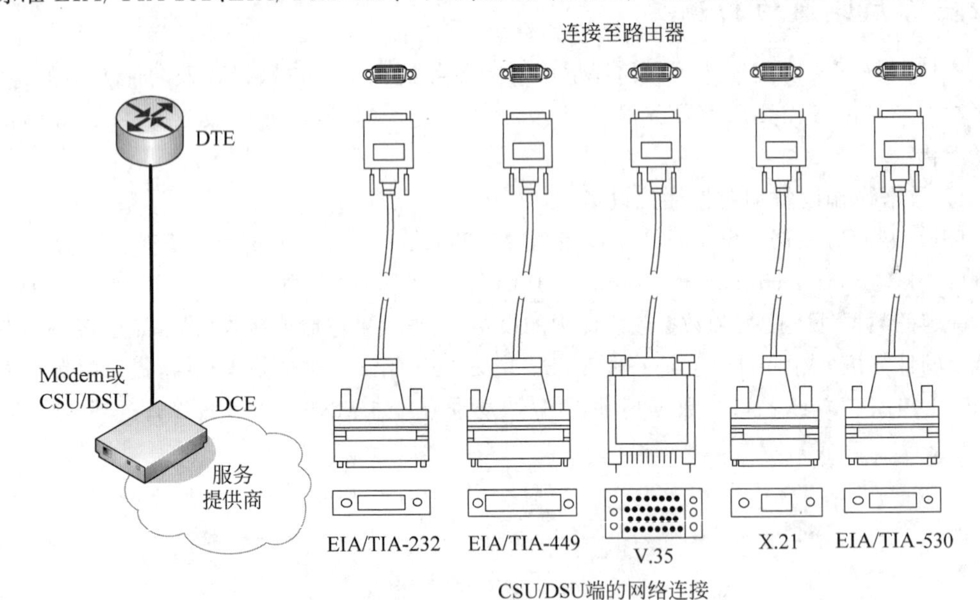

图 3-5 WAN 串行连接方式

许多物理层标准定义了 DTE 和 DCE 之间接口的控制规则,表 3-1 列举了常用物理层标准和它们的连接器。

表 3-1 广域网物理层标准

标 准	描 述
EIA/TIA-232	在近距离范围内,允许 25 针 D 型连接器上的信号速度最高可达 64kb/s,以前称为 RS-232
EIA/TIA-449/530	是 EIA/TIA-232 的高速版本(最高可达 2Mb/s),它使用 36 针 D 型连接器,传输距离更远,也称为 RS-422 或 RS-423
EIA/TIA-612/613	高速串行接口(HSSI),使用 50 针 D 型连接器,可以提供 T3(45Mb/s)、E3(34Mb/s)和同步光纤网(SONET)STS-1(51.84Mb/s)速率的接入服务。接口的实际速率取决于外部的 DSU 及连接的服务类型
V.35	用来在网络接入设备和分组网络之间进行通信的一个同步、物理层协议的 ITU-T 标准。V.35 普遍用在美国和欧洲,其建议速率为 48kb/s
X.21	用于同步数字线路上的串行通信 ITU-T 标准,它使用 15 针 D 型连接器,主要用在欧洲和日本
V.24	是介于 DTE 和 DCE 之间的物理层接口的 ITU-T 标准
G.703	用于电信公司设备与 DTE 之间的连接的 ITU-T 电子与机械规格,使用 British Naval Connectors(BNC)并运行于 E1 数据速率等级下

2. 常见的广域网设备

(1) 路由器(Router):提供诸如局域网互联、广域网接口等多种服务,包括 LAN 和 WAN 的设备连接端口。

(2) WAN 交换机(Switch):连接到广域网上,进行语音、数据资料及视频通信。WAN 交换机是多端口的网络设备,通常进行帧中继、X.25 及交换式多兆位数据服务(SMDS)等流量的交换。WAN 交换机通常在 OSI 参考模型的数据链路层之下，依据每个帧的目的地址过滤、转发并洪泛数据帧。

(3) 调制解调器(Modem)：包括针对各种语音级(Voice Grade)服务的不同接口，信道服务单元/数字服务单元(CSU/DSU)是 T1/E1 服务的接口，终端适配器/网络终结器(TA/NT1)是综合业务数字网(ISDN)的接口。

(4) 通信服务器(Communication Server)：汇集拨入和拨出的用户通信。

3. 广域网基本的线路类型与网络带宽

可以依照速率需求向 WAN 服务提供商租用 WAN 链路，其容量单位为每秒多少位(b/s)，其带宽决定了通过 WAN 链路的数据传输速率。美国地区的 WAN 带宽规定通常使用北美数字分级系统(North American Digital Hierarchy)，而中国或亚洲地区(除日本外)通常使用的是欧洲标准。表 3-2 列出了一些常见的 WAN 链路类型及相应网络带宽。

表 3-2　线路类型及带宽

线路类型	信令标准	带宽
56	DS0	56kb/s
64	DS0	64kb/s
T1	DS1	1.544Mb/s
E1	M	2.048Mb/s
E3	M3	34.064Mb/s
T3	DS3	44.736Mb/s
OC-1	SONET	51.84Mb/s
OC-3	SONET	155.54Mb/s
OC-9	SONET	466.56Mb/s
OC-12	SONET	622.08Mb/s
OC-18	SONET	933.12Mb/s
OC-24	SONET	1224.16Mb/s
OC-36	SONET	1866.24Mb/s
OC-48	SONET	2488.32Mb/s

3.3　广域网的数据链路层

3.3.1　数据链路层的基本概念

1. 链路与数据链路

链路(Link)就是一个结点到相邻结点的一段物理线路，而中间没有任何其他的交换结点。在进行数据通信时，两个计算机之间的通信路径往往要经过许多段这样的链路，可见链路只是路径的一个组成部分。

数据链路(Data Link)则是另外一个概念。这是因为当需要在一条线路上传输数据时，除了必须有一条物理线路外，还必须有一些必要的通信协议来控制这些数据的传输。若把实现这些协议的硬件和软件加到链路上，就构成了数据链路。现在最常用的方法是使用网络适配器来实现这些协议。一般的适配器都包含数据链路层和物理层这两层的功能。

也有人采用另外的术语,就是把链路分为物理链路和逻辑链路。物理链路就是上面所说的链路,逻辑链路就是上面所说的数据链路,是物理链路加上必要的通信协议。

数据链路结构可以分为两种:点到点链路和点到多点链路,如图 3-6 所示。图 3-6 中数据链路两端 DTE 称为计算机或终端,从链路逻辑功能的角度常称为站,从网络拓扑结构的观点则称为结点。

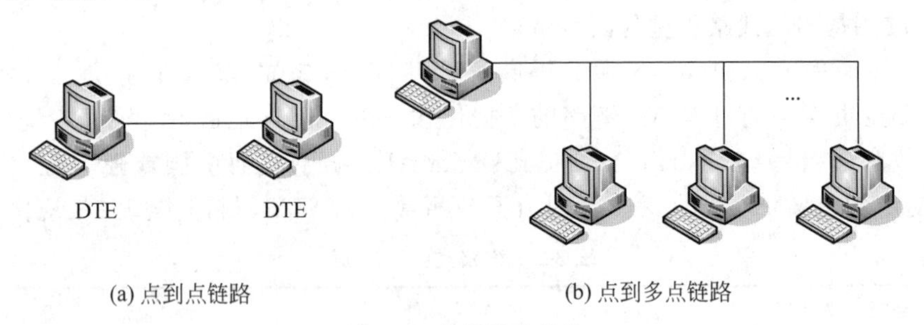

(a) 点到点链路　　(b) 点到多点链路

图 3-6　数据链路结构

在点到点链路中,发送信息和命令的站称为主站,接收信息和命令并发出确认信息或响应的站称为从站,兼有主、从功能可发送命令与响应的站称为复合站。在点到多点链路中,往往有一个站为控制站,主管数据链路的信息流,并处理链路上出现的不可恢复的差错情况,其余各站则为受控站。

2. 数据链路层控制功能

数据链路层是 OSI 参考模型的第二层,它在物理层提供的通信接口与物理线路连接服务的基础上,将易出错的物理线路构筑成相对无差错的数据链路,以确保 DTE 与 DTE 之间、DTE 与网络之间有效、可靠地传送数据信息。为了实现这个目标,数据链路控制功能应包括以下几部分。

(1) 帧控制。数据链路上传输的基本单位是帧。帧控制功能要求发送站把网络层送来的数据信息分成若干数据块,在每个数据块中加入地址字段、控制字段、校验字段,以及帧开始和结束标志,组成帧来发送;要求接收端从收到的帧中去掉标志字段,还原成原始数据信息后送到网络层。

(2) 帧同步。在传输过程中必须实现帧同步,以保证对帧中各个字段的正确识别。

(3) 差错控制。当数据信息在物理链路中传输出现差错,数据链路控制功能要求接收端能检测出差错并予以恢复,通常采用的方法有自动请求重发(ARQ)和前向纠错两种。采用 ARQ 方法时,为了防止帧的重收和漏收,常对帧采用编号发送和接收。当检测出无法恢复的差错时,应通知网络层做相应处理。

(4) 流量控制。流量控制用于克服链路的拥塞。它能对链路上信息流量进行调节,确保发送端发送的数据速率与接收端能够接收的数据速率匹配。常用的流量控制方法是滑动窗口控制法。

(5) 链路管理。数据链路的建立、维持和终止,控制信息的传输方向,显示站的工作状态,这些都属于链路管理的范畴。

(6) 透明传输。当所传输的数据出现了控制字符时,就必须采取适当的措施,使接收方不至于将数据误认为是控制信息。这样才能保证数据链路层的透明传输。

(7) 寻址。在多点链路中，帧必须能到达正确的接收站。

(8) 异常状态恢复。当链路发生异常情况时，如收到含义不清的序列或超时收不到响应等，能自动重新启动，恢复到正常工作状态。

典型广域网的通信子网是由路由器与连接路由器的点对点的租用线路组成的。当一帧到达路由器时，路由器会检查该帧的校验字段，如果校验字段正确，则该帧将被送到数据链路层软件。该软件一般是集成在网络接口适配器板的某一块芯片中。如果该帧是它希望接收的帧，那么它将该帧中的网络层数据(分组)提交网络层，网络层根据分组的源、目的地址进行路由选择，确定分组的输出线路。当路由器 A 选择下一个路由器 B 时，它就需要通过建立相应的数据链路，执行数据链路协议，建立可靠的数据链路，为网络层提供可靠的数据包传输服务。

3. 数据链路层协议分类

为了适应数据通信的需要，ISO、ITU-T 以及一些国家和大的计算机制造公司，先后制定了不同类型的数据链路层协议。根据数据帧的组织方式，可以分为面向字符型和面向比特型两种。

(1) 面向字符型。国际标准化组织制定的 ISO 1745、IBM 公司的二进制同步规程 BSC 以及我国国家标准 GB 3543—1982 均属于面向字符型的规程，也称为基本型传输控制协议。在这类协议中，用字符编码集中的几个特定字符来控制链路的操作，监视链路的工作状态。例如，采用国际 5 号码标准时，SOH 表示报头开始，STX 表示正文开始，ETX 表示正文结束，ETB 表示正文信息组的结束，ENQ、EOT、ACK、NAK 等字符用于控制链路操作。面向字符型规程有一个很大的缺点，就是它与所用的字符集有密切的关系，使用不同字符集的两个站之间，很难使用该协议进行通信。面向字符型规程主要适用于中低速异步或同步传输，很适合通过电话网进行数据通信。

(2) 面向比特型。ITU-T 制定的 X.25 建议的 LAPB、ISO 制定的 HDLC、美国国家标准 ADCCP、IBM 公司的 SDLC 等均属于面向比特型的规程。在这类规程中，采用特定的二进制序列 01111110 作为帧的开始和结束，以一定的比特组合所表示的命令和响应实现链路的监控功能，命令和响应可以和信息一起传送。所以它可以实现不受编码限制、高可靠和高效率的透明传输。面向比特型的规程主要适用于中高速同步半双工和全双工数据通信，如分组交换方式中的链路层就采用这种规程。随着通信技术的发展，它的应用日益广泛。

4. 广域网的数据链路层协议

在每个 WAN 连接上，数据在通过 WAN 链路前都被封装到帧中，为了确保传输数据的帧的格式匹配，必须配置恰当的第二层封装类型。协议的选择主要取决于 WAN 的拓扑和通信设备。WAN 数据链路层定义了传输到远程站点的数据封装形式。路由器把数据报以二层帧格式进行封装，然后传输到广域网链路。尽管存在几种不同的广域网封装，但是大多数有相同的原理。这是因为大多数的广域网封装都是从高级数据链路控制(HDLC)和同步数据链路控制(SDLC)演变而来的。尽管它们有相似的结构，但是每一种数据链路协议都指定了自己特殊的帧类型，不同类型是不相容的。

通常广域网数据链路层协议有以下几种。

(1) 点对点协议(Point to Point Protocol，PPP)：PPP 是一种标准协议，规定了同步或异步链路上的路由器对路由器、主机对网络的连接。

(2) 串行线路网际协议(Serial Line Internet Protocol,SLIP):SLIP是PPP的前身,用于使用TCP/IP的点对点串行连接。SLIP已经基本上被PPP取代。

(3) 高级数据链路控制(High-level Data Link Control,HDLC):它是点对点、专用链路和电路交换连接上默认的封装类型。HDLC是按比特访问的同步数据链路层协议,它定义了同步串行链路上使用帧标识和校验的数据封装方法。当连接不同设备商的路由器时,要使用PPP封装(基于标准)。HDLC同时支持点对点与点对多点连接。

(4) X.25/平衡式链路访问程序(LAPB):X.25是帧中继的原型,它指定LAPB为一个数据链路层协议。LAPB是定义DTE与DCE之间如何连接的ITU-T标准,是在公用数据网络上维护远程终端访问与计算机通信的。LAPB用于包交换网络,用来封装位于X.25中第二层的数据包。

(5) 帧中继:帧中继是一种高性能的包交换式广域网协议,可以应用于各种类型的网络接口中。帧中继适用于更高可靠性的数字传输设备上。

(6) ATM:ATM是信元交换的国际标准,在定长(53B)的信元中能传输各种各样的服务类型(如话音、音频、数据)。ATM适用于高速传输介质(如SONET)。

(7) 综合业务数字网(ISDN):一组数字服务,可经由现有的电话线路传输语音和数据信息。

最常用的两个广域网协议是HDLC和PPP,因此本节重点介绍这两种协议。

3.3.2 HDLC

高级数据链路控制(High-Level Data Link Control,HDLC)是一个在同步网上传输数据、面向比特的数据链路层协议,它是由国际标准化组织(ISO)根据IBM公司的SDLC(Synchronous Data Link Control)协议扩展开发而成的。

20世纪70年代初,IBM公司率先提出了面向比特的同步数据链路控制(SDLC)规程,随后,美国国家标准委员会(ANSI)和国际标准化组织(ISO)均采纳并发展了SDLC,并分别提出了自己的标准:ANSI的高级数据通信控制规程(Advanced Data Communications Control Procedure,ADCCP),ISO的高级数据链路控制(HDLC)规程。CCITT在此基础上将HDLC修改为链路接入规程(Link Access Procedure,LAP),并成为X.25网络接口标准的一部分,但是后来又将它修改为LAPB,使之与HDLC的新版本更加兼容。

1. HDLC的基本概念

(1) 主站、从站、复合站。HDLC涉及3种类型的站,即主站、从站和复合站。

主站的主要功能是发送命令(包括数据信息)帧、接收响应帧,并负责整个链路控制系统的初始化、流程的控制、差错检测或恢复等。

从站的主要功能是接收由主站发来的命令帧,向主站发送响应帧,并且配合主站参与差错恢复等链路控制。

复合站的主要功能是既能发送,又能接收命令帧和响应帧,并且负责整个链路的控制。

(2) HDLC链路的结构。在HDLC中,对主站、从站和复合站定义了3种链路结构,如图3-7所示。

(3) 操作方式。根据通信双方的链路结构和传输响应类型,HDLC提供了正常响应方式、异步响应方式和异步平衡方式3种操作方式。

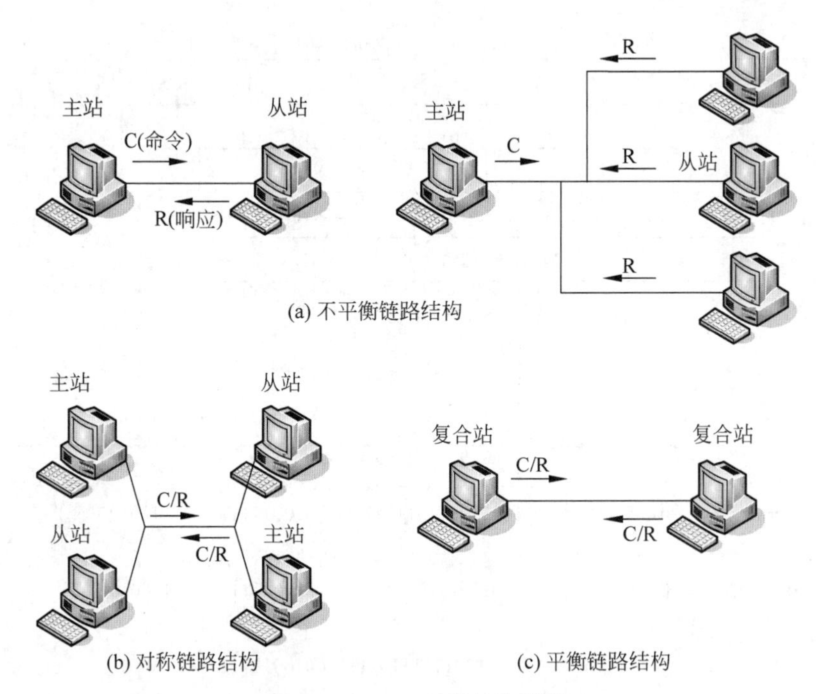

图 3-7　HDLC 链路结构类型

① 正常响应方式(NRM)。正常响应方式适用于不平衡链路结构,即用于点对点和点对多点的链路结构中,特别是点-多点链路。在 NRM 方式中,由主站控制整个链路的操作,负责链路的初始化、数据流控制和链路复位等。从站的功能很简单,它只有在收到主站的明确允许后,才能发出响应。

② 异步响应方式(ARM)。异步响应方式也适用于不平衡链路结构。它与 NRM 不同的是:在 ARM 方式中,从站可以不必得到主站的允许就可以开始数据传输。显然它的传输效率比 NRM 有所提高。

③ 异步平衡方式(ABM)。异步平衡方式适用于平衡链路结构。链路两端的复合站具有同等的能力,不管哪个复合站均可在任意时间发送命令帧,并且不需要收到对方复合站发出的命令帧就可以发送响应帧。ITU-T X.25 建议的数据链路层就采用这种方式。

除 3 种基本操作方式外,还有 3 种扩充方式,即扩充正常响应方式(SNRM)、扩充异步响应方式(SARM)、扩充异步平衡方式(SABM),它们分别与 3 种基本方式相对应。

2. HDLC 的帧结构

HDLC 的帧格式如图 3-8 所示,它由 6 个字段组成,这 6 个字段可以分为 5 种类型,即标志字段(F)、地址字段(A)、控制字段(C)、信息字段(I)、帧校验字段(FCS)。在帧结构中允许不包含信息字段(I)。

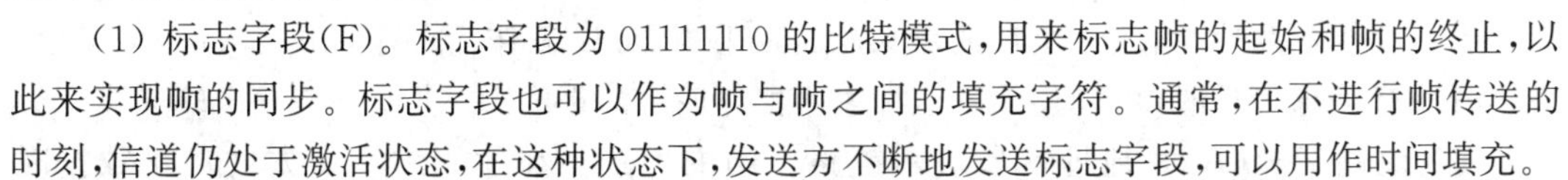

(1) 标志字段(F)。标志字段为 01111110 的比特模式,用来标志帧的起始和帧的终止,以此来实现帧的同步。标志字段也可以作为帧与帧之间的填充字符。通常,在不进行帧传送的时刻,信道仍处于激活状态,在这种状态下,发送方不断地发送标志字段,可以用作时间填充。

在一串数据比特中,有可能产生与标志字段的码型相同的比特组合。为了防止这种情况产生,保证对数据的透明传输,采取了 0 比特插入/删除法。图 3-9 给出了 0 比特插入/删除法的基本工作过程。

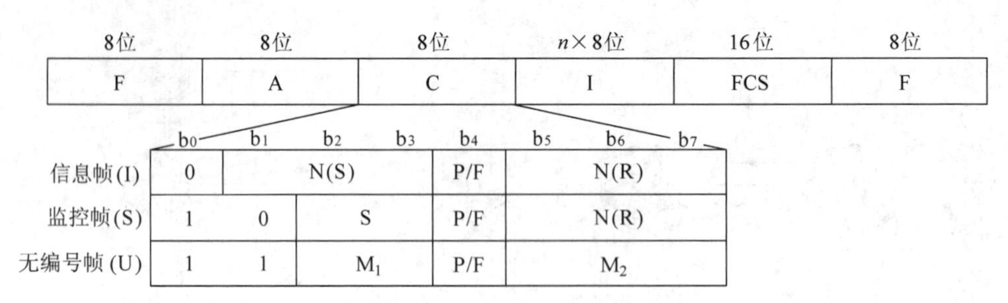

图 3-8　HDLC 的帧格式

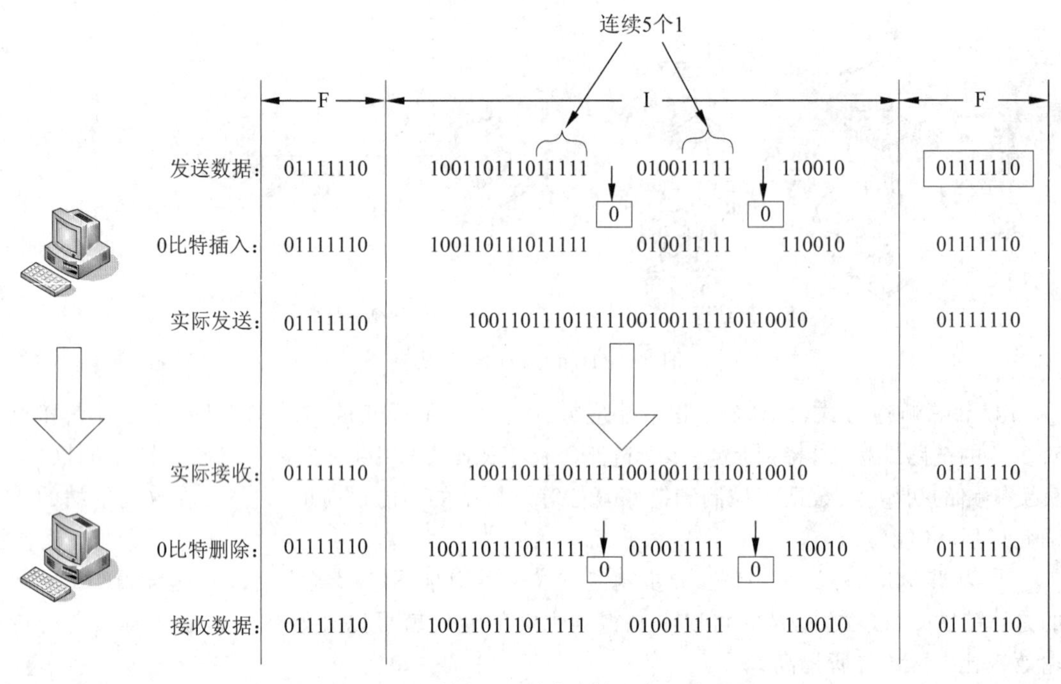

图 3-9　0 比特插入/删除法的基本工作过程

0 比特插入/删除法规定：发送端在两个标志字段 F 之间的比特序列中，如果检测出连续的 5 个 1，不管它后面的比特位是 0 还是 1，都增加一个 0；那么接收过程中，在两个标志字段 F 之间的比特序列中检查出连续的 5 个 1 之后就删除一个 0。在数据发送端，经 0 比特插入后的数据就可以保证不会出现 6 个连续的 1。在接收一个帧时，首先找到 F 字段以确定帧的边界，然后再对其中的比特序列进行检查，每当发现 5 个连续 1 时，就将这 5 个连续 1 后的一个 0 删除，以便将数据还原成原来的比特。这样保证了在传送的比特序列中，不管出现什么样的比特组合，也不至于产生帧边界的判断错误。因此，0 比特插入/删除法的使用，排除了在信息流中出现的标志字段的可能性，保证了对数据信息的透明传输。

当连续传输两帧时，前一个帧的结束标志字段 F 可以兼作后一个帧的起始标志字段。当暂时没有信息传送时，可以连续发送标志字段，使接收端可以一直保持与发送端同步。

(2) 地址字段(A)。地址字段表示链路上站的地址。在使用不平衡方式传送数据时(采用 NRM 和 ARM)，地址字段总是写入从站的地址；在使用平衡方式时(采用 ABM)，地址字段总是写入应答站的地址。

地址字段的长度一般为 8 位，最多可以表示 256 个站的地址。在许多系统中规定，地址字段为“11111111”时，定义为全站地址，即通知所有的接收站接收有关的命令帧并按其动作；全“0”比特为无站地址，用于测试数据链路的状态。因此有效地址共有254个之多，这对一般的多点链路是足够的。但考虑在某些情况下，如使用分组无线网，用户可能很多，可使用扩充地址字段，以字节为单位扩充。在扩充时，每个地址字段的第1位用作扩充指示，即当第1位为“0”时，后续字节为扩充地址字段；当第1位为“1”时，后续字节不是扩充地址字段，地址字段到此为止。

(3) 控制字段(C)。控制字段用来表示帧类型、帧编号及命令、响应等。从图3-8可知，由于C字段的构成不同，可以把HDLC帧分为信息帧、监控帧、无编号帧3种类型，分别简称I帧(Information)、S帧(Supervisory)、U帧(Unnumbered)。在控制字段中，第1位是“0”为I帧，第1、2位是“10”为S帧，第1、2位是“11”为U帧，它们具体操作复杂，在后面予以介绍。另外控制字段也允许扩展。

(4) 信息字段(I)。信息字段内包含了用户的数据信息和来自上层的各种控制信息。在I帧和某些U帧中，具有该字段，它可以是任意长度的比特序列。在实际应用中，其长度由收发站的缓冲器的大小和线路的差错情况决定，但必须是8位的整数倍。

(5) 帧校验字段(FCS)。帧校验序列用于对帧进行循环冗余校验，其校验范围从地址字段的第1比特到信息字段的最后一比特的序列，并且规定为了透明传输而插入的“0”不在校验范围内。

在HDLC协议中，采用了循环冗余校验(Cyclical Redundancy Check，CRC)码进行差错检验。

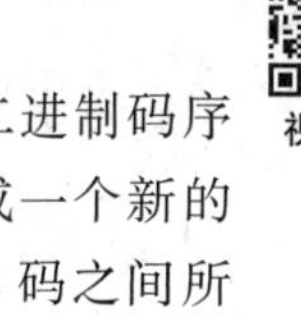
视频讲解

CRC校验码的基本思想是利用线性编码理论，在发送端根据要传送的k位二进制码序列，以一定的规则产生一个校验用的r位监督码(CRC码)，并附在信息后边，构成一个新的共$(k+r)$位的二进制码序列数，然后发送出去；在接收端，则根据信息码和CRC码之间所遵循的规则进行检验，以确定传送中是否出错。

CRC的校验过程如下。

(1) 设要发送的数据为$f(x)$，其长度为k位；生成多项式为$G(x)$，最高幂次为r；计算$f(x)\cdot x^r$；对于采用CRC-16(HDLC使用的生成多项式，表达式为$G(x)=x^{16}+x^{15}+x^2+1$)生成多项式的二进制乘法来说，其意义相当于将发送比特序列左移了16位，用来放置余数。

(2) 将$f(x)\cdot x^r$除以生成多项式$G(x)$(在实际计算时，使用模2加法进行运算)，即

$$\frac{f(x)\cdot x^r}{G(x)}=Q(x)+\frac{R(x)}{G(x)}$$

式中，$R(x)$为余数多项式。

(3) 将$f(x)\cdot x^r+R(x)$作为一个整体数据块，记为$H(x)$，从发送端经过通信信道传送到接收端。

(4) 在接收端，设接收到的数据块为$H'(x)$，计算$H'(x)/G(x)$，若能除尽，则说明发送过程中未出现差错；若有余数(除不尽)，则说明发送过程中出现了差错。

下面用一个简单的例子说明CRC差错检验的方法。

(1) 设发送的数据为5位的数据10111，即$f(x)=x^4+x^2+x+1$；生成多项式$G(x)=x^4+x+1$，最高幂次为r，对于二进制其生成多项式的数值为10011。

(2) $f(x) \cdot x^r = 101110000$,除以生成多项式 $G(x)=10011$,余数为1100。

(3) 将 $f(x) \cdot x^r + R(x) = 101111100$(前5位为信息位,后4位为校验位)$=H(x)$传送到接收方。

(4) 接收到的数据块 $H'(x)=101111100$ 除以 $G(x)$,能除尽,则传送过程中未发生错误。如果传送过程中出现错误,则接收到的数据块除以 $G(x)$时不能除尽(二进制除法采用的是模2除法,即不向上一位借位,所以实际上就是除数和被除数做异或计算,其无实际的数学含义)。

至此,校验计算完成。

CRC 生成多项式 $G(x)$与具体的链路层协议有关。例如,以太网帧校验中采用的生成多项式 CRC-32 的表达式为

$$G(x)=x^{32}+x^{26}+x^{23}+x^{22}+x^{16}+x^{12}+x^{11}+x^{10}+x^{8}+x^{7}+x^{5}+x^{4}+x^{2}+x+1$$

CRC 校验具有侦错能力强、系统消耗小、使用简单的特点。具体来说,CRC 具有以下的检错能力。

(1) CRC 校验码能检查出全部单个错。

(2) CRC 校验码能检查出全部离散的二位错。

(3) CRC 校验码能检查出全部奇数个错。

(4) CRC 校验码能检查出全部长度小于或等于 r 位的突发错。

(5) CRC 校验码能以 $\left[1-\left(\frac{1}{2}\right)^{r-1}\right]$ 的概率检查出长度为 $r+1$ 位的突发错。

对于 CRC-16,$r=16$,则 CRC 校验码能检查出所有小于或等于16位的突发错,并能以 $\left[1-\left(\frac{1}{2}\right)^{16-1}\right]=0.999\,969\,48$(即99.997%)的概率检查出长度为17位的突发错,漏检概率仅为十万分之三。

3. HDLC 的帧类型

控制字段是 HDLC 的关键字段,许多重要的功能都靠它来实现。控制字段规定了帧的类型,即I帧、S帧、U帧,控制字段的格式如图3-8所示,其中:

N(S):发送帧序列编号。

N(R):期望接收的帧序列编号,且是对N(R)以前帧的确认。

S:监控功能比特。

M:无编号功能比特。

P/F:查询/结束(Poll/Final)比特,作为命令帧发送时的查询比特,以P位出现;作为响应帧发送时的结束比特,以F位出现。

下面对3种不同类型的帧分别予以介绍。

(1) 信息帧(I帧)。I帧用于数据传送,它包含信息字段。在I帧控制字段中 $b_1 \sim b_3$ 比特为N(S),$b_5 \sim b_7$ 比特为N(R)。由于是全双工通信,因此通信每一方都各有一个N(S)和N(R)。这里要特别强调指出:N(R)带有确认的意思,它表示序号为N(R)−1,以及在这以前的各帧都已经正确无误地接收了。

为了保证 HDLC 的正常工作,在收发双方都设置两个状态变量V(S)和V(R)。V(S)是发送状态变量,为发送I帧的数据站所保持,其值指示待发的一帧的编号;V(R)是接收

状态变量，其值为期望所收到的下一个I帧的编号。由此可见，用这两个状态变量的值可以确定发送序号N(S)和接收序号N(R)。

在发送站，每发送一个I帧，V(S)→N(S)，然后V(S)+1→V(S)。在接收站，把收到的N(S)与保留的V(R)做比较，如果这个I帧可以接收，则V(R)+1→N(R)，回送到发送站，用于对前面所收到的I帧的确认。N(R)除了可以用I帧回送之外，还可以用S帧回送，这一点从图3-8中可以看出来，在I帧和S帧的控制字段中具有N(R)。

V(S)、V(R)和N(S)、N(R)都各占3位，即序号采用模8运算，使用0～7八个编号。在有些场合，如卫星通信模8已经不能满足要求了，这时可以把控制字段扩展为2B，N(S)、N(R)和V(S)、V(R)都用7位来表示，即增加到模128。

(2) 监控帧(S帧)。监控帧用于监视和控制数据链路，完成信息帧的接收确认、重发请求、暂停发送请求等功能。监控帧不具有信息字段。监控帧共有4种，表3-3所示为这4种监控帧的记忆符、名称和功能。

表3-3　监控帧的记忆符、名称和功能

记忆符	名　称	比　特		功　　能
		b_2	b_3	
RR	接收准备好	0	0	确认，且准备接收下一帧，已收妥N(R)以前的各帧
RNR	接收未准备好	1	0	确认，暂停接收下一帧，N(R)含义同上
REJ	拒绝接收	0	1	否认，否认N(R)起的各帧，但N(R)以前的帧已收妥
SREJ	选择拒绝接收	1	1	否认，只否认序号为N(R)的帧

上面4种监控帧中，前3种用在返回连续ARQ方法中，最后一种只用于选择重发ARQ方式中。

S帧中没有包含用户的数据信息字段，不需要N(S)，但S帧中N(R)特别有用，它的具体含义随不同的S帧类型而不同。其中，在RR帧和RNR帧相当于确认信息ACK，在REJ帧相当于否认信息NAK。同时应当注意到，RR帧和RNR帧还具有流量控制的作用，RR帧表示已经做好接收帧的准备，希望对方继续发送，而RNR帧则表示希望对方停止发送(这可能是由于来不及处理到达的帧或缓冲器已存满)。

(3) 无编号帧(U帧)。无编号帧用于数据链路的控制，它本身不带编号，可以在任何需要的时刻发出，而不影响带编号的信息帧的交换顺序。它可以分为命令帧和响应帧。用5比特(即M_1、M_2)来表示不同功能的无编号帧。HDLC所定义的无编号帧的记忆符和名称如表3-4所示。

表3-4　无编号帧的记忆符和名称

记 忆 符	名　　称	类　型		M_1	M_2
		命令	响应	b_3　b_4	b_6　b_7　b_8
SNRM	置正常响应模式	C		0　0	0　0　1
SARM/DM	置异步响应模式/断开方式	C	R	1　1	0　0　0
SABM	置异步平衡模式	C		1　1	1　0　0
SNRME	置扩充正常响应模式	C		1　1	0　1　1
SARME	置扩充异步响应模式	C		1　1	0　1　0

续表

记忆符	名　称	类　型		M_1	M_2
		命令	响应	b_3 b_4	b_6 b_7 b_8
SABME	置扩充异步平衡模式	C		1 1	1 1 0
DISC/RD	断链/请求断链	C	R	0 0	0 1 0
SIM/RIM	置初始化方式/请求初始化方式	C		1 0	0 0 0
UP	无编号探询	C		0 0	1 0 0
UI	无编号信息	C		0 0	0 0 0
XID	交换识别	C	R	1 1	1 0 1
RESET	复位	C		1 1	0 0 1
FRMR	帧拒绝		R	1 0	0 0 1
UA	无编号确认		R	0 0	1 1 0

值得注意的是,在 HDLC 的各类帧中,均带有查询/结束(P/F)比特。在不同的数据传送方式中,P/F 比特的用法是不一样的。

在 NRM 方式中,从站不能主动向主站发送信息,从站只有收到主站发出的 P 比特为 1(对从站的查询)的命令帧以后才能发送响应帧。若从站有数据发送,则在最后一个 I 帧中将 F 比特置 1;若无数据发送,则应在回答的 S 帧中将 F 比特置 1。

在 ARM 或 ABM 方式中,任何一个站都可以在主动发送的 S 帧和 I 帧中将 P 比特置 1。对方站收到 P=1 的帧后,应尽早地回答本站的状态并将 F 比特置 1。

下面结合图 3-10 所示的例子具体说明 P/F 比特的使用方法。图 3-10 中主站 A 和从站 B、C 连成多点链路,传送帧的一些主要参数按照“地址,帧名和序号,P/F”的先后顺序标注。这里的地址是指地址字段中应填入的站地址;帧名是指帧的名称,如 RR、I;序号是指监控帧中的 N(R)或信息帧中的 N(S)、N(R),如 RR4、I31[第 1 个数字是 N(S),第 2 个数字是 N(R)]。P/F 是在其为 1 时才写上 P 或 F,表明此时控制字段的第 5 比特为 1。

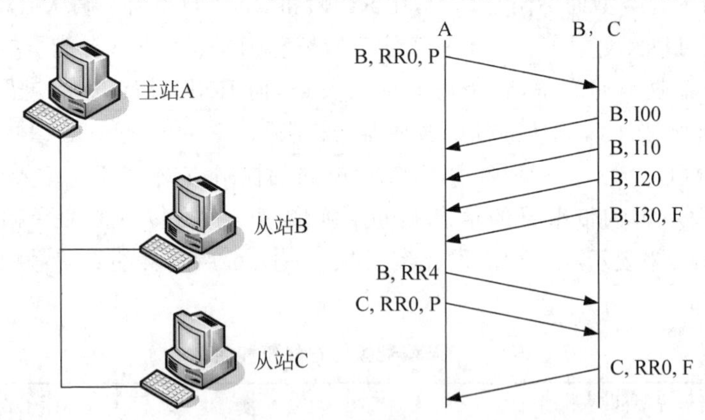

图 3-10　P/F 比特的使用方法

主站 A 先询问从站 B:“B 站,若有信息,请立刻发送”。这时 A 站发送的帧是 RR 监控帧,并将 N(R)置 0,表示期望收到对方的 0 号帧。因此在图 3-10 中将这样的帧记为“B,RR0,P ”。对主站的这一命令,B 站响应以连续 4 个信息帧,其序号 N(S)从 0 到 3。最后在第 4 个信息帧中将 F 置 1,表示“我要发送的信息已发完”。这个帧记为“B,I30,F”。A 站在收到 B 站发来的 4 个信息帧后，发回确认帧 RR4[这时 N(R)=4]。注意，这时 P/F 比特并未置 1，因此 B 站收到 RR4 后不必应答。此后 A 站轮询 C 站，P=1，虽然这时 C 站没有数据发送，但也必须立即应答。C 站应答也是 RR 帧，表示目前没有信息帧发送，F=1 表明这是回答对方命令的一个响应。

有了 P/F 比特，使 HDLC 规程使用起来更加灵活。在两个复合站全双工通信时，任何一方都可随时使 P=1，这时对方就要立即回答 RR 帧，并置 F=1，这样就可以收到对方的确认了。如果不使用 P/F 比特，则接收方不一定马上发出确认帧，如接收方可以在发送自己的信息帧时，利用 N(R)把确认信息发出。

4. HDLC 的操作

在图 3-10 中讨论了主站 A 和从站 B、C 交换信息的情况，这只是整个数据通信的中间阶段，在这个阶段之前还有一个数据链路的建立阶段，数据传送完毕后，还必须有一个数据链路的释放阶段。也就是说 HDLC 执行数据传输控制功能，一般分为 3 个阶段：数据链路建立阶段、信息帧传送阶段、数据链路释放阶段。第 2 阶段的完成需要用到信息帧和监控帧，第 1、3 阶段的完成需要用到无编号帧。

图 3-11 画出了多点链路的建立和释放。主站 A 先向从站 B 发出置正常响应模式(SNRM)的命令，并将 P 置 1，要求 B 站做出响应。B 站同意建立链路后，发送无编号帧确认 UA 的响应，将 F 置 1。A 站和 B 站在将其状态变量 V(S)和 V(R)进行初始化后，就完成了数据链路的建立。然后 A 站开始与 C 站建立链路。

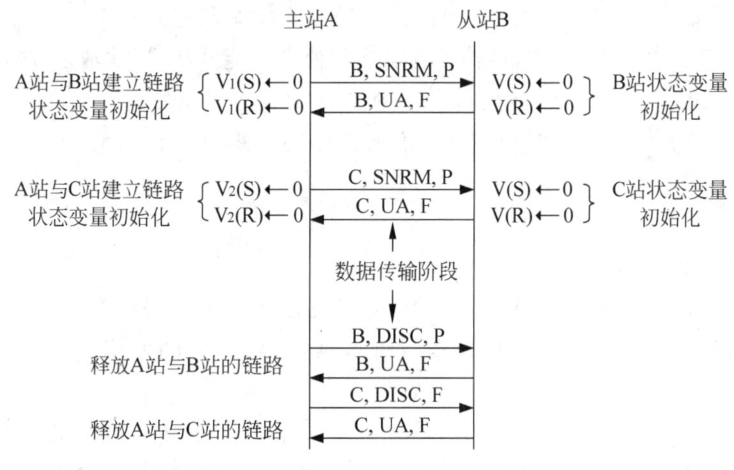

图 3-11　多点链路的建立和释放

当数据传送完毕后，A 站分别向 B 站和 C 站发出断链命令(DISC)，B 站、C 站用无编号确认帧 UA 响应，完成数据链路的释放。

图 3-12 所示为点对点链路中两个站都是复合站的情况。复合站中的一个站先发出置异步平衡模式(SABM)的命令，对方回答一个无编号响应帧 UA 后，即完成了数据链路的建立。由于两个站是平等的，任何一个站均可在数据传送完毕后发出 DISC 命令提出断链的要求，对方用 UA 帧响应，完成数据链路的释放。

5. HDLC 的特点

与面向字符的基本型传输控制协议相比较，HDLC 具有以下特点。

(1) 透明传输。HDLC 对任意比特组合的数据均能透明传输。“透明”是一个很重要的

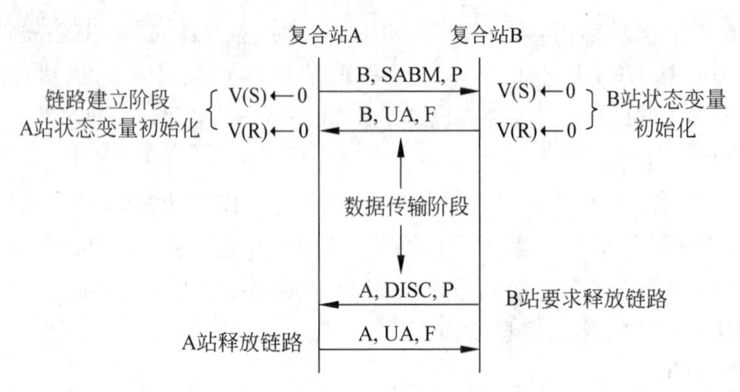

图 3-12　复合站的链路建立和释放

术语,它表示某一个实际存在的事物看起来好像不存在一样。"透明传输"表示经实际电路传送后的数据信息没有发生变化。因此对所传送数据信息来说,由于这个电路并没有对其产生什么影响,可以说数据信息"看不见"这个电路,或者说这个电路对该数据信息来说是透明的。这样任意组合的数据信息都可以在这个电路上传送。

(2) 可靠性高。在 HDLC 中,差错控制的范围是除了 F 标志的整个帧外,基本型传输控制规程中不包括前缀和部分控制字符。另外,HDLC 对 I 帧进行编号传输,有效地防止了帧的重收和漏收。

(3) 传输效率高。在 HDLC 中,额外的开销比特少,允许高效的差错控制和流量控制。

(4) 适应性强。HDLC 能适应各种比特类型的工作站和链路。

(5) 结构灵活。在 HDLC 中,传输控制功能和处理功能分离,层次清楚,应用非常灵活。

最后需要指出,一般的应用极少需要使用 HDLC 的全集,而选用 HDLC 的子集。当使用某一厂商的 HDLC 时,一定要弄清该厂商所选用的子集是什么。

3.3.3　PPP

1. PPP 的基本概念

PPP 是在 SLIP 的基础上发展起来的。由于 SLIP 只支持异步传输方式、无协商过程(尤其不能协商如双方 IP 地址)等网络层属性的缺陷,在以后的发展过程中逐步被 PPP 所替代。

PPP 目前广为接受的 RFC 文档为 RFC1661,其中具体介绍了 PPP 的基本概念,状态的转换过程,链路控制协议(Link Control Protocol,LCP)的帧格式及内容等知识。

从 1994 年 7 月到现在,PPP 本身并没有大的改变,但由于 PPP 所具有的其他链路层协议所无法比拟的特性,它得到了越来越广泛的应用,其扩展支持协议也层出不穷,随之而来的是 PPP 功能的逐步强大。

PPP 的全称为 Point-To-Point Protocol(点到点协议),它作为一种提供在点到点链路上传输、封装网络层数据包的数据链路层协议,处于 TCP/IP 协议栈的第二层,主要被设计用来在支持全双工的同异步链路上进行点到点之间的数据传输。

PPP 主要由三类协议组成:链路控制协议(LCP)、网络层控制协议(Network Control Protocol,NCP)和 PPP 扩展协议。其中,链路控制协议主要用于建立、拆除和监控 PPP 数据链路;网络层控制协议主要用于协商在该数据链路上所传输的数据包的格式与类型;

PPP 扩展协议主要用于提供对 PPP 功能的进一步支持。

同时 PPP 还提供了用于网络安全方面的验证协议(PAP 和 CHAP)。

PPP 的特点如下。

(1) PPP 与其他数据链路层协议不同,既支持同步链路又支持异步链路,而如 X.25、FR 等数据链路层协议只对同步链路提供支持。

(2) 具有各种网络层控制协议(NCP),如 IPCP、IPXCP 更好地支持了网络层协议。

(3) 具有验证协议 CHAP、PAP,更好地保证了网络的安全性。

2. PPP 的帧格式

PPP 不仅提供了对网络层报文的承载(封装),并且支持各种链路参数的协商。这种协商特性,也导致了 PPP 报文的多样性。

PPP 的帧格式如图 3-13 所示。标志字段(Flag),规定为 0x7E(符号“0x”表示它后面的字符是用十六进制表示的,十六进制的 7E 的二进制表示是 01111110),它的作用是标识了帧的起始和结束。FCS 为帧的 CRC 校验字段。而真正属于 PPP 帧的内容的为地址字段(Address)、控制字段(Control)、协议字段(Protocol)和信息字段(Information)。

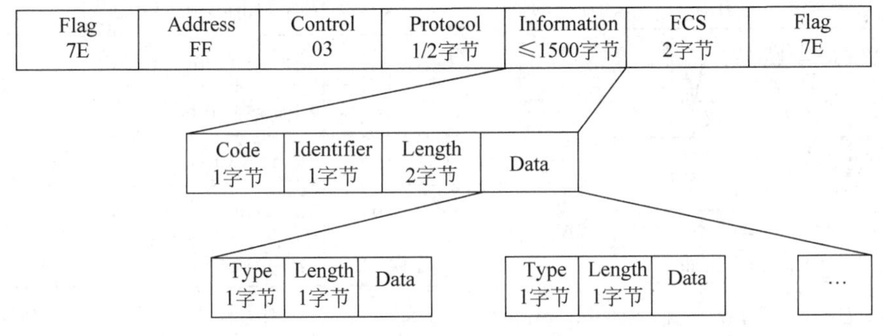

图 3-13 PPP 帧格式

其中地址字段(Address)规定为 0xFF(即 11111111),控制字段(Control)规定为 0x03(即 00000011),这两个字段一起表示了此帧为 PPP 帧。

协议字段(Protocol)作用是标明信息字段中是哪一种分组。当该字段为 0x0021 时,PPP 帧的信息字段就是 IP 数据报。若为 0xC021 时,则信息字段是 PPP 的数据链路控制协议(LCP)的数据,而 0x8021 表示这是网络层的控制数据。表 3-5 列出了常用协议字段的值及其含义。

表 3-5 常用协议字段的值及其含义

协议字段值	含　义
0x0021	Internet Protocol(IP)
0x002b	Novell IPX
0x002d	Van Jacobson Compressed TCP/IP
0x002f	Van Jacobson Uncompressed TCP/IP
0x8021	Internet Protocol Control Protocol(IPCP)
0x802b	Novell IPX Control Protocol
0x8031	Bridging NC
0xC021	Link Control Protocol

续表

协议字段值	含　义
0xC023	Password Authentication Protocol(PAP)
0xC223	Challenge Handshake Authentication Protocol(CHAP)

Code字段表明了是哪种PPP协商报文,如果为IP报文,则不存在此域,取而代之的直接是IP报文的数据内容。Identifier字段用于进行协商报文的匹配。Length字段为此协商报文长度(包括Code及Identifier)。Data字段所包含的为协商报文内容。Type为协商选项类型,其后的Length为此协商选项的长度(包含Type字段),Data字段为协商选项具体内容。常用的Code和Type值及其含义分别如表3-6和表3-7所示。

表3-6　Code值及其含义

Code代码	含　义
0x01	Configure-Request
0x02	Configure-Ack
0x03	Configure-Nak
0x04	Configure-Reject
0x05	Terminate-Request
0x06	Terminate-Ack
0x07	Code-Reject
0x08	Protocol-Reject
0x09	Echo-Request
0x10	Echo-Reply
0x11	Discard-Request

表3-7　Type值及其含义

Type代码	含　义
0x01	Maximum-Receive-Unit(MRU)
0x02	Async-Control-Character-Map
0x03	Authentication-Protocol
0x04	Quality-Protocol
0x05	Magic-Number
0x06	RESERVED
0x07	Protocol-Field-Compression
0x08	Address-and-Control-Field-Compression

校验域字段(Frame Check Sequence,FCS)为2B,它采用CRC循环冗余校验计算在没有插入任何转义符号前的地址域、控制域、协议域、信息域内的数据,不包括标志域和校验域。在发送数据时,依次计算上述内容,然后将计算后的结果放入校验域;在接收时,首先去除转义字符,然后再计算校验。在接收中计算校验时可以将校验域也计算在内,计算的结果应该是固定值F0B8(十六进制)。

3. PPP链路的建立

PPP链路的建立是通过一系列的协商完成的。其中,链路控制协议(LCP)除了用于建立、拆除和监控PPP数据链路外,还主要进行链路层特性的协商,如MTU、验证方式等;网络层控制协议主要协商在该数据链路上所传输的数据包的格式和类型,如IP地址。

1) PPP的协商过程

PPP在建立数据链路之前要进行一系列的协商。其过程为:PPP首先进行LCP协商,协商内容包括最大传输单元(MTU)、魔术字(Magic Number)、验证方式、异步字符映射等。LCP协商成功后,进入链路建立阶段(Establish)。如果配置了CHAP或PAP验证,便进入CHAP或PAP的验证阶段,验证通过后才会进入网络协商阶段(NCP),如IPCP、IPXCP、BCP的协商。任何阶段的协商失败都会导致链路的拆除。魔术字主要用于检测链路自环,通过发送Echo Request、Echo Reply来检测自环和维护链路状态。如果连续发现有超过最大自环允许数目个Echo Request报文中的魔术字与上次发送的魔术字相同,则判定网络发生自环现象。如果链路发生自环,则就需要采取相应的措施对链路复位。另外,LCP发送

Configure-Request 时也可以检测自环,LCP 发现自环后,再发送一定数目的报文后,也会复位链路。如果 PPP 发送的 Echo Request 报文产生丢失,则连续丢失最大允许的个数之后,将链路复位,以免过多的无效数据传输。异步字符映射用于同异步转换。

2) PPP 的验证过程

(1) 口令认证协议(Password Authentication Protocol,PAP)。PAP 为两次握手协议,它通过用户名及口令来对用户进行验证。PAP 的验证过程如下:当两端链路可相互传输数据时,被验证方发送本端的用户名及口令到验证方,验证方根据本端的用户表(或 RADIUS 服务器)查看是否有此用户,口令是否正确。如果正确,则会向对端发送 ACK 报文,通知对端已被允许进入下一阶段协商;否则发送 NAK 报文,通告对端验证失败。此时,并不会直接将链路关闭。只有当验证不过次数达到一定值时,才会关闭链路,来防止因误传、网络干扰等造成不必要的 LCP 重新协商过程。PAP 的验证过程如图 3-14 所示。PAP 的缺点是,在网络上以明文的方式传递用户名和口令,如果在传输过程中被截获,便有可能对网络安全造成极大的威胁。因此,它适用于对网络安全要求相对比较低的环境。

(2) 挑战握手认证协议(Challenge-Handshake Authentication Protocol,CHAP)。CHAP 为三次握手协议。它的特点是,只在网络上传输用户名,并不传输用户口令,因此它的安全性要比 PAP 高。CHAP 的验证过程如下:首先由验证方向被验证方发送一些随机数,并同时将本端的主机名附带上一起发送给被验证方。被验证方接到对端的验证请求(Challenge)时,便根据此报文中验证方的主机名查找本端的用户表,如果找到了用户表中与验证方主机名相同的用户,便利用报文 ID、随机数和此用户的口令用 MD5 算法生成应答(Response),然后将应答和自己的主机名送回,验证方接到此应答后,用报文 ID、本方保留的口令和随机数用 MD5 算法得出结果,与被验证方应答作比较,根据比较返回相应的结果。图 3-15 所示为 CHAP 的认证过程。

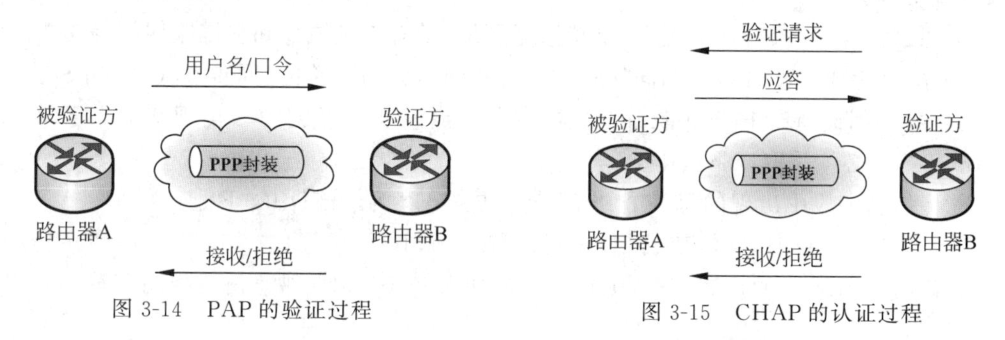

图 3-14 PAP 的验证过程

图 3-15 CHAP 的认证过程

4. 多链路协议

多链路协议(Multilink Protocol,MP)作为 PPP 功能的扩展协议。它可为用户提供更大的带宽,实现数据的快速转发。同时,还可实现对链路资源的动态分配,以提供负载均衡。

MP 一些选项的协商是在 LCP 协商过程中完成的,如 MRRU、SSNHF、Discriminator(终端指示符)等。而决定不同通道是否需进行多链路捆绑有两个条件:只有两个链路的 Discriminator 和验证方式、用户完全相符时,才能对两个链路进行捆绑。这就意味着只有当验证完成后,才能真正完成 MP 的协商过程。MP 不会导致链路的拆除。如果配置了 MP,两个链路不符合 MP 条件,则会建立一条新的 MP 通道,同时也表明允许 MP 为单个链路。MP 是完全依照用户进行的,只有相同的用户才能进行捆绑。如果一端配置了 MP,另一端不支持或未配 MP,则建立起来的链路为非 MP 链路。

这里特别要提到的是,在1999年公布的在以太网上运行的 PPP,即 PPP over Ethernet,简称为 PPPoE,这是 PPP 能够适应多种类型链路的一个典型实例。PPPoE 是宽带上网主机使用的链路层协议。这个协议把 PPP 帧再封装在以太网帧中(当然还要增加一些能够识别各用户的功能)。宽带上网时由于数据传输速率较高,因此可以让多个连接在以太网上的用户共享一条到 ISP 的宽带链路。现在,即使是只有一个用户利用 ADSL 进行宽带上网(并不和其他人共享到 ISP 的宽带链路),也是使用 PPPoE 协议。

3.3.4 HDLC 与 PPP 的区别

上面分别介绍了 HDLC 和 PPP,可以看到,HDLC 是面向比特型协议,而 PPP 是面向字符型协议,两者应用于不同的场合。为了让读者更清楚地了解这两个协议的共同点和不同点,下面特别进行比较说明。

(1) 帧格式。两个协议的帧格式基本相同,但 PPP 比 HDLC 多了协议字段(2B),可支持上层不同的协议。

(2) 寻址方式。HDLC 具备多点寻址功能,PPP 则是点对点协议,只能是两点之间的通信。

(3) 来源与应用。HDLC 是由 ITU(国际电信联盟)制定,主要用在传统电信网络线路及设备上。PPP 由 IETF(因特网工程任务组)制定,主要用在 Internet 上。

(4) 确认机制。HDLC 具有捎带确认功能,PPP 不提供使用序号和确认的可靠传输,因此 PPP 用于线路状况较好的传输线路。

(5) 协议复杂性和安全性。PPP 比 HDLC 具有更复杂的控制机制,如可以鉴别身份,其安全性更高。

(6) 实现功能。PPP 功能更多,支持数据压缩、动态地址协商和多链路捆绑等功能。

(7) 协议特征。HDLC 是面向比特的;PPP 则是面向字符的(同步方式时,如 SDH,也可面向比特),因而所有 PPP 帧长都是整数字节。当 PPP 帧信息字段出现和标志字段一样的 0x7E 时,就必须采取以下措施。

① 将信息字段中出现的每一个 0x7E 转变成 2B 序列(0x7D、0x5E)。

② 若出现 0x7D 时,则转变成 2B 序列(0x7D、0x5D)。

③ 若出现 ASCII 的控制字符,则在字符前加入 0x7D,以防被理解为控制字符。

3.4 广域网的交换方式和连接类型

3.4.1 广域网的交换方式

1. 电路交换

在电话问世后不久,人们发现,要让所有电话机都两两相连接是不现实的。图 3-16(a)所示的是两部电话机只需要用一对电线就能够互相连接起来。如果5部电话机要两两相连,则需要10对电话线,如图 3-16(b)所示。显然,若 n 部电话机要两两相连,就需要 $n(n-1)/2$ 对电话线。当电话机的数量很大时,这种连接方法需要的电话线数量就太大了。于是人们认识到，要使得每一部电话机能够方便地和另一部电话机进行通信，就应当使用电话交换机将这些电话机连接起来，如图 3-16(c)所示。每一部电话机都连接到交换机上，而交换机使用交换的方法，让电话用户彼此之间可以方便地通信。直到 20 世纪 80 年代，电话交换机虽然经过多次更新换代，但交换方式一直是电路交换(Circuit Switching)方式。随着光纤在电话主干网络上的大量应用和语音数字化的发展，现在电话交换方式基本上全部变为了数字程控交换方式。

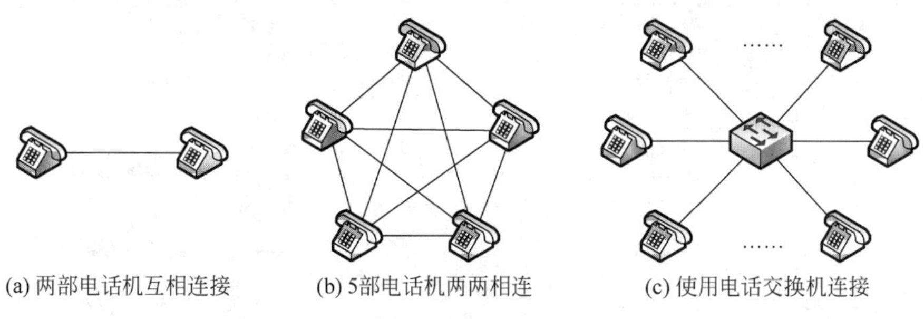

(a) 两部电话机互相连接　(b) 5部电话机两两相连　(c) 使用电话交换机连接

图 3-16　电话机的不同连接方法

当电话机的数量增多时，就要使用很多彼此连接起来的交换机来完成全网的交换任务。用这样的方法，就构成了覆盖全世界的电话交换网。

目前，电话交换网采用的是分级交换的多层次组织结构，即 1 级局(大区局)、2 级局(区局)、3 级局(初级区局)、4 级局(长途局)、5 级局(市话局)。图 3-17 给出了电话交换网的结构。从 1 级局(大区局)到 4 级局(长途局)都属于长途电话交换网；5 级局(市话局)又称为端局(End office 或 Central office)。每级局都有各自的交换中心。各国都有若干 1 级局，这些 1 级局互联成网。每一个上一级交换局均按星状结构与若干下一级交换局连接。最低一级的市话局直接通过 1 对双绞线与用户的电话机连接。每个用户的电话机和市话局之间的双绞线连接称为本地回路(Local Loop)。这种结构保证网络中的任何两个交换局之间都有一条通路。属于同一个市话局的两部电话机通话只需要通过这个市话局的交换机；不同市话局之间的两部电话机通话可能需要经过多层不同级别的多次转接。

电话系统是一个高度冗余的分级网络。图 3-18 所示的是一个简化的电话系统结构。用户电话通过一对铜线连接到最近的端局，距离为 1～10km，并且只能传输模拟信号。虽然局间干线是传输数字信号的光纤，但是在电话线联网时需要在发送端把数字信号转换为模拟信号，在接收端把模拟信号转换为数字信号。由电话公司提供的公共载体典型的带宽为 300～3400Hz，称为语音频段信道。这种信道的电气特性并不完全适合数据通信的要求，在线路质量太差时还需要采取一定的均衡措施，以便来减少传输过程中的失真。

从通信资源的分配角度来看，“交换”(Switching)就是按照某种方式动态地分配传输线路资源。在使用电路交换的方式拨打电话时，必须先拨号建立连接。当拨号的信令通过许多交换机到达被叫用户所连接的交换机时，该交换机就向被叫用户的电话机振铃。在被叫用户摘机且摘机信令传送回主叫用户所连接的交换机后，呼叫即完成。这时，从主叫端到被叫端就建立了一条连接(物理通路)。这条连接占用了双方通话时所需的通信资源，而这些资源在双方通信时不会被其他用户占用，此后主叫和被叫双方才能互相通电话。正是因为这个特点，电话交换对端到端的通信质量有可靠的保证。通话完毕挂机后，挂机信令告诉这些交换机，使交换机释放刚才使用的这条物理通路(即归还刚才占用的所有通信资源)。因

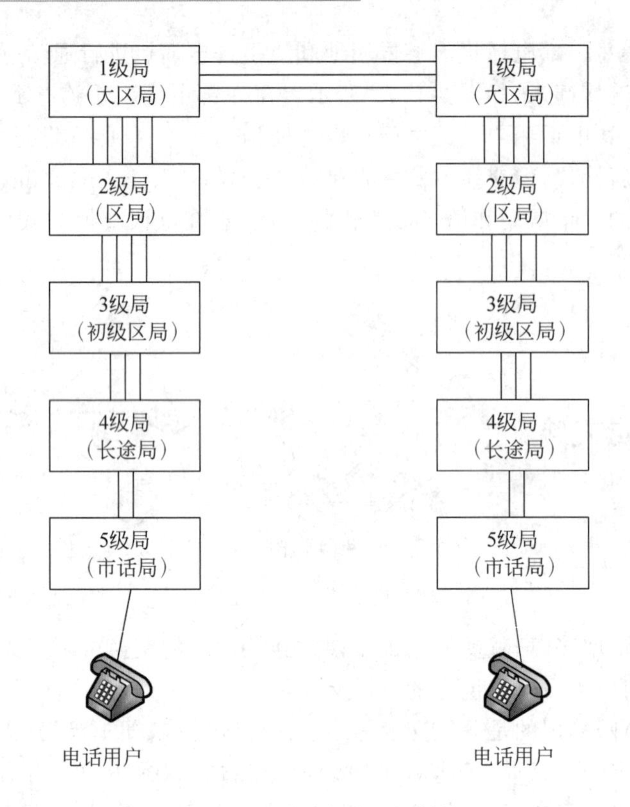

图 3-17　电话交换网的结构

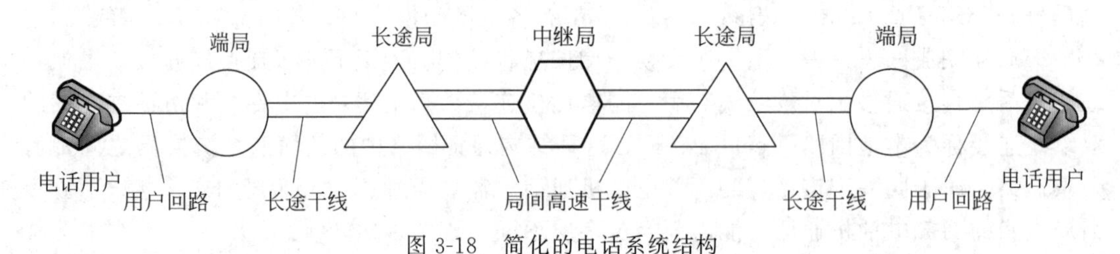

图 3-18　简化的电话系统结构

此,电路交换必须经过 3 个过程:建立连接、通话、释放连接。

图 3-19 为电路交换示意图。为简单起见,图中没有区分市话交换机和长途交换机。应当注意的是,本地回路是用户专用的线路,而交换机之间拥有大量话路的中继线则是许多用户共享的,正在通话的用户只占用其中一个话路。电路交换的一个重要特点就是在通话的全部时间内,通话的两个用户始终占用端到端的通信资源。图中电话机 A 和 B 之间的通路共经过 4 个交换机,而电话机 C 和 D 是都属于同一个交换机的地理覆盖范围中的用户,因此这两个电话机之间建立的连接就不需要再经过其他交换机。

电路交换方式与电话交换方式的工作过程类似。两台计算机通过广域网进行数据交换之前,首先要在广域网中建立一个实际的物理线路连接。广域网的交换结点使用交换设备来完成输入与输出线路的物理连接。交换设备与线路分为模拟通信与数字通信两类。在线路连接建立之后,两台主机之间已建立的物理线路连接为此次通信专用。

电路交换的优点是,通信的实时性强,适用于交互式会话类通信。电路交换的缺点是,对突发性通信不适应,系统效率低;系统不具备存储数据的能力,不能平滑通信量;系统不

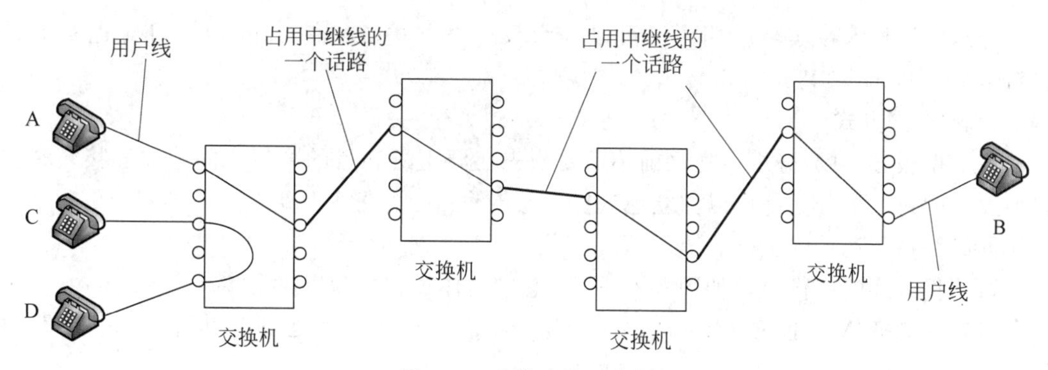

图 3-19　电路交换示意图

具备差错控制能力，无法发现和纠正传输过程中发生的数据差错。因此，电路交换不适合传送计算机数据。

2. 报文交换

报文交换方式不要求在两个通信结点之间建立专用通路。结点把要发送的信息组织成一个数据包——报文，该报文中含有目的结点的地址，完整的报文在网络一站一站地向前传送。每一个结点接收整个报文，检查目的结点的地址，然后根据网络中的通信情况在适当的时候转发到下一结点。经过多次的存储→转发，最后到达目的结点，因而这样的网络称为存储转发网络。其中的交换结点要有足够大的存储空间，用来缓存收到的长报文。交换结点对各个方向上收到的报文排队，寻找下一个转发结点，然后转发出去，这些都带来了排队等待延迟。报文交换的优点是，不用建立专用通信线路，因而线路的利用率较高，这是由通信中的等待时延换来的。

3. 分组交换

分组交换则采用存储转发技术。图 3-20 所示的就是把一个报文划分为几个分组的概念。通常把要发送的整块数据称为一个报文(Message)。在发送报文之前，先把较长的报文划分成一个个更小的等长数据段。例如，每个数据段为 1024B。在每一个数据段之前，加上一些必要的控制信息组成的首部(Header)后，就构成了一个分组(Packet)。分组又称为“包”，而分组的首部又称为“包头”。分组中的首部包含诸如目的地址和源地址等重要的控制信息，所以使得每一个分组可以在通信子网中独立地选择传输路径。

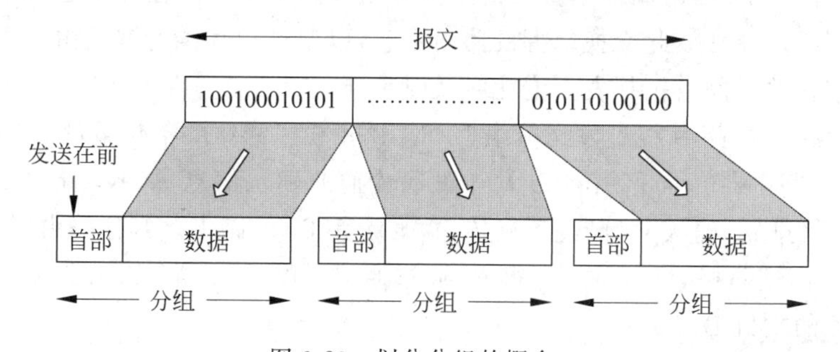

图 3-20　划分分组的概念

由于分组长度较短，在传输出错时，检测容易并且重发花费的时间较少，这有利于提高存储转发结点的存储空间利用率与传输效率，因此，分组交换成为当今公用数据交换网中主要的交换方式。

分组交换技术在实际应用中又可以分为数据报方式(Data Gram,DG)和虚电路方式(Virtual Circuit,VC)。

1) 数据报方式

在数据报方式中,分组传送之前不需要预先在源主机和目的主机之间建立连接。源主机所发送的每一个分组都可以独立地选择一条传输路径。每个分组在通信子网中可能是通过不同的路径到达目的主机。

数据报方式的工作原理如图3-21所示,它的具体过程分为以下几步。

(1) 源主机A将报文M分成多个分组P_1、P_2……依次发送到与其直接连接的路由器A。

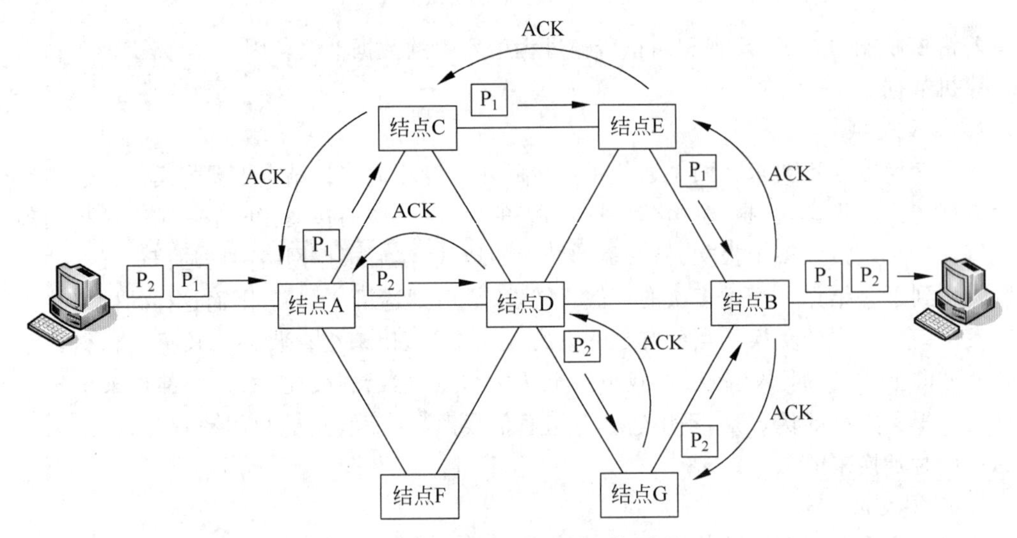

图3-21 数据报方式的工作原理

(2) 路由器A每接收一个分组均要进行差错检测,以保证主机A和路由器A之间数据传输的正确性;路由器A接收到分组P_1、P_2……后,通过依次检查分组的首部,查找转发表,按照首部中的目的地址,找到合适的接口转发出去,把分组交给下一个路由器。由于网络的状态在不断变化,分组P_1的下一个路由器可能选择路由器C,而分组P_2的下一个路由器可能选择路由器D,因此同一个报文的不同分组通过子网的路径可能是不相同的。另外,各路由器之间必须经常彼此交换掌握的路由信息,以便创建和维持在路由器中的转发表,使得转发表能够在整个网络拓扑发生变化时及时更新。

(3) 路由器A向路由器C发送分组P_1时,路由器C要对P_1传输的正确性进行检测,如果传输正确,路由器C向路由器A发送正确传输的确认信息ACK;路由器A接收到结点C的ACK信息后,确认P_1已经正确传输,则废弃P_1的副本。其他路由器的工作过程与路由器C的工作过程相同。这样,分组P_1通过通信子网中的多个路由器存储转发后,最终正确地到达目的主机B。

数据报工作方式的特点如下。

(1) 同一报文的不同分组可以由不同的传输路径通过通信子网。

(2) 同一报文的不同分组到达目的结点时可能出现乱序、重复与丢失现象。

(3) 每一个分组在传输过程中都必须带有目的地址和源地址。

(4) 数据报方式报文传输延迟较大，适合突发性通信，不适合长报文、会话式通信。

2) 虚电路方式

虚电路方式试图将数据报方式和电路交换方式结合起来，发挥两种方法的优点。

虚电路交换方式要求在发送分组之前，在源主机与目的主机之间建立一条逻辑虚连接。在连接建立阶段，需要在源主机和目的主机之间的每个交换机上建立一个记录，该记录标明连接的存在，并且为它预留必要的资源，一般记录包括以下内容。

(1) 虚电路标识符(Virtual Circuit Identifier，VCI)，这在每个交换机上是唯一标识的连接，并且将放在属于这个连接分组的首部内传送。

(2) 分组从这个虚电路到达交换机的输入接口。

(3) 分组从这个虚电路离开交换机的输出接口。

(4) 用于封装分组的下一个 VCI。

在建立新的虚电路时，要在虚电路所要经过的每段链路上分配一个 VCI 值，并确保在一段链路上选定的 VCI 值未被该链路上已经存在的某个虚电路使用。

虚电路的建立有永久虚电路(Permanent Virtual Circuit，PVC)和交换虚电路(Switched Virtual Circuit，SVC)两种方法。

(1) 永久虚电路是指两个用户之间建立的固定虚电路。PVC 一旦建立起来，非常类似于电话系统中的租用线路。

(2) 交换虚电路是指在有连接需要时动态建立的虚电路，当数据传输完毕时虚电路将被拆除。交换虚电路常被用于数据传输量较小且具有突发数据量的场合。

虚电路工作方式的特点如下。

(1) 在每次开始发送分组之前，必须在发送方与接收方之间建立一条逻辑连接。这是因为不需要建立真正物理链路，连接发送方和接收方的物理链路已经存在。

(2) 一次通信的所有分组都通过这条虚电路顺序传送，因此分组不必带目的地址、源地址等信息。分组到达目的节点不会出现丢失、重复与乱序等现象。

(3) 分组通过虚电路上的每个节点时，结点只需做差错检测，而不必做路径选择。

(4) 分组首部并不包含目的地址，而是包含 VCI，相对数据报方式开销较小。

虚电路方式与电路交换方式的不同在于：虚电路是在传输分组时建立起来的逻辑连接，称为“虚电路”是因为这种电路不是专用的。一个结点可以同时与多个结点之间建立虚电路，每条虚电路支持特定两个结点之间的数据传输。

图 3-22 表示电路交换、报文交换和分组交换的主要区别。图中的 A 和 D 分别是源点和终点，而 B 和 C 是在 A 和 D 之间的中间结点。

从图 3-22 可知，若要连续传送大量的数据，且其传送时间远大于连接建立时间，则电路交换的传输效率较高。报文交换和分组交换不需要预先建立连接，在传送突发数据时可提高整个网络的信道利用率。由于一个分组的长度往往小于整个报文的长度，因此分组交换比报文交换的时延小，同时也具有更好的灵活性。

3.4.2 广域网的连接类型

广域网(WAN)有专用连接(也称专线连接)、电路交换连接、分组/信元交换连接 3 种连接类型，如图 3-23 所示。

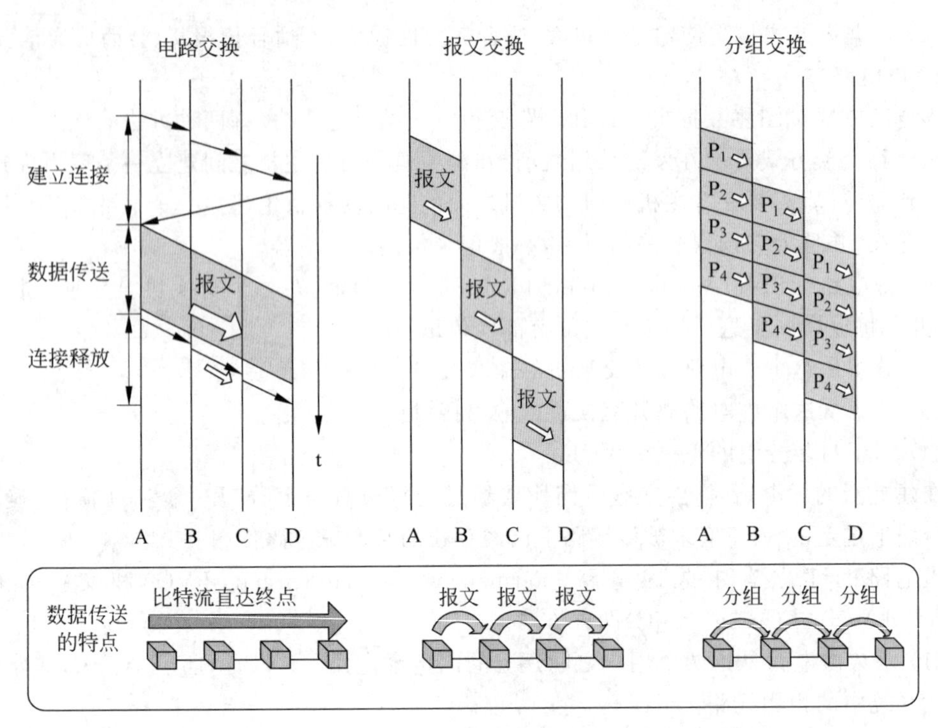

图 3-22 三种交换方式的主要区别

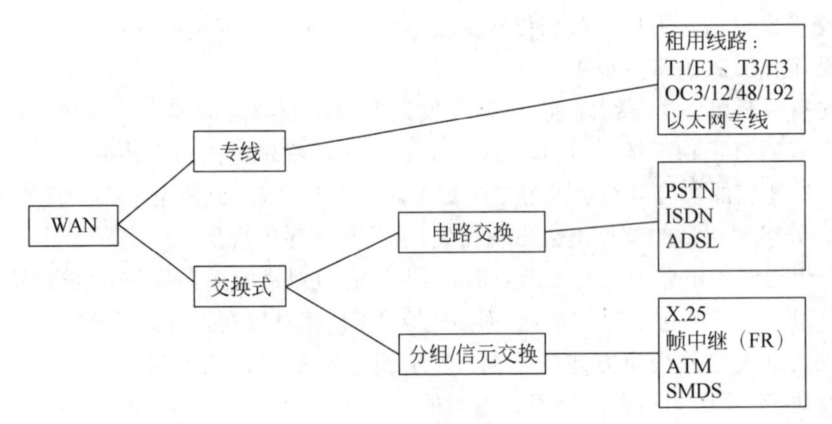

图 3-23 WAN的几种连接类型

1. 专线连接

专线连接是一种租用线路的方式,提供全天候服务。专线通常提供主要网站或园区间的核心连接或主干网络连接,以及LAN对LAN的连接。主要的传输速率包括T1(1.544Mb/s,北美标准)、E1(2.048Mb/s,欧洲标准)、T3(44.736Mb/s,北美标准)、E3(34.064Mb/s,欧洲标准)、百兆以太网(100Mb/s)、OC3(155.52Mb/s)、OC12(622.08Mb/s)、千兆以太网(1000Mb/s)、OC48(2488.32Mb/s,约为2.5Gb/s)和OC192(9953.28Mb/s,约为10Gb/s)等。其中每一种典型速率可以划分信道,每个信道的带宽为64kb/s,带宽可以64kb/s为单位进行组合。

专线也称为点到点链路,因为其建立的路径对于通过电信设备到达的每个远程结点而言都是永久且固定的。点到点链路提供了单一而预先建立的WAN通信路径,此路径是从用户所在地服务提供商的电信网络到远程网络，并且服务提供商时刻保留着这些点到点链路供用户专用。专线连接的专用特性使企业能够最大限度地控制其广域网连接。由于专线能够提供各种级别的连接速率，因此专线非常适用于具有大量数据传输、数据流量较为稳定的高容量环境。因为专线是非共享的，而且价格一般都比较高。连接大量的分支网络结点时，专线方案的成本会比较高。如何充分合理地利用可用带宽是一个重要问题，因为当线路闲置时用户仍需支付线路的费用，因此专线连接一般适合长时间、较短距离的通信。

2. 电路交换连接

电路交换连接的每个通信会话阶段的专属的物理电路都是通过电信运营商的网络建立、维护和终止的。电路交换是服务提供商提供基本的电话服务（PSTN）和综合业务数字网（ISDN）。

电路交换连接在需要时才建立，一般而言所需的带宽较低。基本的电话服务连接通常限制在无数据压缩的 28.8kb/s，而 ISDN 连接则限制为 64kb/s 或 128kb/s。电路交换连接主要用来进行远程使用者及移动电话使用者与公司 LAN 之间的连接，它们也可以作为帧中继或专线等高速链路的备份链路。

3. 分组交换连接

分组交换连接提供给网络管理员的控制权限比点到点要少，而且网络带宽也是共享的。但分组交换（虚电路）提供了类似专线的网络服务，并且其服务费用的开销一般要比专线低。速率可以从 56kb/s 到 T3（或 E3）或者更高。当 WAN 的连接速率与专线的速率比较接近时，分组交换连接适用于对链路使用率有较高要求的网络应用环境，同时适用于较长时间连接、较大地域范围的应用场合。

3.5 广域网通信网的基础网络

3.5.1 公共电话交换网（PSTN）

公共电话交换网（Public Switch Telephone Network，PSTN）最初是为了语音通信而建立的，从 20 世纪 60 年代开始又用于数据传输。虽然各种专用的计算机网络和公用数据网近年来得到很大的发展，能够提供更好的服务质量和多种多样的通信服务，但是 PSTN 的覆盖面更广，联网费用更低廉，因而在广域网特别是接入网早期的应用中（20 世纪末之前），许多用户仍然通过电话线拨号上网。

公共电话交换网由本地网和长途网组成，本地网覆盖市内电话、市郊电话及周围城镇和农村的电话用户，形成属于同一个长途区号的局部公共网络。长途网提供各个本地网之间的长话业务，包括国际和国内的长途电话服务。

3.5.2 公用数据网（X.25）

1. X.25 网的基本概念

X.25 网出现于 1974 年，它是一种典型的公共分组交换网。当时的传输线路噪声干扰大、误码率高、传输效率低，通信质量不好。考虑到当时的传输线路条件，X.25 网的协议在设计时重点解决了差错控制、流量控制、拥塞控制等问题,因此带来的问题就是协议复杂。

公共分组交换网在一些国家是由政府部门组建和运营的,而在另一些国家由通信公司来组建和运营。不同的公共分组交换网内部有很大的差别,但它们对外部用户提供的接口都是采用国际标准,即CCITT提出的X.25建议,也称为X.25协议。X.25建议只规定了以分组方式工作的DTE与DCE之间接口标准,因此不同的X.25网之间的互联是困难的。

早期,很多国家和地区都组建了X.25网。典型的公共分组交换网有TELNET、DATAPAC、TRANSPAC等。1989年中国的公共分组交换网CHINAPAC开通并投入使用。

2. X.25协议的层次结构

X.25网是指采用X.25建议规定DTE与DCE接口标准组建的公共分组交换网。X.25网传输速率比较低,一般为64kb/s。图3-24给出了X.25网的结构示意图。

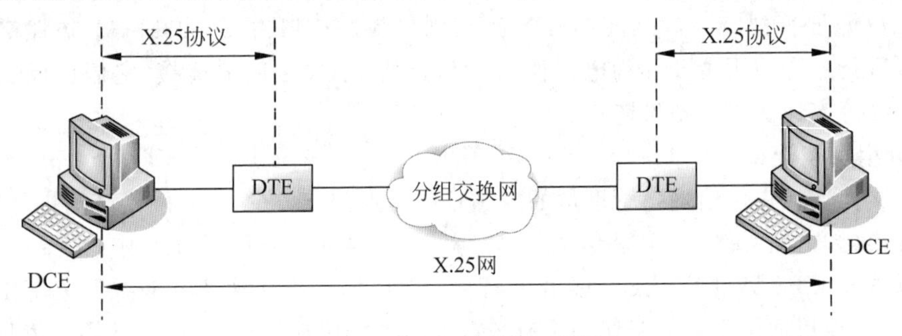

图3-24 X.25网的结构示意图

X.25协议由3个层次组成:物理级、数据链路级和网络级。它们分别对应OSI参考模型的低3层。X.25的物理级采用ITU-T专门制定的X.21协议。X.21协议与早期的物理层协议(如EIR-232)很类似,因此X.25的物理级也支持EIR-232协议。

X.25协议的数据链路级采用平衡链路接入规程LAPB(Link Access Procedure Balanced)。LAPB采用了高级数据链路控制规程(HDLC)的帧结构,并且是它的一个子集。LAPB帧中的控制字段C用于X.25网的数据链路级的差错控制与流量控制;地址字段A用于建立数据链路连接;帧校验字段FCS用于CRC校验。

ITU-T专门为X.25的网络级规定了分组层协议(Packet Layer Protocol,PLP)。分组层协议负责为DCE与DTE建立连接、数据包传输与释放连接。由于早期的X.25协议只支持数据报工作方式,随着分组交换技术的发展,X.25协议支持在两个需要进行通信的DTE之间建立永久虚电路。X.25分组级中主要有关于虚电路的逻辑信道组号、逻辑信道号字段与控制字段。控制字段完成网络层的差错控制和流量控制功能。图3-25给出了X.25协议层次结构示意图。

3.5.3 帧中继网(FR)

1. 帧中继技术发展的背景

随着计算机通信技术的不断发展,数据通信的环境和联网需求也在不断发生变化,这种变化主要表现在以下几方面。

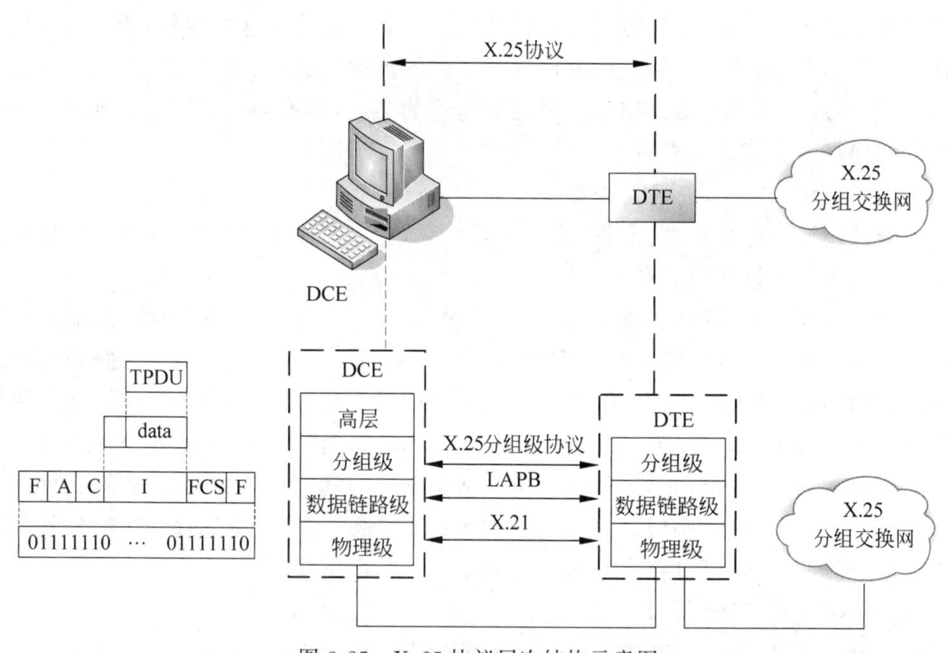

图 3-25　X.25 协议层次结构示意图

(1) 传输介质由原来的电缆逐步发展到光纤，光纤的误码率很低，数据传输速率很高。

(2) 局域网的数据传输速率提高很快，多个局域网之间的高速互联需求越来越强烈。

(3) 用户设备(如微型计算机)性能大大提高，主机可以承担一部分原来是由通信子网承担的通信处理功能。

传统的分组交换网 X.25 协议是建立在原有的速率较低、误码率较高的电缆传输介质之上的。为了保证数据传输的可靠性，X.25 协议包含了差错控制、流量控制、拥塞控制等功能。X.25 协议执行过程复杂，这必然会增大网络传输的时延，降低数据传输的服务质量。显然，这种传统的网络通信协议与机制不能适应网络高速互联的需求。针对这种情况，人们提出了一种建议，在数据传输率高、误码率低的光纤上，使用简单的协议以减少网络传输时延，将必要的差错控制功能交给用户设备来完成，这就产生了帧中继(Frame Relay，FR)技术。

1991 年，第一个帧中继网在美国问世，它可以提供 1.544Mb/s 的数据传输速率，目前，世界各地仍然有部分电信运营商在提供帧中继服务。

2. 帧中继基本工作原理

帧中继是一种典型的采用虚电路的广域网技术。帧中继的工作原理是建立在帧在光纤上传输基本不会出错的前提之上的。帧中继工作在物理层和数据链路层，流量控制与纠错功能由高层协议完成，具有协议简单、高效、网络吞吐量高、时延短、适用于突发通信的特点。

帧中继交换机只要检测到帧的目的地址，就开始转发该帧，也就是说，一个结点在收到帧的首部之后，就立即开始转发帧。在传统的 X.25 网中，分组通过每个结点时要进行大约 30 次差错检测以及其他的各种处理操作。在一个帧中继网络中，一个帧通过每个结点时大约只需 6 个检测步骤，这将明显减少帧通过结点的时延。实验结果表明，在采用帧中继技术时，每个帧的处理时间比 X.25 网减少一个数量级。

帧中继差错处理方法是，检测到有差错的结点就要立即终止这次传输，当终止传输的指示到达下一个结点后，下一个结点就立即终止该帧的传输，最后该帧就会在网络中消除。在采用这种终止传输方式时，即使出错的帧已到达目的结点，也不会引起不可弥补的损失。源结点可以利用高层协议来请求重发该帧。

3. 帧中继的虚拟租用线路服务方式

帧中继的设计目标主要是针对网络之间的互联，它以面向连接的方式、合理的传输速率与低廉的价格提供数据通信服务。

帧中继的主要思想是提供"虚拟租用线路"服务，实际的租用线路(专线)与虚拟租用线路是不同的。如果用户希望将两个远程网络互联起来，可以通过租用一条线路来实现。但是，对于计算机的突发通信来说，不可能在租用期间一直以最高传输速率在线路上传输数据。租用专线的费用比较高，但是线路的利用率并不高。同时，如果一个网络希望和多个远程网络互联，这时就需要租用多条线路。由于帧中继采用"帧"作为数据传输单元，网络的带宽根据用户的需要，可以采用统计复用的方式来动态分配。因此，帧中继的线路利用率高，用户费用相对较低，用户可以在多个网络之间使用多条虚电路。

4. 帧中继的带宽管理

帧中继是统计复用协议，实现了带宽资源的动态分配，因此它适合为具有大量突发数据(如LAN)的用户提供服务。但如果某一时刻所有用户的数据流量之和超过可用的物理带宽时，帧中继网络就要实施带宽管理。它通过为用户分配带宽控制参数，对每条虚电路上传送的用户信息进行监视和控制。

帧中继网络为每个帧中继用户分配3个带宽控制参数：Bc、Be和CIR。同时，每隔Tc时间间隔对虚电路上的数据流量进行监视和控制。CIR是网络与用户约定的用户信息传输速率，即承诺信息速率。如果用户以小于或等于CIR的速率传送信息，应保证这部分信息的传送。Bc是网络允许用户以CIR速率在Tc时间间隔传送的数据量，即Tc=Bc/CIR。Be是网络允许用户在Tc时间间隔内传送的超过Bc的数据量。

网络对每条虚电路进行带宽控制，采用如下策略。

在Tc内：

(1) 当用户数据传送量≤Bc时，继续传送收到的帧。

(2) 当用户数据传送量>Bc但≤Bc+Be时，将Be范围内传送的帧的DE比特置"1"，若网络未发生严重拥塞时，则继续传送，否则将这些帧丢弃。

(3) 当用户数据传送量>Bc+Be时，将超过范围的帧丢弃。

例如，如果约定一条永久虚电路(Permanent Virtual Circuits，PVC)的CIR=128kb/s，Bc=128kb，Be=64kb，则Tc=Bc/CIR=1s。在这一段时间内，用户可以传送的突发数据量可达到Bc+Be=192kb，传送数据的平均速率为192kb/s，其中，正常情况下，Bc范围内出现拥塞时，这些帧也会被送达终点用户，若发生了严重拥塞，这些帧才会被丢弃。Be范围内的64kb帧的DE比特被置"1"，在无拥塞的情况下，这些帧会被送达终点用户，若发生拥塞，则这些帧会被丢弃。

对X.25网与帧中继进行比较后，可以看到以下3点区别。

(1) X.25协议包括物理层、数据链路层与网络层；而帧中继协议只有物理层、数据链路层，而没有网络层。

(2) X.25 协议有比较完备的差错控制、流量控制机制，而帧中继协议只有有限的差错控制，而没有流量控制，流量控制由高层协议提供。

(3) X.25 协议只能提供数据报和虚电路服务，而帧中继协议可以提供虚拟专网(VPN)服务。

帧中继网可以减少网络互联的代价，提高服务的性能，适用于大数据量的文件与多媒体数据传输，因此当它出现不久，便获得很大的发展。但是帧中继支持 56kb/s～2Mb/s 传输速率，最高可以达到 45Mb/s，因此在组建宽带广域网的主干网时受到一定的限制。

3.5.4 综合业务数字网(ISDN)

1. ISDN 的基本概念

综合业务数字网(Integrated Services Digital Network，ISDN)是自 20 世纪 70 年代发展起来的技术，它提供从终端用户到终端用户的全数字化服务，实现了语音、数据、图形、视频等综合业务的一个全数字化传输方式。与后来提出的宽带(Broadband)ISDN，即 B-ISDN 相对应，因此传统的 ISDN 又称为窄带(Narrowband)ISDN，即 N-ISDN，简称 ISDN。

ISDN 不同于传统的 PSTN 网络。传统的 PSTN 网络中，用户的信息通过模拟的用户环路送至交换机后成为数字信号，经过数字交换和传输网络后到达目的用户，又将还原为模拟信号。ISDN 解决了用户环路的数字传输问题，实现了端到端的数字化传输，并通过这个标准的数字接口，解决各种数字和模拟信息的传递。对于用户而言，同样的一对普通电话线原来只能接一部电话机，而申请了 ISDN 后，通过一个称为 NT 的转换盒，就可以同时使用多个终端。

ISDN 又称“一线通”，即可以在一条线路上同时传输语音和数据，用户打电话和上网可同时进行。ISDN 的出现，对 Internet 的接入技术产生了较大的影响，极大地加快了 Internet 的普及和推广速度。

2. ISDN 的组成

ISDN 的组成包括终端、终端适配器(TA)、网络终端设备(NT)、线路终端设备和交换终端设备。如图 3-26 所示，ISDN 终端分为标准 ISDN 终端(TE1)和非标准 ISDN 终端(TE2)。TE1 通过 4 根数字线路连接到 ISDN 网络。TE2 连接 ISDN 网络要通过 TA。网络终端也分为网络终端 1(NT1)和网络终端 2(NT2)两种类型。图 3-26 中，R、S、T、U 等是 ISDN 组件之间的连接点，称为 ISDN 参考点。

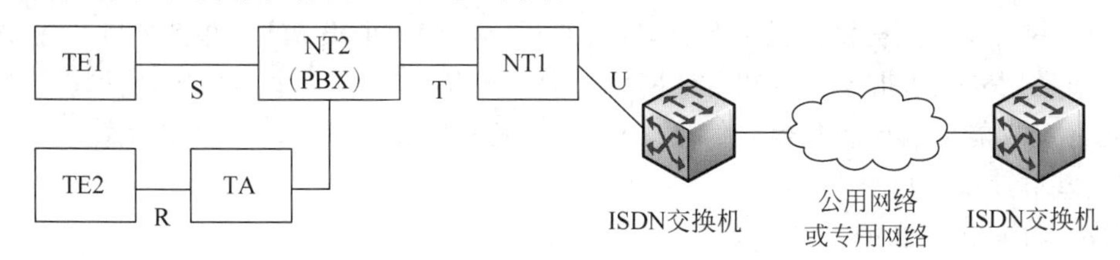

图 3-26 ISDN 的基本组成

(1) 标准 ISDN 终端(TE1)：TE1 是符合 ISDN 接口标准的用户设备，如数字电话机、G4 传真机、可视电话终端、带 ISDN 接口的路由器等，接入 S/T 参考点。

(2) 非标准 ISDN 终端(TE2)：TE2 是不符合 ISDN 接口标准的用户设备，TE2 需要经过终端适配器(TA)的转换，才能接入 R 参考点。

(3) 终端适配器(TA):完成适配功能,包括速率适配和协议转换等,使TE2能够接入ISDN。

(4) 网络终端1(NT1):NT1是放置在用户处的物理和电气终端装置,属于网络服务提供商的设备,是网络的边界。通过U参考点接入网络,采用双绞线,距离可达1km。

(5) 网络终端2(NT2):NT2又称为智能网络终端,如数字PBX、集中器等。它可以完成交换和集中的功能,通过T参考点接入NT1。T参考点采用4线电缆。如果没有NT2,此时S和T可以合在一起,称为S/T参考点。

3. ISDN模型及访问接口类型

1) ISDN模型

ISDN是由ITU-T制定的一组跨越OSI模型的物理层、数据链路层、网络层的标准。

(1) 物理层:在ITU-T的I.430中定义了对ISDN基本速率接口(BRI)的物理层规范。在ITU-T的I.431中定义了对ISDN基群速率接口(PRI)的物理层规范。

(2) 数据链路层:ISDN的数据链路层规范是以LAPD为基础的,在ITU-T的Q.920和ITU-T Q.921中作了正式的描述。

(3) 网络层:ISDN网络层是在ITU-T Q.930和Q.931中定义的。这两个标准结合在一起,描述了用户到用户、电路交换和数据报交换连接的规范。

2) ISDN访问接口类型

访问接口是用户与ISDN服务提供商之间的物理连接。目前有两种不同的访问接口被ITU-T的ISDN协议所定义。它们分别称为基本速率接口(BRI)和基群速率接口(PRI)。

B信道是ISDN的业务承载信道,通常以数据帧的形式传输语音或数据。而D信道是ISDN的带外信令信道,主要用于传输电路交换的信令信息,还可以用于传输分组交换数据。

(1) 基本速率接口BRI。

ISDN BRI服务提供两个64kb/s的B信道和一个16kb/s的D信道,通常表示为2B+D。

ISDN BRI规定如下。

① 两条64kb/s承载信道(B信道)和一条16kb/s的信令信道(D信道)服务。

② 以48kb/s的速率编帧和同步。

③ 总速率包括两条64kb/s的B信道(合计128kb/s)和一条16kb/s的D信道,加上48kb/s的编帧和同步,总和为192kb/s(128+16+48=192)。

ISDN网络设计者提供了极大弹性,因为它可以使用两个B信道,并且分别传输语音和数据,D信道用来传送指令以告知电话网络如何处理每一个B信道。BRI D信道的速率为16kb/s,并且仅能传输控制和信号信息,但是它在某些情况下可以传送数据信息。

(2) 基群速率接口PRI。

ISDN-PRI规定如下。

① 23条或30条64kb/s的B信道。

② 一条64kb/s的D信道。

③ 编帧和同步占用8kb/s(北美T1标准)或64kb/s(欧洲E1标准)。

④ 总速率为1.544Mb/s(T1)或2.048Mb/s(E1)。

在美国和日本一般使用T1信号标准。ISDN PRI服务提供23条B信道和一条D信道，外加一个编帧和同步信道，所产生的接口总速率为1.544Mb/s。

在欧洲、澳洲、中国和其他国家，一般使用E1的信号标准。它是对应于北美使用的T1标准的。ISDN PRI提供30条B信道、一条D信道，再加一条帧编码控制信道，其接口速率为2.048Mb/s。

4. ISDN的应用

除了电话、可视图文、用户电报、可视电话等业务外，ISDN主要用于接入Internet。个人用户使用Internet接入这项业务主要是利用ISDN的远程接入功能，接入时采用拨号方式。企业用户则可以使用ISDN作为备份线路，如远程办公室和中心办公室之间的备份线路，这样不但可以防止网络中断，同时还可以分担主干线路的数据流量。

3.5.5 异步传输模式(ATM)

1. ATM的基本概念

针对前面的N-ISDN的不足，提出了一种高速传输网络，这就是宽带ISDN(Broadband-ISDN,B-ISDN)。B-ISDN的设计目标是以光纤为传输介质，以提供远远大于基群速率的传输信道，并针对不同的业务采用相同的交换方法，即致力于真正做到用统一的方式来支持不同的业务。为此，异步传输模式(Asynchronous Transfer Mode,ATM)被提了出来。

现在ATM作为关键技术被保留了下来并成为高速广域网传输技术的基础。

ATM技术综合了电路交换的可靠性与分组交换的高效性，借鉴了两种交换方式的优点，采用了基于信元的统计时分复用技术。

信元(cell)是ATM用于传输信息的基本单元，其采用53字节的固定长度。其中，前5字节为信头，载有信元的地址信息和其他一些控制信息，后48字节为信息字段，装载来自各种不同业务的用户信息。固定长度的短信元可以充分利用信道的空闲带宽。信元在统计时分复用的时隙中出现，即不采用固定时隙，而是按需分配，只要时隙空闲，任何允许发送的单元都能占用。所有信元在底层采用面向连接方式传输，并对信元交换采用硬件实现并行处理，减少了结点的时延，其交换速度远远超过总线结构的交换机。

2. ATM网络的组成和主要特点

ATM网络系统由ATM业务终端、复用、交换机、传输等部分组成，其结构如图3-27所示。

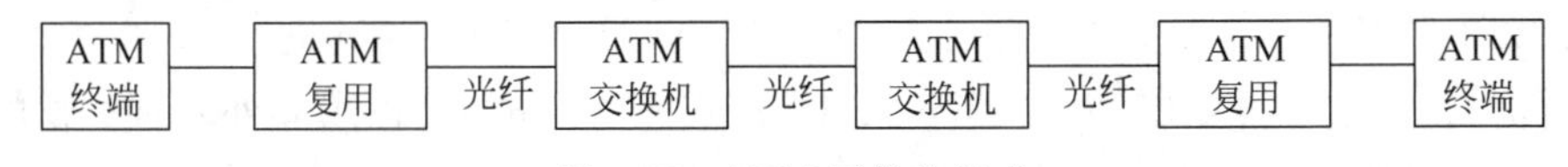

图3-27 ATM网络的组成

其中，ATM交换机是ATM网络的核心，它采用面向连接的方式实现信元的交换。

ATM的主要特点如下。

(1) ATM是以面向连接的方式工作的，大大降低了信元丢失率，保证了传输的可靠性。

(2) 由于ATM的物理线路使用光纤，误码率很低。

(3) 短小的信元结构使得ATM信头的功能被简化，并使信头的处理能基于硬件实现，从而大大减少了处理时延。

(4) 采用短信元作为数据传输单位可以充分利用信道空闲，提高了带宽利用率。总之，ATM的高可靠性和高带宽使得其能有效地传输不同类型的信息，如数字化的声音、数据、图像等。

ATM论坛定义的物理层接口有SDH STM-1、SDH STM-4、SDH STM-16,其数据传输速率分别可达155.52Mb/s、662.08Mb/s、2488.32Mb/s。对应于不同信息类型的传输特性,如可靠性、延迟特性和损耗特性等,ATM可以提供不同的服务质量来适应这些差别。

3. ATM在广域网主干网中的应用

ATM技术在保证传输的实时性与QoS方面的优势是20世纪90年代传输网络技术的一个重要突破。但是它没有像设计者预期的那样,将取代广域网、城域网和局域网,甚至取代电信网,成为"一统天下"的网络技术,其原因也很简单,一是造价和使用费用昂贵,二是它的协议与已经广泛流行的IP协议、IEEE 802.3协议不一致。用异构、造价昂贵的ATM技术去取代计算机网络和电信网络是不现实的,而与IP网络紧密结合,各自发挥自己的特长是一条可行之路。因此,20世纪90年代后期ATM网络广泛应用于广域网,成为Internet的核心交换网的一个重要组成部分。

3.5.6 数字数据网(DDN)

数字数据网(Digital Data Network,DDN)是利用数字信道传输数据信号的数据传输网,它主要向用户提供端到端的数字型数据传输信道。它基于同步时分复用、电路交换的基本原理实现,既可以用于计算机远程通信,也可以传送数字化传真、数字语音、图像等各种数字化信息。

因为原有通信网的模拟信道主要是为传输语音信号而设置的,它通信效率低、可靠性差,很难满足日益增长的计算机通信用户和其他数字传输用户的要求。所以,DDN利用数字信道传输数据信号与传统的利用模拟信道相比,具有传输质量高、速率快、带宽利用率高等一系列优点。

DDN向用户提供的是半永久性的数字连接,沿途不进行复杂的软件处理,因此时延较短。DDN半永久性连接是指DDN提供的信道是非交换型的,用户可以提供申请,在网络允许的情况下,由网络管理人员对用户提出的传输速率、传输数据的目的地和传输路由进行设置。

DDN能够利用的传输媒介有光缆、数字微波、卫星信道及双绞线。目前DDN能够提供的业务如下:提供2.4、4.8、9.6、19.2、$n\times64$kb/s($n=1\sim31$)等不同速率的点对点、点对多点的通信,提供各种可用度高、时延小、定时、多点等专用电路服务,此外还可提供帧中继、语音/G3传真及虚拟专用网等服务。

DDN的网络结构一般由数字传输电路和相应的数字交叉连接复用设备组成。数字传输电路主要以光缆传输为主,数字交叉连接设备对数字电路进行半固定交叉连接和子速率的复用。

接入DDN网的用户端设备称为数据终端设备(DTE),可以是局域网,通过路由器连接至对端,也可以是一般的异步终端或图像设备,以及传真机、电传机、电话机等。两个DTE之间是全透明传输。

我国公用DDN骨干网可以提供局间的物理传输通路,其传输速率为64kb/s和9.6kb/s,其接口标准应符合ITU-T G.703、V.24、V.35、X.21等协议。

目前，随着光通信技术的日益发展，采用光骨干网甚至光纤直接接入用户的接入技术越来越普遍，传统的采用两芯电缆(类似电话线)的 DDN 接入被应用得越来越少，但是，DDN 技术的思想被光通信技术普遍继承，其技术实现几乎和传统的 DDN 技术如出一辙，所以，如今也将很多光接入技术归纳为 DDN 的范畴，可以说这是 DDN 技术的新发展。

传统的以两芯电缆接入的 DDN 技术目前应用已经很少，该技术主要为企业提供光通信无法提供的低于 2Mb/s 带宽的广域网接入。尽管 DDN 也可以提供 Internet 的接入能力，但是一般还是只把它作为 Intranet 的接入技术来使用。

DDN 专线技术已经发展了很多年，在我国，它的鼎盛时期在 20 世纪 90 年代，随着新的接入技术的出现，DDN 技术已经有些过时。但是在特殊情况下，偶尔还会应用 DDN 技术，尤其是在建立带宽小于 2Mb/s 的 Intranet 专线时。

3.5.7 同步光纤网(SONET)和同步数字体系(SDH)

1. SONET 和 SDH 的发展过程

在光纤使用的早期，每个电话公司都有自己私有的光纤 TDM 系统，并且各个 TDM 标准不同。B-ISDN 是以光纤作为其传输干线的，实现 B-ISDN 的重要问题是对传输速率进行标准化。1988 年，美国国家标准 ANSI 的 T1.105 和 T1.106 定义了光纤传输系统的线路速率等级，即同步光纤网(Synchronous Optical Network，SONET)标准。SONET 定义了 4 个光接口层：光子层(Photonic Layer)、数字断层(Section Layer)、线路层(Line Layer)与路径层(Path Layer)，同时定义了从 51.840～2488.320Mb/s 的传输速率标准体系，其基本速率(Synchronous Transport Signal-1，STS-1)是 51.840Mb/s。同步网络的各级时钟都来自一个精度为 $\pm1\times10^{-11}$ 量级的铯原子钟。

ITU-T 在 SONET 的基础上制定出同步数字体系(Synchronous Digital Hierarchy，SDH)的国际标准。SDH 标准不仅适用于光纤传输系统，也适用于微波与卫星传输体系。SONET/SDH 标准已被推荐为 B-ISDN 的物理协议，也是新一代理想的传输网体系。

SONET 和 SDH 的发展经历了以下 3 个过程。

(1) SONET 的概念由美国贝尔通信研究所在 1985 年首先提出。设计 SONET 的目的是解决光接口标准规范问题，定义同步传输的线路速率的等级体系，以便不同厂家的产品可以互联，从而能够建立大型的光纤网络。

(2) 1986 年，CCITT(现 ITU-T)接受了 SONET 的概念，并于 1986 年 7 月成立了第 18 研究组，开始了同步数字体系 SDH 的研究工作，使它成为通用性技术体制。

(3) 1988 年 ITU-T 第 18 研究组通过了有关 SDH 的 3 个建议，并在 1989 年 ITU-T 的蓝皮书上正式登载，它们是 G.707(同步数字体系的比特速率)、G.708(同步数字体系的网络结点接口)、G.709(同步复用结构)，对 SDH 的速率、复用帧结构、复用设备、线路系统、光接口、网络管理和信息模型等进行了定义，从而确立了作为国际标准的 SDH。1992 年，ITU-T 又增加了十几个建议书，从而出现了国际统一的通信传输体制与速率、接口标准。

2. 基本速率标准制定

在数据通信研究的初期曾经出现多种速率标准，有的目前仍然在使用。在系统讨论 SDH 速率之前需要回顾一下这些标准制定的条件和背景。

(1) T1载波速率。

T1载波速率是针对脉冲编码调制PCM的时分多路复用TDM设计的。北美的T1系统将24路音频信道复用在一条通信线路上。每路音频模拟信号通过PCM编码器时,编码器每秒钟采样8000次。24路PCM信号轮流将1B(8b)插入帧中,其中1B中7b为数据位,1b为信道控制。

那么,每帧由24×8=192b组成,附加1b作为帧开始标志,因此每帧共有193b,发送一帧需要时间为125μs。T1载波的数据传输速率为

$$T1=(24\times 8+1)/125\times 10^{6}=1.544\text{Mb/s}$$

(2) E1载波速率。

由于历史原因,脉冲编码调制PCM除了北美的24路T1载波外,还存在着另一个不兼容的速率标准,即欧洲的30路PCM的E1载波(E1 Carrier),也称为E1的一次群速率。

E1的标准是CCITT标准。E1标准将30路音频信道和两路的控制信道复用在一条通信线路上。每个信道为1B(8b),这样一帧要传输的数据总共为256b(32×8b)。传送一帧的时间为125μs。E1载波的数据传输速率为

$$E1=(32\times 8)/125\times 10^{6}=2.048\text{Mb/s}$$

(3) STM-1速率。

STM-1帧是一个块状结构,每行270B,共9行,每秒钟发送8000帧。因此,STM-1的传输速率为

$$\text{STM-1}=(270\times 9\times 8)/125\times 10^{6}=155.520\text{Mb/s}$$

3. SDH速率体系

在实际使用中,SDH速率体系涉及3种速率,即SONET的STS与OC速率标准,以及SDH的STM标准,如表3-8所示。它们之间的区别有以下几点。

(1) STS定义的是数字电路接口的电信号传输速率。

(2) OC定义的是光纤上传输的光信号速率。

(3) STM标准是电话公司为国家之间的主干线路的数字信号规定的速率标准。

表3-8 SONET的STS级、OC级与SDH的STM级的速率对应关系

SONET		SDH	数据传输速率(Mb/s)
电子的	光的	光的	
STS-1	OC-1		51.84
STS-3	OC-3	STM-1	155.52
STS-9	OC-9	STM-2	466.56
STS-12	OC-12	STM-4	622.08
STS-18	OC-18	STM-6	933.12
STS-24	OC-24	STM-8	1244.16
STS-36	OC-36	STM-12	1866.24
STS-48	OC-48	STM-16	2488.32
STS-192	OC-192	STM-64	9953.28

STS-1对应的是810路语音电话线路。以此类推,STS-3对应2430路,STS-12对应

9720 路，STS-24 对应 19440 路，STS-48 对应 38880 路。

1988 年，美国国家标准协会 ANSI 通过了最早的两个 SONET 的标准，即 ANSI T1.105 与 ANSI T1.106。T1.105 为使用光纤传输系统定义了线路速率标准的等级结构，它是以 51.840Mb/s 为基础的，大致对应 T3、E3 的速率，称为第一级同步传输信号 STS-1，其对应的光信号称为第一级光载波(Optical Carrier-1，OC-1)，并定义了 8 个 OC 级速率。T1.106 定义了光接口标准，以便实现光接口的标准化。

SDH 信号中最基本的模块是 STM-1，其速率为 155.52Mb/s。更高等级的 STM-n 是将 STM-1 同步复用而成。4 个 STM-1 构成 1 个 STM-4(622.08Mb/s)，16 个 STM-1 构成一个 STM-16(2488.32Mb/s，即 2.5Gb/s)，64 个 STM-1 构成一个 STM-64(约为 10Gb/s，相当于大约 12 万条话路)。

4. SDH 网络拓扑结构与自愈环结构

1) SDH 网络拓扑结构

按照计算机网络对拓扑的定义，应用 SDH 技术组建的网络包括链状、星状、环状与网状拓扑结构。树状拓扑结构可以由星状拓扑结构级联而成。

(1) 链状拓扑结构。在链状拓扑结构中，所有转发器串联。这种拓扑结构的优点是结构简单、经济，在 SDH 网的早期用得比较多，主要用于专网。

(2) 星状拓扑结构。在星状拓扑结构中，有一个转发器的位置处于中心，其他转发器都与它连接。这种拓扑结构的优点是结构简单，但是中心转发器是 SDH 网的安全与性能瓶颈。星状拓扑结构主要用于接入网。

(3) 环状拓扑结构。在环状拓扑结构中，转发器首尾相连，构成一个闭合的环状结构。

(4) 网状拓扑结构。网状拓扑结构通常会出现在 SDH 技术构建的大型广域网中。网状拓扑结构的系统可靠性好，但是造价高，系统结构复杂。

SDH 网采用的最佳物理拓扑为环状结构，也是应用最多的一种拓扑结构。采用双环连接，环可在任何两个点之间提供可选的两条路径。一旦线路或交换结点出现故障，能自动地快速重新选择路由，提供系统的安全性和可靠性。

2) 自愈环结构

随着光纤传输容量的不断增加，传输网络的可靠性变得越来越重要，如果传输光缆被切断，如施工过程中挖断光缆，会导致同一缆芯内的所有光纤的数据传输全部中断，因此依靠传统的系统备用方式已不能满足网络的可靠性需求。SDH 网采用了自愈网(Self-Healing Network)的方案。自愈网是指不需要人为干预，网络就能在极短的时间内从失效故障中自动恢复所承载的业务，使用户不会感到网络已经出现故障。自愈网的基本原理是使网络具有发现替代传输路由，并重新确立通信的能力。

符合自愈网结构与功能特征的环网 SDH 网也称为自愈环。自愈环是由首尾相连的数字交叉连接设备或复/分用器设备组成，这种方式的特点是结构简单，可以灵活地安排业务，恢复业务的时间短。图 3-28 给出了 SDH 的自愈环结构示意图。在正常情况下，数据可以同时沿着两个方向传送，结点对两个方向收到的

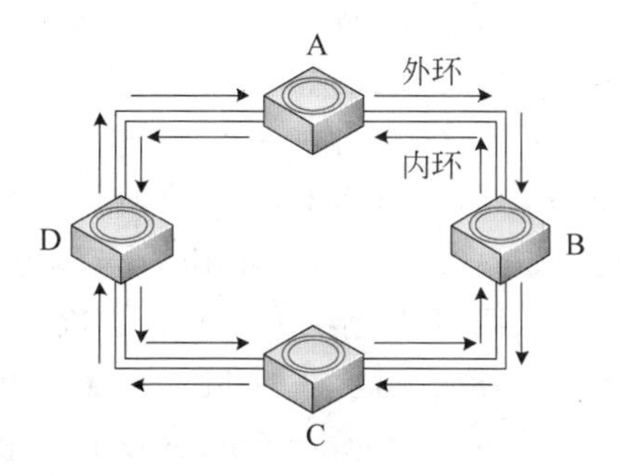

图 3-28 SDH 的自愈环结构示意图

数据均认为有效,只需确定一个为主用、另一个为备用。

如果图3-29(a)所示的结点B出现了故障,那么SDH的自愈环的结点A与结点C立即检测出故障的发生,并且启动转换开关,形成新的闭合环路,在剩下的结点之间继续数据的传送。如果图3-29(b)中所示的光缆被切断,那么SDH的自愈环的结点B与结点C立即检测出故障的发生,并且启动转换开关,形成新的闭合环路,在剩下的结点之间继续数据的传输。

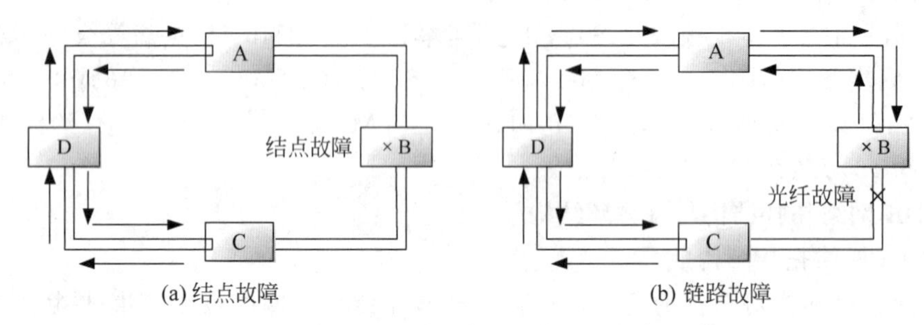

图3-29　SDH的自愈环工作原理示意图

SDH网作为一种全新的传输网体制,它通过STM-1统一了T1载波与E1载波这两种不同的数字速率体系,使得数字信号在传输过程中不再需要转换标准,真正实现了数字传输体制上的国际性标准。SDH采用同步复用方式,各种不同等级的码流在帧结构负荷中的排列有规律,并且净负荷与网络是同步的,因此只需利用软件即可使高速信号一次直接分离到低速复用的支路信号,这样就降低了复用设备的复杂性。SDH帧结构增加了网络管理字节,有效地增加了网络的管理能力,同时通过将网络管理功能分配到网络组成单元,可以实现分布式传输网络的管理。标准的开放型光接口可以在基本光缆段上实现不同公司光接口设备的互联,这样就可以大大降低组网成本。同时,SDH的自愈环能够在50ms内发现故障,自动从故障中恢复传输。这些特点决定了SDH网是一种理想的广域网物理传输平台。

3.6　宽带接入技术

3.6.1　接入网的基本概念

电信网络的接入段通常被形象地称为"最后一公里"。最初,这仅仅指电话接入端局连接到用户终端的各种线缆及其附属设施,在电话网中,又称为用户线或本地环路。长期以来,这些用户线是电话网接入用户的专用设施,使得电话网成为一个封闭的网络。

20世纪70年代中后期,电信运营商和国际通信标准化组织为了改变这种情况,于1975年和1978年在苏格兰格拉斯哥举行了两次CCITT研讨会,英国著名的电信运营商BT(Britain Telecommunication,英国电信)在第一次会议上首次提出接入网组网的概念以降低接入网段的线路投资,在第二次会议上正式肯定这种组网方式,并命名为"接入网组网"技术。1978年,BT向CCITT正式提出接入网组网概念并得到认同,1979年CCITT以RSC(Remote Subscriber Concentrator,远端用户集线器)命名这类设备并进行了框架性描述,接入网正式诞生。

20世纪80年代到90年代,接入网的发展并不顺利,其间制定了接入网的接口规范——V1～V5系列建议,并进一步对接入网进行了更为准确的界定。20世纪90年代以来,电信技术的快速发展和电信市场的开放冲击了电信业的技术保守和市场垄断,其间ITU制定了接入网的宽带接口标准——VB5系列建议和接入网的总体标准——G.902,接入网进入正常发展期。20世纪90年代中后期,在Internet成功的巨大冲击下,产生了NII(National Information Infrastructure,国家信息基础设施)和GII(Global Information Infrastructure,全球信息基础设施)概念,ITU也将GII概念和IP技术引入电信网络。2000年,ITU制定了IP接入网的总体标准——Y.1231,通信技术百花齐放,宽带接入技术的发展风起云涌,接入网进入快速发展期。随着G.902标准和Y.1231标准的实施及VB5接口和多种宽带接入技术的应用,接入网不再是某种型号程控交换机的附属设施,它正在摆脱电话网的束缚,为泛通信网(广义的通信网络)提供通用的、普适的接入服务,成为一个完整的、相对独立的、可以提供多种类型接入服务的重要网络部分,成为现代通信网络的两大部分(核心网、接入网)之一。

这里介绍一下"宽带"技术。"宽带接入"源自电视网络运营商,其在CATV系统的6.5MHz宽带上采用电缆调制解调器(Cable Modem,CM)接入互联网,由于当时流行的"拨号上网"是一个典型的窄带系统,带宽只有3kHz,CM当然是名副其实的宽带。随着宽带技术的出现,电信运营商也在积极提高电话线接入网络的速度,此时出现了一系列用户数字线路技术xDSL(包括最著名的ADSL技术),大大提高了电信网络接入服务的范围和程度。2004年6月,以太网接入标准IEEE 802.3ah正式发布,以太网技术进入了住宅、小区等接入网络的场合。随着WLAN、4G、5G网络的应用,无线接入技术迎来了巨大的发展机遇。

接入技术按照其采用的不同的技术分为不同的类型。

按照是否有线缆连接可以分为有线接入和无线接入两种类型;按照用户的类型不同可以分为个人与家庭用户接入、校园网接入、企业网接入及ISP服务商接入等类型;按照接入技术可以分为N-ISDN接入、B-ISDN接入、xDSL接入、无线和卫星接入(含Ad hoc接入、4G/5G接入等)、CATV接入、电力线接入、LAN/WAN接入,以及PON、SDV、HFC和其他光系统接入。

表3-9列出了接入技术的类型及采用的技术与标准。

表3-9 接入技术的类型及采用的技术与标准

接入类别	接入方式	采用的技术和标准
有线接入	电信电话网接入	窄带拨号Modem技术
		xDSL技术
	电信专网接入	DDN数字专线
		F/R帧中继
	有线电视网接入	CABLE Modem技术
	以太网接入	IEEE 802.3标准
	光纤接入	PON/EPON/SDV技术
无线接入	无线局域网接入	IEEE 802.11标准
	无线城域网接入	IEEE 802.16标准
	移动电话网接入	GPRS/3G/4G/5G技术
	Ad hoc接入	IEEE 802.11标准

在这些接入技术中,最为常用的为 xDSL 接入(以 ADSL 为主)、LAN/WAN 接入和无线接入等。其中,采用 IEEE 802.3 标准的局域网/城域网接入技术与本书后面所介绍的以太网技术并无多大区别,因此此处不再赘述,仅需提及的是在采用以太网接入中,为了提高接入网供电的可靠性,接入设备可以采用以太网远端馈电技术(Power over Ethernet,PoE)进行供电。而有线电视网接入由于目前应用不多,此处不做介绍。

3.6.2 拨号接入技术

使用话带 Modem 是接入网技术中应用最早、最成熟的一种技术。后来随着 Internet 应用的扩展,对接入带宽提出了更高的要求,便出现了 ISDN 拨号接入技术。

1. 话带 Modem 拨号接入技术

Modem 即调制解调器,其主要作用是将计算机的数字信号转换成模拟信号以便电话线上传输。Modem 的种类很多,有基带的、宽带的、有线的、无线的、音频的、高频的、同步的和异步的,其中曾经最常用的是利用电话线作为传输介质的音频 Modem,也称话带 Modem。

基于 PSTN 的 Modem 拨号接入是一种简单、便宜的接入方式。用户需要事先从 ISP(Internet Service Provider,因特网服务提供商)处得到拨叫的特服号码、登录用户名和登录口令,经过拨号、身份验证之后,通过 Modem 和模拟电话线,再经 PSTN 接入 ISP 网络,在网络侧的拨号服务器上动态获取 IP 地址,从而接入 Internet。图 3-30 给出了典型的通过 PSTN 拨号接入 Internet 的应用示意图。

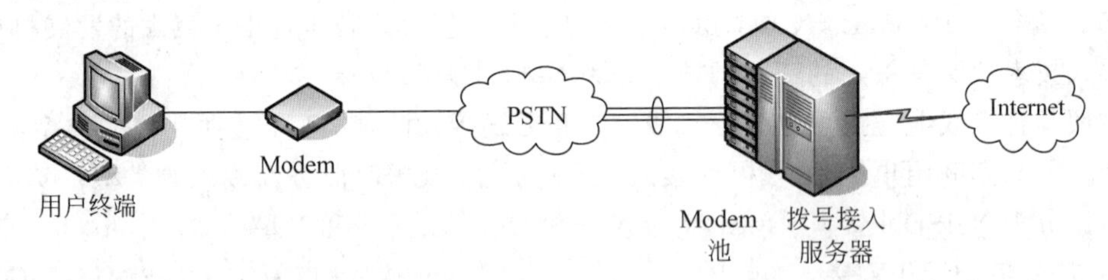

图 3-30 PSTN 拨号接入 Internet 的应用示意图

用户拨号入网通常采用的链路协议为 PPP(Point to Point Protocol,点到点协议)。当用户拨号与接入服务器成功建立 PPP 连接时,通常会得到一个动态 IP 地址。在 ISP 的拨号服务器中存储了一定数量的空闲 IP 地址,一般称为 IP 地址池。当用户拨通拨号服务器时,服务器就从"池"中选出一个 IP 地址分配给用户的计算机,这样用户的计算机就有了一个全球唯一的一个 IP 地址,此时,用户计算机就成为 Internet 的一个站点。当用户下线后服务器就收回这个 IP 地址,以备下次分配使用。

调制解调技术是 Modem 的核心技术。Modem 的基本调制方法有 3 种:振幅键控 ASK、移频键控 FSK 和移相键控 PSK。随着对数据传输速率的要求不断提高,正交移相键控 QPSK、正交幅度调制 QAM 等调制技术逐渐应用到 Modem 中,使得 Modem 的数据传输速率得到了很大的提高。

为了保证各厂商生产的 Modem 采用相同的协议连接通信,ITU-T 颁布了一系列的建议,以保证不同厂家、不同型号的 Modem 之间彼此相互兼容、相互连接。表 3-10 列出了 Modem 的主要系列标准。

表 3-10　Modem 的主要系列标准

协议名称	协 议 内 容
V.21	300b/s 全双工通信协议
V.22	600b/s 和 1200b/s 半双工通信协议
V.22bis	1200b/s 和 2400b/s 全双工通信协议，可以与 V.22 Modem 通信
V.32	4800b/s 和 9600b/s 全双工通信协议
V.32bis	将 V.32 标准扩充到 7200b/s、12kb/s 和 14.4kb/s
V.34	33.6kb/s，同步/异步、全双工通信协议
V.90	56kb/s 数据传输标准（上行 33.6kb/s，下行 56kb/s）
V.92	缩短 Modem 建立连接的时间，上行速率从 33.6kb/s 提高到 48kb/s，下行保持 56kb/s，增加 V.44 压缩和 modem-on-hold 功能
V.42bis	规定了 Modem 的 LAPM（Link Access Procedure for Modem，链路接入规程），具有差错控制和数据压缩功能。V.92 Modem 支持 V.42bis

由表 3-10 可知，话带 Modem 的发展是一个从低速到高速的过程。早期的话带 Modem 一般采用分立元件实现，传输速率低。20 世纪 70 年代后期，随着 LSI 和数字信号处理技术的发展，特别是自适应均衡技术和回波抵消技术的引入，Modem 的传输速率和质量有了很大的提高。进入 20 世纪 80 年代后，由于数字信号处理器 DSP 的发展，更重要的是 TCM（网格编码调制）技术的引入，使话带 Modem 的传输速率进一步提高，当时 Modem 的 56kb/s 的传输速率几乎已经是话带所能达到的极限速率。尽管可以通过更为密集的网格编码技术在理论上将信号调制到更高的速率，但由于噪声的影响和带宽的限制，实际通信的速率反而会变得更低。

2. ISDN 拨号接入技术

ISDN 是由电话综合数字网（IDN）发展而来的，是数字交换和数字传输结合的产物。ISDN 实现了用户线的数字化，提供端到端的数字连接，相比电话拨号其传输质量提高很多。

ISDN 拨号接入应用模型如图 3-31 所示，ISDN 的设备分为网络终端 1（Network Terminal 1，NT1）、终端适配器（TA）和 ISDN 卡 3 种。

NT1 是用户传输线路的终端装置。它是实现在普通电话线上进行数字信号传送和接收的关键设备。该设备安装于用户处，是实现 N-ISDN 功能的必备硬件。网络终端分为基本速率 NT1 和一次群速率 NT1 两种。

图 3-31　ISDN 拨号接入应用模型

NT1 提供了 U 接口和 S/T 接口间物理层的转换功能，使 ISDN 用户可以在原有的电话线上通过 NT1 提供的接口直接接入标准 ISDN 设备。NT1 向用户提供 2B+D 两线双向传输能力，它能以点对点的方式支持最多 8 个终端设备接入，可使多个 ISDN 用户终端设备合用一个 D 信道。

TA是将传统数据接口如V.24连接到ISDN线路,使那些不能直接接入ISDN网络的非标准ISDN终端与ISDN相连接。它支持单台PC上网,还可以连接多个如普通模拟电话、G3类传真机、调制解调器等设备进行通信。

ISDN卡一般安装在计算机的扩展槽中,将计算机连接到NT1。

ISDN提供两种类型的接口:基本速率接口(BRI)和基群速率接口(PRI)。

BRI是电信局向普通个人用户提供的接口,即2B+D。BRI可以在一对双绞线上提供两个B通道(每个64kb/s)和一个D通道(16kb/s),D通道用于传输信令,B通道则用于传输话音、数据等,所以总速率可以达到144kb/s。由于一路电话只占用一个B通道,因此可以同时进行通话和上网,所以这种线路曾称为"一线通"。

PRI分为30B+D(30×64kb/s+64kb/s,欧洲标准)和23B+D(23×64kb/s+64kb/s,美国/日本标准)两种,用于需要传输大量数据的应用,如企业网接入Internet、LAN互联等。

3.6.3 xDSL体系结构

DSL(Digital Subscriber Line,数字用户线)是铜缆接入技术的一系列用户数字线技术的总称。xDSL是美国贝尔通信研究所于1989年为推动视频点播(VOD)业务开发出的用户线高速传输技术,它以大量部署的电信基础设施为基本出发点,解决了用户设备如何高速(相比当时的窄带电话拨号接入和ISDN接入)接入骨干网络的问题,即通常所说的"最后一公里"问题。

1. xDSL的类型和特点

DSL技术通常可以分为速率对称型和速率非对称型两种。

速率对称型DSL技术包括HDSL(High-bit-rate Digital Subscriber Line,高速数字用户线)、SDSL(Single line Digital Subscriber Line,单线路数字用户线)、IDSL(ISDN line Digital Subscriber Line,ISDN数字用户线)。

速率非对称型DSL技术包括ADSL(Asymmetric Digital Subscriber Line,非对称数字用户线)、VDSL(Very-high-speed Digital Subscriber Line,甚高速数字用户线)、VADSL(Universal Asymmetric Digital Subscriber Line,通用非对称数字用户线)、RADSL(Rate adaptive Asymmetric Digital Subscriber Line,速率自适应非对称数字用户线)、CDSL(Consumer Digital Subscriber Line,消费者数字用户线)。

所谓速率对称,是指上行速率与下行速率相同,而速率非对称则上、下行速率不相同,一般下行速率大于上行速率。由于互联网接入中下行带宽的需求一般大于上行带宽,因此,速率非对称型DSL很适合Internet高速接入。表3-11给出了主要的xDSL线路的下行、上行速率参数。

表3-11　主要的xDSL线路的下行、上行速率参数

xDSL	下行、上行速率(距离5.5km)	下行、上行速率(距离3.6km)	线对数(对)
ADSL	1.5Mb/s、64kb/s	6Mb/s、640kb/s	1
HDSL	1.544Mb/s(对称)	1.544Mb/s(对称)	2
VDSL	51Mb/s、2.3Mb/s	51Mb/s、2.3Mb/s	2
RADSL	1.5Mb/s、64kb/s	6Mb/s、640kb/s	1

不同的DSL技术在速率、使用带宽、应用环境等方面都不一样，如HDSL一般不用于用户接入，要占用话音频带，不能实现数话同传；而ADSL、IDSL等常用于用户接入，不占用话音频带，通过频分复用技术与传统的模拟语音传输系统(Plain Old Telephone Service, POTS)的业务共存。

与其他的宽带技术相比，xDSL技术的优势主要表现在以下几点。

(1) 能够提供足够的带宽以满足人们对于多媒体网络应用的需求。

(2) 与拨号网络相比，性能和可靠性更高。

(3) 利用现有的电话线，能够平滑地与现有的网终进行连接，是比较经济的接入方式之一。

2. 接入结构

在所有的DSL技术中，应用最广泛的是ADSL。图3-32就是以ADSL为例，说明了DSL接入的体系结构，其他的DSL接入结构与此有细微差别。

其中DSLAM(DSL Access Multiplexer)表示DSL接入复用器，ATU-R表示ADSL远端传输单元，ATU-C表示ADSL局端传输单元。

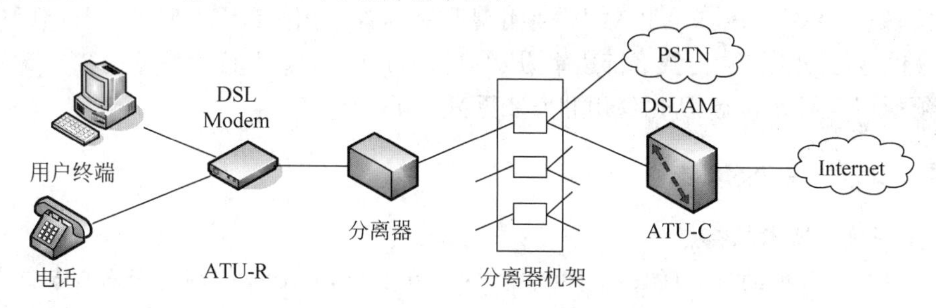

图3-32 ADSL接入系统结构图

3. 调制技术

xDSL调制解调器利用高于话带的高频信道进行数据的传输，因此必须使用更加先进的调制技术。xDSL采用的调制/解调技术主要有2B1Q(2 Binary 1 Quaternary，2个二进制1个四进制编码)、QAM(Quardrature Amplitude Modulation，正交幅度调制)、CAP(Carrierless Amplitude/Phase Modulation，无载波幅度/相位调制)、DMT(Discrete Multi-Tone，离散多音调制)。

下面重点介绍非对称数字用户线(ADSL)技术，ADSL最初是由Intel、Compaq Computer、Microsoft成立的特别兴趣组(SIG)提出的，如今，这一组织已经包括了大多数主要的ADSL设备制造商和网络运营商。

图3-33给出了一个住宅使用ADSL的结构示意图。

ADSL主要的技术特点表现在以下三方面。

(1) 它可以在现有的用户电话线上通过传统的公用电话交换网(PSTN)，在原有模拟电话频段以上的更高频段，以重叠和不干扰传统模拟电话业务的方式，提供高速数字业务。因此，ADSL允许用户保留他们已经申请的模拟电话业务，也可以同时支持单对用户电话线上的数据业务。数据业务可以是Internet在线访问、远程办公、视频点播等。

(2) 该技术几乎和本地环路的实际参数没有什么关系，因此与所使用的用户电话线的特性无关，用户也不需要专门为获得ADSL服务而重新敷设电缆。

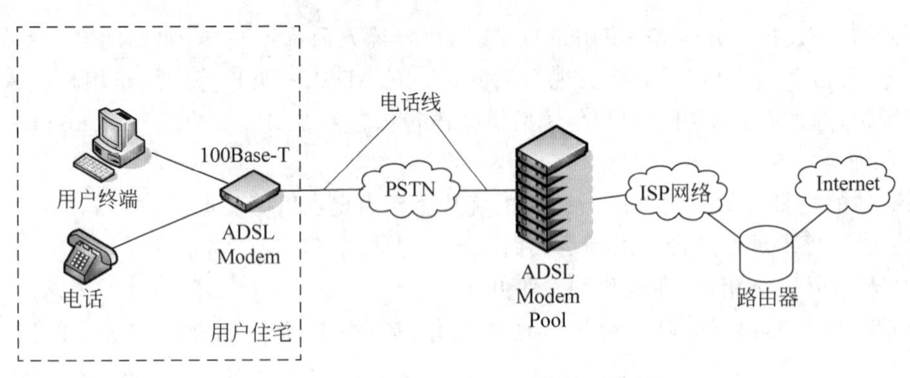

图 3-33 住宅使用 ADSL 的结构示意图

(3) ADSL 技术提供的非对称带宽特性，上行速率 64～640kb/s，下行速率 500kb/s～7Mb/s，很适合 Internet 访问的需要。

传统的 ADSL 在用户住宅内需要安装无源分离器，将电话业务和数据业务进行分离，这种方式成本高、安装复杂，针对这些缺点，人们研究开发出了一种轻便经济型的非对称数字用户线，即 ADSL-Lite，又可以称为“通用型非对称数字用户线(U-ADSL)”，国际电信联盟(ITU)称为 G. Lite，它支持下行速率为 64kb/s～1.5Mb/s，上行速率可达 32～512kb/s，因为无须使用电话分制器，所以使用和安装更为方便。

3.6.4 光纤接入技术

1. 光纤接入技术的特点

随着用户业务量的日益增长和业务种类的不断变化，新业务的高性能需要与之相适应的高性能接入技术。从介质上来看，不同的介质有不同的特点，能满足不同的要求。拨号电话线接入可以无须重新布线，接入方便；无线接入能满足用户自由接入的需要；而光纤作为一种性能优越的有线传输介质，在接入网中越来越被重视。

光纤的优越性体现在多个方面。与同轴电缆和双绞线相比，光纤的理论带宽几乎是无限的。光纤中信号传输时衰减很小，利用光纤无须中继就能实现信号的远距离传输。一般光纤传输系统的中继距离可达 100km 以上，而 T1 线路的中继距离为 1.7km，同轴(粗)电缆的中继距离只有 500m。另外，光纤的保密性好、盗接线头困难、不易窃听，抗电磁干扰能力和抗腐蚀能力较铜缆强很多，工作寿命也长，因此，采用光纤技术的接入网即光接入网(Optical Access Network，OAN)是目前应用最多的接入网络。

随着网速需求的不断提高，光接入网引入了 10G PON/50G PON、WiFi6 FTTR 等技术，来提升用户的实际接入网络速率。

2. 光纤在接入网中的延伸

光纤通信最先用于核心网，包括长途网和城域网，现在已全面延伸到接入网和用户端。

FTTx 是指光纤在接入网中的推进程度或使用策略。光纤深入用户的程度不同，光网络单元(Optical Network Unit，ONU)放置的位置也不同。根据 ONU 的具体放置位置，光接入网可以分为光纤到路边(Fiber To The Curb，FTTC)、光纤到大楼(Fiber To The Building，FTTB)、光纤到办公室(Fiber To The Office，FTTO)、光纤到家(Fiber To The Home，FTTH)等应用类型。另外，还有光纤到小区(Fiber To The Zone，FTTZ)、光纤到结点(Fiber

To The Node,FTTN)、光纤到驻地(Fiber To The Premises,FTTP)等应用类型。

目前,各个运营商都可以提供FTTH的接入方式,且主要采用无源光网络PON技术来实现从互联网到户的全程光纤连接(这也是我国目前实施光纤到户网络基础建设的主推方案),在用户家中布放光纤终端设备(Optical Network Terminal,ONT,这也是FTTH的最末端单元,俗称"光猫"),通过设备提供的用户-网络接口UNI端口为用户提供连接,从而使用户可以直接通过光纤连入互联网。由于采用了无源光网络,因此可以实现全程透明传输。

图3-34所示的是OAN的应用示意图。图3-34中,OLT是光线路终端(Optical Line Terminal),OBD是光分路器(Optical Branching Device),OLT与ONU之间采用光纤传输。

FTTC通常为点到点或点到多点结构。一个ONU可以为一个或多个用户提供接入。ONU设置在路边交接箱或配线盒处,ONU到用户之间仍为普通电话双绞铜线或同轴电缆。整个接入网采用混合的光缆/铜缆接入介质,既可利用现有的铜缆资源,具有较好的经济性,也促进了光纤向用户延伸,充分发挥了光纤传输的特点,一旦有带宽需求,可很快将光纤延伸至用户处。FTTC常和xDSL或其他接入方式混合使用,为用户提供宽带接入服务。由于FTTC是一种光缆/铜缆混合系统,存在室外有源设备,不利于维护运行,同时由于ONU的装置安装环境是在路边,还存在供电、散热等问题,因此是一种过渡接入方式。

FTTB的ONU直接放置在居民住宅公寓或单位办公楼的某个公共地方,然后通过铜缆(双绞线)将业务分送到各个用户。这种接入网络通常是一种点到多点的结构,即一个ONU为多个用户提供接入。FTTB比FTTC的光纤化程度更高,光纤已敷设到楼,更适应于高密度用户区,特别是新建工业园区或居民楼。但由于ONU存放在公共地方,存在对设备的管辖和维护问题。ONU到用户间可采用xDSL技术或Ethernet技术。

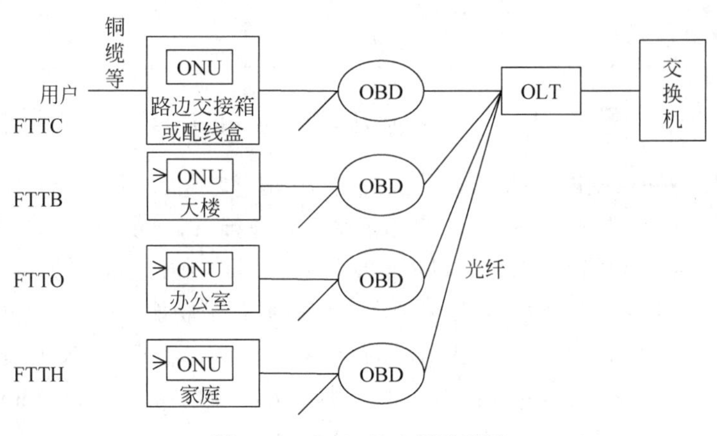

图3-34　OAN的应用示意图

FTTO则是将ONU放置在办公室,实现了全程光纤接入,主要用于业务量需求比较大的大型企事业单位中,其接入网络结构采用环状或点到点方式。

FTTH将ONU直接放置在用户家庭,与FTTO一样是全程光纤接入,不同的是FTTH一般用于家庭,从业务量和经济性考虑,一般采用点到多点的结构。这种接入方式成为目前城镇家庭用户主流的接入方式。

FTTO和FTTH光接入网都无任何有源设备,是一个真正的能提供宽带接入的透明网络,也是目前主流的应用类型。

3. 光接入网的基本结构

光接入网是接入网中部分或全部使用光纤作为传输介质来实现信息传输的网络形式,是针对接入网环境所设计的特定光纤传输结构,即提供宽带、窄带双向交互式业务的用户接入系统。

国际电信联盟定义了光接入网 OAN 的基本结构,如图 3-35 所示,该结构是基于电信接入网的概念提出的。从图 3-35 中可以看出,光接入网是由业务结点接口 SNI 与相关的用户网络接口 UNI 之间的一系列传送实体组成的,这些实体包括线路设施和传输设施。电信管理网 TMN 通过 Q3 接口对接入网进行配置和管理。由于光接入网不解释用户信令,因此,光接入网是一个与业务无关的透明传输网络。

光接入网一般是一个点到多点的结构,包括光线路终端 OLT、光分配网 ODN、光网络单元 ONU 和适配功能 AF 等部分。其中,OLT 面向网络侧为 OAN 提供与中心局设备的接口,完成光电转换,同时提供与 ODN 的光接口。同一 OLT 可以连接若干 ODN,通过 ODN 对众多的 ONU 进行管理和指配。OLT 光线路终端用于连接光纤干线。

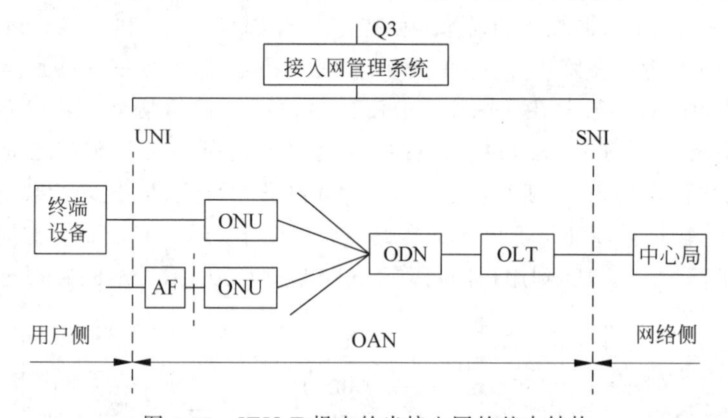

图 3-35 ITU-T 提出的光接入网的基本结构

ONU 在用户侧提供用户到接入网的接口,完成光电转换,同时连接 ODN。ODN 主要功能是终结来自 ODN 的光信号并为用户提供多个业务接口,提供用户业务适配功能,完成速率适配、信令转换等功能。ONU 可以灵活地设置在用户所在地或路边。

ODN 位于 OLT 和 ONU 之间,提供两者之间的光传输功能。ODN 由光连接器和光分路器组成,完成光信号功率的分配及光信号的分、复接功能。组成 ODN 的设备可以是无源光设备,也可以是有源光设备,对应的接入网分别是无源光网络(Passive Optical Network,PON)和有源光网络(Active Optical Network,AON)。

AF 为 ONU 和用户设备提供适配功能,具体物理实现既可完全独立,也可包含在 ONU 中。

4. 光接入网的分类

根据光接入网中 ODN 是由无源器件组成的还是有源器件组成的,光接入网可以分为有源光网络(AON)和无源光网络(PON)。

AON 采用了有源设备,其 ODN 含有光放大器等有源器件,与其他接入技术相比,存在供电、可靠性等问题,成本相对也比较高,因此在接入网中应用不多。

PON 是专门为接入网而发展的技术，其 ODN 全部由无源器件组成，信号在传输过程中无须再生放大，直接由无源光分路器传至用户，实现了透明传输，信号处理全由局端和用户端设备完成。与 AON 相比，PON 的覆盖范围和传输距离要小，但由于户外无有源设备，提高了抗干扰能力，可靠性更高，大大简化了接入途中的安装条件，价格更低，安装和维护更为方便，是光接入网应用最多的技术。PON 包括 APON（ATM PON，基于 ATM 的 PON）、EPON（Ethernet Passive Optical PON，基于 Ethernet 的 PON）和 GPON（Gigabit Passive Optical PON）。

5. 无源光网络（PON）

PON 的概念最早是由英国电信公司的研究人员于 1987 年提出的，主要是为了满足用户对网络灵活性的要求。

由于 PON 中不包含任何有源器件，价格低，安装、维护方便，成为光接入网中发展最为迅速的技术。PON 经历了从 APON 到 EPON 再到 GPON 的发展过程。

PON 中的 ODN 全部由无源器件组成，信号在 PON 中传输时，不经过再生放大，直接由无源光功率分配器将信息传输至用户。由于无源光功率分配器降低了光功率，因此比较适合短距离传输。另外，PON 支持多种拓扑结构（单星状、多星状、总线型和环状），组网灵活，因此很适合于接入网。

PON 的系统结构基于 ITU-T G. 902，全部由光纤、无源光分路器和波分复用器等无源器件组成，不包含任何有源器件，其系统结构如图 3-36 所示。

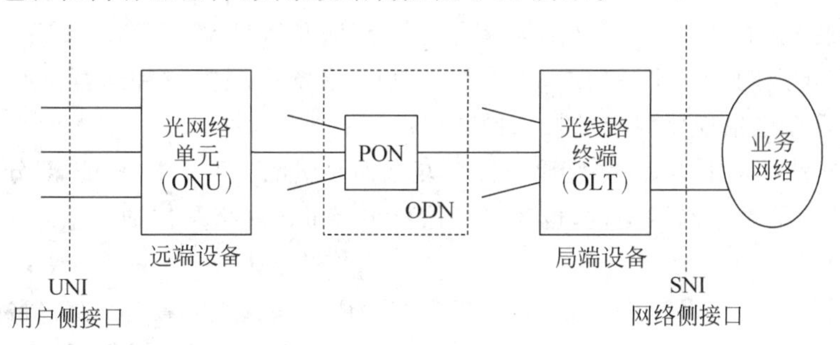

图 3-36　PON 的系统结构

PON 分为光线路终端（OLT）、光分配网（ODN）和光网络单元（ONU）三部分。其中，OLT 连接一个或多个 ODN，为 ODN 提供网络接口。ODN 为 OLT 和 ONU 提供传输手段。ONU 则与 ODN 连接，为 ODN 提供用户侧接口。多个 ONU 经 ODN 连到 OLT，共享 OLT 的光传输介质和光电设备，以降低接入成本。

PON 是一种点对多点的光纤传输系统。PON 工作时其下行采用广播方式，利用波分复用技术 WDM 由分路器将光纤中对应于每个用户的不同波长的信号分配给各个用户；上行采用时分多址方式，每个用户分别在不同的时隙和不同的波长上发送数据信号，最后被复用到共用光纤上。PON 系统在光分支点不需要结点设备，只需安装一个简单的光分路器即可。光分路器可以进行多级连接，其级数取决于允许的总光信号的功率分配的比率。光分路器主要有两种：平面光波导技术光分路器和熔融拉锥技术光分路器，其分路的路数通常有 4、8、16、32、64 个。

PON 是 ITU 的 SG15 研究组在 G. 983 建议“基于无源光纤网的高速光纤接入系统”进

行标准化的,该建议包括以下两部分。

(1) OC-3,155.52Mb/s的对称业务。

(2) 上行OC-3,155.52Mb/s,下行OC-12,622.08Mb/s的不对称业务。

按照G.983建议,传输介质可以是一根单模光纤,也可以是两根单模光纤。

6. 基于Ethernet的无源光网络(EPON)

1) EPON的发展背景

APON是数据链路层ATM技术与物理层PON技术相结合的产物,被认为是当时(1997年是ATM的黄金时代)的最佳组合。近年来,随着IP技术的崛起和发展,ATM不及以太网而导致APON发展受阻。随着Internet的高速发展,用户对网络带宽的需求不断提高,各种新的宽带接入技术成为人们的研究热点,而光纤和以太网设备价格的急剧下降,促成了EPON的出现。

EPON的技术思路是在与APON类似的结构和G.983的基础上,物理层仍然采用现成的PON技术,链路层用以太网帧代替ATM帧,构成一个可以提供更大带宽、更低成本和更宽业务能力的新的结合体。在此背景下,2000年11月,在IEEE 802.3的组织下,通过成立EFM研究组的方式开始了EPON的标准化工作,研究EPON的物理层(特别是光接口)规范、点对多点的控制协议和OAM,最终于2004年4月通过了IEEE 802.3ah标准。

IEEE 802.3ah标准中定义了两种EPON的光接口:1000Base-PX10-U/D和1000Base-PX20-U/D,分别指工作在10km范围和20km范围的EPON光接口。标准还定义了多点控制协议MPCP,使EPON具备了下行广播发送、上行TDMA的工作机制。标准同时还定义了可选的OAM层功能,力图在EPON系统中提供一种运营、管理和维护的机制,使其具有符合电信应用要求的接入网特性。

从EPON的结构上看,其关键是消除了复杂而昂贵的ATM和SDH部分,从而极大地简化了传统的多层重叠网络结构,也消除了伴随多层重叠网络结构的一系列弱点。

2) EPON的系统结构

EPON是一个点到多点的光接入网,建立在APON的标准G.983上。它利用PON的拓扑结构实现以太网的接入,在PON上传送Ethernet帧,为用户提供可靠的数据、语音及视频等多种业务。与APON相比,EPON提供了更高的带宽、更低的成本和更广的服务能力,其所能提供的带宽远大于现有其他类型的接入技术。目前,IP/Ethernet应用占到整个局域网通信的95%以上,EPON由于使用经济、高效的结构,是连接接入网最终用户的一种最有效的通信方法。10G以太主干和城域环的应用也使EPON成为全光网中最佳的接入方案。

EPON的系统结构基于G.902,与G.983规范在很多方面类似。图3-37所示的是EPON的典型网络结构。

EPON主要分为光线路终端(OLT)、光分配网(ODN,主要是无源光源分支器POS和各种线路)和光网络单元(ONU/ONT)三部分。其中,OLT位于局端,ONU/ONT放在用户驻地侧,接入用户终端。ONU与ONT的区别在于ONT直接位于用户侧,而ONU与用户间还有其他的网络,如以太网。

无源光纤分支器POS是一个连接OLT与ONU的无源设备。

OLT和ONU之间可以灵活组建成树状、环状、总线型及混合型拓扑结构。

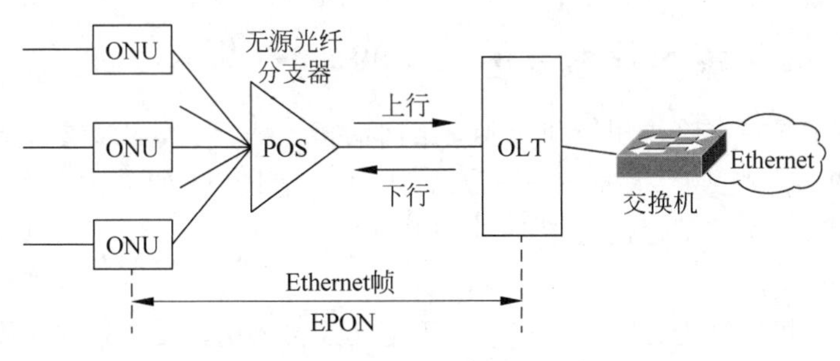

图 3-37　EPON 的典型网络结构

图 3-38 给出了一个家庭用户采用 EPON/GPON 接入 Internet 的示意图。图 3-38 中，OLT、一级分光器和二级分光器都有多个接口，中间的光分路器设备均不需要供电，因此施工、运行和维护经济方便。从理论上，一个 OLT 设备可以接入超过 10 万个用户，因此，这种接入方式成为城镇用户接入 Internet 的主流方式。家庭区域的各种终端设备既可以采用有线连接(通常是双绞线)，也可以通过无线接入点 AP 进行无线连接。

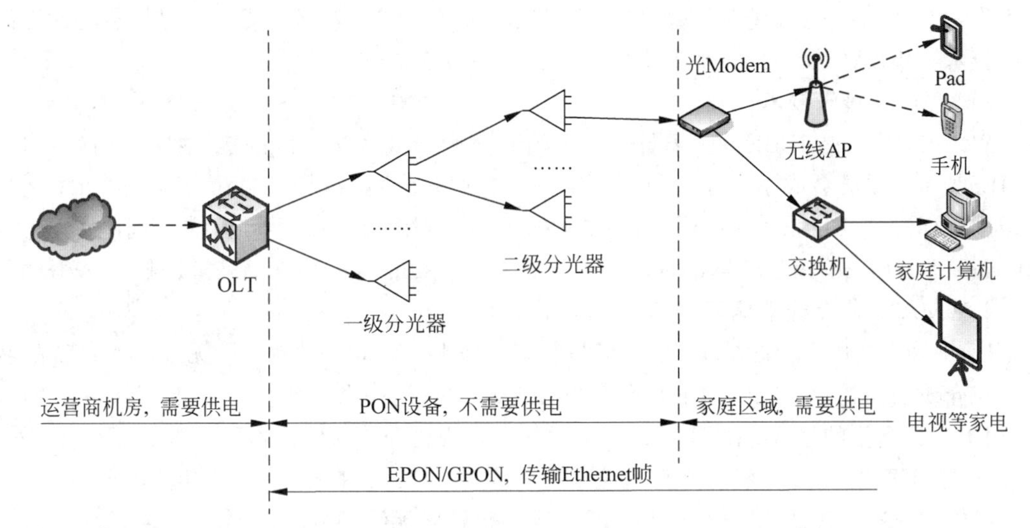

图 3-38　家庭用户采用 EPON/GPON 接入 Internet 的示意图

总体来看，EPON/GPON 主要有以下特点。

(1) 长距离、宽带宽(20km，1.25Gb/s)。光纤的接入和传输，光纤化的 ONU/ONT，非常适合 FTTB 和 FTTO 模式(非常有利于光纤在大楼内的布线和用户扩容)，光纤可以直接到达用户，EPON 还能提供可调节的、有优先级和带宽保证的服务。

(2) 更少的维护和供电。大楼内无须占用机房和供电设施，支持远端设备 ONU/ONT 的自动测距和自动加入，网络扩容方便。

(3) 多业务平台。EPON 可以同时提供 IP 业务和传统的 TDM 业务。QoS(Quality of Service)可以得到保证，而且完全遵循 IEEE 802.3ah 的标准。

(4) 带宽分配灵活，服务有保证。EPON 可以通过 DiffServ、PQ/WFQ、WRED 等来实现用户级的 SLA(服务品质协议)，可以根据需要对每个用户或者每个端口实现基于连接的带宽分配(区别于普通交换机的基于端口的速率限制)，并可根据业务合约保证每个用户连接的 QoS。

3.6.5 宽带无线接入技术与 IEEE 802.16 标准

无线接入技术是指在终端用户和交换局之间的接入网部分，全部或部分地采用无线传输方式，为用户提供固定或移动的接入服务的技术。无线接入的方式很多，有微波传输技术、卫星通信技术、蜂窝移动通信技术(包括 FDMA、TDMA、CDMA 和 S-CDMA 等)、无线局域网(WLAN)等。

无线接入技术可以分为移动无线接入和固定无线接入两大类。移动无线接入网包括移动电话网、无线寻呼网、集群电话网、卫星移动通信网和个人通信网等。固定无线接入是从交换结点到固定用户终端采用无线接入的方式，是 PSTN/ISDN 网的无线延伸。

IEEE 802 标准组负责制定无线接入的各种标准和技术规范，根据覆盖范围，通常将无线接入划分为 WLAN、WMAN、WPAN 和 WWAN 等。

1. WLAN 接入技术

WLAN 是由 IEEE 802.11 工作组制定的无线局域网标准，最早主要用于局域网范围内的工作站互联，后来也被应用于接入网，并成为宽带无线接入技术中发展得最为成功的无线网络技术。WLAN 网络的工作原理和特点见本书第 8 章。

2. WMAN 接入技术

WMAN 技术是 IEEE 802 委员会提出的专门用于城域接入网的接入技术。1999 年 7 月，IEEE 802 委员会成立了专门的工作组，研究宽带无线网络标准。2001 年，发布了宽带无线网络标准 IEEE 802.16，该标准的全称为“固定宽带无线访问系统空间接口”(Air Interface for Fixed Broadband Wireless Access System)，也称为无线城域网(Wireless MAN，WMAN)或无线本地环路(Wireless Local Loop)标准。

IEEE 802.16 标准体系的主要目标是制定工作在 2～66GHz 频段的无线接入系统的物理层与介质访问控制 MAC 层的规范。IEEE 802.16 是一个点对多点的视距条件下的标准，用于大数据量的接入；IEEE 802.16a 增加了非视距和对无线网格网结构的支持。IEEE 802.16 与 IEEE 802.16a 经过修订后统一命名为 IEEE 802.16d，于 2004 年正式公布。

尽管 IEEE 802.11 和 IEEE 802.16 标准都是针对无线环境的，但由于两者的应用对象不同，因此采用的技术与协议及解决问题的重点也不尽相同。IEEE 802.11 标准的重点在于解决局域网范围内的移动结点通信问题；IEEE 802.16 标准的重点是解决建筑物之间固定无线接入的数据通信问题。

按照 IEEE 802.16 标准，可以建立覆盖一个城市的部分区域的无线网络，而建筑物位置相对固定，因此需要在每个建筑物上建立基站，基站之间采用全双工、宽带通信的方式工作。每个 IEEE 802.16 无线网络接入的用户数，往往要多于 IEEE 802.11 无线局域网的用户数。正是 IEEE 802.16 标准要保证无线网络对接入用户的服务质量，它就需要有更多的带宽，因此 IEEE 802.16 标准规定使用更高的 10～66GHz 的频段，该频段为毫米波频段。

IEEE 802.16 标准增加了两个物理层标准 IEEE 802.16d 和 IEEE 802.16e。IEEE 802.16d 主要针对固定的无线网络部署，而 IEEE 802.16e 则针对火车、汽车等移动物体的无线通信问题。

与 IEEE 802.16 标准工作组对应的论坛组织为 WiMax。与致力于 WLAN 推广应用的 Wi-Fi 联盟很类似，由业界成员参加的 WiMax 论坛主要致力于 IEEE 802.16 无线网络标准的推广与应用。表 3-12 给出了 IEEE 802.16 标准系列各主要标准的基本参数比较。

表 3-12　IEEE 802.16 标准系列各主要标准的基本参数比较

标准名称	IEEE 802.16	IEEE 802.16a	IEEE 802.16d	IEEE 802.16e
发布时间	2001 年	2003 年 1 月	2004 年 10 月	2006 年 2 月
使用频段	10～66GHz	＜11GHz	＜11GHz	＜6GHz
信道条件	视距	非视距	视距＋非视距	非视距
固定/移动	固定	固定	固定	移动＋漫游
信道带宽	25/28MHz	1.25/20MHz	1.25/20MHz	1.25/20MHz
传输速率	32～134Mb/s	75Mb/s	75Mb/s	30Mb/s
额定小区半径	＜5km	5～10km	5～15km	＞10km

3. 卫星接入技术

卫星接入技术以其广阔的覆盖范围为显著的优点。通信卫星很容易实现像阳光普照一样的广阔覆盖，这对于边远地区、崇山峻岭、浩瀚海域、野外工作者，以及对于应急抢险的接入具有重要的意义。由于通信费用高、通信延迟大等多种原因，卫星接入技术目前仅用在一些特殊的场合。

通信卫星按照运行轨道的高低，可以分为 GEO、MEO 和 LEO 3 种类型。用于卫星通信的频段主要有 UHF 分米波频段（300MHz～3GHz）、SHF 厘米波频段（3GHz～30GHz）和 EHF 毫米波频段（30GHz～300GHz）。

(1) GEO（Geo-station Earth Orbit）：是对地面相对静止的地球同步轨道卫星，运行在高度为 35 786km 的地球同步轨道上。使用三颗卫星就可以覆盖绝大部分地球陆地，即使只使用一颗卫星也可以稳定覆盖一个大国的领土。但由于卫星轨道高，对卫星通信系统的发射功率和天线都要求很高，通常适用于永久性的固定用户。

(2) LEO（Low Earth Orbit）：低地球轨道卫星，运行轨道高度为 300～2000km，卫星相对地面时刻处于运动之中。由于轨道高度低，对卫星通信系统的发射功率和天线要求都比较低，如可以使用手持终端进行通信。实现这种便利的代价是单个卫星对地面固定地点的覆盖时间很短，要实现不间断覆盖系统需要同时部署很多颗卫星，这大大加重了系统的建设成本和运行成本。

(3) MEO（Medium Earth Orbit）：中地球轨道卫星，运行轨道高度为 2000～35 786km。MEO 卫星的特点可以看作 GEO 与 LEO 两种系统的折中。单颗卫星覆盖时间中等，基本可以满足单次通信的需要；对卫星通信系统的发射功率和天线要求不算太高，可以使用便携式设备供用户快速安装运行。

GEO 目前主要作为电视直播卫星来使用。作为接入技术时，须解决上行通道问题。

MEO 系统的典型是国际海事卫星 Inmarsat，其覆盖了全球 98%的陆地及所有海洋，可提供 $n\times64$kb/s 的数据通信业务。

早期，LEO 的典型系统是铱星（Iridium）系统和全球星（Global Star）系统，它们分别使用 66 颗星和 48 颗星为手持终端提供接入服务。铱星系统由于系统设计缺陷和经营管理方面的问题，已于 2000 年 3 月停止运行；全球星系统也经历了经营管理方面的问题，于 2004 年 4 月破产重组后目前仍在运行。最新的 LEO 应用是美国的“星链”项目和我国的“中国星网”项目。美国太空探索技术公司（SpaceX）2015 年启动的“星链”项目，计划在太空搭建由约4.2万颗卫星组成的“星链”网络为全球提供互联网服务,到2023年8月,已发射了99批次超过4960颗卫星,这些卫星部署在地球上空550km处的近地轨道上。由中国航天科技集团有限公司牵头建设的“中国星网”项目分为GW项目和GW-A项目,两个项目分别计划发射6344颗卫星和6648颗卫星,分布在500~1150km的轨道高度上,将覆盖全球所有地区。除了“中国星网”外,我国还有其他一些低轨道通信卫星项目正在进行中,这些项目包括“鸿雁”项目、“虹云”项目、“行云”项目、“天象”项目和“银河”项目等。

4. WPAN接入技术

WPAN(Wireless Personal Area Network),即无线个域网。严格来说,WPAN还不能称为一种接入网技术。但由于WPAN被十分看好用于家庭网络等场合,所以也称为延伸接入网。WPAN工作于10m范围的“个人区域”,用于组成个人网络。IEEE关于WPAN的标准是IEEE 802.15,与蓝牙技术相容。此外,支持WPAN的技术还包括紫蜂(ZigBee)、超宽带(UWB)、红外线(IrDA)、家庭射频(HomeRF)等。

IEEE 802.15工作组由4个小组组成。其中,IEEE 802.15.1负责蓝牙的标准化;IEEE 802.15.2研究WPAN和WLAN的互存性;IEEE 802.15.3制定高速WPAN标准;IEEE 802.15.4研究特别节电技术和低复杂度方案,应用领域主要为传感器网络、远端控制和家庭自动化等。

低频率的ZigBee所对应的标准为IEEE 802.15.4(TG4),针对低电压和低成本家庭控制方案提供的数据传输速率为25kb/s、40kb/s、250kb/s,采用CSMA-CA机制,保证传输可靠性,提供功率管理功能。

高频率的超波段或UWB所对应的标准为IEEE 802.15.3(TG3)。支持用于多媒体的20Mb/s~1Gb/s的数据传输速率,可传送高质量视频和声音,支持服务质量保障,具有Ad hoc点对点网络特点,功耗和成本低。

IEEE 802.15.1标准的蓝牙技术仍被人们认为是最具应用前景的WPAN技术,其推广应用程度标志着无线个域网的实用化程度。用于WPAN的主要无线通信技术类型及特点如表3-13所示。

表3-13 用于WPAN的主要无线通信技术类型及特点

无线通信类型	成本	安全性	功耗	通信距离	传输速率	组网形式
蓝牙	高	中	高	>100m	2Mb/s	点对多点
UWB	低	高	低	10m	480Mb/s	点对多点
NFC	低	低	低	1m	16Mb/s	点对点
ZigBee	低	高	低	75m	<1Mb/s	点对多点
IrDA	低	低	中	3m	4Mb/s	点对点
HomeRF	低	低	高	50m	2Mb/s	点对多点

第4章 局域网技术

4.1 局域网参考模型与协议标准

广域网技术的成熟与微型计算机的广泛应用,推动了局域网技术研究的发展。局域网是继广域网之后,网络研究与应用的又一个热点。20世纪80年代,随着个人计算机技术的发展和广泛应用,用户共享数据、硬件与软件的愿望日益强烈。这种社会需求导致局域网技术出现了突破性进展。图4-1给出了局域网技术发展过程示意图。

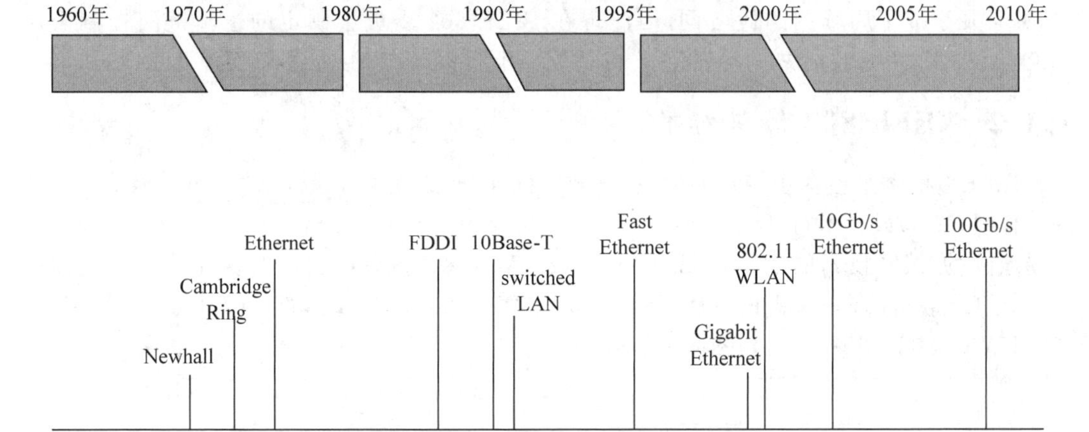

图4-1 局域网技术发展过程示意图

4.1.1 局域网参考模型

局域网出现不久,各网络生产商纷纷推出自己的产品,为了能在具有不同产品的局域网之间进行通信,迫切地需要标准化组织尽早制定出关于局域网的标准,因此,IEEE于1980年2月成立了IEEE 802局域网和城域网标准化委员会,负责专门研究和制定与局域网和城域网有关的标准,这些标准对局域网的发展起到了积极的促进作用。由于IEEE 802标准研究的重点是解决在一个局部地区范围内的计算机组网问题,因此研究者只需解决OSI参考模型中数据链路层与物理层的相应问题。

1980年成立IEEE 802委员会时,局域网领域中已经有三类典型的技术和产品,即Ethernet、Token Bus、Token Ring。同时市场上还有很多不同厂家的局域网产品,它们的数据链路层协议与物理层协议各不相同。面对这样一个复杂的局面,要想为多种局域网技术和产品制定一个共同的协议模型,IEEE 802标准的设计者提出将数据链路层分为两个子层:逻辑链路控制(Logical Link Control,LLC)子层和介质访问控制(Media Access

Control,MAC)子层,如图 4-2 所示。不同的局域网在 MAC 子层和物理层可以采用不同的协议,而在 LLC 子层必须采用相同的协议。LLC 子层与底层具体采用的传输介质、介质访问控制方法无关。

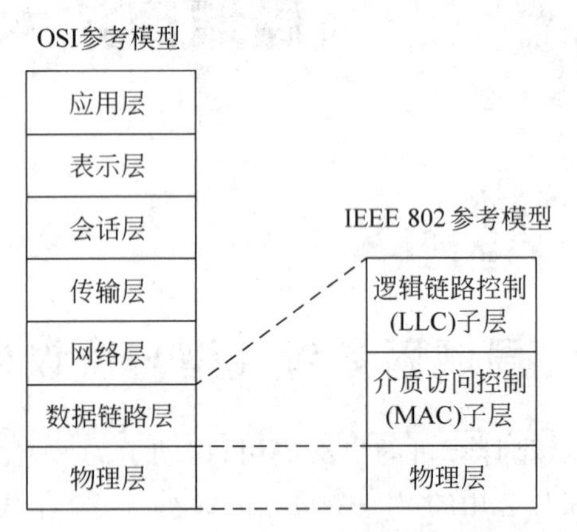

图 4-2　IEEE 802 参考模型与 OSI 参考模型的对应关系

从目前局域网的实际应用情况来看,以太网(Ethernet)在局域网市场中已取得垄断地位,并且几乎成了局域网的代名词,因此现在 IEEE 802 委员会制定的逻辑链路控制子层 LLC 协议的作用已经消失,生产商生产的适配器上就仅装有 MAC 协议而没有 LLC 协议。

4.1.2　IEEE 802 协议标准

IEEE 802 委员会为了制定局域网/城域网标准,而成立了一系列组织,如制定某类协议的工作组(WG)或技术行动组(TAG)。他们研究和制定的标准统称为 IEEE 802 标准。随着局域网/城域网技术的发展,802.4WG、802.6WG、802.7WG、802.12WG 等工作组都已经停止工作。目前,活跃的工作组有 802.1WG、802.3WG、802.10WG、802.11WG、802.15WG、802.16WG 等,如图 4-3 所示。

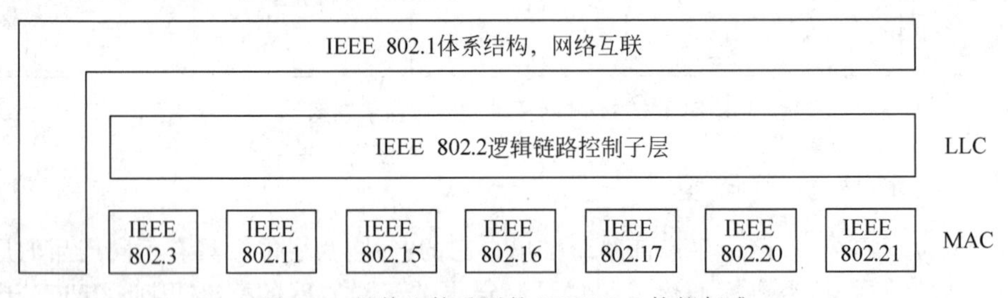

图 4-3　目前比较重要的 IEEE 802 协议标准

(1) IEEE 802.1 标准:定义了局域网体系结构、网络互联,以及网络管理与性能测试。
(2) IEEE 802.2 标准:定义了逻辑链路控制(LLC)子层功能和服务。
(3) IEEE 802.3 标准:定义了 CSMA/CD 总线介质访问控制子层与物理层规范。
(4) IEEE 802.4 标准:定义了令牌总线介质访问控制子层与物理层规范。
(5) IEEE 802.5 标准:定义了令牌环介质访问控制子层与物理层规范。
(6) IEEE 802.6 标准:定义了城域网 MAN 介质访问控制子层与物理层规范。
(7) IEEE 802.7 标准:定义了宽带网络规范。
(8) IEEE 802.8 标准:定义了光纤传输规范。

(9) IEEE 802.9 标准：定义了综合语音与数据局域网(IVD LAN)规范。

(10) IEEE 802.10 标准：定义了可互操作的局域网安全性规范(SILS)。

(11) IEEE 802.11 标准：定义了无线局域网规范。

(12) IEEE 802.12 标准：定义了 100VG-AnyLAN 规范。

(13) IEEE 802.13 标准：定义了有线电视(Cable TV)技术规范。

(14) IEEE 802.14 标准：定义了电缆调制解调器(Cable Modem)标准。

(15) IEEE 802.15 标准：定义了近距离个人无线网络标准。

(16) IEEE 802.16 标准：定义了宽带无线城域网标准。

(17) IEEE 802.17 标准：定义了弹性分组环(Resilient Packet Ring)技术规范。

(18) IEEE 802.18 标准：定义了无线管制(Radio Regulatory)技术规范。

(19) IEEE 802.19 标准：定义了共存(Coexistence)技术规范。

(20) IEEE 802.20 标准：定义了移动宽带无线接入(Mobile Broadband Wireless Access,MBWA)技术规范。

(21) IEEE 802.21 标准：定义了媒质无关切换(Media Independent Handoff)技术规范。

4.2 以 太 网

在局域网的研究领域,Ethernet 技术并不是最早的,但是它是最成功的局域网技术。20 世纪 70 年代初期,欧美的一些大学和研究所已开始研究局域网技术。1972 年,美国加州大学研究了 Newhall 环网；1973 年由 Metcalfe 与 Boggs 提出了 Ethernet 网工作原理设计方案,他们受到 19 世纪物理学家解释光在空间传播的介质"以太"(Ether)的影响,把这种局域网命名为 Ethernet。1976 年,美国 Xerox 公司研究出了总线拓扑的实验性 Ethernet；1974 年,英国剑桥大学研制了 Cambridge Ring 环网。这些研究成果对局域网技术的发展起到了十分重要的作用。20 世纪 80 年代,局域网领域出现了 Ethernet 与令牌总线、令牌环的三足鼎立的局面,并且各自都形成了相应的国际标准。到 20 世纪 90 年代,Ethernet 开始受到业界认可和广泛使用。21 世纪 Ethernet 技术已经成为局域网领域的主流技术。

Ethernet 的核心技术是带有冲突检测的载波侦听多路访问技术(Carrier Sense Multiple Access with Collision Detection,CSMA/CD)。

4.2.1 以太网的物理层

以太网的物理层的主要功能就是使 MAC 层与所使用的物理介质无关,而实现物理层的功能主要由物理层器件(Physical Layer Interface Devices,PHY)来完成的,物理层器件的功能就是为数据链路层进行物理连接所需的机械、电气功能、光电转换和规程手段,这些功能包括建立、维护和拆除物理电路、实现物理电路层比特的透明传输,并对电气性能、电平配合、机械结构等作出规定,从而能够让各结点之间通过物理层器件进行连接。通常将物理层器件集成在一个芯片之内,甚至集成了数据链路层的功能。

对于电缆传输介质的以太网的物理层,通常包括 4 个子层和 2 个接口(不同速率和电缆类型的子层结构及其功能略有差异),即物理编码子层(Physical Coding Sublayer,PCS)、物理介质连接子层(Physical Medium Attachment,PMA)、物理介质相关子层(Physical Medium Dependent,PMD)、协调子层(Reconciliation Sublayer,RS)、媒体独立接口

(Medium Independent Interface, MII)和媒体相关接口(Medium Dependent Interface, MDI)。这些子层和接口的关系如图4-4所示。

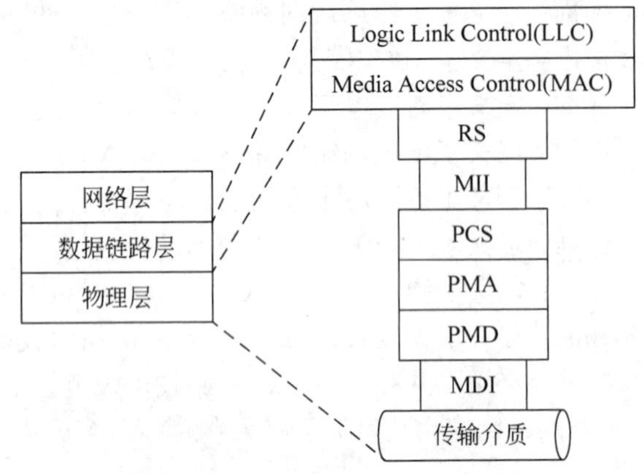

图4-4 物理层各子层和接口示意图

媒体相关接口(MDI)是用来描述计算机网络中一个从物理层实现到物理介质的传输数据的物理或电气/光学接口。例如对10Base-5来说,同轴电缆连接使用插入式分接头或1对 *N* 连接器;而对10Base-2来说,同轴电缆连接通常使用接入T型连接的单个BNC连接器;对双绞线则使用模块化连接器(常被称为"RJ45");光纤接口则使用各种形式(SC、ST、FC或LC等)的光纤接头。

物理介质相关子层(PMD)将信号转换到特定传输介质上,PMD并不是物理层必须的一部分,它的使用由物理层所实施标准的特定版本来定义,其功能是向线路驱动器提供输入,并接受线路接收器的输入,PMD通常由信号发送器、信号接收器和信号检测模块组成。

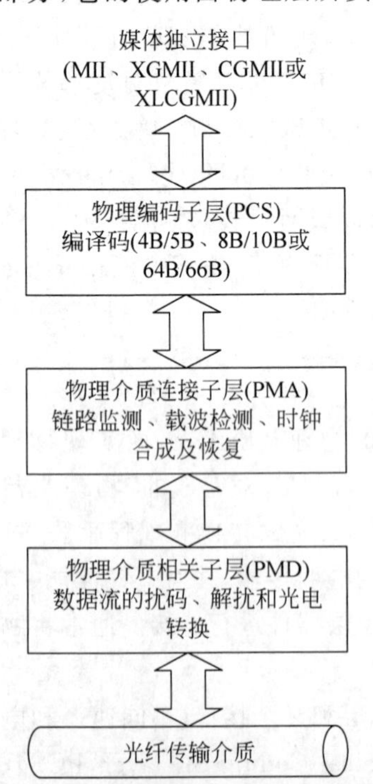

图4-5 光纤传输介质的以太网物理层结构示意图

物理介质连接子层(PMA)完成串/并变换、链路监测、载波检测、发送时钟合成、接收时钟恢复等功能。

物理编码子层(PCS)完成编码解码、碰撞检测和CRC校验,例如对于1000Base-X采用了8B/10B编码与NRZ编码的组合方式。

媒体独立接口(MII)包括一个数据接口,一个MAC和PHY之间的管理接口。数据接口包括分别用于发送器和接收器的两条独立信道,每条信道都有自己的数据、时钟和控制信号。管理接口是个双信号接口,一个是时钟信号,另一个是数据信号。通过管理接口,上层能监视和控制物理层的运行状况。

协调子层(RS)是物理层的最高层,是处理MII信令与MAC子层翻译或映射需求的一个特殊子层,从而使不同类型的介质对MAC子层透明。

对于光纤传输介质的以太网物理层,子层的结构及其功能基本相同,其各层的主要功能及相互关系如图4-5所示。

4.2.2 CSMA/CD 协议

CSMA 的基本原理是，站在发送数据之前，先侦听信道上是否有其他站发送的载波信号，若有，说明信道正忙；否则信道是空闲的。然后根据预定的策略决定：①若信道空闲，是否立即发送；②若信道正忙，是否继续侦听。

即使信道是空闲的，若立即发送仍然可能会发生冲突。一种情况是远端的站刚开始发送，载波信号尚未传到侦听站，这时若侦听站立即发送，就会和远端的站发生冲突；另一种情况是虽然暂时没有站发送，但是碰巧两个站都看到了这种情况，都同时开始发送数据，这样也会发生冲突。所以，上面的控制策略的第①点就是想要避免这种虽然稀少，但仍有可能发生的冲突。若信道正忙时，如果坚持侦听，发送的站一旦停止就立即抢占信道，但是有可能几个站同时都在侦听，同时都抢占信道，从而发生冲突。以上控制策略的第②点就是进一步优化侦听算法，使得有些侦听站或所有侦听站都后退一段随机时间再侦听，以避免这种冲突。

载波侦听只能减小冲突的概率，不能完全避免冲突。当两个帧发生冲突后，若继续发送，将会浪费网络带宽。如果帧比较长，对带宽的浪费就很可观了。为了进一步改进带宽的利用率，发送站应采取边发边听的冲突检测方法，过程如下。

(1) 发送期间同时接收，并把接收的数据与站中存储的数据进行比较。

(2) 若比较结果一致，说明没有冲突，重复(1)。

(3) 若比较结果不一致，说明发生冲突，立即停止发送，并发送一个简短的干扰信号(Jamming)，使所有站都停止发送。

(4) 发送 Jamming 信号后，等待一段随机长的时间，重新侦听，再试着发送。

带冲突检测的 CSMA 算法把浪费带宽的时间减少到检测冲突的时间。对局域网来说这个时间很短。在图 4-6 中说明了检测冲突需要的最长时间。设图 4-6 中的局域网两端的站 A 和 B 相距 1km，用同轴电缆相连。电磁波在 1km 电缆中的传播时延约为 5μs，因此，A 向 B 发出的数据，在约 5μs 后才能传送到 B。换句话说，B 若在 A 发送的数据到达 B 之前发送自己的帧(因为这时 B 的载波侦听检测不到 A 所发送的信息)，则必然在某个时间和 A 发送的帧产生冲突。冲突的结果是两个帧都变得无用。在局域网分析中，常把总线上的单程端到端的传播时延记为 τ。从图 4-6 中可以看出，这样，A 发送数据后，最迟要经过 2τ 可以判断自己发送的数据和其他站发送的数据是否有冲突。由于局域网上任意两个站之间的时延有长有短，因此局域网必须按最坏的情况估计，所以 τ 取总线两端的两个站之间的传播时延(这两个站之间的距离最大)。

显然，在使用 CSMA/CD 协议时，一个站不可能同时进行发送和接收。因为在每次传送过程中，接收模块被用于侦听冲突了。因此使用 CSMA/CD 协议的以太网不可能进行全双工通信，而只能采用半双工通信。

下面是图 4-6 中的一些重要时刻。

(1) 在 $t=0$ 时，A 发送数据。B 检测到信道为空闲。

(2) 在 $t=\tau-\delta$ 时(这里 $\tau>\delta>0$)，A 发送的数据还没有到达 B 时，由于 B 检测到信道是空闲的，因此 B 发送数据。

(3) 经过时间 $\delta/2$ 后，即在 $t=\tau-\delta/2$ 时，A 发送的数据和 B 发生的数据发生了冲突。

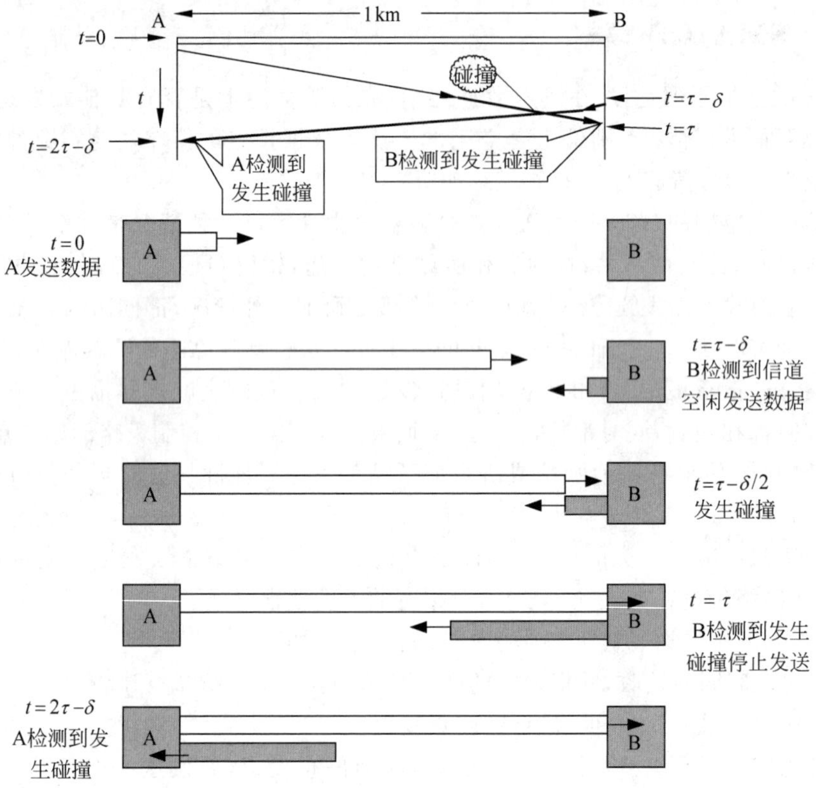

图 4-6　传播时延对载波侦听的影响

但是这时 A 和 B 都不知道发生了冲突。

(4) 在 $t=\tau$ 时,B 检测到发生了冲突,于是停止发送数据。

(5) 在 $t=2\tau-\delta$ 时,A 也检测到发生了冲突,因而也停止发送数据。

由此可见,每一个站在自己发送数据之后的一小段时间内,存在着遭遇冲突的可能性,并且这一小段时间是不确定的,它取决于另一个发送数据的站到本站的距离。因此,以太网不能保证某一时间内一定能够把自己的数据帧成功发送出去(因为存在产生冲突的可能)。以太网的这一特点称为发送的不确定性。如果希望在以太网上发生冲突的机会很小,必须使整个以太网的平均通信量远小于以太网的最高数据率。因此,以太网的端到端往返时间 2τ 称为争用期(Contention Period),争用期又称为冲突窗口(Collision Window)。这是因为一个站在发送完数据后,只有通过争用期的“考验”,即经过争用期这段时间还没有检测到冲突,才能肯定这次发送不会发生冲突。

与冲突窗口相关的参数是最小帧长。设想在图 4-6 中的 A 站发送的帧比较短,在 2τ 内已经发送完毕,这样 A 站在整个发送期间将检测不到冲突,从而错误地以为这一帧已经成功发送出去了。为了避免这种情况发生,所有的帧至少需要 2τ 才能发送完成。这样可以保证当冲突回到发送方时,传送过程仍在进行。网络标准中根据设计的数据速率和最大网段长度规定了最小帧长

$$L_{\min}=2R\times d/v \tag{4-1}$$

式中,R 为网络的速度;d 为最大网段长度;v 为信号传播速度。

从式(4-1)中可以看出,随着网络速度 R 的提高,要保证等式成立,要么最小帧长 $L_{\min}$

成比例增加，要么最大网段长度 d 成比例缩短。

对于一个最大网络段长为2500m(由粗同轴电缆构成)、具有4个中继器的10Mb/s LAN来说，在最差情况下，往返一来回的时间大约为50μs，其中包括了通过4个中继器所需要的时间。这样在10Mb/s的情况下，1位需要100ns，所以50μs要求帧长至少为500位(50μs/100ns)，考虑到加上一点安全余量，该数字被增加到512位，或者说64B。这样最小帧长为512位，即64B。这样以太网的争用期变为了51.2μs($512b/10Mb \cdot s^{-1}$)。对于小于64B的帧，可以通过填充域来扩充到64B长。

由此可以看出，以太网在发送数据时，如果帧的前64B没有发生冲突，那么后续的数据就不会发生冲突。换句话说，如果发生冲突，就一定在发送的前64B以内。由于一检查到冲突就立即终止发送，这时已经发送出去的数据一定小于64B，因此以太网规定凡长度小于64B的帧都是由于冲突而异常终止的无效帧。接收站对收到的帧要检查长度，小于最小帧长的帧被认为是冲突碎片而被丢弃。

采用CSMA/CD算法检测到冲突后，除了立即停止发送数据外，还要发送一个干扰信号(Jamming)，以便让所有用户都知道现在发生了冲突。这里的干扰信号为32比特或48比特。然后后退一段时间重新发送，后退时间的多少对网络的稳定性有很大影响。特别在负载很重的情况下，为了避免很多站连续发生冲突，需要设计有效的后退算法。截断二进制指数退避算法让发生冲突的站在停止发送数据后，不是等待信道变为空闲就立即发送数据，而是推迟一个随机的时间，这样做是为了重传时再发生冲突的概率很小。具体的退避算法如下。

(1) 确定基本退避时间，就是它的争用期 2τ，以太网把争用期定为51.2μs。

(2) 从离散的整数集合 $[0,1,\cdots,(2^k-1)]$ 中随机取出一个数，记为 r。重传应退后的时间就是 r 倍的争用期。上面的参数 k 按式(4-2)计算：

$$k = \text{Min}[\text{重传次数}, 10] \tag{4-2}$$

由此可见，当重传次数不超过10次时，参数 k 等于重传次数；但当重传次数超过10次时，k 就不再增大而一直等于10。

(3) 当重传达16次仍不能成功时(这表明同时打算发送数据的站太多，以致连续发生冲突)，则丢弃该帧，并向高层报告。

例如，在第1次重传时，$k=1$，随机数 r 从整数{0,1}中选择一个数，因此重传的站可选择的重传推迟时间为0或 2τ，在这两个时间中随机选择一个。

若再发生冲突，则在第2次重传时，$k=2$，随机数 r 就从整数{0、1、2、3}中选择一个数。因此重传推迟的时间从0、2τ、4τ、6τ 中随机选择一个。

同样，若再发生冲突，则重传时 $k=3$，随机数 r 就从整数{0,1,2,3,4,5,6,7}中选择一个，以此类推。

以太网还规定了帧间的最小间隔为9.6μs，相当于96比特时间。这样做是为了使刚刚收到数据帧的站的接收缓存来得及清理，做好接收下一帧的准备。

4.2.3 以太网的性能

为了说明竞争对网络性能的影响，下面给出一个简单的性能模型。如图4-7所示，这里一个站在发送帧时出现了冲突，经过一个争用期 2τ 后，可能又出现了冲突。这样经过若干争用期后,一个站发送成功了。假定发送帧的时间为 t_f,它等于帧长(bit)除以发送速率(10Mb/s)。

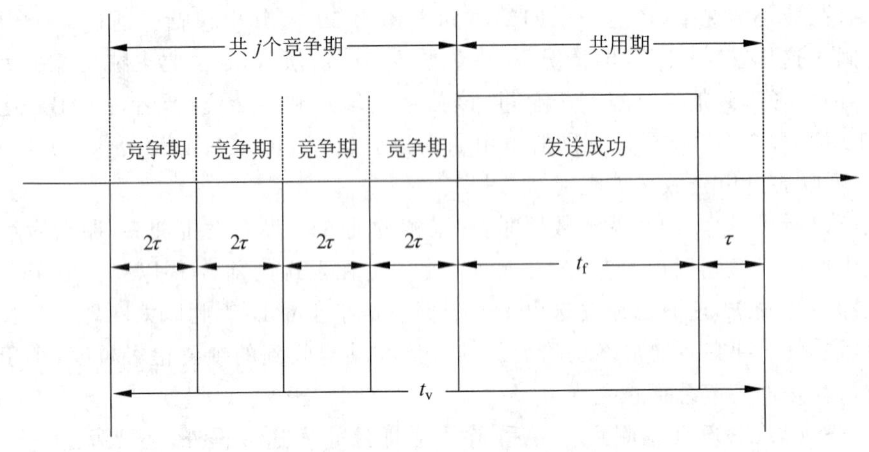

图 4-7　以太网信道被占用的情况

为了确定发生冲突的平均时间长度,计算在一个竞争时槽中恰好有一个站试图发送(或者说是一个站获得传输介质)的概率 A。显然,若假设各个站的发送概率为 P,则

$$A=\binom{N}{1}P(1-P)^{N-1}=NP(1-P)^{N-1} \tag{4-3}$$

式中,N 为站数。当 $P=1/N$ 时,得到 A 的最大值为

$$A=(1-1/N)^{N-1} \tag{4-4}$$

这样当 $N\to\infty$时,$A\to 1/e$。

竞争间隔正好等于 j 个时槽的概率 $A(1-A)^{j-1}$,每次竞争的平均时槽数为

$$\sum_{j=1}^{\infty} jA(1-A)^{j-1}=1/A \tag{4-5}$$

由于每个时槽的间隔为 2τ,因此平均竞争时间为 $t_c=2\tau\times 1/A$。

如果发送每一帧平均需要 t_f(帧长/网络速率)秒,这样,信道利用率为

$$E=\frac{t_f}{t_c+t_f+\tau}=\frac{1}{t_c/t_f+1+\tau/t_f}=\frac{1}{(2A^{-1}+1)\tau/t_f+1} \tag{4-6}$$

从式(4-6)可以看出,要提高以太网的信道利用率,就必须减少 τ/t_f。在以太网中定义参数 α,它是以太网的单程端到端时延 τ 与帧的发送时间 t_f 之比:

$$\alpha=\frac{\tau}{t_f} \tag{4-7}$$

当 $\alpha\to 0$ 时,$E\to 1$,表示只要一发生冲突,就立即可以检测出来,并立即停止发送,因而信道资源被浪费的时间非常少。反之,参数 α 越大,表明争用期所占的比例越大,这就使得每发生一次冲突就浪费了不少的信道资源,使得信道利用率明显降低。因此,以太网的参数 α 应当尽可能小些。这就是说,当数据速率一定时,以太网最大网段的长度受到限制(否则 τ 的数值会太大),并且以太网的帧长不能太短(否则 t_f 的值会太小)。

图 4-8 画出了不同帧长下信道利用率与发送站数的关系,这里假定 $2\tau=51.2\mu s$,数据速率 $R=10Mb/s$。

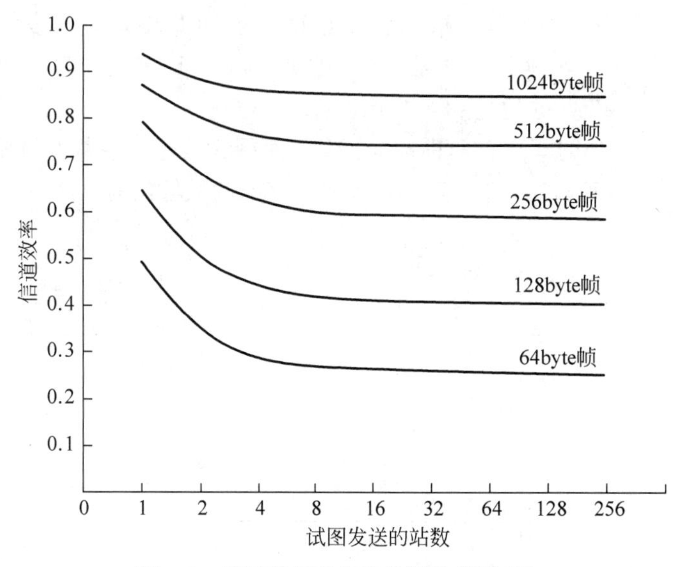

图 4-8　信道利用率与发送站数的关系

现在考虑一种理想情况。假定以太网上的各站发送数据都不会产生冲突(这显然已经不是 CSMA/CD,而是需要一种特殊的调度方法),并且能够非常有效地利用网络传输资源,即总线一旦空闲就有某一个站立即发送数据。这样,发送一帧占用线路的时间为 $t_f+\tau$,而帧本身的发送时间为 t_f,于是可计算出极限信道的利用率(S_{max})为

$$S_{max}=\frac{t_f}{t_f+\tau}=\frac{1}{1+\alpha} \tag{4-8}$$

4.2.4　以太网的 MAC 子层

1. MAC 子层的硬件地址

在局域网中,硬件地址又称为物理地址或 MAC 地址(因为这种地址用在 MAC 帧中),IEEE 802 标准为局域网规定一种 48 位(6B)的全球地址,是指固化在网卡(网络适配器)ROM 中的地址。

注意,如果连接在局域网上的主机或路由器安装有多个适配器,那么这样的主机或路由器就有多个地址。更准确地说,这种 48 位的地址应当是某个接口的标识符。

IEEE 的注册管理机构(Registration Authority,RA)是局域网全球地址的法定管理机构,它负责分配地址字段 6B 中的前 3B(即高 24 位)。世界上凡要生产局域网适配器的厂家都必须向 IEEE 购买由这 3B 构成的这个号(地址块),这个号的正式名称为组织唯一标识符(Organizationally Unique Identifier,OUI),通常也称为公司标识符(Company_ID)。例如,3Com 公司生产的适配器的 MAC 地址的前 3B 是 02-60-8C(十六进制)。地址字段中的后 3B(即低 24 位)则由厂家自行指派,称为扩展标识符(Extended Identifier),只要保证生产出的适配器没有重复的地址即可。由此可见公司申请一个地址块后可以生产 2^{24} 个不同的网络适配器,并且每一个适配器的 ROM 中有一个固化的 48 位的 MAC 地址。因此 MAC 地址也称为硬件地址(Hardware Address)或物理地址。

IEEE 规定地址字段的第一个字节的最低位为 I/G 位,I/G 表示 Individual/Group。当

I/G为0时,地址字段表示一个单个站地址。当I/G为1时,地址字段表示组地址,用来进行多播。因此,IEEE只分配地址字段前3B中的23位,当I/G分别为0和1时,一个地址块可分别生成2^{24}个单个站的地址和2^{24}个组地址。

这里需要注意最低位的写法有两种标准:第一种写法是每一字节的最低位写在最左边,IEEE 802.3表中采用这种写法;第二种写法是每一字节的最低位写在最右边。最低位的不同写法如图4-9所示。

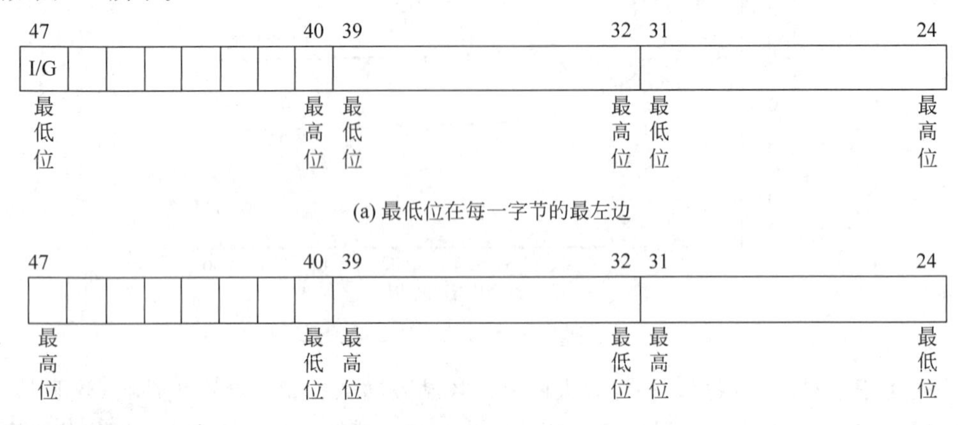

图4-9 最低位的不同写法

这样,在发送数据时,虽然两种写法都是按照字节的顺序发送,但每一字节中先发送哪一位是不同的:第一种[图4-9(a)]写法中先发送最低位,第二种[图4-9(b)]写法中先发送最高位。

IEEE还考虑到可能有人并不愿意向IEEE的RA购买OUI。为此,IEEE把地址字段的第一字节的次低位规定为G/L位,表示Global/Local。当G/L位为1时是全局地址,由IEEE统一分配,它可以保证世界上任何两个站都不会有同样的全局地址。全局地址的可用位数为48−2=46位,大约等于7×10^{13}的空间。反之,当G/L位为0时是局部地址,局部地址是由每个网络管理员分配的,在局域网之外并无意义。但应当指出,以太网几乎不使用这个G/L位。

当路由器通过适配器连接到局域网时,适配器上的硬件地址就用来标志路由器的某个接口。路由器如果连接到两个网络上,那么它就需要两个适配器和两个硬件地址。

MAC地址包括以下3种。

(1) 单播地址:当一个帧发送给一个站点时,采用单播地址,单播地址的标志是I/G为0。

(2) 广播地址:当一个帧发送给整个局域网内的所有结点时,采用广播地址,广播地址的标志是MAC地址的48位全部为"1"。

(3) 多播地址:当一个帧发送给局域网的一组接收站点时,必须采用多播地址,多播地址的标志是I/G为1。

所有的适配器都至少应当能够识别前两种帧,即能够识别单播地址和广播地址,有的可使用编程方法识别多播地址。这里要注意只有目的地址才能使用广播地址和多播地址。

视频讲解

2. MAC帧的格式

常用的以太网MAC帧格式有两种标准,一种是DIX Ethernet V2标准,另一种是

IEEE 802.3 标准。两种帧的格式如图 4-10 所示。

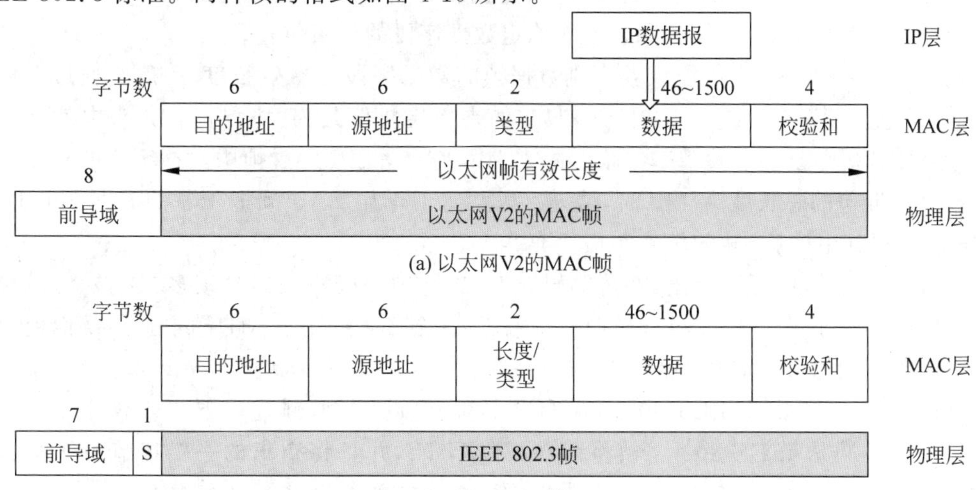

图 4-10　MAC 帧格式

以太网 V2 的 MAC 帧由以下五部分组成：前两个字段分别为 6B 的目的地址和源地址字段。第 3 个字段是 2B 的类型字段（Type），它用来标志上一层使用的是什么协议，以便把收到的 MAC 帧的数据上交给上一层的这个协议。常见的协议类型如表 4-1 所示。

表 4-1　常见的协议类型

类 型 的 值	代表的上层协议	类 型 的 值	代表的上层协议
0x0800	IP	0x8137	Novell IPX
0x0806	ARP	0x809b	Apple Talk

第 4 个字段是数据字段，其长度为 46～1500B(46B 是这样得出的：最小帧长 64B 减去 18B 的首部和尾部就得出数据字段的最小长度），这里要注意如果一帧的数据部分少于 46B，则 MAC 子层就会在数据字段的后面加入一个整数字节的填充字段（Pad），以保证以太网的 MAC 帧长不小于 64B。第 5 个字段是 4B 的帧校验和（Checksum）（使用 CRC 校验），这个字段只提供检错功能，并不提供纠错功能。该校验和校验的范围为目的地址、源地址、类型、数据等字段。CRC 校验的生成多项式为

$$G(X) = X^{32} + X^{26} + X^{23} + X^{22} + X^{16} + X^{12} + X^{11} + X^{10} + X^{8} + X^{7} + X^{5} + X^{4} + X^{2} + X + 1$$

这里需要注意以下两点。

(1) 在以太网 V2 的 MAC 帧中，其首部并没有一个帧长度（或数据长度）的字段，那么 MAC 子层如何知道从接收到的以太网帧中取出多少字节的数据交给上一层的协议。

(2) 当数据字段不足 46B 时，必须通过填充字段来扩充数据字段的长度，使其满足最小帧长 64B 的要求，那么接收端的 MAC 子层在从接收到的帧中剥去首部和尾部后把数据字段和填充字段交给上一层协议后，上层协议如何识别有效的数据字段的长度。

对于第(1)个问题，这是因为以太网采用曼彻斯特编码，曼彻斯特编码的一个重要特点是：在曼彻斯特编码的每一个码元的正中间一定有一次电压的转化（从高到低或从低到高）。当发送方把一个以太网帧发送完毕后，就不再发送其他码元（帧之间有一定的间隔），

这样发送方适配器上的电压就不再变化,于是接收方就可以很容易地找到以太网帧的结束位置,这个位置往前数4B(校验和),就能确定数据字段的结束位置。

对于第(2)个问题,上层协议要识别数据帧的数据字段的有效长度,一般是通过上层协议的类似"总长度"字段推算出来的。例如,如果上层协议是IP协议,其IP头中就有一个"总长度"字段,因此"总长度"字段加上填充字段,应当等于MAC帧中数据字段的长度。例如,当IP数据包的总长度为42B时,填充字段共有4B,当MAC帧把46B的数据交给IP层后,IP层就把其中最后4B的填充字段丢弃。

另外从图4-10中可以看出,在传输媒介上实际传输的要比MAC帧多8B,该8B的位模式为10101010。这个位模式经过曼彻斯特编码后,会产生一个10MHz的方波,从而使得接收方的时钟与发送方的时钟方便地同步到一起。

从图4-10中能看到IEEE 802.3帧与以太网V2的MAC帧有以下两点不同:

第一点不同是IEEE 802.3帧将前导域降到7B,并且将空出的一个字节用作帧起始(Start of Frame)分解符,它的位模式为10101011,这样做的目的是和IEEE 802.4、IEEE 802.5兼容。

第二点不同是IEEE 802.3帧规定第3个字段是"长度/类型"域。当这个字段值大于1500时,表示"类型",这样的帧和以太网V2的MAC帧完全一样。只有当这个字段的值小于1500时,才表示"长度",这时,接收方无法确定对接收到的帧做何处理,必须通过在数据部分增加一个小的LLC头部,用它来提供帧类型的信息,如图4-11所示。

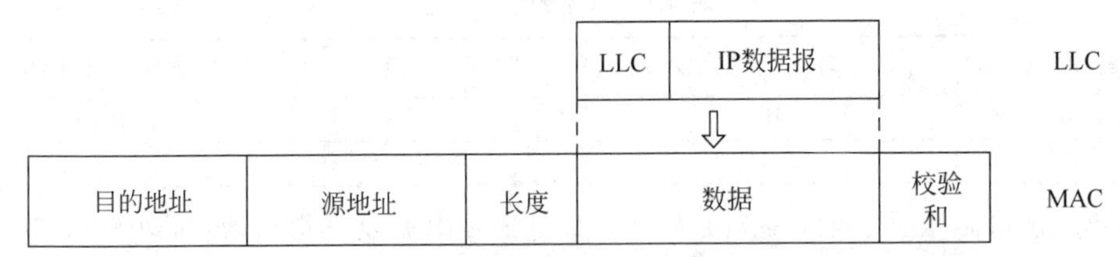

图4-11 添加LLC头部

由于现在广泛使用的局域网只有以太网,因此LLC帧已经失去了原来的意义。现在市场上流行的都是以太网V2的MAC帧,但是人们也常常把它称为IEEE 802.3标准的MAC帧。

4.2.5 以太网在地域连接范围的扩展

1. 以太网电缆

为了对以太网进行扩展,肯定要用到相应的电缆和设备。通常使用的以太网电缆有4种,如表4-2所示。

表4-2 最常见的4种以太网电缆

名称	电缆	最大网段长度/m	每段的结点数/最多结点数	最多中继数	最大网络直径/m
10Base-5	粗同轴电缆	500	100/300	4	2500
10Base-2	细同轴电缆	185	30/90	4	925
10Base-T	双绞线	100	1024	4①	500
10Base-F	光纤	2000	1024	—②	—

注:① 对于双绞线网络,允许最多中继器数(即通常所说的集线器级联)为4,对于单独一根网线允许的中继器数则为2。

② 对于光纤网络,局域网中通常不需要中继,个别情况下也有使用中继的情况,此时网络直径最大可达2500m。

10Base-5 电缆，俗称粗同轴电缆，10Base-5 不同部分的含义是：10 代表 10Mb/s 的速率，Base 代表使用基带传输，5 代表一个网段的最大长度为 500m。要连接到这样的电缆上，通常需要使用插入式分接头，在分接头中，有一根针被非常小心地插入同轴电缆的内芯中。

10Base-2 电缆，俗称细同轴电缆，要连接到这样的电缆上，不再是使用插入式分接头，而是使用工业标准的 BNC 连接器来构成 T 型接头，细同轴电缆比较便宜，也容易安装，但是它所支持的网段的最大长度为 185m，而且每一段只能容纳 30 台计算机。

对于前面两种电缆，存在检测电缆断裂、电缆超长、分接头坏掉，或者 BNC 连接器松动等一系列问题，于是 10Base-T 电缆被提出，这种电缆就是利用电话公司的双绞线，它所支持的单个网段的最大长度为 100m。10Base-T 优点是组网方便、可靠，成本低廉，易于扩展和维护，因此粗同轴电缆和细同轴电缆的以太网现在都已成为历史，并已从市场中消失。

10Base-F 采用的是光纤。这种传输介质用于连接器和终结器的成本开销非常昂贵，但是它的最大优点是具有极好的抗噪声能力，传输距离比较远（达到 2000m），适合楼与楼之间的连接，或者用于远距离之间的集线器（Hub）连接。

2. 以太网扩展

视频讲解

以太网的扩展主要是为了延伸以太网的地理范围，这种扩展的以太网在网络层来看仍然是一个网络。由于局域网只包含 OSI 参考模型的物理层和数据链路层，因此以太网的扩展按照扩展设备所处层的不同分为物理层扩展以太网和数据链路层扩展以太网。集线器属于物理层扩展设备，网桥和以太网交换机属于数据链路层扩展设备，尤其随着用户对网络性能和服务质量的提高，交换机在后来出现的快速以太网、高速以太网的扩展中扮演的作用越来越重要。

1) 物理层扩展以太网

由于以太网主机之间的距离不能太远，否则主机发送的信号经过铜线的传输就会衰减到使 CSMA/CD 协议无法正常工作。在过去使用粗缆或细缆以太网时，常使用工作在物理层的转发器来扩展以太网的地理覆盖范围。那时两个网段可用一个转发器连接起来。但是随着双绞线以太网成为以太网的主流类型，扩展以太网的覆盖范围已经很少使用转发器了，而是被集线器（Hub）所代替，如图 4-12 所示。双绞线以太网总是和集线器配合使用的，每个站需要用两对非屏蔽双绞线，分别用于发送和接收。双绞线的两端使用 RJ-45 插头。由于集线器使用了大规模集成电路芯片，因此集线器的可靠性大大提高了。

集线器的一些特点如下。

(1) 使用集线器的以太网在逻辑上是一个总线网，各站共享逻辑上的总线，使用的还是 CSMA/CD 协议（更具体些，是各站中的适配器执行 CSMA/CD 协议）。这样，网络中的各站必须竞争对传输媒介的控制，并且在同一时刻只允许一个站发送数据，因此这种 10Base-T 以太网又称为星状总线。

(2) 一个集线器可以有许多端口。例如，8～16 个，每个端口通过 RJ-45 插头用两对双绞线与一个工作站的适配器连接（这种插头可以连接 4 对双绞线，实际上只使用 2 对，即发送和接收各使用一对双绞线）。因此，一个集线器很像一个多端口转发器。

(3) 集线器工作在物理层，它的每个端口只是简单转发比特，而不进行其他操作。当集

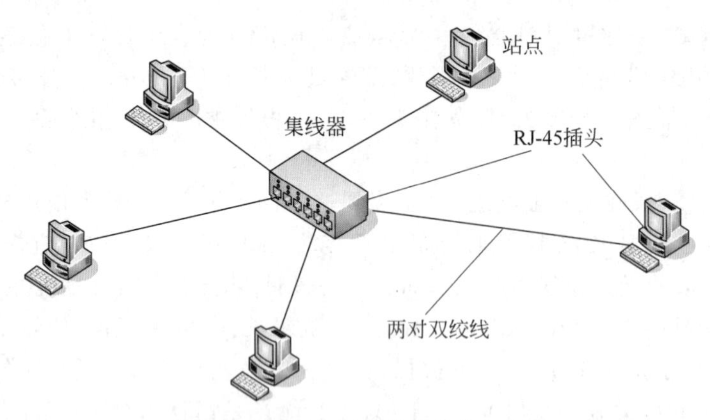

图 4-12　使用集线器的双绞线以太网

线器接收到某个结点发送来的数据帧时,由于不能解读数据帧中的目的主机,它只能向除了接收到该数据帧的端口以外的所有端口广播该数据帧,因此,集线器的所有端口处在同一个冲突域中,也都在一个广播域中。

扩展主机和集线器之间距离的一种简单方法就是使用光纤(通常是一对光纤)和一对光纤调制解调器,如图 4-13 所示。

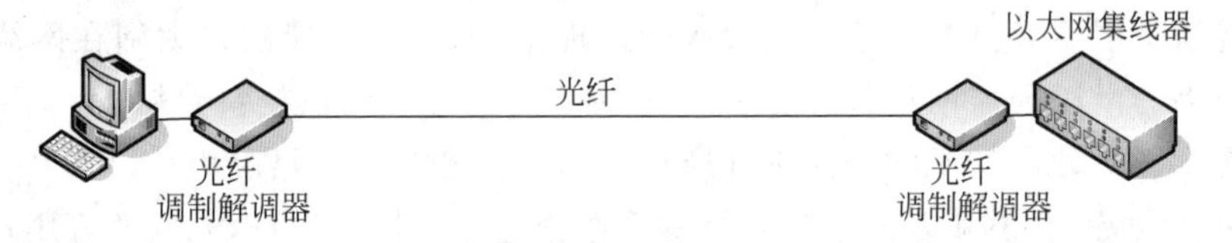

图 4-13　主机使用光纤和一对光纤调制解调器连接到集线器

光纤调制解调器的作用就是进行电信号和光信号的转换。由于光纤带来的时延很小,并且带宽很高,因此使用这种方法可以很容易地使主机和几千米以外的集线器相连接。

如果使用多个集线器,就可以连接成覆盖更大范围的多级星状结构的以太网。例如,一个学院的 3 个系各有一个 10Base-T 的以太网,如图 4-14(a)所示,可通过一个主干集线器把各系的以太网连接起来,成为一个更大的以太网,如图 4-14(b)所示。

用多个集线器连成更大的以太网可以有以下两个好处。

(1) 使这个学院的不同系的以太网上的计算机能够进行跨系的通信。

(2) 扩大了以太网覆盖的地理范围。例如,在一个系的 10Base-T 以太网中,主机和集线器的最大距离为 100m,因而两个主机之间的最大距离是 200m。但是通过主干集线器相连以后,不同系的主机之间的距离就可扩展了,因为集线器之间的距离可以是 100m(使用双绞线)或者更远(使用光纤)。

但这种多级结构的集线器以太网也带来了以下一些问题。

在图 4-14(a)中,每个系是一个单独的冲突域,即在任一时刻,在每一个系中只能有一个站发送数据。每个系的以太网的最大吞吐量是 10Mb/s,因此 3 个系的最大吞吐量是 30Mb/s。但是在图 4-14(b)中,3 个系的最大吞吐量只有 10Mb/s,这就是说,当某个系的两个站在通信时所传输的数据会通过所有集线器进行转发,使得其他系内部的站点在这时都不能通信。

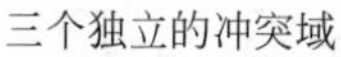

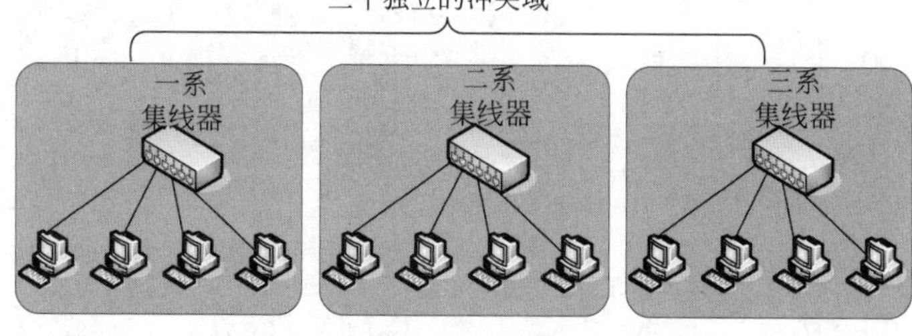

(a) 不同系各有一个10Base-T的以太网

一个更大的冲突域

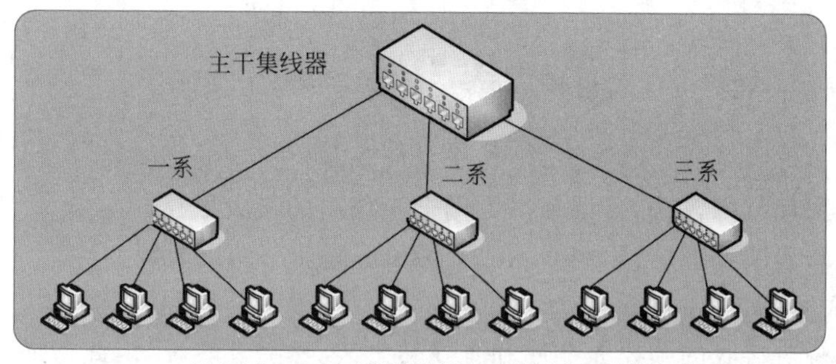

(b) 通过一个主干集线器把各系的以太网连接起来

图 4-14　用多个集线器连成更大的以太网

2）数据链路层扩展以太网

(1) 网桥。集线器由于它的共享介质传输、半双工数据通信和广播数据发送方式等都先天决定了很难满足用户对速度和性能的要求，于是网络扩展设备网桥被提出。网桥可以把一个大的 LAN 分成若干网段，主机被分开放置在不同的网段中。这样，相对于把主机集中放置在一个大的网段中，每个网段中主机的冲突机会都会减少，网桥的每个端口都是一个单独的冲突域。

网桥工作在数据链路层，它根据 MAC 帧的目的地址对收到的帧进行转发和过滤，当网桥收到一个帧时，并不是向所有端口转发此帧，而先检查帧的目的 MAC 地址，然后根据转发表来确定将该帧转发到哪一个端口或者丢弃。通过使用转发表，网桥可以知道某一台主机连接到自己的哪一个端口上，并且根据转发表所提供的信息，阻塞那些来自本网段的、不应该被转发的数据帧，以实现基于 MAC 地址的对数据帧的转发/过滤。至于转发表如何形成(网桥中转发表的形成与以太网交换机中转发表形成机制相同)将在以太网交换机中进行讨论。

网桥的工作原理如图 4-15 所示，这里是通过网桥连接了 LAN1 和 LAN2，LAN1 和 LAN2 构成了两个不同的冲突域。

网桥使用存储转发(Store-and-forward)机制处理数据帧。即当一个数据帧到达网桥时，会在该数据帧完全进入网桥后对数据帧进行循环冗余校验，以保证数据帧没有损坏。然后按照该数据帧的目的 MAC 地址，在转发表中找到相应的端口，转发该数据帧，如果该端口正忙，则缓存该数据帧，直到端口可以转发该数据帧。

网桥的特点如下。

① 由于每一个端口是一个冲突域，因此网桥可以提高网络的吞吐量。

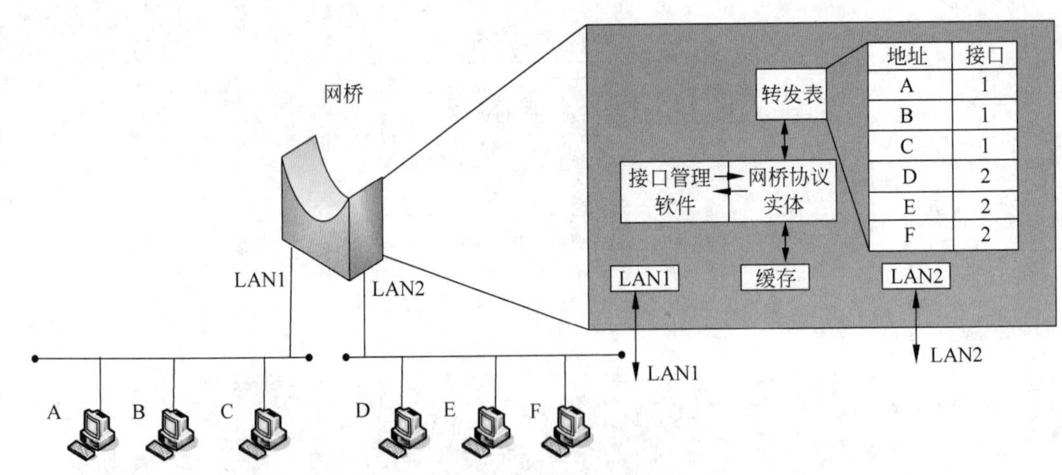

图 4-15　网桥的工作原理

② 扩大了物理范围,增加了整个以太网上工作站的最大数目。

③ 可以互联不同物理层、不同 MAC 子层和不同速率的以太网。

当然,网桥也有如下一些缺点。

① 由于网桥对接收的帧要先存储和查找转发表,然后才转发,因此增加了网络的时延。

② 在 MAC 子层没有流量控制功能。当网络上的负荷很重时,网桥中的缓存空间可能不够而发生溢出,以致产生丢失帧现象。

③ 一般来说,网桥的端口比较少,为 2～4 个,这造成多个局域网的扩展有一定的困难。

(2) 以太网交换机。随着网络规模的扩大,网络中结点数的不断增加,网络通信的负荷加重,利用集线器和网桥来扩展局域网的局限性越来越明显,1990 年,以太网交换机(Switch)问世,以太网交换机也称为二层交换机,它工作在数据链路层。与传统的共享介质(包括利用总线或 Hub 连接的局域网)以太网相比,当主机需要通信时,交换机能同时并发地连通许多对端口,使每一对相互通信的主机能像独占通信媒介那样,无冲突地传输数据。因此,交换机能够增加网络带宽,改善局域网的性能与服务质量。

从技术上讲,以太网交换机是一个多端口网桥,它的每一个端口都直接与一个单独的主机或另外一个集线器相连(注意:普通网桥的接口往往是连接到以太网的一个网段),并且一般都工作在全双工方式。以太网交换机的工作原理如图 4-16 所示。图 4-16 中的局域网交换机有 4 个端口,其中的端口 E1、E2、E3、E4 分别连接结点 A、结点 B、结点 C 和结点 D,当交换机刚刚通电启动时,交换机的转发表是空的,这时若交换机收到一个帧,它将怎样处理呢?交换机就是按照以下自学习(Self-learning)算法处理收到的帧(这样就逐步建立转发表)。并且按照转发表把帧转发出去。这种自学习算法的原理并不复杂,因为若从某个结点 A 发出的帧从端口 E1 进入了交换机,那么从这个端口出发沿相反方向一定可把一个帧传送到 A。

如图 4-16 所示,结点 A 向结点 B 发出一个数据帧,当这个数据帧到达交换机时,交换机首先在转发表中记录下该帧的源 MAC 地址(A 的地址)和进入交换机的端口 E1,然后在转发表中查找该帧目的 MAC 地址(B 的地址)所对应的交换机端口。然而,由于刚开始的交换机的转发表是空的,交换机无法知道该数据帧应该发送到哪一个端口上。为了让该数据帧能够到达目的地址,交换机会向除接收到该数据帧的端口(即 E1)以外的其他端口发送

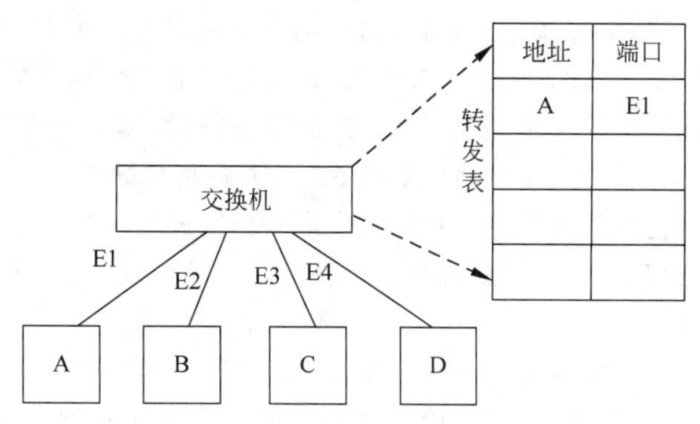

图 4-16　以太网交换机的工作原理

该数据帧，即“洪泛”(Flooding)。同理，当结点 B 向结点 A 发送数据帧时，它的数据帧中的目的 MAC 地址就是结点 A 的 MAC 地址。交换机会在转发表中查询到该地址所对应的端口 E1，并且把数据帧直接转发到 E1 端口，进而发往结点 A，同时在转发表中记录下该帧的源 MAC 地址(B 的地址)和进入交换机的端口 E2。这时转发表的作用就体现出来了。这样通过一段时间的学习以后，交换机就会记录下每一个端口以及对应的结点的 MAC 地址，进而可以方便地通过查找转发表来直接发送数据到相应的结点。

实际上，在交换机的转发表中写入的信息除了地址和端口外，还有帧进入该交换机的时间(图 4-16 中的转发表省略了这一项)。登记进入交换机的时间是因为以太网的拓扑可能经常发生变化，站点也可能会更换适配器(这样就改变了站点 MAC 地址)，另外，以太网上的工作站并非总是接通电源的。把每一个帧到达交换机的时间记录下来，就可以在转发表中只保留网络拓扑的最新状态信息。具体做法是交换机的端口管理软件可以周期性地扫描转发表中的项目，只要在一定时间(如几分钟)以前登记的都要删除，由此可见，交换机中的转发表并非总是包含所有站点的信息，只要某一个站点在一段时间内不发送数据，那么交换机就会删除该站点所对应的地址/端口条目。

下面给出了交换机自学习和转发帧的一般步骤。

① 交换机收到一个帧后先进行学习。查找转发表中与收到帧的源地址有无相匹配的条目。如果没有，就在转发表中增加一个条目(源地址、进入的端口和时间)；如果有，则把原有的条目进行更新。

② 转发帧。查找转表中与收到帧的目的地址有无匹配的条目，如果没有，则通过所有其他端口(除了该帧进入的端口)进行洪泛；如果有，则按转发表中给出的端口进行转发。但应注意，若转发表中给出的端口就是该帧进入交换机端口，则应丢弃该帧。

交换机转发数据有存储转发(Store-and-forward)模式、快速转发(Fast-forward)模式和无碎片(Fragment-free)模式 3 种，其中后两种模式又可以统称为直通(Cut-through)模式。

a. 存储转发模式。在存储转发模式中，交换机在转发数据帧之前必须完整地接收整个数据帧，并且对该数据帧进行循环冗余校验，如果在数据帧校验时发现该数据帧出现错误，则丢弃该数据帧。只有校验正确的情况下，通过查找转发表进行数据转发。

由于在转发数据之前要对数据帧进行校验，使得错误的数据帧被发现并且丢弃，从而减少了网络传输中错误数据帧的数量，保证了数据的准确性。由于要等到数据帧完全被接收，因此存储转发模式是所有转发模式中最慢的,它的网络延迟最大。存储转发模式的延迟时间随数据帧的长度变化而变化。一般情况下,交换机都使用这种转发模式。

b. 快速转发模式。在快速转发模式中,交换机不等到数据帧完全进入交换机,而是帧头刚刚进入交换机时,就读取其中的目的MAC地址并且将数据帧转发,这种模式大大减少了交换机的延迟,因为它可以不等到数据帧完全进入交换机就转发该数据帧,但正是因为如此,交换机无法为数据帧进行循环冗余校验,错误的数据帧也被转发。这种模式是交换速率最快但是出错率最高的模式。

c. 无碎片模式。无碎片模式可以在转发数据帧之前过滤出冲突碎片。冲突碎片是一种主要的数据包错误。一般来说,冲突碎片都小于64B,大于64B的数据帧通常被认为是没有错误的。

在无碎片模式中,交换机等待数据帧进入交换机达到64B时读取数据帧头中的目的MAC地址并转发数据帧。这种操作模式可以有效避免转发冲突碎片数据帧,但是它不对数据帧进行循环冗余校验,所以这种数据帧转发模式不能完全防止错误数据帧的转发。无碎片转发模式的工作效率不如快速转发模式,但是比快速转发模式发送的错误帧少,同时又比存储转发模式快。无碎片模式是存储转发模式与快速转发模式的折中模式。

有时为了避免单点故障,在进行网络拓扑结构设计和规划时,冗余常常是要考虑的重要因素之一。如图4-17所示,网段A和网段B之间有两台交换机,当一台交换机出现故障时,仍能保证网段A和网段B的连通性。但是这里也存在另一个问题,就是会出现环路问题,这里把由交换机构成的环路称为交换环路,交换环路问题的出现会带来广播风暴、帧复制和转发表不稳定3种危害。

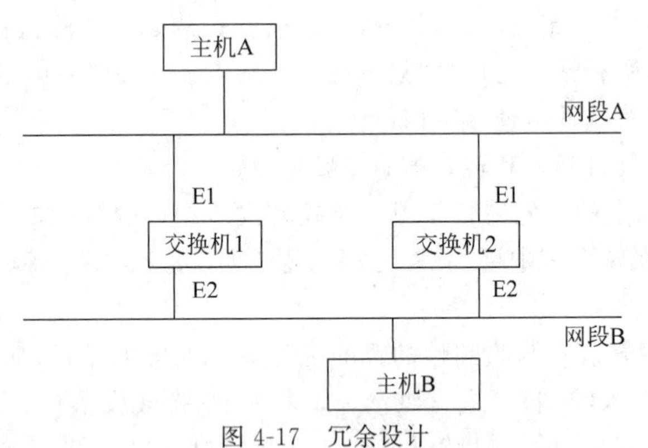

图4-17 冗余设计

① 广播风暴。广播风暴成因除了个别网络结点发生故障,不断发送广播数据包原因外,交换环路的出现也是一个主要因素。在交换网络中,不是所有广播都是不正常的,有一些应用必须使用广播,如ARP解析(地址解析协议),这是正常的广播。但是由于交换环路的出现,即使是正常的广播,也会威胁整个网络的安全。因为交换机处理广播的方式,是向交换机的所有端口(除了收到该广播帧的端口外)发送该广播。在出现交换环路时,这种对广播帧的处理方式会导致广播风暴。

如图4-18所示,主机A发送的ARP广播解析主机B的MAC地址,这个广播会经过交换机1被发送给主机B和交换机2的E2端口,然后这个广播又会通过交换机2的E1端口到达主机 A 所在的网段，这样交换机 1 又会收到这个广播帧，并再次把它转发到主机 B 所在的网段。这个过程会不断反复，最后这个广播会像旋涡一样在两个交换机之间不断交替转发，从而形成广播风暴。

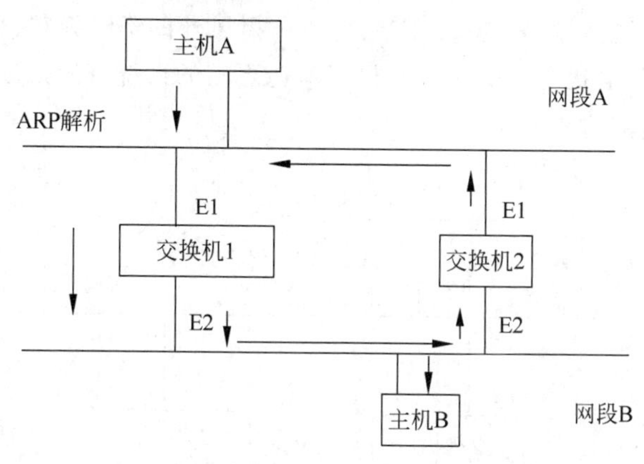

图 4-18　广播风暴

② 出现帧复制现象。广播风暴不仅仅在交换机之间旋转，它还会向交换机的所有端口“洪泛”，也就是说，像主机 B 等所有这些接入网络的站点，在广播风暴每转到自己接入的网段时，就会收到一次广播帧。随着广播风暴的旋转，主机会不断地接收到相同的广播帧。这样同一个广播帧被反复在网段上传递，交换机就要拿出更多的时间处理这个不断被复制的帧，从而使整个网络的性能急剧下降，甚至瘫痪。而主机也在忙于处理这些相同的广播帧，因为它们在不断地被发送到主机的适配器(即网卡)上，影响了主机的正常工作，在严重时甚至使主机死机。

③ 转发表不稳定。实际上，当出现交换环路时，不只会出现图 4-18 所示的广播风暴，也会产生图 4-19 所示的另一个方向的广播风暴，这时两个方向上的广播风暴同时出现会导致转发表不稳定。

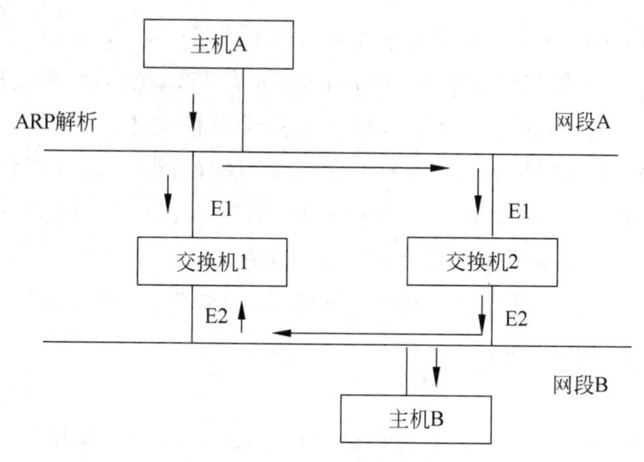

图 4-19　另一个方向的广播风暴

如图 4-20 所示，ARP 的广播帧几乎同时到达了两台交换机的端口 E1，交换机会把这个帧向所有端口广播(除了收到该广播帧的端口外)，同时交换机会把广播帧中的源 MAC 地址提取出来,和收到该广播帧的端口对应后,登记到转发表中。这样两台交换机中的转发表都为(A,E1),但是由于交换环路存在,该广播帧又从相反方向上再次到达了交换机(即从E2端口),交换机在广播该帧的同时,修改以前登记的对主机A的MAC地址与端口的对应关系,这时两台交换机的转发表为(A,E2),随着广播风暴的不断旋转,交换机的转发表将不断地变换,无法达到稳定状态。交换机不得不消耗更多的系统资源来处理这些变化,从而影响了交换机交换数据帧的速率。

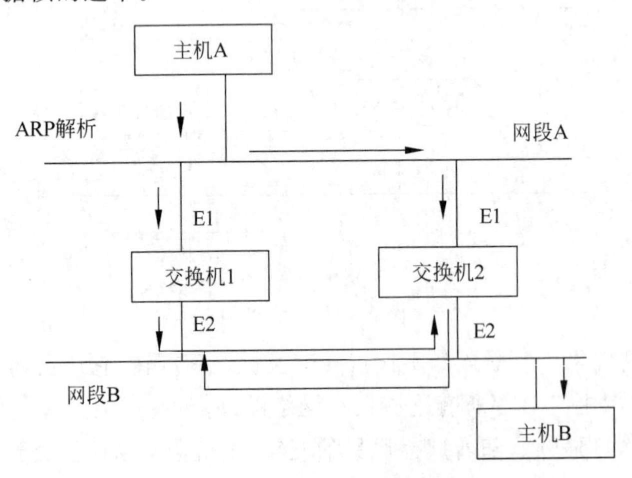

图 4-20　转发表不稳定

虽然冗余会带来如此复杂而严重的问题,但是可以通过在交换网络中使用生成树协议(Spanning-tree Protocol)的办法来达到既实现网络冗余型设计,又避免交换环路出现的目的。

生成树协议就是通过一种算法在软件上逻辑地使环路中的某台交换机上的一个端口处于不通的状态(阻塞)。一旦网络中出现故障,该被阻塞的端口又可以在软件上取消其阻塞状态,变成一个可以正常收发数据帧的端口。

例如,图4-17所示的网络使用生成树算法后,生成了一种如图4-21所示的无环路的树状结构,其中"×"代表交换机的端口被逻辑阻塞(所谓逻辑阻塞,是在交换机的操作系统软件中不允许数据帧从该端口收发,该端口物理上并没有被关闭,还是处于开启状态,以备在出现物理故障时,该端口能够快速切换为正常收发数据的端口)。在树状结构中,一定会有一个根。在生成树协议中,也要确定一个根,即一台交换机作为根交换机,这里称为根桥。根桥的作用就是作为一个生成树协议的参考点,以决定在环路中哪个端口应该是转发状态,哪个端口应该是阻塞状态。为了能够快速反映网络的变化,在生成树的根桥每隔一段时间还要对生成树的拓扑进行更新。

根桥的选举流程如下。

(1) 每个交换机第一次启动时,假定自己是根桥,发出BPDU(桥接协议数据单元)报文。

(2) 每个交换机分析报文,根据ID选择ID比较小的为根桥,若相等则比较MAC地址。

(3) 经过一段时间,生成树收敛,所有交换机都同意某网桥为根桥。

(4) 若ID更小的网桥加入,首先通告自己为根,其他交换机比较后将其作为根桥。

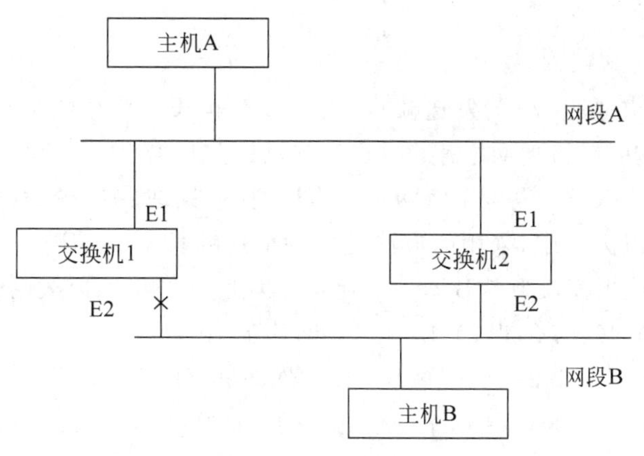

图 4-21　无环路的树状结构

4.3　高速以太网

速率达到或超过 100Mb/s 的以太网称为高速以太网，下面介绍几种高速以太网技术。

4.3.1　快速以太网

快速以太网(Fast Ethernet)在保持传统的 Ethernet 帧结构与介质访问控制方法不变的基础上，将数据传输速率提高到 100Mb/s。1995 年，IEEE 802 委员会正式批准 Fast Ethernet 的协议标准为 IEEE 802.3μ。从技术上讲，IEEE 802.3μ 并不是一个新的标准，而只是原有的 IEEE 802.3 标准的一份补充(因而也加强了它的向后兼容性)。

由于双绞线的连接方式具有压倒性的优势，因此 IEEE 802.3μ 标准没有包含对同轴电缆的支持。100Mb/s 的以太网规定了以下 3 种不同的物理层标准。

(1) 100Base-TX：使用两对 UTP(非屏蔽双绞线)5 类线或屏蔽双绞线 STP，其中一对用于发送，另一对用于接收。数据传输采用 4B/5B 编码方法。

(2) 100Base-FX：使用两根光纤，其中一根用于发送，另一根用于接收。

(3) 100Base-T4：使用 4 对 UTP 3 类线或 5 类线，这是为已使用 UTP 3 类线的大量用户而设计的。它使用 3 对线同时传送数据(每一对线以 33.3Mb/s 的速率传送数据)，用 1 对线作为冲突检测的接收信道。

快速以太网支持全双工与半双工两种工作模式，这是与传统的以太网相比所具有的一个很大的区别。传统以太网是通过连接点接入同轴电缆，或者通过一对双绞线接到集线器或交换机。在这种结构中，结点可以利用这条信道发送和接收数据，但是它在发送数据时不能同时接收，在接收数据时不能同时发送，因此只能是半双工方式进行工作。

如果快速以太网工作在全双工方式下，这时 CSMA/CD 协议不起作用(但在半双工工作方式下一定要使用 CSMA/CD 协议)，为什么不使用 CSMA/CD 协议还能称为以太网呢？这是因为快速以太网使用的 MAC 帧格式仍然是 IEEE 802.3 标准规定的帧格式。

100Mb/s 以太网标准改动了 10Mb/s 以太网的某些规定。这里最主要的原因是要在数据发送率提高的同时，使参数 α 仍保持不变(或保持为较小的数值)，在 4.2.2 节中已经给出了参数 α 的公式，即

$$\alpha=\frac{\tau}{t_{\mathrm{f}}}=\frac{\tau}{L/C}=\frac{\tau C}{L} \tag{4-9}$$

式中,τ 为单程端到端时延; t_{f} 为发送帧的时延; L 为帧长; C 为网络速率。

通过式(4-9)可以看出,当网络速率 C(Mb/s)提高 10 倍时,为了保持参数 α 不变,可以使帧长 L(bit)也增大 10 倍,也可以将网络电缆长度(也就是 τ)减少到原来的 1/10。

在 100Mb/s 的以太网中,采用的方法是保持最短帧长不变,但把一个网段的最大电缆长度减小到 100m。最短帧长为 64B,即 512 比特。因此 100Mb/s 以太网的争用期是 5.12μs,帧间的最小间隔是 0.96μs,都是 10Mb/s 以太网的 1/10。

为了更好地与大量早期的 10Base-T 的以太网兼容,快速以太网设计了能在一个局域网中同时支持 10Mb/s 与 100Mb/s 速率网卡的自动协商机制,速率自动协商具有以下功能。

(1) 自动确定双绞线远端连接的设备使用的是半双工(CSMA/CD)的 10Mb/s 工作模式,还是全双工的 100Mb/s 工作模式。

(2) 向其他结点发布远端连接设备的工作模式。

(3) 自动协商共有的最高性能的工作模式。

4.3.2 千兆以太网

1996 年千兆以太网(Gigabit Ethernet)产品出现,它又称为吉比特以太网。IEEE 在 1997 年通过了千兆以太网的 IEEE 802.3z 标准,在 1998 年成为了正式的标准。

千兆以太网的物理层共有两个标准。

(1) 1000Base-X(IEEE 802.3z 标准)。1000Base-X 标准是基于光纤通道的物理层,即 FC0 和 FC1,使用的媒体有以下 3 种。

① 1000Base-SX: SX 表示短波长(使用 850nm 激光器)。使用纤芯直径为 62.5μm 和 50μm 的多模光纤时,传输距离分别为 275m 和 550m。

② 1000Base-LX: LX 表示长波长(使用 1300nm 激光器)。使用纤芯直径为 62.5μm 和 50μm 的多模光纤时,传输距离为 550m。使用纤芯直径为 10μm 的单模光纤时,传输距离为 5km。

③ 1000Base-CX: CX 表示铜线。使用两对短距离的屏蔽双绞线电缆,传输距离为 25m。

(2) 1000Base-T(IEEE 802.3ab 标准)。1000Base-T 是使用 4 对 UTP 5 类线,传送距离为 100m。

千兆以太网的所有配置都是点到点的,而不像最初 10Mb/s 标准那样是多路分支的,这种多路分支的以太网称为传统以太网。千兆以太网支持两种不同的操作模式: 全双工模式和半双工模式。常用的模式是全双工模式,它允许两个方向上的流量可以同时进行。当有一台中心交换机将周围的计算机(或其他的交换机)连接起来时,就会使用这种全双工的模式。在这种配置下,所有的线路都具有缓存能力,所以每台计算机或交换机在任何时候都可以自由地发送帧。发送方在发送数据之前不必检查信道以确定别人是否正在使用信道,因为竞争不可能发生,也就是在一台计算机与交换机之间的连线上,通过这条线路到达交换机唯一可能的发送方就是该计算机; 即使交换机当前正在给计算机发送数据,计算机的传输操作也会成功(因为线路是全双工的)。由于这里不会发生冲突,因此不需要使用 CSMA/CD 协议,因此,电缆的最大长度是由信号强度来决定的,而不是由出现冲突情况下的干扰信号(Jamming)在最差情况下传回到发送方所需的时间来决定的。交换机可以自由地混合和匹配各种速度,就如同快速以太网一样,千兆以太网也支持自动协商功能。

另一种操作模式是半双工模式,当计算机被连接到一个集线器而不是交换机时,就会用到这种模式。集线器不会将进来的帧缓存起来,相反,它在内部用电子的方式将所有这些线路连接起来,模拟在传统以太网中所使用的多分支电缆。在这种模式下,冲突是有可能的,所以要求使用标准的 CSMA/CD 协议,因为一个最小的帧(即 64B)现在可以以传统以太网中 100 倍的速度进行传输。所以,最大的网段的距离将减小到原来的 1%,即 25m,这样才能保证以太网的本质特性,也就是,即使在最差的情况下,当干扰信号(Jamming)回来时,发送方仍然在发送数据。

IEEE 802.3 委员会考虑到 25m 长的范围是不可接受的,因此在标准中加入了两个特性以便扩大此范围。第一个特性称为载荷扩充(Carrier Extension),它的本质是让硬件在普通的帧后面增加一些填充数据,以便将帧的长度扩充到 512B。由于这些填充数据是由发送方的硬件加进来的,并且由接收方的硬件删除,因此,软件对此并不知情,这也意味着现有的软件无须做出任何改变。因此,在半双工的千兆以太网中,在保持最小帧长仍为 64B 的前提下,将冲突窗口由 512 位修改为 512B 的时间。载波扩充要求结点在发送帧时,如果帧长小于 512B,物理层将在发送正常帧的校验和之后,需要发送一个特殊的载波扩充比特序列来补足 512B。但是注意载波扩充比特序列不是帧的一部分。当然,对于用户数据只有 46B(即 64B 帧的净荷域)情形来说,使用 512B 之后,线路的利用率只有 9%。

第二个特性称为帧突发(Frame Bursting),这就是当很多短帧要发送时,第一个短帧要采用上面所说的载波扩充的方法进行填充。但随后的一些短帧则可一个接一个地发送,它们之间只需留有必要的帧间最小间隔即可。这样就形成一串帧的突发,直到达到 1500B 或稍多一些为止。当千兆以太网工作在全双工模式时,不使用载波扩充和帧突发。

千兆以太网为了向下兼容,才选择支持半双工模式,一般在实际中很少使用。这是因为选择千兆以太网本来是为了提高网络的性能,但是如果将其通过千兆以太网网卡连接到集线器,来模拟全冲突的传统的以太网,就会大幅度降低系统的性能。因此,千兆以太网很少工作在半双工模式下。

4.3.3 万兆以太网

在 IEEE 802.3z 标准通过后不久,IEEE 在 1999 年 3 月成立了高速研究组(High Speed Study Group,HSSG),其任务是致力于 10Gb/s Ethernet(10GE)的研究。2002 年 6 月,IEEE 802.3ae 委员会通过 10Gb/s Ethernet 的正式标准,该标准也称为万兆以太网。万兆以太网的目标是 Ethernet 从局域网范围扩展到城域网与广域网范围,成为城域网和广域网的主干网主流技术之一。

1. 万兆以太网的基本特点

10GE 并非将千兆以太网的速率简单地提高 10 倍,它还有很多复杂的技术问题需要解决。10Gb/s Ethernet 具有以下几个特点。

(1) 帧格式与 10Mb/s、100Mb/s 和 1Gb/s(即 1000Mb/s) Ethernet 的帧格式相同。

(2) 10Gb/s Ethernet 只工作在全双工模式,因此不存在介质争用问题,由于不需要使用 CSMA/CD 工作模式,这样传输距离不再受冲突检测的限制。

(3) 由于数据传输速率高达10Gb/s,因此传输介质不再使用铜质的双绞线,而只能使用光纤,以便能在城域网和广域网范围内工作。

(4) 保留IEEE 802.3标准对Ethernet最小帧长和最大帧长的规定。这就使用户将其已有的Ethernet升级时,仍能和较低速率的Ethernet很方便地进行通信。

(5) 增加了支持广域网的物理层协议。

2. 万兆以太网的参考模型

10GE采用了局域网和广域网两种不同的物理层[LAN PHY(包括串行和并行)和WAN PHY]模型,这样使以太网技术方便地被引入广域网中,进而使LAN、MAN和WAN网络可采用同一种以太网网络核心技术,同时也方便对网络的统一管理与维护,并避免了烦琐的协议转化,实现了LAN、MAN和WAN网络的无缝连接。图4-22所示为万兆以太网的参考模型。其中,XGMII为10Gb媒体独立接口(10 Gigabit Media Independent Interface),PCS为物理编码子层(Physical Coding Sublayer),WIS为广域网接口子层(WAN Interface Sublayer),PMA为物理介质接入子层(Physical Medium Attachment),PMD为物理介质相关子层(Physical Medium Dependent),PHY为物理层设备(Physical Layer Device),MDI为媒体相关接口(Medium Dependent Interface)。

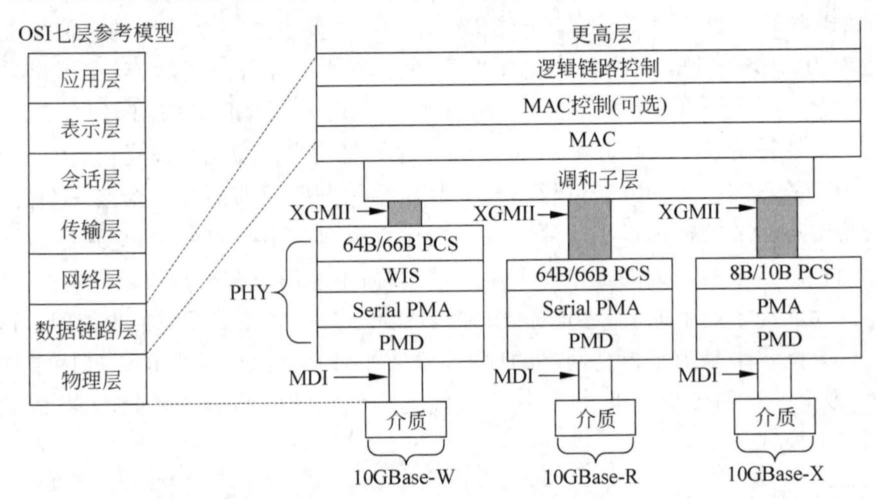

图4-22 万兆以太网的参考模型

10GBase-R是局域网的串行PHY,它与1000Base-X同样是使用两个单工的链路(两根光纤)来形成一个全双工链路,即一根光纤发送另一根光纤接收,但是在每一条链路上都能达到10.3Gb/s的线速传输速率。它在PCS子层采用64B/66B编码,在PMD子层可选用3种不同的光收发器,分别对应3种不同规格的光纤介质,即850nm的多模光纤,最大传输距离为65m;1310nm的单模光纤,最大传输距离为10km;1550nm的单模光纤,最大传输距离为40km。这种以太网能以最经济的方式、高10倍的带宽来支持现有的千兆以太网应用,并在纯光交换的环境下扩展WAN的服务距离。

10GBase-X是万兆以太网的并行LAN PHY,其中采用XAUI(10Gigabit Attachment Unit Interface,10GE连接单元接口)。它用来扩展或取代XGMII的功能,这是因为XGMII受到传输距离的限制(7cm),所以在调和子层和PHY子层中间插入了可选XGXS子层进行XGMII到XAUI的相互转换,如图4-23所示,MAC数据与控制信号经过XGMII接口进入XGXS子层，变换为8B/10B编码的4路并行信号，每一路的传输速率为3.125Gb/s，这样总速率可以达到12.5Gb/s。

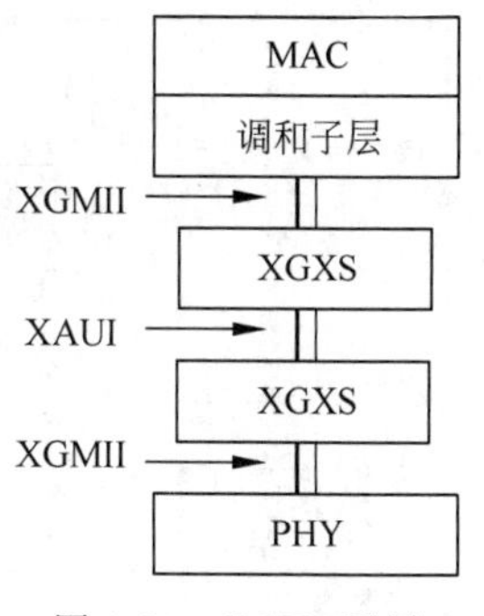

图4-23 XGXS子层

为了和已经广泛应用的广域网技术SONET/SDH（同步光纤网/同步数字分级系统）相兼容，IEEE 802.3ae定义了专门的WAN PHY，即10Gbase-W，它具有与10GBase-R相同的PCS（64B/66B编码）和PMD（相同的光收发器、介质和传输距离），区别只在于PCS子层，其中增加了WIS，它的主要功能是一个简化的SONET/SDH成帧/解帧器，WIS的输出是与OC-192/STM-64帧兼容的信号。万兆以太网用同一个MAC控制不同的PHY，也就是说MAC既要支持LAN的10Gb/s传输速率，又要支持WAN（OC-192/STM-64）的9.95328Gb/s传输速率。

万兆以太网在设计之初就考虑到了城域骨干网的需求。首先带宽10Gb/s足够满足现阶段及未来一段时间内城域骨干网带宽需求（现阶段多数城域骨干网带宽不超过2.5Gb/s）。其次万兆以太网最长传输距离可达40km，且可以配合10Gb/s传输通道使用，足够满足大多数城市城域网覆盖。采用万兆以太网作为城域骨干网可以省略骨干网设备的POS或ATM链路。首先可以节约成本，以太网端口价格远远低于相应的POS端口或ATM端口。其次可以使端到端采用以太网帧成为可能，一方面可以端到端使用链路层的VLAN信息及优先级信息，另一方面可以省略在数据设备上的多次链路层封装解封装及可能存在的数据包分片，简化网络设备。在城域网骨干层采用万兆以太网链路可以提高网络性价比并简化网络。

4.3.4 十万兆以太网/四万兆以太网

2010年6月，IEEE发布了IEEE 802.3ba标准，也就是40/100G以太网标准，或者说十万兆/四万兆以太网标准。这一标准中之所以出现了两种速率类型，也是与电信设备厂商和以太网网络设备厂商之间达成的一种妥协，因为，基于电信的主干网络（如SDH、SONET等）均采用4倍速率的复用方式，而以太网自诞生以来其速率的提升均是按照10倍速率的方式递增。IEEE 802.3ba标准由于速率的大幅提升，将来除了用于局域网外，更多地将会应用到城域网乃至广域网，因此其两种类型的速率并存的情况就不难理解了。

在两种速率中，40Gb/s主要针对计算应用，而100Gb/s则主要针对核心和汇聚应用。之所以提供两种速率，主要是为了保证以太网能够更高效、更经济地满足不同应用的需要（特别是局域网、城域网和广域网的不同需求），进一步推动基于以太网技术的网络会聚。该标准规定了物理编码子层（PCS）、物理介质接入（PMA）子层、物理介质相关（PMD）子层、转发错误纠正（FEC）各模块及连接接口总线，MAC、PHY间的片间总线使用XLAUI（40Gb/s）、CAUI（100Gb/s），片内总线采用XLGMII（40Gb/s）、CGMII（100Gb/s），各种介质的架构如图4-24所示。

IEEE 802.3ba标准仅支持全双工操作，但仍保留了IEEE 802.3 MAC的以太网帧格式。在该标准中，定义了多种物理介质接口规范，其中有1m背板连接（100GE接口无背板连接定义）、7m铜缆线、100m并行多模光纤和10km单模光纤（基于WDM技术）等，而100Gb/s接口定义了最大40km传输距离。标准还定义了用于片间连接的电接口规范，

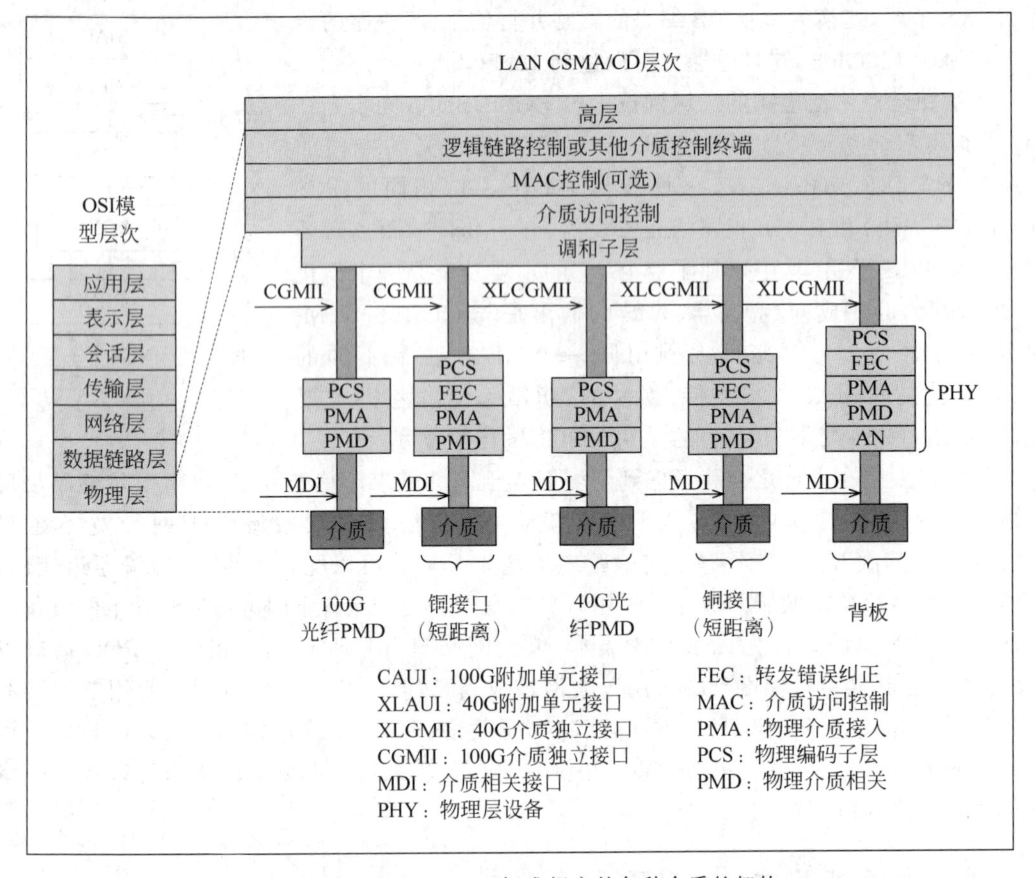

图4-24 IEEE 802.3ba标准规定的各种介质的架构

40Gb/s和100Gb/s分别使用4个和10个10.3125Gb/s通道,采用轮询机制进行数据分配获得40Gb/s和100Gb/s的速率,另外通过虚拟通道的定义解决了适配不同物理通道或光波长问题,物理层的编码采用64B/66B编码方式。

4.4 虚拟局域网

虚拟局域网并不是一种新型的局域网,而是局域网向用户提供的一种服务。虚拟局域网是用户和局域网资源的一种逻辑组合,而交换式局域网技术是实现虚拟局域网的基础。

4.4.1 虚拟局域网的基本概念

虚拟局域网(Virtual LAN,VLAN)建立在交换技术的基础上。如果将局域网中的结点按工作性质与需要划分成若干"逻辑工作组",则一个逻辑工作组就是一组虚拟网络。

传统的局域网中的工作组通常在同一个网段上,多个工作组之间通过实现互联的网桥或路由器来交换数据。当一个逻辑工作组的结点要转移到另一个逻辑工作组时,就需要将结点计算机从一个网段撤出,并将其连接到另一个网段上,这时甚至需要重新进行布线。因此,逻辑工作组的组成受结点所在网段的物理位置限制。

虚拟局域网是建立在以太网交换机的基础之上的,它以软件的方式来实现逻辑工作组的划分与管理,逻辑工作组中的结点组成不受物理位置的限制。同一逻辑工作组的成员不一定连接在同一个物理网段上,它们可以连接在同一个以太网交换机上,也可以连接在不同的以太网交换机上,只要这些交换机之间互联就可以。当一个结点从一个逻辑工作组转移到另一个逻辑工作组时,只需要简单地通过软件来设置工作组,而不需要改变它在网络中的物理位置。同一个逻辑工作组的结点可以分布在不同的物理网段上,但它们之间的通信就像在同一个物理网段上一样。因此,VLAN 是通过软件的方法,逻辑地而不是物理地将结点划分在一个个网段。IEEE 于 1999 年公布了关于 VLAN 的 802.1Q 标准。

图 4-25 所示为使用 3 台交换机的网络拓扑。设有 9 个工作站分配在 3 个楼层中,构成了 3 个局域网,即 LAN1(A1,B1,C1)、LAN2(A2,B2,C2)、LAN3(A3,B3,C3)。但这 9 个用户划分为 3 个工作组,也就是划分为 3 个虚拟局域网 VLAN,即 VLAN1(A1,A2,A3)、VLAN2(B1,B2,B3)、VLAN3(C1,C2,C3)。

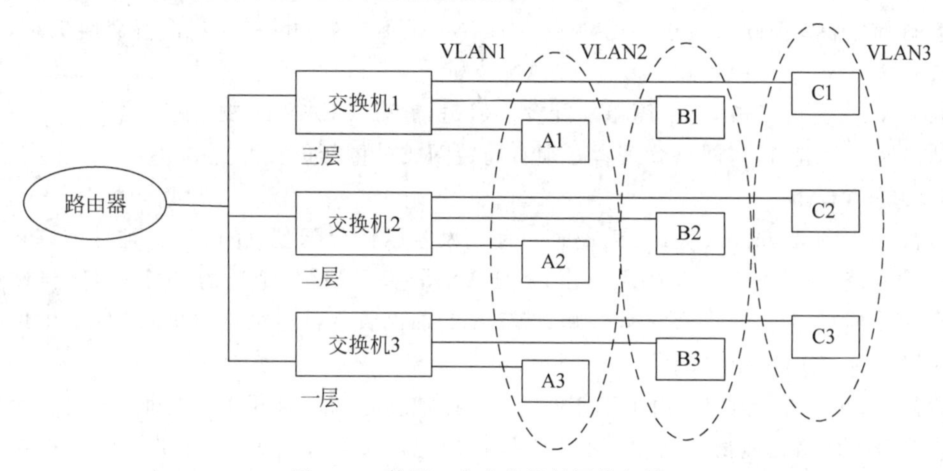

图 4-25　使用 3 台交换机的网络拓扑

从图 4-25 中可看出,每一个 VLAN 的工作站可处在不同的局域网中,也可以不在同一层楼中。

利用以太网交换机可以很方便地将 9 个工作站划分为 3 个虚拟局域网:VLAN1、VLAN2 和 VLAN3。在虚拟局域网上的每一个站都可以听到同一虚拟局域网上的其他成员所发出的广播。例如,工作站 A1～A3 同属于虚拟局域网 1。当 A1 向工作组内成员发送数据时,工作站 A2 和 A3 将会收到广播信息,虽然它们没有和 A1 连在同一个以太网交换机上。相反,A1 向工作组内的成员发送数据时,工作站 B1 和 C1 都不会收到 A1 发出的广播信息,虽然它们都与 A1 连接在同一个以太网交换机上。以太网交换机不向虚拟局域网 VLAN1 以外的工作站传送 A1 的广播信息。这样,虚拟局域网限制了接收广播信息的工作站数,从而可以避免广播风暴的发生。

如果不同 VLAN 之间的工作站要彼此通信,如图 4-25 中的 VLAN1 中的工作站 A1 要和 VLAN2 中的工作站 B1 进行通信,这时必须经过路由器(或者三层交换机)为 VLAN 之间做路由。这是因为路由器是工作在三层的设备,它根本不管数据帧是从哪个 VLAN 来的,它只是按照数据包中 IP 包头中封装的源 IP 地址和目的 IP 地址为数据包进行路由,这样数据包便可到达交换机 1,由交换机 1 负责把数据包转发给工作站 B1。所以 VLAN 间的路由实际上就是子网间的路由,这也是为什么 Cisco 公司建议一个 VLAN 对应一个子网。因此,一个 VLAN 对应一个广播域,对应一个逻辑子网。

4.4.2 VLAN 的分类

基本上,VLAN 可以分为以下 3 类。

1. 静态 VLAN

静态 VLAN(Static VLAN)也称为基于端口的 VLAN(Port-based)或者以端口为中心的 VLAN(Port-centric)。这种方式是通过交换机的操作系统软件来划分交换机的某一个端口属于某一个 VLAN,所以应用这种 VLAN 时,网络管理员需要在交换机上一个端口一个端口地配置哪些端口属于哪个 VLAN。

通常一个交换机都有一个默认的 VLAN,即 VLAN1,这个 VLAN 也是交换机的管理 VLAN。很多管理信息都是经过这个 VLAN 传递的。一台交换机如果还没有配置,那么交换机上的所有端口都默认属于 VLAN1。VLAN1 是不能被删除的。在配置交换机时,可以把端口从这个 VLAN 中转配到其他 VLAN 中。

静态 VLAN 可以被安全、简单地配置。但是,静态 VLAN 的缺点是:当用户从一个端口移动到另一个端口时,网络管理者必须对局域网成员重新进行配置。

2. 动态 VLAN

动态 VLAN(Dynamic VLAN)是通过使用网管软件分配主机的 MAC 地址的方式建立 VLAN 的。使用动态 VLAN 的用户建立 VLAN 是基于 MAC 地址的。当一台工作站连接到交换机时,它会询问数据库它属于哪个 VLAN,而网管软件会根据主机的 MAC 地址将它分配到相应的 VLAN 中。

动态 VLAN 的优点是:由于工作站的 MAC 地址是与硬件相关的地址,因此它允许工作站移动到网络的其他物理网段。由于工作站的地址不会发生改变,因此工作站将自动保持它在 VLAN 中的地位。但是由于这种方式需要一定的网管软件,因此增加了网络建设的成本,所以一般在很大规模网络中才会使用动态 VLAN,小规模的网络还是使用静态 VLAN 比较划算。

3. 基于协议的 VLAN

基于协议的 VLAN(Protocol based VLAN)是根据子网的不同来划分 VLAN 的,工作方式上类似动态 VLAN,只不过是基于逻辑地址(如 IP 地址)的。

由于在实施 DHCP 的网络中使用该类 VLAN 有问题,因此基于协议的 VLAN 很少使用。

4.4.3 干道和 VTP

干道(Trunk)是 VLAN 在交换机之间通信所采用的技术,同时它也是交换机与路由器之间实现 VLAN 间路由的技术。

在图 4-26 中,交换机之间没有使用干道技术。两台交换机上所连接的属于 VLAN1 的主机如果想要通信,交换机之间必须有一条专门的线路传递 VLAN1 的信息。该线路两端分别连接两台交换机的端口,都必须属于 VLAN1。同样,VLAN2 也需要这样的一条线路。那么网络中有几个 VLAN,就应该有几条这样的线路,而这样的连接是要消耗交换机的端口资源的。干道技术正是为解决这一问题而提出的,它可以绑定多条虚拟链路在一条实际的物理线路上，以允许交换机之间的多个 VLAN 之间可以传递数据流量，如图 4-27 所示。

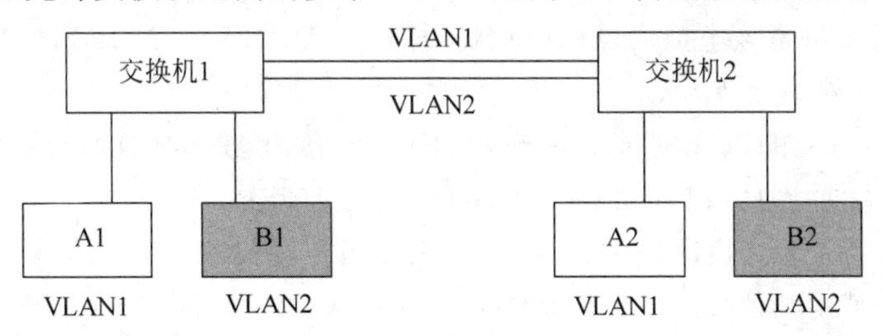

图 4-26　交换机之间不使用干道实现同一 VLAN 的主机通信

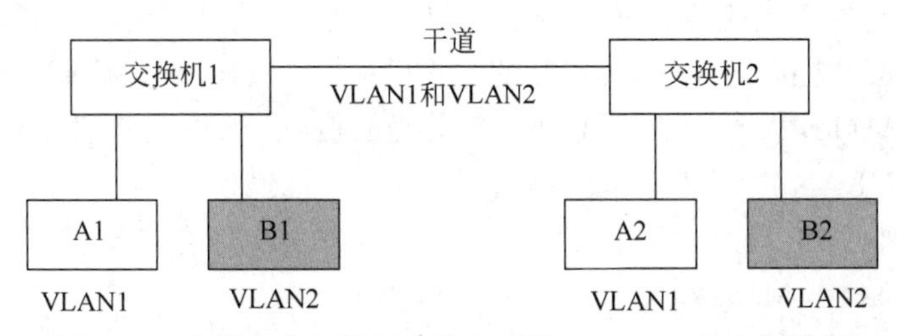

图 4-27　交换机之间使用干道实现同一 VLAN 的主机通信

干道可以在一条物理线路上让来自多个 VLAN 的数据通过，那么交换机是如何识别这些从一个端口来的多个 VLAN 的数据帧呢？这就涉及标记的概念了。

为了实现在一条单一的物理线路上传递多个 VLAN 的数据帧的目的，每一个通过干道的数据帧都要被标记上 VLAN ID，以使接收这个数据帧的交换机知道这个数据帧是由属于哪个 VLAN 的主机发送的。

802.1Q 是 IEEE 制定的干道标记标准，它会在数据帧准备通过干道时，在数据帧头插入 4B 的 VLAN 标记(Tag)，如图 4-28 所示，以标识数据帧来自哪个 VLAN。

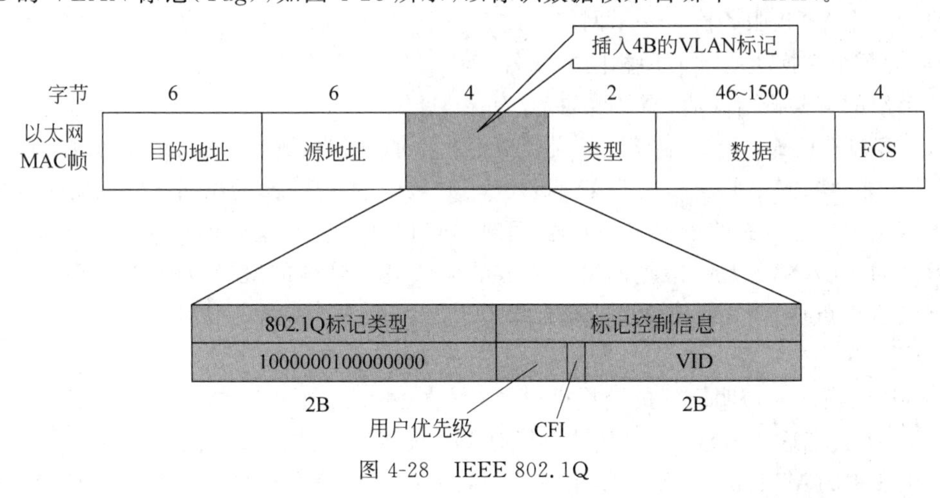

图 4-28　IEEE 802.1Q

VLAN 标记字段的长度为 4B，插入以太网 MAC 帧的源地址字段和类型字段之间，VLAN 标记的前两个字节总是设置为 0x8100(即二进制的 1000000100000000)，称为 IEEE 802.1Q 标记类型。当数据链路层检测到 MAC 帧的源地址字段后面的两个字节的值是 0x8100 时，就知道现在插入了 4B 的 VLAN 标记，于是就接着检查后面 2B 的内容。在后面

2字节中,前3位是用户优先级字段,接着的一位是规范格式指示符CFI(Canonical Format Indicator),最后12位是该虚拟局域网VLAN标识符VID(VLAN ID),它唯一地标识了这个以太网帧是属于哪一个VLAN。

由于用于VLAN的以太网帧的首部增加了4B,因此,以太网帧的最大长度从原来的1518B(1500B的数据上加上18B的首部和尾部)变为1522B。

由于VLAN在整个交换网络中是统一的,因此可以完全在一台交换机上配置好VLAN以后,用某种方法使得其他交换机自动地学习到这些VLAN的配置,然后再由交换机所在地的权限比较低的管理员把交换机的端口分配到这些被学习到的VLAN中。这种交换机自动学习VLAN配置的方法,就是VLAN干道协议(VLAN Trunking Protocol,VTP)。

VTP一般应用在网络规模比较大,交换机管理比较分散的时候,这样可以简化管理员的操作。一个VTP域由一台或多台互联的共享同一个VTP域名称的设备组成,一台交换机只能属于一个VTP域。在VTP域中一个重要的概念,就是交换机的模式,它决定着交换机能不能建立VLAN以及共享VLAN信息。

交换机有3种VTP模式,即服务器模式(Server Mode)、客户端模式(Client Mode)和透明模式(Transparent Mode)。

(1) 服务器模式。服务器模式的交换机可以添加、修改、删除VLAN及修改VLAN的参数,它的操作将影响到整个VTP域。服务器模式交换机会对VLAN操作进行保存,同时向自己所连接的所有的干道链路发送VTP信息,在整个VTP域通告这些对VLAN的操作。

服务器模式的交换机也会侦听网络中的VTP信息,一旦有对于VLAN的新的改动发生(在其他的服务器模式的交换机所做的改动),该交换机也会同步该变化,即更新自己维护的VLAN信息,同时转发表示该变化的VTP信息。在一个VTP域中,服务器模式的交换机可以有多台,并且交换机的默认模式一般为服务器模式。一般地,一个VTP域内整个网络中设置一个VTP服务器。一个网络须建立一个VTP域,一个交换机只能参加一个VTP域,域内的每个交换机必须使用相同的域名。

一个新的交换机启动后,默认配置为VLAN1。

(2) 客户端模式。客户端模式的交换机不能添加、修改、删除VLAN及修改VLAN的参数,它只能学习到服务器模式的交换机对VTP域中的VLAN的添加、修改、删除信息,并且把该信息向自己所有的干道链路发送,管理员可以在客户端模式的交换机上把端口分配给学习到的VLAN,并且一般把网络中分散的无法集中管理的交换机配置成客户端模式,以免有人恶意修改VLAN信息造成整个VTP域的VLAN信息的混乱。

在服务器模式或客户端模式下VTP信息宣告每5分钟进行一次。

(3) 透明模式。透明模式的交换机也可以添加、修改、删除VLAN及修改VLAN的参数,但是它不会把这些信息向VTP域中其他交换机转发,透明模式的交换机可以转发从其他交换机发来的VTP信息,使得整个VTP域的VLAN信息可以经过它向其他交换机传递,但是这种透明模式的交换机本身不会学习整个VTP域的VLAN信息,它不会使自己维护的VLAN信息与整个VTP域的VLAN信息同步。

4.4.4 VLAN 的优点

VLAN 的优点主要表现在以下三方面。

(1) 方便网络用户管理。在实际的局域网使用过程中,由于企业与部门的变化而调整用户组是经常的事情。如果调整用户组涉及结点物理位置的变化,并且需要重新布线,这是令网络管理员最困扰的事情。VLAN 可以使用软件根据需要动态建立用户组,这样可以极大地方便网络的管理,并且有效减少网络管理的开销。

(2) 提供更好的安全性。网络中的不同类型用户对不同的数据与信息资源有不同的使用要求和权限,企业中的财务、人事、计划、采购等部门有不同的需求和权限,如财务部门的数据不允许被其他部门的人员看到。虚拟局域网可以将不同部门用户划分到不同的 VLAN 中,属于同一 VLAN 内部的用户可以彼此进行通信,不同 VLAN 之间默认是不允许通信的,因此,设置 VLAN 是一种简单、经济和安全的方法。

(3) 改善网络的服务质量。传统局域网的广播风暴对网络性能和服务质量影响很大,基于交换机技术的 VLAN 可以对网络进行分段,使每一个 VLAN 对应一个广播域,这样可以减少潜在的广播风暴的危害,更有利于改善网络的服务质量。

第5章 网络互联技术

网络互联技术是计算机网络技术中的核心技术，其中涉及硬件、软件及算法等多方面的知识。本章将从介绍网络互联的基本概念入手，逐步深入地探讨IP协议族、路由协议、多播技术、专用网络互联技术等。随着互联网的不断发展，IPv6技术已经成为一种必然的趋势，移动IP技术也受到了越来越广泛的重视，本章也将对这两种技术进行探究。

5.1 网络互联的基本概念

不同的数据通信网络在很多方面都有所不同，存在很大的差异性。这种差异性称为异构性(Heterogeneity)，主要表现在：①不同的网络类型(如广域网、城域网、局域网)；②不同的数据链路层协议(Ethernet、Token Bus、ATM、WLAN)；③不同的计算机系统及操作系统平台。

为了隐藏所有底层网络细节的不同，实现异构网络中任意两台计算机之间的通信，可以利用网关或路由器将两个或两个以上不同的网络相互连接起来构成一个更大的"网络"，这种互联方式称为网络互联(Internetwork)，互联后的网络称为互联网(internet)，如图5-1所示。当使用TCP/IP协议进行互联之后，将在网络层上形成一个单一的虚拟网络。网络互联的目标是建立一个支持通用通信服务的统一、协调的互联网络，处于该网络中的主机之间通信就像是在单个网络中进行的一样。

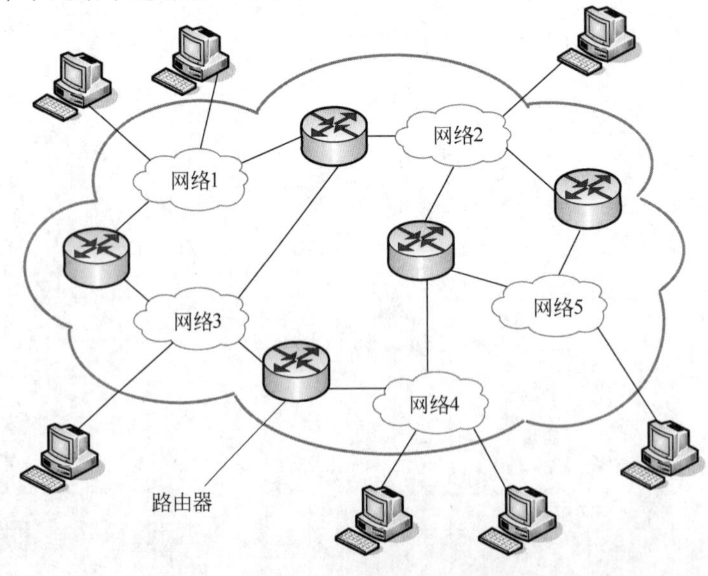

图5-1 网络互联示意图

需要注意，人们常说的因特网(Internet)和互联网(internet)是有区别的。因特网是指使用TCP/IP协议相互连接起来的全世界范围的一个互联网，即全球互联网，也可以说因特网是世界上最大的互联网(Internet is the largest internet)。

为了实现多个网络之间的互联，首先应该确保两个网络在物理上的互通，这是网络互联的前提，如果两个网络在物理上没有相互连接在一起，是没有办法实现网络间互联的。但是，仅有物理连接还远远不够，还需要使用一些特殊的计算机，这些计算机分别与两个网络连接在一起，它们可以将分组从一个网络传递到另一个网络。将这样起着特殊功能作用的计算机称为互联网网关(Internet Gateway)或者互联网路由器(Internet Router)。

应该指出，网关和路由器本来是指不同的网络互联设备。网关是指在网络层以上(主要是应用层)使用的互联设备，也称为高层协议转发器，它能在不同的高层协议间提供协议转换和数据重分组功能，但由于比较复杂，目前使用得较少，本书不进行详细讨论。路由器是指在网络层使用的互联设备，其实就是一台特殊的计算机，用来在互联网中进行路由选择。由于历史的原因，有很多文献都曾经将网络层使用的路由器称为网关(因为真正的网关很少用到)，这样网关就成了路由器的代名词，二者可以互换使用。但是，从当前的使用情况来看，人们还是比较认可将网关和路由器区别对待，所以本书将严格区分使用这两个名词。

在物理层使用的连接设备中继器(Repeater)和在数据链路层使用的连接设备网桥并不属于网络互联设备。当使用中继器时，只是在物理层将信号进行了复制、调整和放大，以此来延长网络的长度，并没有实现异种网络间的连接；当使用网桥时，只是将连接部分的局域网的范围扩大了，从网络层的角度来看，依然属于同一种网络，因此也不属于网络互联。由此可见，网络互联已经是网络层及其以上各层的范畴了。能够实现网络互联的设备只有路由器及高层使用的网关，这一点需要大家特别注意。有一些资料将中继器、集线器、交换机(包括二层和三层)、网桥、路由器及网关统称为网络互联设备，本书并不赞成这样做。

5.2 网际协议(IPv4)

最基本的互联网服务被定义为不可靠的(Unreliable)、尽最大努力交付的(Best-effort delivery)、无连接的分组交付系统。这种服务不能保证交付(但这并不意味着可以任意丢弃分组)，分组可能会丢失、重复或乱序，但服务检测不到这些情况，也不会通知发送方或接收方。实现这种交付功能的协议称为网际协议(Internet Protocol，IP)。当前使用较多的是该协议的第4个版本，通常用IPv4代表。IPv4协议的研究与发展的过程如图5-2所示。

IP协议定义了在整个TCP/IP互联网中使用的数据传送基本单元(IP数据报)、IP软件完成的转发(Forwarding)功能，同时还规定了主机和路由器应当如何处理分组、何时及如何产生差错报文，以及在什么情况下可以丢弃分组等。图5-3说明了TCP/IP协议的层次关系(包括网络层、传输层和应用层)，从图5-3中可以看出，IP协议是互联网中最基本的组成部分。

本节将讨论与IP协议相关的内容，包括IP地址、地址解析协议ARP、IPv4数据报、ICMPv4协议及整个的IP数据报的转发过程。IP协议不是独立工作的，它常常会与ARP

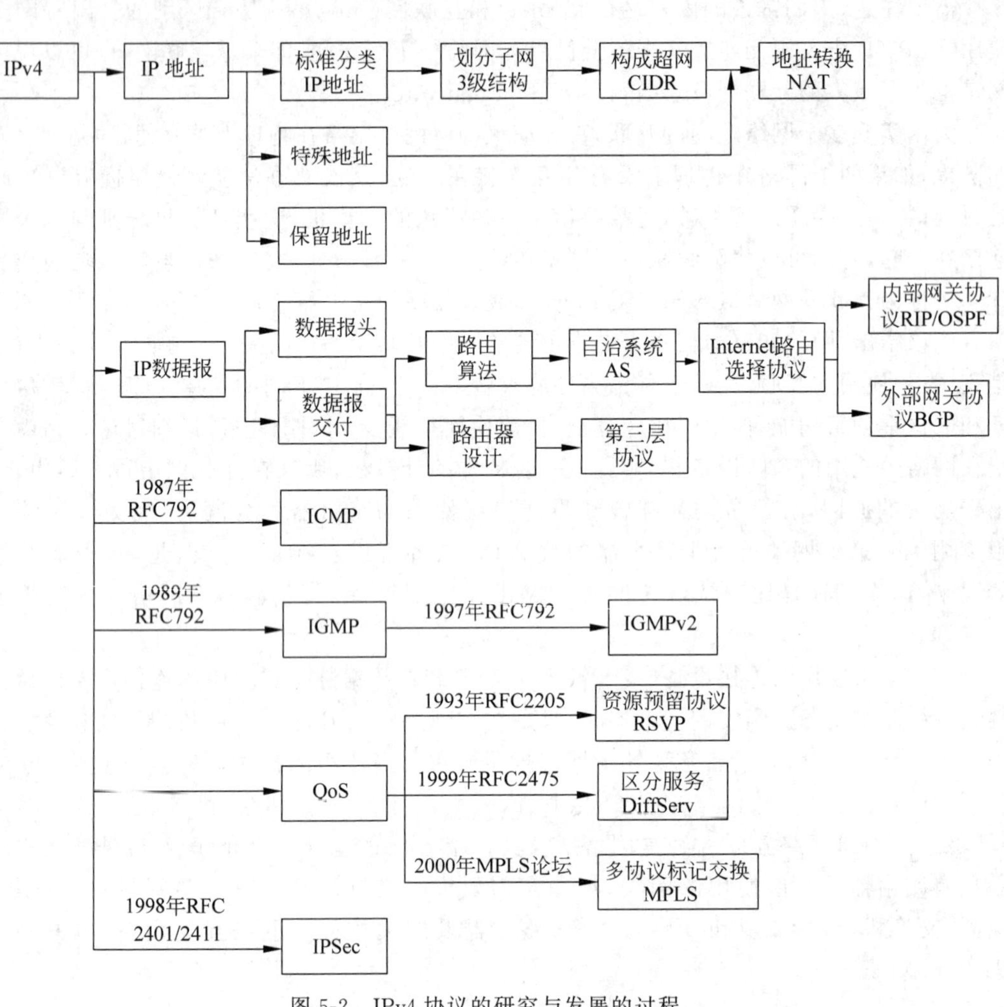

图 5-2　IPv4 协议的研究与发展的过程

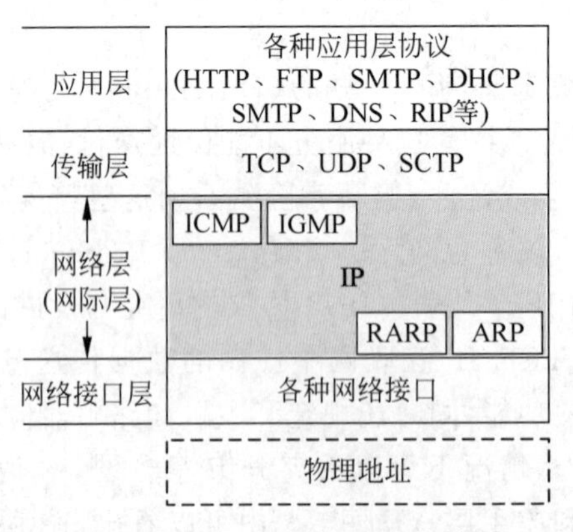

图 5-3　TCP/IP 协议的层次关系

和 ICMP 协议配套使用,相互之间构成了一个完整的系统。另外,在介绍 IP 协议相关的内容时,将不加区分地使用 IP 数据报、IP 包、IP 分组 3 个概念。

5.2.1 IP 地址

在互联网当中有数以亿计的主机和路由器，为了能够实现彼此间的无障碍通信，需要有一种方法来标识这些设备。在 TCP/IP 协议栈中，规定为每台设备分配一个统一格式、全球唯一的地址，这个地址称为 IP 地址(有时也可以称为互联网协议地址、互联网地址、逻辑地址、网络层地址)。IP 地址是 IP 协议使用的标识，工作于网络层。一台设备至少拥有一个 IP 地址(多则不限)，任何两台设备的 IP 地址不允许相同。IP 地址由 ICANN 负责分配，实际上 ICANN 只负责将地址分配给国家或者地区，具体的分配工作由相应的国家或者地区的网络管理机构负责完成。

为了确保地址的网络部分在 Internet 上的唯一性，所有的地址都由一个中央管理机构进行分配。最初由因特网赋号管理局(Internet Assigned Number Authority，IANA)负责分配并制定相应的政策。从因特网诞生到 1998 年秋天，一直由 Jon Postel 一个人负责 IANA 的运转及地址分配。1998 年年底，在 Jon Postel 去世以后，组建了一个新的组织来承接 IANA 的工作，这个组织就是因特网名称与号码指派协会(Internet Corporation for Assigned Names and Numbers，ICANN)。ICANN 负责制定政策、分配地址等工作。

IP 地址由 32 位二进制数构成，通常有 3 种常用的表示方法：二进制记法、点分十进制记法和十六进制记法。

(1) 二进制记法。IP 地址表示为 32 位，为了有更好的可读性，可以在每字节(8 位)之间加上一个(或多个)空格，将 32 位的 IP 地址分隔成 4 个 8 位组，如 01110001 10100101 00001110 10111100。

(2) 点分十进制记法。是一种更为常用、更加简洁的 IP 地址表示方法。这种方法将 32 位的二进制 IP 地址用小数点分隔开，分隔的时候以 8 位(字节)为单位进行。由于每字节仅有 8 位，因此在点分十进制记法中的每个数目一定为 0～255，如 192.168.0.1。将二进制记法表示的 IP 地址转换为点分十进制记法表示的 IP 地址的方法是：把二进制记法中的每一组 8 位转换成等效的十进制数，并增加分隔用的小数点，如将 11100111 11011011 10001011 01101111 转换成点分十进制记法表示的 IP 地址为 231.219.139.111。

(3) 十六进制记法。每一个十六进制数字等效于 4 位二进制数字，这样一来，一个 32 位的 IP 地址可以表示为 8 个十六进制数字，这种记法常用于网络编程中。需要说明的是，十六进制记法中通常不需要加入空格或小数点进行分隔，但在开始处可以加入 0X(或 0x)，或者在最后加入下标 16 以表示这个数是十六进制的，如 0X910C1B26 或者 $910C1B26_{16}$。

Internet 早期使用的是分类编址的方式；在 20 世纪 90 年代中期，出现了一种称为无分类编址的方式，这已经是当前 Internet 中主流的编址机制。所以，本节将结合当前的应用情况，分别展开讨论。

1. 分类编址

IP 地址由网络号和主机号两部分组成，这样的 IP 地址是两级地址结构，如图 5-4 所示。

IP 地址的层次结构便于在 Internet 上实现寻址。可以先按 IP 地址的网络号(Net-ID)找到相应的网络，进而按主机号(Host-ID)找到对应的主机。所以，IP 地址这样的层次结构有利于快速准确地定位主机。反之，像 MAC 地址这样的平面地址结构是不利于寻址的。

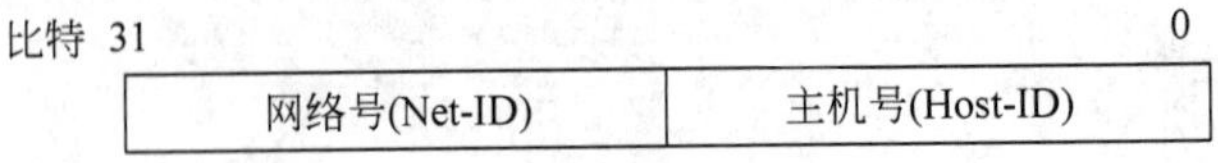

比特 31　0

网络号(Net-ID)　主机号(Host-ID)

图 5-4　IP 地址结构

在分类编址中,IP 地址按最高 1～5 位的值分成 5 类:A、B、C、D 和 E 类,如图 5-5 所示。事实上,大量使用的 IP 地址是 A、B、C 三类。其中,网络号部分是由相关机构分配的。当一个单位申请到一个 IP 地址时,实际上只是获得了一个网络号(Net-ID),具体的主机号(Host-ID)由本单位内部自行进行分配。

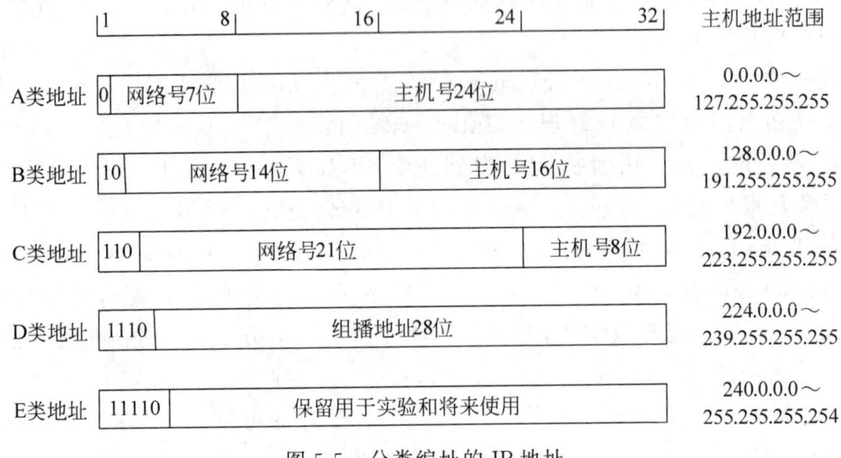

图 5-5　分类编址的 IP 地址

(1) A 类地址:8 位网络号,网络号的第一位为 0,其余 7 位可以分配,但可以指派的网络号是 $2^7-2=126$ 个,之所以减去了两个网络号,是由于 IP 地址中的全 0 表示“此网络(this)”或者“本网络”,是一个保留地址,另外,网络号为 127(01111111)的地址保留作为本地软件回环测试地址。

A 类网络具有 24 位主机号,可以容纳的最大主机数是 $2^{24}-2=16\ 777\ 214$ 个,这里减去两个主机号的原因是主机位全 0 的地址是本主机连接到的网络地址;而主机位全 1 的地址则表示该网络上的所有主机(即本网络的广播地址)。A 类网络可以容纳的主机数较多,一般用于大型网络。

(2) B 类地址:16 位网络号,网络号的前两位为 10,其余 14 位可以分配。由于 B 类地址中前两位已经是固定的了(10),因此网络位后面的 14 位无论怎样变化都不可能使整个 2B 的网络号字段成为全 0 或全 1,因此不存在网络总数减 2 的问题。但实际上 B 类网络地址中 128.0.0.0 是不指派的,而可以指派的 B 类最小网络地址是 128.1.0.0,因此 B 类地址可指派的网络数为 $2^{14}-1=16\ 383$ 个。

B 类网络具有 16 位主机号,因此每个网络上的最大主机数是 $2^{16}-2=65\ 534$ 个,减去的两个地址为主机位全 0 的地址(网络地址)和主机位全 1 的地址(本网络的广播地址)。B 类地址一般用于大、中型网络。

(3) C 类地址:24 位网络号,网络号的前三位为 110,其余 21 位可以分配,8 位主机号。C 类网络地址中的 192.0.0.0 也是不能指派的,可以指派的 C 类最小网络地址是 192.0.1.0,因此 C 类网络可以指派的网络地址总数是 $2^{21}-1=2\ 097\ 151$ 个。

每一个 C 类网络中可以容纳的主机数是 $2^8-2=254$ 个,同样减去的两个地址为主机位全 0 的地址(网络地址)和主机位全 1 的地址(本网络的广播地址)。C 类网络可以容纳的主机数较少,一般用于小型网络。

(4) D 类地址:前四位为 1110,用于多播。

(5) E 类地址:前五位为 11110,保留未使用。

IP 地址中,全 0、全 1 的地址一般不能当作普通地址使用。各类地址的可指派范围如表 5-1 所示。

表 5-1 各类 IP 地址的可指派范围

类别	范　围	可用首网络号	可用末网络号	最大可指派网络数	网络主机数
A	0.0.0.0～127.255.255.255	1	126	126(2^7-2)①	16 777 214
B	128.0.0.0～191.255.255.255	128.1	191.255	16 383($2^{14}-1$)②	65 534
C	192.0.0.0～223.255.255.255	192.0.1	223.255.255	2 097 151($2^{21}-1$)③	254
D	224.0.0.0～239.255.255.255				
E	240.0.0.0～255.255.255.254				

注:① 如果除去 A 类地址中的 1 个私有网络地址 10.0.0.0(该地址本来是分配给 ARPANET 的,由于 ARPANET 已经关闭停止运行了,因此这个地址就用作专用地址了),实际可指派的地址变为 125 个。

② 如果除去 B 类地址中的 16 个私有网络地址,实际可指派的地址变为 16 367 个。

③ 如果除去 C 类地址中的 256 个私有网络地址,实际可指派的地址变为 2 096 895 个。

另外,IP 定义了一套特殊地址(有时也称为保留地址)。这些特殊地址有着特殊的用途,如表 5-2 所示。

表 5-2 特殊 IP 地址

Net-ID	Host-ID	源地址	目的地址	含　义
0	0	可以	不可以	本网段上的本主机
0	××	不可以	可以	本网段上的某主机
全 1	全 1	不可以	可以	本网内广播
××	全 1	不可以	可以	对目的的网络广播
127	××	可以	可以	Loopback 测试
169.254	××.××			DHCP 因故障分配的地址
10	××.××.××			私有地址,用于内部网络
172.16～172.31	××.××			
192.168.××	××			

视频讲解

分类的 IP 地址有一些缺点,如 IP 地址的空间利用率不高,数以百万计的 A 类地址、大量的 B 类地址都被浪费了;与此同时,C 类地址空间对于大多数机构而言是不够用的。另外,给每一个物理网络都分配一个网络号会导致路由表变得太大而无法正常工作。基于这样的原因,希望能够有一种更为灵活地使用 IP 地址的方式。

为此,可以考虑将一个规模较大的网络划分成为相对独立的子网(Subnet),子网间的通信类似于不同网络之间的通信。划分子网后的网络,对外仍然表现为一个网络。本网络外的网络并不知道这个网络是由多少子网构成的。也就是说,划分子网完全是网络内部的事情,进行子网划分的优势是明显的。

(1) 减轻网络的拥塞状况：通过路由器的分隔,可以将原本属于同一个网络的主机分散到多个子网中,从而大大减少了每个子网内的通信量,同时分隔了广播域。

(2) 缩减了路由表的内容：划分子网以后,路由表只需要记录没有划分子网前的网络情况,而不需要将每一个子网的信息都记录在路由表中,这样就可以大大减少路由表中的记录数；如果不进行子网划分,路由表需要记录所有的网络情况,记录数巨大。

(3) 便于网络管理：网络范围减小后,排错更为容易,安全性相对更高,管理更加灵活。

划分子网的方法是：将主机号部分进一步分成子网号和新的主机号两部分。这样,IP地址就由三部分组成：网络号(Net-ID)、子网号(SubNet-ID)、主机号(Host-ID),如图5-6所示。

比特 31　　　　0

网络号(Net-ID)	子网号(SubNet-ID)	主机号(Host-ID)	
1111111111111111111111		0000000000	子网掩码

图5-6　三级IP地址结构及子网掩码

在子网划分后的IP地址中,子网号有几位？怎样判定哪些位是网络号,哪些位是子网号？这就需要引入子网掩码(Subnet Mask)。子网掩码可以区分网络号和子网号,有时也可以称为屏蔽码。子网掩码的格式和IP地址相同,对应网络号(Net-ID)和子网号(SubNet-ID)部分全部为1,对应主机号部分全部为0。子网掩码的表示形式同IP地址,如255.255.255.0。

划分子网后,同一个子网内的所有主机的网络地址、子网地址、子网掩码是相同的。在使用过程中,将网络地址和子网地址合并在一起,称为广义网络地址。广义网络地址的计算方式是：广义网络地址=(IP地址) AND (子网掩码)。

当前使用的Internet中规定,所有的网络都必须使用子网掩码,在路由器的路由表中也必须有子网掩码这一项内容。子网掩码已经成为一个网络不可或缺的属性。对于一些没有进行子网划分的分类IP地址来说,它们的子网掩码可以使用默认子网掩码,即与IP地址的网络号对应的内容置为1(没有子网号部分),与IP地址的主机号对应的内容置为0。显然,A类IP地址的默认子网掩码是255.0.0.0,B类IP地址的默认子网掩码是255.255.0.0,C类IP地址的默认子网掩码是255.255.255.0。

【例题】 设计一个网络时,分配给其中一台主机的IP地址为192.55.12.120,子网掩码为255.255.255.240。

(1) 确定该主机的网络号、子网号和主机号。

(2) 确定该主机所在网络在该子网掩码下子网号的范围。

【解答】

(1) 主机的网络号和子网号可以通过主机的IP地址与子网掩码进行逻辑"与"运算得到,而IP地址剩余的部分即为主机号。

建议大家在进行逻辑运算时,首先将点分十进制记法表示的IP地址转换为二进制记法表示的IP地址。当熟练掌握以后,可以省略这一步骤。

192.55.12.120转换为二进制形式后为11000000 00110111 00001100 01111000；

255.255.255.240转换为二进制形式后为11111111 11111111 11111111 11110000；

广义网络地址=(192.55.12.120) AND (255.255.255.240)=192.55.12.112。

主机分配到的是一个 C 类 IP 地址，C 类地址的前 24 位均为网络号；由子网掩码可以知道，从原主机号中拿出了 4 位(25～28 位)充当子网号；剩余的位为主机号。

所以，网络号为 192.55.12；子网号为 112；主机号为 8。

(2) 由(1)的分析可知，IP 地址中的第 25 位到第 28 位为子网号。因此，子网号范围为 192.55.12.0，192.55.12.16，192.55.12.32，192.55.12.48，…，192.55.12.240。

在子网掩码的使用过程中，虽然没有明确规定子网掩码中的 1 要连续，但建议大家选用连续的 1，以避免不必要的麻烦。

在进行子网规划的过程中，会涉及选用几位主机号来充当子网号。选取的原则就是够用即可。例如，选取两位主机号充当子网号后，原则上就可以表示 4(2^2)个不同的子网了。问题在于，子网号部分全 0 和全 1 的 IP 地址能否使用。不同的资料对此问题的回答不尽相同。准确的答案是，在分类 IP 地址中，子网号不能为全 0 或全 1；但随着无分类地址的普及应用，现在全 0 和全 1 的子网号也可以使用了。使用全 0 或全 1 子网号的 IP 地址时要谨慎，要清楚当前网络中的路由器和主机是否支持这一应用。传统的教材认为使用全 0 或全 1 子网号的做法是错误的，这里并不这样认为。当然，主机号部分全 0 或全 1 的 IP 地址是不能分配给主机使用的。

2. 无分类编址

分类编址方式有一些明显的缺陷。

(1) 已有的 IP 地址已经快分配完毕。A 类地址早已分配完，B 类地址也将近分配完毕。

(2) 因特网主干网上的路由表中的项目数急剧增长。

(3) 整个 IPv4 的地址空间将被全部耗尽。

一些不同的策略已经开始实施，以应对地址空间不足的问题。1987 年，RFC1009 指明在一个划分子网的网络中可以同时使用几个不同的子网掩码。使用变长子网掩码(Variable Length Subnet Mask，VLSM)可以进一步提高 IP 地址资源的利用率。

在 VLSM 的基础上又进一步研究出无分类编址方法，其正式名称为无分类域间路由选择(Classless Inter-Domain Routing，CIDR)。目前 CIDR 已经成为 Internet 的建议标准，得到了广泛的应用。

CIDR 消除了传统的 A、B、C 类地址及划分子网的概念，可以更加有效地使用 IPv4 的地址空间。CIDR 把 32 位的 IP 地址划分成为两部分，即网络前缀(Network-Prefix)和主机号(Host-ID)。网络前缀用来标明网络，主机号用来指明主机。可以看出，CIDR 使 IP 地址从三级编址(使用子网掩码)又回到了两级编址，但这是无分类的两级。

CIDR 使用"斜线记法"表示，也称为 CIDR 记法，即在 IP 地址后面加上斜线"/"，然后写上网络前缀所占的位数，如 201.18.5.0/19。

CIDR 把网络前缀相同的连续的 IP 地址组成的地址区间称为 CIDR 地址块。根据 CIDR 地址的表示方法，可以比较容易地知道一个 CIDR 地址块中的最小地址和最大地址，以及地址块当中的地址数。其方法是，首先计算出主机地址的位数 n(32－网络前缀位数)，再将 IP 地址中后 n 位分别置为全 1 和全 0，就得到了该地址块的最大地址和最小地址。

例如，128.14.35.7/20 这个 CIDR 形式表示的 IP 地址，主机地址为 12 位，即第三个字节中的前 4 位为网络前缀，后 4 位为主机地址，依据上述方法计算可知，该 CIDR 地址块的最小地址为128.14.32.0,最大地址为128.14.47.255。

由此可以看出,CIDR方法分配IP地址比较灵活,可以依据实际需要进行分配。不会出现分类地址中那样的浪费情况。CIDR可以分配多个传统网络规模的地址块,也可以分配 $1/n$ 个传统网络规模的地址块,这样的方式称为"超网"或"地址聚合"。通过地址聚合,可以有效地减少路由表中的记录数。

需要说明的是,"CIDR不使用子网"并不意味着单位内部不能划分子网。CIDR不使用子网是指在32位IP地址中没有指明若干位用于子网号标识。但分配到一个CIDR地址块的单位,仍然可以在本单位内部依据实际需要划分子网,当然,相应的网络前缀部分的长度也会发生变化。

5.2.2 地址解析协议

1. ARP的提出

在互联网中通信时,网络层与数据链路层使用的是不同的地址。数据链路层使用的是物理地址(48位的MAC地址),而在网络层使用的是逻辑地址(32位的IP地址)。如图5-7所示,当应用层的数据在传输层经过处理变成TCP报文后,向下交给网络层。网络层再对报文加上含有IP地址的首部后就交给了数据链路层。在数据链路层,IP数据报会被封装为MAC帧,而MAC帧是通过首部含有的硬件地址实现寻址的。在数据链路的另一端的设备是根据数据帧首部的硬件地址来接收MAC帧的,只有在数据链路层向上交付给网络层后,IP地址才在IP数据报中被找出来进行应用。从图5-7中可以看出,IP地址放在IP数据报的首部,而硬件地址则放在MAC帧的首部。

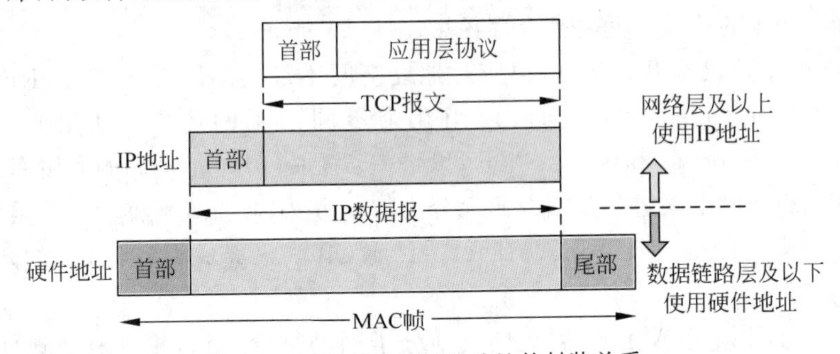

图5-7 IP地址和MAC地址的封装关系

当然有人会问,为什么不在网络层和数据链路层使用同一个地址,而在不同的层要使用不同的地址呢?因为IP地址在互联网内是唯一的主机标识,而硬件地址在全世界也是独一无二的。实际上,最终也是依靠硬件地址找到目标主机的。那么,为什么不直接使用硬件地址进行寻址,而是要使用抽象的IP地址并调用ARP来寻找出相应的硬件地址呢?似乎看起来只使用硬件地址是可以的,其实不然。

由于IP地址是分层次的结构,而MAC地址是一种平面的结构。就如主机A要和主机B进行通信时,核心网络上的路由设备必须清楚地知道全世界所有主机及网络设备是连接在主干网的哪一个端口上。由于MAC地址的这种平面结构不能提供任何信息给路由设备,这些路由设备就必须存储世界上所有主机的MAC地址。如果这样做,就会使得路由器承担极其繁重的工作任务,而且网络性能也是相当糟糕。就好比你要寄一封信给一个人,不写具体的通信地址，只写了收信人的姓名便交给了邮局。可以想象，邮局必须得知道全世界所有人的个人信息，并且还得假设这个世界上所有的人都有不同的名字，才能保证将信送到正确的收信人手中，显然这是不现实的。而 IP 地址的分层结构可以很好地解决这样的问题，就像平时正常寄信时的情况一样，会以层次性的结构方式写上收信人在世界的具体位置，以方便邮递员投递。

另一个问题是网络异构问题。互联网是由各种网络设备(路由器、网关等)将很多异构型网络相互连接而组成的，这些各式各样的网络可能出自不同的组织，运行不同的协议，使用不同的物理地址(这些网络可能是 Ethernet、令牌环网、令牌总线网、ATM 或其他类型网络)。当两个主机之间进行通信时，它们的分组从源主机到目的主机将有可能经过各种各样的异构网络。要使这些异构网络能够互相通信就必须进行非常复杂的硬件地址转换工作，这些几乎是不可能做到的事情。因此，需要对这种差异性进行屏蔽，使之具有透明的特性；如果在上层统一使用 IP 地址就可以解决这个问题。连接到 Internet 的主机都拥有统一的网络层地址，方便了相互之间的通信。

由此可以看出，逻辑地址和物理地址分别有各自的用途。逻辑地址由网络层使用，而物理地址则在数据链路层使用。这就要求在通信过程中，有一种方法可以实现相互之间的映射，使这两种地址可以对应起来。地址解析协议(Address Resolution Protocol，ARP)正是在这样的需求下产生的。

2. ARP 的报文结构

ARP 报文的格式如图 5-8 所示。

0	8	16　　　24　　　31
硬件类型		协议类型
硬件地址长度	协议地址长度	操作
发送方硬件地址（8位组0~3）		
发送方硬件地址（8位组4~5）		发送方IP地址（8位组0~1）
发送方IP地址（8位组2~3）		目标硬件地址（8位组0~1）
目的硬件地址（8位组2~5）		
目的IP地址（8位组0~3）		

图 5-8　ARP 报文的格式

以太网帧首部的前两个字段是目的硬件地址和源硬件地址，当要在网络中进行数据帧的广播时，可将目的地址全部置为 1；帧类型字段在分组中占 2B，用来说明后面数据的类型，ARP 请求/应答分组所对应的该字段的值为 0x0806；接下来是 ARP 报文部分，其中硬件类型字段指明了发送方想知道的硬件接口类型，以太网的值为 1，在分组中占 2B；协议类型字段则指明了发送方提供的高层协议类型，IP 协议为 0x0800，占 2B，它的值与包含 IP 数据报的以太网数据帧中的类型字段的值是相同的；硬件地址长度和协议地址长度是用来指明硬件地址和高层协议地址的长度，它们分别各占 1B，这样做的目的是让 ARP 报文可以在任意硬件和任意协议的网络中使用，对于 Ethernet 上的 IP 地址的 ARP 请求/应答分组来说，它们的值分别是 6 和 4；操作字段是指操作类型字段，用来表示这个报文的类型，因为 ARP 请求和 ARP 应答报文的帧类型字段值是一样的，所以必须靠这个字段来进行区别，一般应用的4种操作类型有ARP请求、ARP响应、RARP请求、RARP响应,对应的字段值分别为1、2、3、4;最后的4个字段是发送方的硬件地址、发送方的协议地址、目的方的硬件地址、目的方的协议地址。

3. ARP的工作过程

ARP是一种动态地址解析协议,因为动态的方法有着很好的扩展性与灵活性。假设在一个只有A、B两台主机组成的小型局域网中,A与B之间进行通信时,可以考虑使用静态映射的方法,使A与B的IP地址与MAC地址相对应,形成IP地址与MAC地址对应表。毫无疑问,这样做可以保证A与B之间的正常通信。但当一台新的主机C加入这个网络中时,这张对应表中则没有主机C的信息,C并不能与A、B之间实现通信。另外,若A或B其中的一台主机因为某些原因更换了网卡,则它们的MAC地址会发生相应变化,A与B之间此时也不能实现正常通信,因为IP地址与MAC地址对应表中记录的还是没有更换网卡前的MAC地址。同样,当主机A或主机B从当前网络移动到了一个新的网络,在MAC地址没有发生变化的前提下,IP地址变了,造成IP地址与MAC地址对应表出现错误。由此可见,单纯的静态方法是行不通的,ARP需要采用动态方法实现通信。

为了提高工作效率,ARP一般会采用静态映射与动态映射相结合的方法,这样可以实现一次请求、多次使用的良好效果。实现"动静结合"的关键在于每台主机都建立了一个ARP高速缓存表(ARP Cache),里面存储了本地局域网上一些主机和路由器的IP地址与MAC地址的关系映射,且这些关系映射是随时间动态更新的。当主机A要向本局域网上的主机B发送IP数据报时,首先查找自己的ARP高速缓存表,如果找到对应的记录,则取出MAC地址写入相应的MAC帧;如果找不到,便启用ARP服务进行地址解析。

如图5-9所示,实现地址解析的第一步是产生ARP请求帧,在ARP请求帧的相应字段写入本地物理地址、IP地址、待侦测的目的IP地址,在目的物理地址字段填入0,并在操作类型字段填入1,用来表示本数据帧是一个ARP请求帧。该ARP请求帧以本地物理地址作为源地址,以物理广播地址(FF-FF-FF-FF-FF-FF)作为目的地址,在本局域网内进行广播。

本局域网当中的所有主机都会接收到该ARP请求帧,除目的主机外,所有接收到该ARP请求帧的主机和设备都会丢弃该ARP请求帧,因为目的主机能够识别ARP消息中的IP地址与自己的IP地址是不是相同。目的主机需要构造ARP应答帧以回应ARP请求。在ARP应答帧中,以请求分组中源物理地址、源IP地址作为其目的物理地址、目的IP地址,并将自身的物理地址、IP地址填入应答帧的源物理地址、源IP地址字段,并在操作字段中写入2,表示本ARP数据帧是一个应答数据帧。源主机接收到ARP应答帧后,获得目的主机的物理地址,并将它作为一条新记录加入ARP高速缓存表。由此,ARP高速缓存表中的内容便可以不断地添加及更新,当以后要有信息发送到同一主机时便会在ARP高速缓存表中找到相应的记录,不再需要进行ARP请求。这样可以减少网络流量,提高处理效率。如果不使用ARP高速缓存,那么任何一个主机只要进行一次通信,就必须在网络上用广播的方式发送ARP请求分组,这会使网络上的通信量大大增加。

此外,也需要考虑ARP高速缓存表中内容的正确性,ARP高速缓存表应当进行实时更新。所以,为每一条记录都设置了一个计时器,每一条记录在高速缓存中的生存时间一般为10～20min,起始时间从被创建时算起,超过生存时间的记录会从高速缓存中删除。

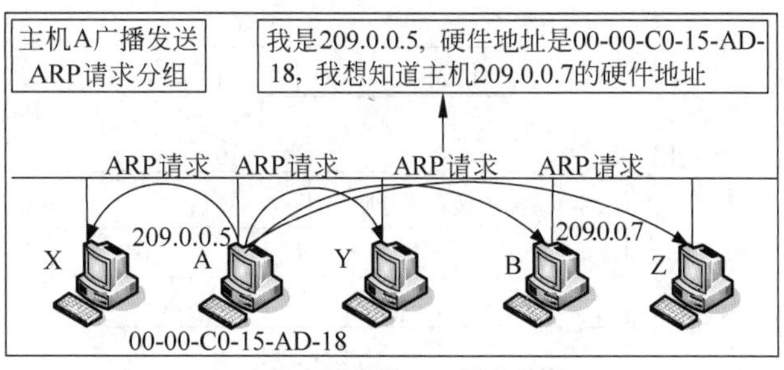

(a) 主机广播发送ARP请求分组

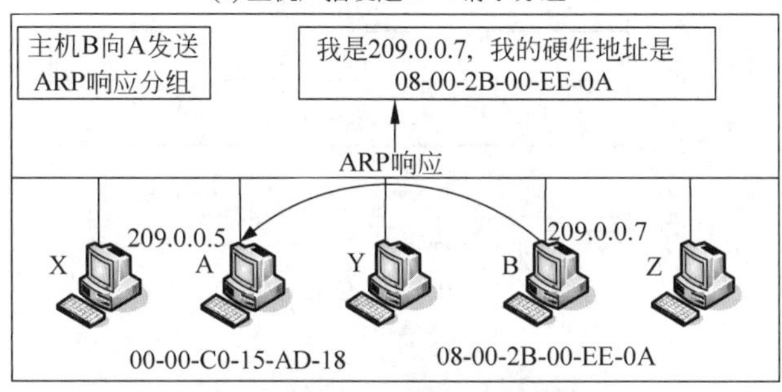

(b) 主机B向A发送ARP响应分组

图 5-9　ARP 地址解析的过程

由于 ARP 协议工作机制的缺陷，如果源主机没有发送 ARP 请求而收到其他主机的 ARP 响应数据帧，源主机也会在本地 ARP 高速缓存表中存储该主机物理地址和 IP 地址的对应关系。这样设计的初衷是减少网络通信量，提高传输效率。但是，这却成为 ARP 攻击的主要原因。由于不加验证就存储相应的记录，使得黑客可以很轻易地构造一个假的物理地址和 IP 地址的对应关系，造成用户没有和真正想通信的主机进行通信，而是在和一台傀儡主机进行通信，从而导致机密信息的泄露。

5.2.3　IPv4 数据报

1. IPv4 数据报格式

IPv4 数据报的格式如图 5-10 所示，一个 IPv4 数据报由首部和数据两部分组成。首部的前一部分长度固定（20B），是所有 IP 数据报必须具有的。在首部的固定部分后面是一些可选字段，其长度是可变的。下面讨论首部各字段的意义。

（1）版本：占 4 位，指 IP 协议的版本，IPv4 协议版本号为 4。

（2）首部长度：占 4 位，可表示的最大数值是 15 个单位（一个单位为 4B），因此，IP 的首部长度的最大值是 60B。当 IP 分组的首部长度不是 4B 的整数倍时，必须利用最后的填充字段加以填充。

（3）区分服务：占 8 位，用来表示不同的服务质量。这个字段在旧标准中称为服务类型，但实际上一直没有被使用过。1998 年 IETF 把这个字段改名为区分服务。

（4）总长度：占 16 位，指首部和数据之和的长度，单位为字节。因此，数据报的最大长度为 65 535B（64KB）。在网络层下面的每一种数据链路层都有其自己的帧格式，其中包括帧格式中的数据字段的最大长度，这称为最大传送单元 MTU。当一个 IP 数据报封装成数据链路层的帧时，此数据报的总长度（即首部加上数据部分）一定不能超过下面的数据链路

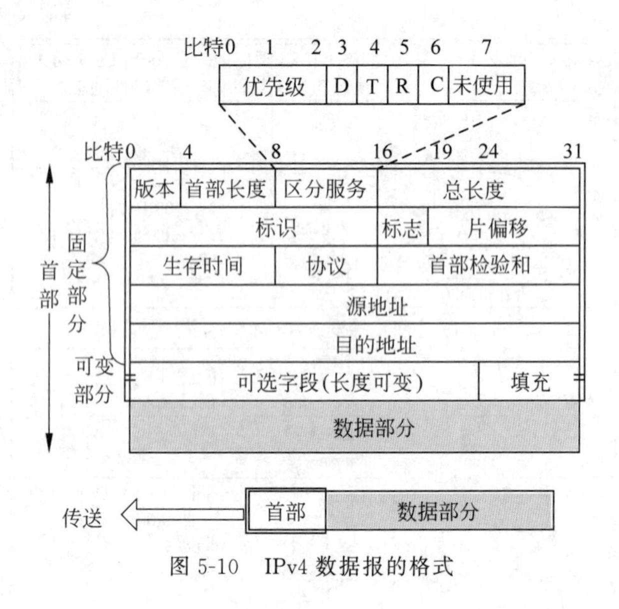

图 5-10 IPv4 数据报的格式

层的 MTU 值。

(5) 标识:占 16 位,可以看作 IP 数据报的编号。仅仅只是一个编号,而不是序号,因为 IP 数据报是无序的。

(6) 标志:占 3 位,目前只有两位有定义。标志字段中的最低位记为 MF,MF=1 表示后面"还有分片"的数据报;MF=0 表示这已是若干数据报分片中的最后一个。标志字段中间的一位记为 DF=1,意思是"不能分片",只有当 DF=0 时才允许分片。

(7) 片偏移:占 13 位,表示本分片在原分组中的相对位置。片偏移以 8B 为偏移单位。

(8) 生存时间:占 8 位,记为 TTL,即数据报在网络中的寿命。初始值设置为允许经过的跳数,一般根据发送端的操作系统类型不同而具有不同的值,常见的值为 32、64、128 和 255,意味着一个数据报在网络中最多允许经过多少段链路。每经过一个路由器,将该值减 1,当该值减到 0 时就将该数据报丢弃,这样可以防止数据报在因特网中"兜圈子",消耗大量网络资源。

(9) 协议:占 8 位,协议字段指出此数据报携带的数据使用哪种协议,以便目的主机的网络层知道应将数据部分上交给哪个处理进程。具体的对应关系有 ICMP 1、IGMP 2、TCP 6、EGP 8、IGP 9、UDP 17、IPv6 41、OSPF 89。

(10) 首部检验和:占 16 位,这个字段只检验数据报的首部,但不包括数据部分。这是因为数据报每经过一个路由器,路由器都要重新计算一下首部检验和(一些字段,如生存时间、标志、片偏移等都可能发生变化),如果把数据部分一起检验,计算的工作量就太大了。其生成方法是 16 位为一个字,按字进行补码加法,再将和取反。

(11) 源地址:占 4B,源主机的 IP 地址。

(12) 目的地址:占 4B,目的主机的 IP 地址。

(13) 可选字段:用来支持排错、测量及安全等措施,此字段长度可变,从 1B 到 40B 不等,取决于所选择的项目。实际上这些选项很少被使用。

(14) 填充:任意数据,使头部的总长度为 32 位的整数倍。

(15) 数据部分:具体需要传输的数据。

2. 数据报的封装与分片

IP 数据报需要进行分片有以下两个原因。

(1) 不同的网络 MTU 值不同,如以太网的 MTU 为 1500B,PPP 的 MTU 为 296B,FDDI 的 MTU 为 4352B,令牌环的 MTU 为 4464B。

(2) 太长的 IP 数据报不能够封装到较短的数据链路层帧中进行传送。

所以,需要对 IP 数据报进行分片。如果 IP 数据报进行了分片,IP 首部中的"总长度"字段是指分片后的每片的首部长度与数据长度的总和,而不是未分片前的数据报长度。图 5-11 给出了一个数据部分长度为 3800 字节的 IP 数据报的分片与封装的情况。

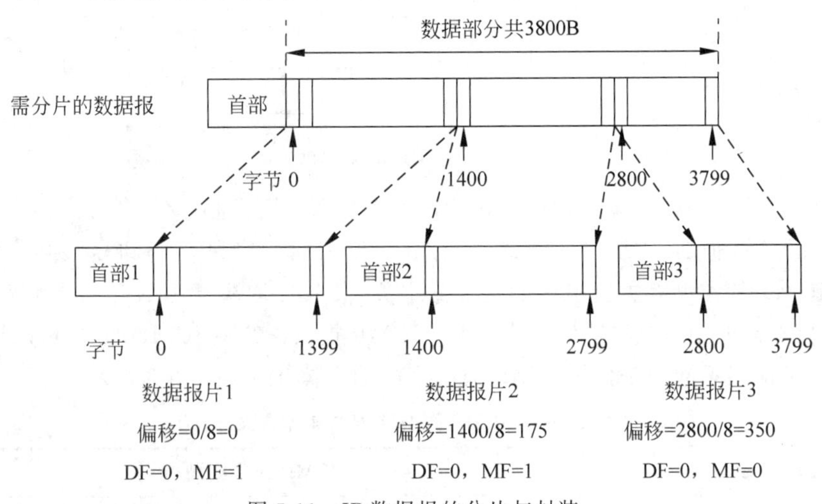

图 5-11 IP 数据报的分片与封装

5.2.4 ICMP 协议

在当今如此复杂的网络环境中,可能会有各种各样影响数据报传输的问题出现。例如,通信线路可能会断、处理器可能出现故障、路由器可能负载太高、目的主机可能出现临时或永久的断链、计时器出现超时等情况,这些状况的发生都无法确保 IP 能够进行正常通信。由于 IP 协议提供的是一种无连接的、不可靠、尽力而为的服务,它并不会关心网络服务是否处于正常状态,因此,需要设计某种机制来侦测或通知各种各样可能发生的状况,包括路由、拥塞和服务质量等问题。利用这种机制来帮助人们对网络的状态有一些了解。Internet 控制报文协议(Internet Control Message Protocol,ICMP)由此提出。

ICMP 协议是 TCP/IP 协议族中的一个子协议,与 IP 协议同属于网络层,但是它不能够独立于 IP 协议而存在。ICMP 主要是通过差错报告与查询、控制机制来保证 IP 协议的可靠运行。ICMP 不仅是一个管理性协议,并且也是一个 IP 信息服务的提供者,它的报文是被封装在 IP 数据报中进行传送的,因而也不保证可靠地提交。ICMP 报文的格式如图 5-12 所示。

ICMP 报文各个字段的具体含义如下。

(1) 类型字段。类型字段表示 ICMP 报文的类型。

(2) 代码字段。代码字段表示报文的少量参数。

(3) 校验和字段。校验和字段用于进行 ICMP 报文的校验,覆盖整个 ICMP 报文。使

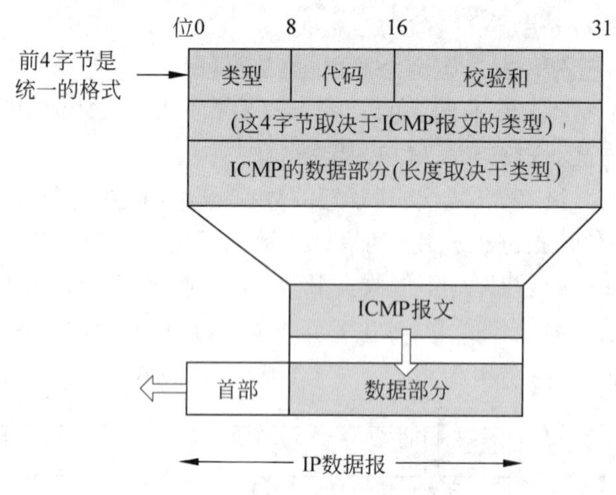

图 5-12　ICMP 报文的格式

用的算法和 IP 首部校验和算法相同。ICMP 的校验和字段是必须的。

ICMP 报文的前 4B 是统一的格式,共有 3 个字段,即类型、代码和校验和。接着的 4B 的内容与 ICMP 的类型有关。最后面是数据字段,其长度取决于 ICMP 的类型。类型字段可以有 15 个不同的值,以便描述特定类型的 ICMP 报文。某些 ICMP 报文还使用代码字段的值来进一步描述不同的条件。ICMP 类型字段的具体含义如表 5-3 所示。

表 5-3　ICMP 类型字段的具体含义

类型字段	ICMP 报文类型
0	回送应答
3	目的地不可达
4	源站抑制(Source Quench)
5	重定向(改变路由)
8	回送请求
9	路由器通告(Advertisement)
10	路由器请求(Solicitation)
11	超时
12	数据报参数错
13	时间戳请求
14	时间戳应答
15	信息请求(已过时)
16	信息应答(已过时)
17	地址掩码(Address Mask)请求
18	地址掩码(Address Mask)应答

ICMP 报文种类很多,可大致分为两类,即 ICMP 差错报告报文和 ICMP 查询报文。ICMP 差错报告报文分为 5 类:目标不可达、源站抑制、超时、参数问题、路由重定向。ICMP 查询报文分为 4 类:回送请求与应答、时间戳请求与应答、地址掩码请求与应答、路由询问和报告。其对应关系如图 5-13 所示。

ICMP 各类报文的含义如下。

(1) 目标不可达。一般出现这种报文的情况大致可分为两类:①路由器寻址失败。如果路由器发现找不到送达 IP 数据报到达目标主机的路径,就丢弃该 IP 数据报,然后这个路

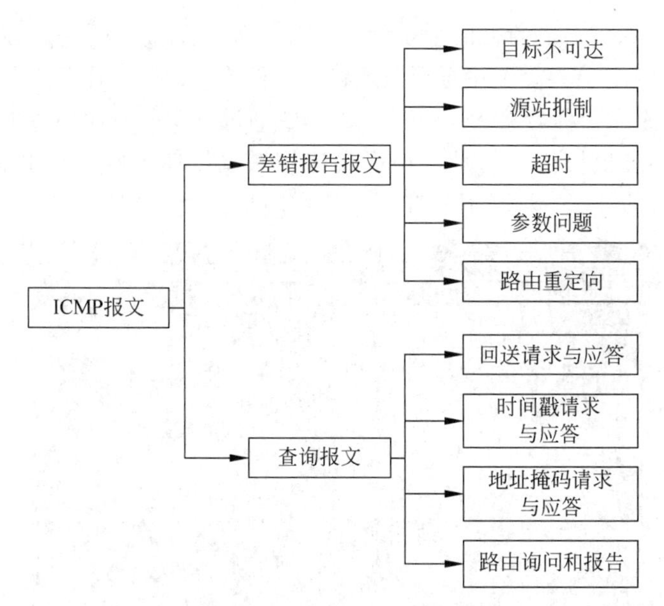

图 5-13　ICMP 报文的种类

由器就向源主机返回 ICMP 差错报文。②路由器寻址成功,但是目标主机找不到有关的用户协议或上层服务访问点。出现这种情况的原因可能是 IP 头中的字段不正确；也可能是路由器必须把数据报分段,但 IP 头中的 D 标志已置位。

(2) 源站抑制。由于 IP 协议中没有流量控制机制,当路由器的处理速度太慢或者路由器传入数据速率大于传出数据速率时就有可能造成拥塞。为了控制拥塞,IP 软件采用了"源站抑制"技术,利用 ICMP 源抑制报文抑制源主机发送 IP 数据报的速率。路由器对每个接口进行密切监视,一旦发现拥塞,立即向相应源主机发送 ICMP 源抑制报文,请求源主机降低发送 IP 数据报的速率。

(3) 超时。在 IP 网络中经常会出现由于路由表的错误而导致网络的转发也出现错误,由此可能发生某些数据报在网络内的路由器间出现"兜圈子"的情况。为了避免 IP 数据报在网络内无休止地循环传输,从而占用网络流量,在 IP 协议中设置了每个数据报的生存周期(TTL)；路由器如果发现 IP 数据报的生存时间已超时,或者目标主机在一定时间内无法完成重装配,就发回一个 ICMP 超时差错报告,通知源主机该数据报已被抛弃。

(4) 参数问题。当数据报在传输时,路由器或主机会自动判断数据报头或报头选项是否出现错误；如果报头缺少某个域、IP 头中的字段或语义出现错误等,路由器便向源主机发送 ICMP 参数出错报文,报告错误的 IP 数据报报头和错误的 IP 数据报选项参数等情况。

(5) 路由重定向。在互联网中,主机可以在数据传输过程中不断地从相邻的路由器获得新的路由信息。通常,主机在启动时都具有一定的路由信息,这些信息可以保证主机将 IP 数据报发送出去,但经过的路径不一定是最优的。路由器一旦检测到某 IP 数据报经非优路径传输,它一方面继续将该数据报转发出去,另一方面将向主机发送一个路由重定向 ICMP 报文,通知主机去往相应目标主机的最优路径。这样主机经过不断积累便能掌握越来越多的路由信息。ICMP 重定向机制的优点是,保证主机拥有一个动态的、既小且优的路由表。

(6) 回送请求与应答。回送请求主要是测试两个网络结点之间的线路是否畅通。它是由主机或路由器向一个特定的目的主机发出询问。收到此报文的主机必须给源主机发送 ICMP 回送应答报文。有些资料中也形象地将此过程称为回声。通常为了测试两个主机之间的连通性,会使用一种称为 PING 的命令,PING 的过程实际就使用了 ICMP 回送请求与回送应答报文。不过值得注意的是,PING 是应用层直接使用网络层 ICMP 的一个例子。它没有通过传输层的 TCP 或 UDP。图 5-14 所示的是一个用 PING 进行测试的具体实例。

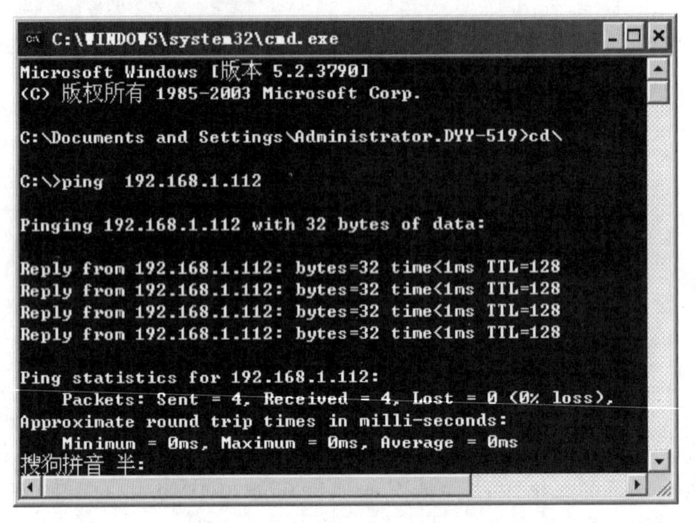

图 5-14 PING 测试实例

(7) 时间戳请求与应答。时间戳请求与应答可用来进行时钟同步和测量时间。请求方发出本地的发送时间,应答方返回自己的接收时间和发送时间。这种应答过程如果结合强制路由的数据报实现,则可以测量出指定线路上的延迟。

(8) 地址掩码请求与应答。当主机不知道自己所在的局域网中的子网掩码时则可以使用地址掩码请求报文,最常见的是无盘系统在系统引导时获取自己的子网掩码,具体过程非常类似于无盘系统使用 RARP 获取自己的 IP 地址。首先主机向同一局域网内的路由器发送地址掩码请求报文,路由器在获得请求后以地址掩码响应报文回答,告诉对方所需要的子网掩码。知道子网掩码主要是为了判断出数据包的目标结点与源结点是否在同一个局域网中。

(9) 路由询问和报告。主要是为了掌握在局域网中的路由器的工作信息,简单地说就是为了测试路由器是否工作正常;主机将路由器询问报文进行广播(或多播)。收到询问报文的一个或几个路由器就使用路由器通告报文广播其路由选择信息;另外,当主机没有进行询问时,路由器也会自动地、周期性地发送路由通告报文。路由器在通告报文中不仅会报告自己的存在,同时也会通告它所知道的在这个局域网内的所有路由器。

5.3 路由选择算法与路由协议

Internet 是由许多分布于世界各地的互联网(internet)相互连接构成的,在 Internet 上负责实现连接并进行数据包转发的设备就是路由器。路由器以网络(间接地是指负责网络连接的路由器)而不是以主机作为路由选择的单位。路由器根据自己选用的路由协议生成路由表，而路由协议是依据特定的路由选择算法实现的。工作过程中，路由器通过查找路由表中的记录来决定 IP 数据报的转发路径。那么，当数据包要到达目的地时，很可能要经过多个网络。问题是应该如何选择数据包的路由路径呢？选择的依据又是什么？这就是路由选择算法需要解决的问题。在 Internet 中，因为网络规模及要求的不同，路由选择算法及协议也有所差别，本节主要介绍几个典型的路由选择协议(RIP、OSPF 和 BGP)。

首先，学习一下路由选择算法(经常简称为路由算法)。路由选择算法是路由器产生和不断更新路由表的依据，它是路由选择协议的核心内容。一个理想的路由选择算法应该具有如下 5 个特点。

(1) 正确性。正确是指沿着路由表所给出的路径，分组一定能够到达目的地。

(2) 简单性。路由算法的计算必然会消耗一定的软、硬件资源，从而增加了分组转发的延时，所以算法要尽量简单，才可能更有实用价值。

(3) 健壮性。路由算法应该能适应网络拓扑结构及流量的变化，在外部条件发生变化时仍能正确地实现预定的数据转发功能，而不发生剧烈的振荡变化，实现各链路之间的负载均衡。

(4) 公平性。路由算法应对所有用户(一些优先级较高的用户除外)都是平等的，不能因为一些原因忽视了一些源结点的转发需求。

(5) 最佳性。所谓"最佳"，是指分组转发过程中的最低开销。开销中涉及的考虑因素有很多，如数据传输速率、传播时延、占用带宽、通信费用、安全可靠等。

在实际的路由过程中，由于网络的复杂多变性和用户需求的多样性，想寻找一条能够满足各个方面需求的路径往往是比较困难甚至是不可能的。例如，找到了一条传输时间最短的路径，但这条路径不一定是费用最省、安全性最好的路径；同样的道理，费用最省的路径也不一定是传输时间最短的路径。所以在实际应用中，只能依据用户的需求，找出一条相对较为合理的路径，但不一定是各方面都最优的路径。可以说，"最佳"路径只是相对于某一种特定要求下得出的较为合理的选择。

从路由选择算法对网络通信量和网络拓扑变化的自适应能力的角度划分，可以将路由选择算法分为静态路由选择算法和动态路由选择算法两大类。静态路由选择算法也称为非自适应路由选择算法，其特点是简单、易于实现，开销较小，但是不能随着网络状况的变化进行动态调整；动态路由选择算法也称为自适应路由选择算法，其特点是能够较好地适应网络状况的变化，但实现过程相对复杂，开销较大。在使用过程中，可以依据实际需要选择决定路由算法的种类。一般地，一些小型的、变化不是很频繁的网络宜选用静态路由选择算法；而一些大型的、变化较为频繁的网络则应该选用动态路由选择算法。

在路由协议中，自治系统是一个常用的概念。Internet 规模的不断扩大给路由技术提出了巨大的挑战。试想，让每一台路由器都保存一张具有全网信息的路由表是一件多么困难的事情，即便是勉强做到了，这张路由表中的记录数也是巨大的，给后期的查找与更新带来许多不便。由此可见，让每一台路由器都保存一张具有全部网络信息的路由表是不现实的，也是低效的。同时，许多连接到 Internet 上的部门及网络在享用各种网络服务的同时，并不愿意让外界了解本单位的网络布局细节及采用何种路由选择协议等信息。因此，将 Internet 划分成许多较小的自治系统(Autonomous System，AS)。

自治系统(AS)是在单一技术管理下的一组路由器，这些路由器使用同一种 AS 内部的路由选择协议和共同的度量以确定分组在AS内的路径,同时还使用一种AS之间的路由选择协议用以确定分组在AS之间的路由。这样一来,每个AS可以使用与其他AS不同的路由协议,具有较高的自主性。一般地,将自治系统内部使用的路由协议称为内部网关协议(如RIP、OSPF),把自治系统内部的路由选择称为域内路由选择(Intradomain Routing);将自治系统之间使用的路由协议称为外部网关协议(如BGP),把自治系统之间的路由选择称为域间路由选择(Interdomain Routing)。自治系统的结构如图5-15所示。

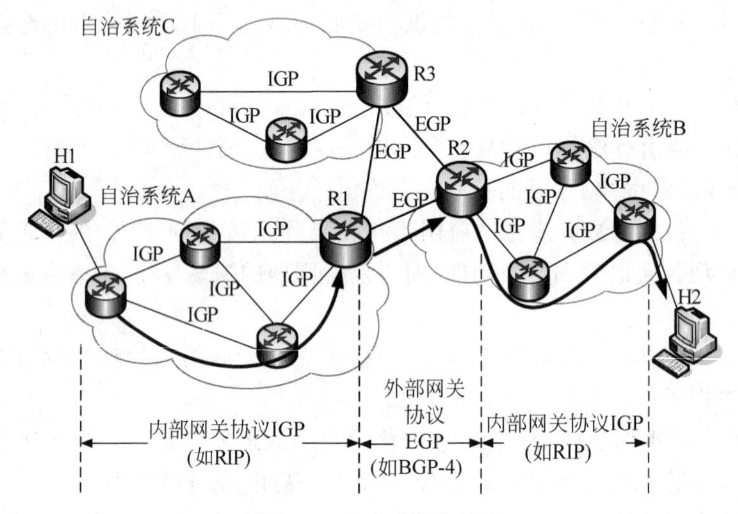

图5-15　自治系统的结构

每一个自治系统都有一个唯一的标识,称为AS号。它是由IANA(Internet Assigned Numbers Authority)来授权分配的。这是一个16位的二进制数,数值范围为1～65 535,其中65 412～65 535为AS专用组(RFC2270)。自治系统概念的提出,实际上是将Internet分成了两层。第一层是自治系统内部的网络,另一层是它外部的主干网络。自治系统内部的路由器完成自治系统中主机之间的分组交换;而整个自治系统又通过一个主干路由器连接到外部的主干网络。

5.3.1　路由信息协议

1. 基本工作原理

路由信息协议(Routing Information Protocol,RIP)是内部网关协议IGP中最先得到广泛应用的一个协议。现在较新的RIP版本是1998年11月公布的RIP2版本,较之早先的版本,RIP2本身并没有多大变化,但性能上出现了一些改进。RIP2支持变长子网掩码(VLSM)和CIDR,而且还提供简单的鉴别过程支持多播。

RIP是一个基于距离向量选择的路由协议,使用Bellman Ford算法。Bellman Ford算法也称为距离矢量算法,简称V-D算法。其工作原理是:路由器周期性地向外广播最新的路径信息,主要包括由(V,D)序偶表组成的路由更新报文,其中V代表可到达的信宿,D代表该路由器到达信宿所经过的距离。距离D按照经过的路由器的个数计算,其他路由器收到此更新报文后,按照最短路径原则对各自的路由表进行更新。

RIP中的距离是指“跳数”,也可以简单地理解为链路数,每经过一个路由器,跳数就增加1。与该路由器直接相连的网络,“距离”定义为1。RIP仅以跳数作为度量标准,它允许的最大跳数为15(16表示不可达),任何超过15个站点的目的地的"距离"均被标记为16,即不可达,这也决定了RIP只适用于规模较小的网络。当系统变大后受到无穷计算问题的困扰,且往往收敛很慢,现已被OSPF所取代。现在一些新的路由器,所允许的最大距离为31。

RIP协议会在每个路由器上保存一张从本地路由器到其他每个网络的地址表,其表结构如表5-4所示。RIP规定,在路由表中只能为每一个目的网络保存一条路由记录,即使存在有多条路径。

表5-4 简化的RIP路由表

目的网络	下一跳路由器	距离
219.230.80.0	219.230.81.2	3
…	…	…

RIP报文格式如图5-16所示,从图5-16中可以看到,RIP报文借助UDP协议进行封装,使用UDP协议的520端口。事实上,RIP协议是一个应用层协议。

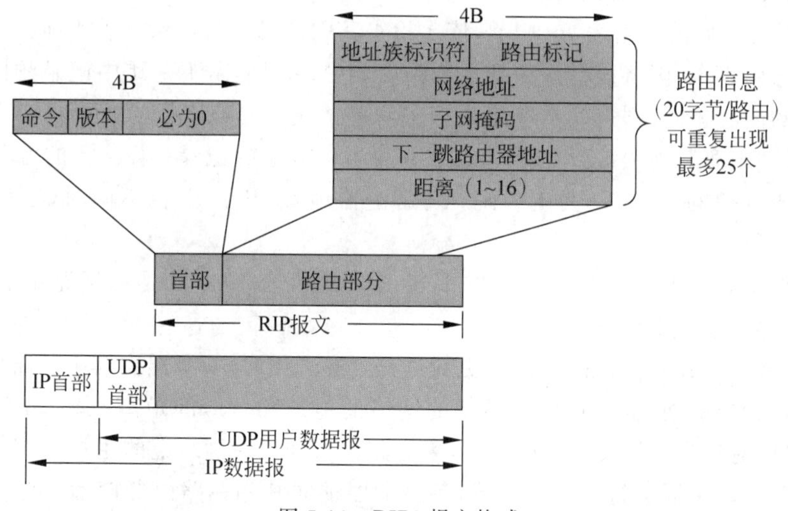

图5-16 RIP2报文格式

RIP报文由首部和路由部分组成。首部中的命令字段指出RIP报文的类型。如果是1,表示请求路由信息;如果是2,表示对请求的响应。路由部分中的地址族标识符字段用来标识所使用的地址协议,如使用IP地址时,该字段值为2;路由标记字段填入的是AS号,指明了始发报文来自哪个自治系统;网络地址字段标识要到达的目的网络的地址;子网掩码字段用来标识目的网络的子网掩码;下一跳路由器地址指明数据包应该被送往的下一跳的路由器的地址;距离字段标识到达目的网络的跳数值。一个RIP报文最多可包含25条路由信息,每条路由信息占20B。因此,一个RIP报文最大长度应该为504B(包含4B的首部及最多可重复出现25个的路由信息,每个路由信息占20B)。

使用RIP协议的网络中,路由器在交换信息时,遵循以下3点规则。

(1) 每一个路由器都与自己的邻居路由器共享自己的路由表信息,不相邻的路由器不准交换路由信息。

(2) 按固定的时间间隔交换路由信息。每一个路由器在经过一定的时间间隔后将其信息发送给邻居路由器,一般的时间间隔为30s。但当网络拓扑发生变化时,路由器要及时地向邻居路由器发送变化后的路由更新信息。如果一个路由器在180s内未收到邻居路由器的状态信息,就可以将该邻居路由器标记为不可达。

(3) 路由器交换的信息是自己所知道的所有信息,也就是自身全部的路由表。

2. 路由表的生成与更新

每个路由器在开始工作时,都需要首先将自己的路由表进行初始化。初始化过程中规定,每个与当前路由器直接相连的网络的距离值为1。如前所述,每个路由器周期性地向与之直接相连的邻居路由器广播自己的路由表,告知邻居路由器自己到达各个网络所需要经过的距离(链路数)。当一个路由器接收到来自其他路由器的路由表时,需要对自己的路由表进行必要的更新,更新算法如下。

(1) 收到邻居路由器A的路由表A_table后,将其中的“下一跳路由器地址”字段都更改为A,并将所有的“距离”都加1。这样做的原因是对于当前接收路由器而言,下一跳转发路由器就是A,相对于路由器A来说,当前路由器到达目的网络的距离是路由器A到达目的网络的距离加上本路由器到达路由器A的距离1。

(2) 依据更改后的路由表A_table,依次检查其中的每一行记录。若当前行中的目的网络不在本地路由表中,则将该行添加到本地路由表中;否则,若下一跳中记录的内容与本地路由表当中的内容相同,则替换本地路由表中对应的记录;若该行的“距离”小于本地路由表中相应行的“距离”,则用该行更新本地路由表当中对应的记录;若该行的“距离”大于本地路由表中相应行的“距离”,且与“下一跳路由器地址”中的内容不同时,不做任何处理返回。

(3) 若超过180s后仍未收到邻居路由器A的路由表,则将到达邻居路由器A的距离设置为16(不可达)。

图5-17说明了RIP协议的路由表更新过程。在开始时,所有路由器中的路由表只记录与路由器直接相连的网络的情况,包括目的网络的地址和相应的距离;图5-17中“下一站路由器”项目中有符号“-”,表示直接交付,因为路由器和同一网络上的主机可直接通信而不需要再经过其他路由器进行转发。接着,各路由器都向其相邻路由器广播自己路由表中的信息,接收到来自邻居路由器的更新信息后,依据上述算法更新自己的路由表。R2收到了路由器R1和R3的路由表更新信息,随后更新自己的路由表;更新后的路由表再发送给路由器R1和R3,路由器R1和R3依据相同的更新算法对自己的路由表进行更新。

RIP协议最大的优点是实现简单,开销较小;但它也有一些固定的缺点,主要是好消息传播得快,而坏消息传播得慢,以及存在无穷计算的问题。好消息传播得快,坏消息传播得慢主要是指当网络出现故障时,要经过比较长的时间才能将此故障消息传送至所有的路由器,产生这一现象的根本原因在于RIP的工作机制;相反,如果一个路由器发现了一条更短的路由,那么这种更新信息可以迅速得到传播。

针对这些问题,RIP有一些解决方案,主要包括设置最大距离值(一般设置为15)、触发更新、水平分割、毒性逆转等。遗憾的是,这些办法在解决一些问题的同时,又带来了一些新的问题,如由触发更新技术引发的广播雪崩等。所以,当网络规模较大时,RIP协议就已经不是最好的选择,OSPF协议可以较好地运行在较大规模的网络中。

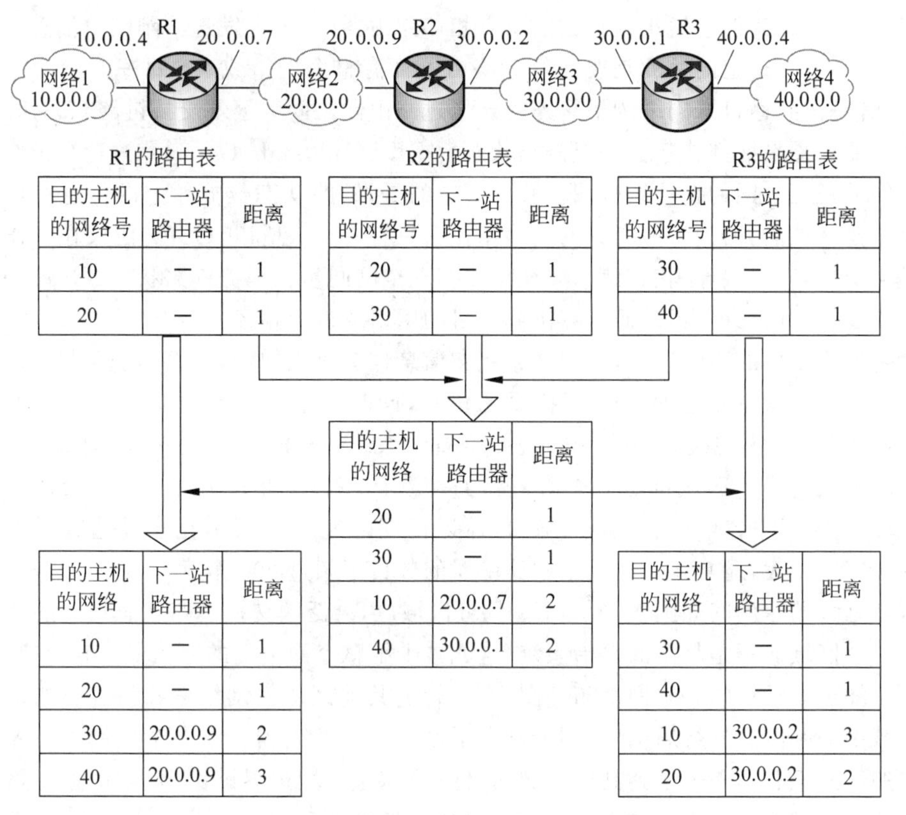

图 5-17　RIP 协议的路由表更新过程

5.3.2　开放最短路径优先协议

开放最短路径优先协议(Open Shortest Path First,OSPF)是一个基于链路状态算法的路由协议。OSPF 是为克服 RIP 的缺点于 1989 年开发出来的。OSPF 的原理很简单,但实现起来却较复杂。OSPF 协议是通过使用 Dijkstra 提出的最短路径算法 SPF 来工作的。首先,构建一个以本路由器为根的最短路径树,然后根据最短路径树来组建路由表。OSPF 的第二个版本 OSPF2 已成为因特网标准协议。事实上,Internet 上的路由协议基本上都是基于最短路径算法的,只是 OSPF 使用了所谓的“最短路径优先”的名称而已。OSPF 规定每个路由器保存一个链路状态数据库,实质上就是一张链路状态表,其中链路状态值(Cost)一般设置为链路通断,用 1 表示链路是连通的,用∞表示链路不存在或者不通。

1. 基本工作原理

OSPF 遵循如下的规定。

(1) 每个路由器向本自治系统(AS)内的所有路由器广播路由信息,而不仅仅是只向邻居路由器广播路由信息。

(2) 发送给其他路由器的是与本路由器相邻的所有路由器的链路状态信息。

(3) 只有当链路状态发生变化时,路由器才用洪泛法向所有路由器发送信息。

(4) 不同的链路可以使用不同的成本度量值,一般都选用链路进行度量。

以上规定(3)中提到的洪泛法是指路由器通过所有的输出端口向它所有的邻站发送信

息,而所有站又将其信息发送给自己的所有相邻路由器(但不再发送给刚刚发信息的那个路由器)。以上4点规定的目的是要让每个路由器都有整个网络或AS每一时刻的准确拓扑图,从而计算出到达目的网络的最短路径。经过路由器之间频繁地交换链路状态信息,网络中的所有路由器最终都能建立一个链路状态数据库(Link-state Database),这个链路状态数据库反映的正是全网的拓扑结构图。我们期望的是,链路状态数据库中的信息在全网所有路由器中是一致的,因为每一时刻的网络拓扑图只有一个。所以,OSPF协议在工作过程中需要经常交换各自的链路状态信息以期尽快实现全网同步。根据链路状态数据库中的数据可以构造出自己的路由表,进而计算出到达目的网络的最短路径。

随着网络规模的不断增大,全网链路状态信息也会急剧增加,频繁的链路状态信息交换势必会给网络带来沉重甚至是不可接受的负担,同时也增大了计算工作量。为了能够让OSPF协议工作于大规模网络,OSPF将一个自治系统AS再划分为一些更小的范围,称为区域(Area)。每一个区域都有一个32位的区域标识符,一般采用点分十进制记法表示。上层区域称为主干区域(Backbone Area),标识符规定为0.0.0.0,用来连通其他下层的区域。区域不能太大,通常在一个区域中路由器的数目不超过200个。

区域划分的示例图如图5-18所示。划分区域后,洪泛法交换链路状态信息的范围将局限于每一个区域而不是整个的自治系统,这就减少了整个网络上的通信量。相应地,每个路由器也只知道本区域的完整网络拓扑图,而不知道其他区域的网络拓扑情况。如果需要与其他区域中的路由器进行通信,必须借助主干区域中的路由器。在一个区域的边界把有关本区域的信息汇总起来发送到其他区域的路由器称为区域边界路由器,区域边界路由器至少要有一个接口在主干区域中;在主干区域中的路由器称为主干路由器,主干路由器也可以同时是区域边界路由器。在图中的R3、R4和R7都是区域边界路由器,R3、R4、R5、R6和R7都是主干路由器。在主干区域内,还应专门有一个路由器负责与其他自治系统的信息交换,这个路由器称为AS边界路由器,如R6就是一个AS边界路由器。

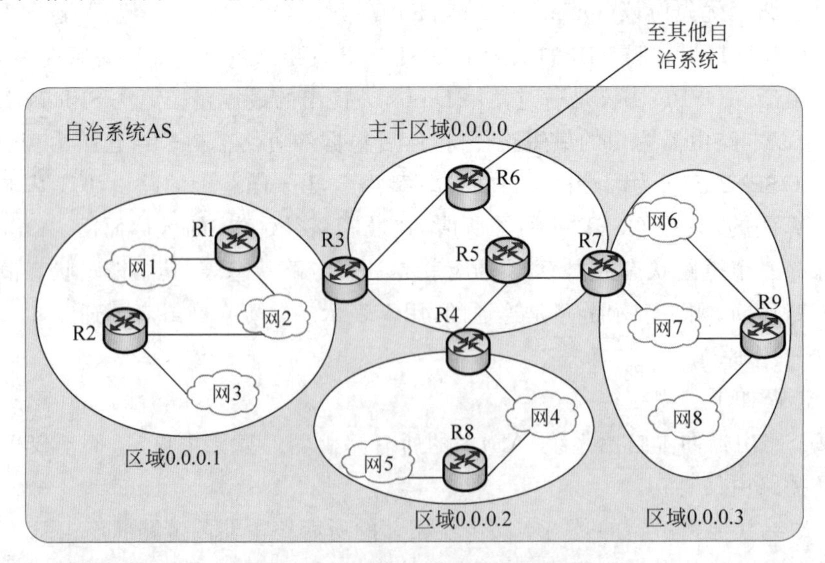

图5-18 OSPF区域划分示例

OSPF协议数据直接使用IP数据报进行封装,使用IP中的协议字段值是89,称为

OSPF 分组。这一点不同于 RIP 路由协议(RIP 使用 UDP 协议进行数据封装),从这一角度分析,OSPF 是网络层的协议。绝大多数资料都将路由协议放在网络层这一部分进行讲解,但读者需要明白,这并不意味着所有的路由协议都位于网络层中。事实上,RIP 协议和后面要讲到的 BGP 协议,都是应用层的协议。一些新型的路由协议,也都工作于应用层中而非网络层。熟悉网络分层结构的读者一定会有疑问,路由协议是工作在路由器中的,而路由器明确是一种网络层设备,网络层的设备怎么会运行应用层的协议呢?以至于大多数的读者都认定路由协议是网络层的协议。实际上,路由器中运行了相关的应用层进程,由这些进程负责路由协议数据的封装及处理。换言之,路由器中加载了需要运行路由协议的应用层进程。

OSPF 分组的首部固定为 24B,分组很短,便于在网络中快速传播,其格式如图 5-19 所示。OSPF 分组中各部分的含义如下。

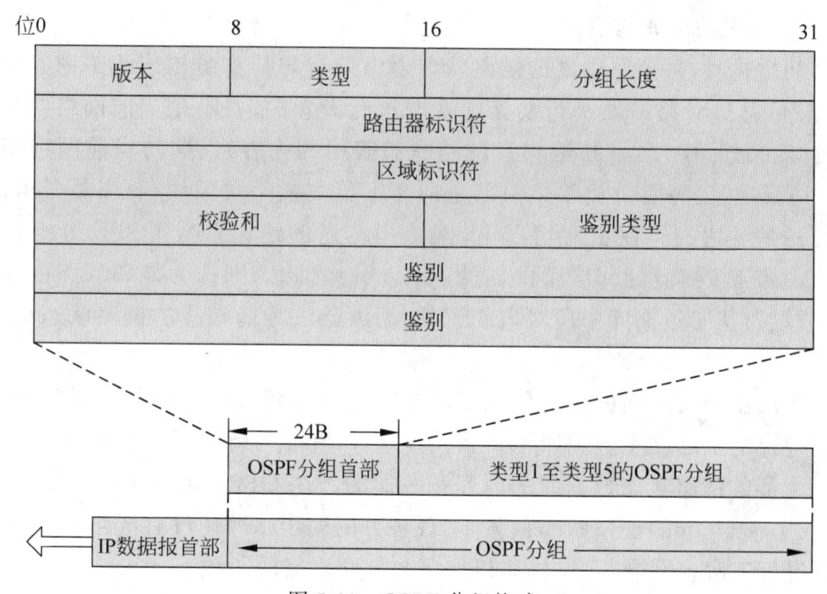

图 5-19 OSPF 分组格式

(1) 版本。定义所使用的 OSPF 协议的版本,对于 OSPFv2 来说其值为 2。

(2) 类型。说明 OSPF 数据包的类型,其数值为 1～5。OSPF 数据包共有 5 种分组类型,依次为 Hello 报文、DD 报文、LSR 报文、LSU 报文、LSAck 报文。

① 问候(Hello)分组。用来发现和维持邻站的可达性,以建立和维护相邻的两个 OSPF 路由器的关系。

② 数据库描述(Database Description,DD)分组。向邻站给出自己的链路状态数据库中的所有状态项目的摘要信息。

③ 链路状态请求(Link State Request,LSR)分组。向对方请求发送某些链路状态项目的详细信息。

④ 链路状态更新(Link State Update,LSU)分组。用洪泛法对全网更新链路状态,这种分组是最重要、也是最复杂的一种分组。

⑤ 链路状态确认(Link State Acknowledgment,LSAck)分组。对链路更新分组的确认。

(3) 分组长度。说明包括首部在内的整个分组的长度,单位是字节。

(4) 路由器标识符。描述数据包的源地址,以IP地址的形式表示,是始发该数据包的路由器的ID。

(5) 区域标识符。用于区分OSPF数据包所属的区域号,它是始发该LSA的路由器所在的区域号。

(6) 校验和。用补码加法生成的校验和,用来检测分组中的差错。

(7) 鉴别类型。目前只有两种,0表示不用,1表示口令。

(8) 鉴别。包含OSPF鉴别类型,其值按鉴别类型所定,共有8B。当鉴别类型为0时不作定义,类型为1时此字段为密码信息,类型为2时此字段包括Key ID、MD5验证数据长度和序列号的信息。MD5鉴别数据添加在OSPF报文后面,不包含在鉴别字段中。

OSPF使用洪泛法发送链路状态信息,收到信息的路由器需要回送确认信息,因此这种洪泛法是可靠可信的。

2. 链路状态表的生成与更新

路由器初始化时,每个路由器的链路状态表中只有与其直接相连的路由器的链路状态信息,该状态信息是对路由器进行初始配置时进行设置的,并不是当前网络的最新状态信息。路由器运行过程中,会不断地更新链路状态表中的内容,以期与当前网络拓扑结构一致。OSPF协议规定,每两个相邻路由器每隔10s要交换一次问候(Hello)分组,这样就能知道哪些邻站是可达的。在正常情况下,网络中传送的绝大多数OSPF分组都是问候分组。如果40s都还没有收到邻居路由器的Hello分组信息,则认为该邻居路由器是不可达的,随即修改链路状态数据库中所对应的记录,用洪泛法传播相应的链路状态信息,并重新计算路由表。

由于一个路由器发送出的更新信息不可能同时到达所有的路由器,这样就有可能造成各路由器中保存的链路状态数据库不一致。在这种情况下,就需要进行同步。所谓同步,就是指不同路由器的链路状态数据库的内容是一样的。在OSPF协议中,使用数据库描述分组(Database Description)交换状态信息,实现各方的同步。即使没有链路状态的变化,每隔30min也要进行一次全网同步,这样可以保证各方路由器的一致。

5.3.3 边界网关协议

边界网关协议(Border Gateway Protocal,BGP)是在1989年问世的,现今最新的版本是BGP-4,它已成为因特网草案标准协议。BGP完成了AS之间的路由选择,可以说它是现今整个因特网的支架。

这里首先需要说明一个问题,就是AS之间的路由能否使用内部网关协议(如RIP、OSPF),答案是否定的。RIP和OSPF主要用于AS内部,在AS内部选择最佳路由。它们没有什么特别的限制性条件,也没有人为因素,只是依据相关路由信息和事先制定好的路由策略寻找最佳路由。然而,Internet是一个规模巨大、环境复杂的互联网,在AS之间进行路由选择是一件非常困难的事情。更为重要的是,自治系统间的路由选择要受到很多的约束限制,包括人为因素,如存在政治原因或者经济原因,可能会规定从A到B的信息必须经由哪些路由器而不能经由哪些路由器等,这一系列的原因都说明RIP和OSPF协议不适合工作于自治系统之间。通常,在自治系统之间一般只需要找到可行的路由而不一定是最佳的路由,这也与RIP和OSPF的工作机制不同。这就要求有一种能够较好地工作于自治系统之间的外部网关协议。

1. BGP-4 的工作原理

每一个自治系统需要选择至少一个路由器作为该自治系统的“BGP 发言人”，BGP 发言人一般是 AS 的边界路由器。两个 BGP 发言人通过一个共享网络连接在一起，如图 5-20 所示。在 5-20 图中画出了 3 个 AS 中的 5 个 BGP 发言人，每一个 BGP 发言人除了必须运行 BGP 协议外，也需要运行 AS 内部的路由协议，如 RIP、OSPF 等。

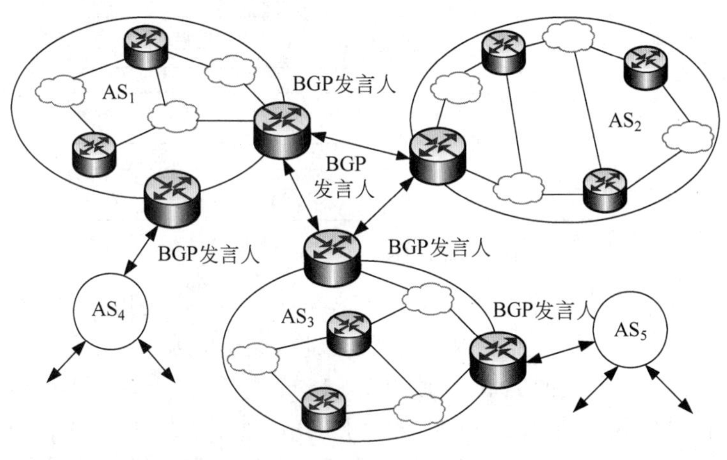

图 5-20　BGP 发言人

一个 BGP 发言人与其他自治系统中的 BGP 发言人要交换路由信息，就要先建立 TCP 连接(端口号为 179)，然后在此连接上交换 BGP 报文以建立 BGP 会话(Session)，利用 BGP 会话交换路由信息。使用 TCP 连接能够提供可靠的服务，简化了路由选择协议，BGP 协议中不再使用差错控制和重传机制。使用 TCP 连接交换路由信息的两个 BGP 发言人，彼此成为对方的邻站或对等站(Peer)。

BGP 路由表类似于 RIP 的路由表，但 BGP 计算出的路由与 RIP 不同，RIP 只是指出下一跳地址，而 BGP 指明的是一条完整的路径，因此也将 BGP 这样的协议称为路径向量协议。BGP 所交换的网络可达性信息就是要到达某个网络(用网络前缀表示)所要经过的一系列的自治系统。BGP 发言人互相交换从本 AS 到邻居 AS 的可达信息，随着该信息的传播，从一个 AS 到其他 AS 的可达信息被记录下来，进而得到了不同 AS 之间的一条可达路径信息。由此可以看到，AS 之间的路由包含了一系列的 AS 地址，表示从源 AS 到目的 AS 之间经过的 AS 列表。如图 5-21 所示，表示了图 5-20 中的 AS_1 上的 BGP 发言人构造出的 AS 连通图，据此可以实现 AS_1 至其他 AS 间的数据传播。注意，这个连通图是树状结构，不存在回路。

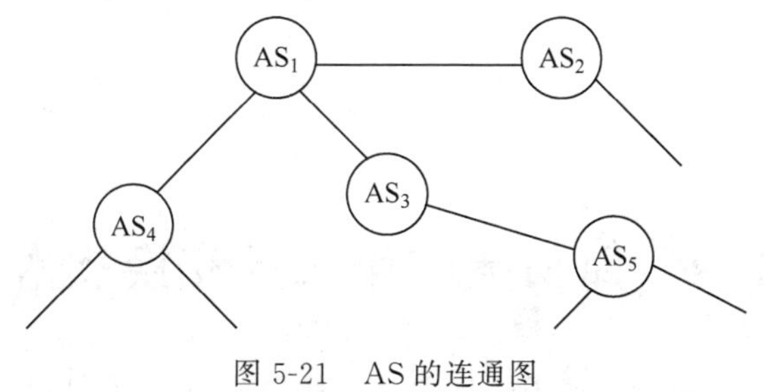

图 5-21　AS 的连通图

BGP具备负载均衡能力,可以将负载合理地分配到多条路径上进行传输,从而更好地利用网络带宽,实现QoS路由。

BGP-4协议的报文格式如图5-22所示,各字段的含义如下。

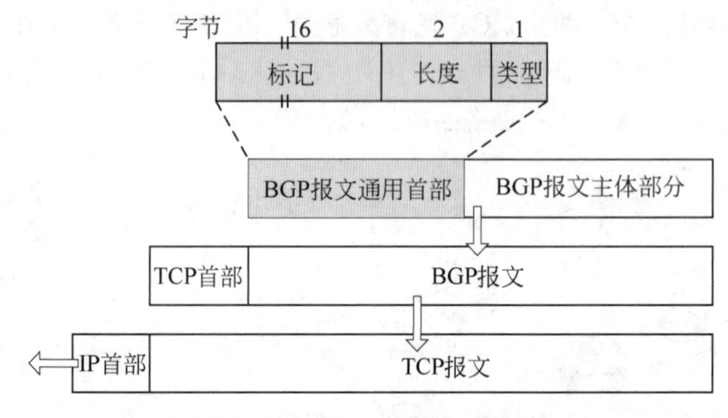

图5-22 BGP-4协议报文格式

(1) 标记。16B,用于鉴别收到的BGP报文,当这个字段不使用时,全部置1。

(2) 长度。2B,定义包括首部在内的报文的长度,最小值为19,最大值为4096。

(3) 类型。1B,定义分组的类型,其值为1~4。

BGP-4使用4种不同类型的报文:打开(Open)报文、更新(Update)报文、保活(Keepalive)报文和通知(Notification)报文。打开报文用来与相邻的另一个BGP发言人建立联系,初始化通信;更新报文用来发送某一路由信息,以及列出要撤销的多条路由;保活报文用来确认打开报文和周期性地证实邻站关系;通知报文用来发送检测到的差错。

2. BGP-4的工作过程

在BGP刚刚运行时,BGP的邻站要交换整个的BGP路由表,但以后只需要在发生变化时更新有变化的部分,这样做对节省网络带宽和减少路由器的处理开销方面都有好处。具体的工作过程如下所述。

(1) 当一个BGP发言人需要与另一个自治系统中的BGP发言人进行通信时,首先向其发送打开报文,对方进行确认后成为对等站(邻站),之后便可以相互发送路由信息。

(2) 对等站(邻站)关系建立后,对方需要确认对方是存活的。为此,两个BGP发言人需要周期性地交换保活报文(一般间隔为30s)。保活报文只有19字节长(仅含有BGP报文的通用首部),不会给网络造成太大的开销。

(3) 一个BGP发言人可以向对等站(邻站)发送更新报文,告知对方路由信息,同时也可以撤销先前的路由。撤销路由可以一次撤销多条,但增加新路由时,每个更新报文只能增加一条。

(4) 收到更新报文的BGP发言人更新路由信息,并将这些信息发送给自己的其他对等站(邻站)。

(5) 每个BGP发言人根据自己保存的路由信息,为两个不同的AS之间确定一条可行的路由。

5.4 路由器与第三层交换技术

路由器是一种有多个输入和输出端口的专用计算机,其主要任务是实现路由协议,完成数据转发。数据分组在网络中经由路由器的连续逐跳转发最终交付给目的网络。路由器工作于网络层中,依靠网络层的逻辑地址实现寻址。路由器的常见连接形式有如下3种。

(1) 连接交换机。计算机首先组成小范围的局域网(一般通过交换机实现),局域网通过路由器连接成为广域网,如图5-23所示。

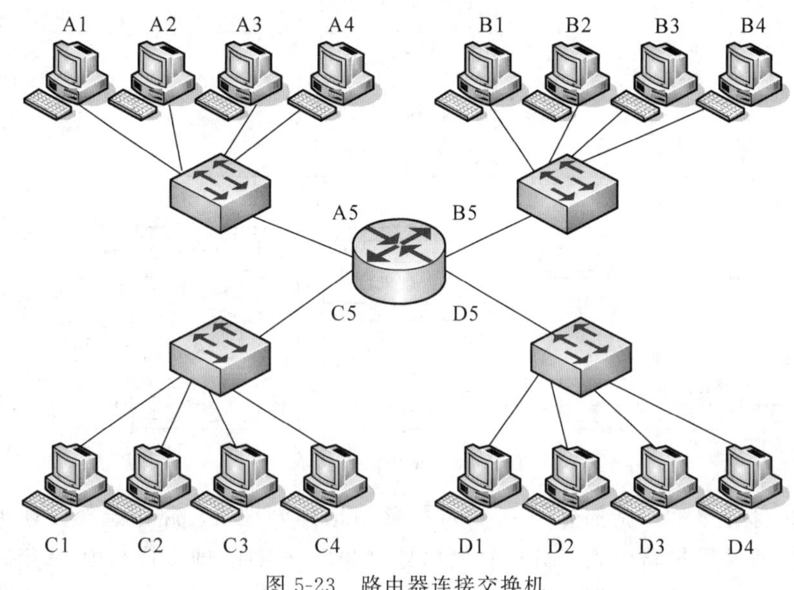

图5-23 路由器连接交换机

(2) 连接远程计算机。远程计算机(如家庭中的计算机、某单位的服务器等)通过调制解调器、远程线路连接到接入路由器(前端有Modem池)上实现联网,如图5-24所示。

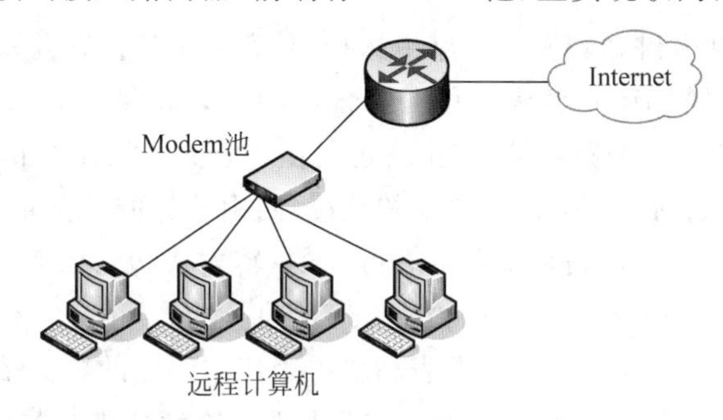

图5-24 路由器连接远程计算机

(3) 混合式连接。这种连接方式可以组合使用前两种连接方式,也是实际中使用较多的一种连接方式。

一般说来,路由器可以实现以下3种主要功能。

(1) 网络互联。实现局域网-局域网、局域网-广域网、广域网-广域网3种类型的网络互联。

(2) 分组转发。对接收到的数据分组,路由器检查分组中的源地址与目的地址,然后根据路由表中的相关信息,决定该数据分组的输出路径。

(3) 数据记录。路由器会记录用户访问网络的相关数据,如每次访问的时间、发送/接收的字节数、访问的源地址/目的地址等信息。

5.4.1 路由器的构成

整个路由器可以划分为两大部分：路由选择部分和分组转发部分，如图5-25所示。

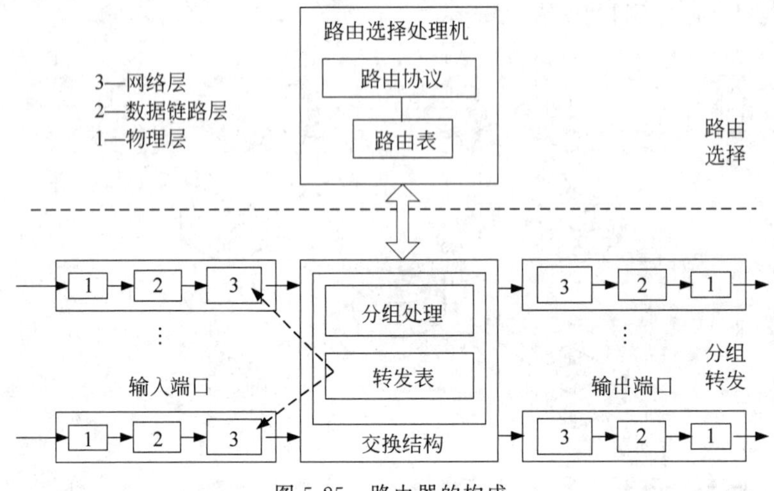

图5-25 路由器的构成

路由选择部分也称控制部分，核心部件是路由选择处理机。路由选择处理机依据一定的路由协议生成并维护路由表。分组转发部分由3部分组成，即交换结构、一组输入端口和一组输出端口。交换结构根据转发表对分组进行处理，将某个输入端口进入的分组从一个合适的输出端口转发出去。交换结构本身就是一种网络，但这种网络完全包含在路由器之中。

从网络术语的角度来讲，"转发"和"路由选择"是有区别的。在互联网中，"转发"就是路由器根据转发表把收到的IP分组从本路由器合适的端口转发出去，仅仅只涉及当前路由器；而"路由选择"则涉及多个路由器，路由表也是由许多路由器进行协同工作后的结果，是一个全局性的工作，考虑到了整个网络当前的状况，路由选择的目标是依据路由协议选出一条较为合理的传输路径。转发表是从路由表得到的，转发表包含了完成本次转发所必需的信息(如MAC地址等)。虽然在讨论路由算法工作原理时，可以不区分两者，但是作为学习，还是有必要将两者进行区别的。转发表和路由表使用不同的数据结构，转发表的结构应当使查找过程最优化，但路由表则需要对网络拓扑变化的计算进行最优化。路由表是用软件实现的，转发表可以用特殊的硬件来实现。

路由器接收到数据分组后，根据网络物理接口的类型，调用相应的数据链路层功能模块对数据分组进行处理，完成CRC校验、帧长度检查等工作；通过数据链路层的完整性验证后，路由器开始处理数据分组的网络层协议头部分，根据分组头中的目的IP地址，路由器在路由表中查找下一跳的IP地址；路由器将数据分组头部中的TTL字段值减1，并重新计算校验和；根据已确定的下一跳的IP地址，将IP数据分组送往相应的输出端口，进而封装上相应的数据链路层协议头部，最后由网络物理接口发送出去。

5.4.2 路由器的分类

路由器产品有多种分类方法，常见的分类方式如下。

1. 按性能档次划分

按性能档次可将路由器划分为高、中、低档，主要的依据是背板交换速率和包转发速率(吞吐量)。通常高档路由器其背板交换能力能够达到上百 Tb/s，包转发能力能够达到上万 Mp/s；中档路由器背板交换能力能够达到几百 Gb/s，包转发能力可以达到几十 Mp/s；性能更低的路由器则可以看作低档路由器。当然这只是一种宏观上的划分标准，各厂家划分并不完全一致，这种标准也会随着技术的进步而不断变化。

事实上，仅以背板带宽作为划分依据也是不全面的，常常需要考虑多种因素，如端口数量、支持的协议种类多少、支持的传输介质类型、安全性、网络管理功能等。以华为公司的路由器产品为例，NE9000 系列路由器为高端路由器，AR3200、AR2200 和 AR1200 系列路由器为中低端路由器。

按转发包的速率，路由器可以划分为线速路由器和非线速路由器。线速(Line Speed)是指完全可以按传输介质带宽进行包的转发，没有间断及时延。一般地，线速路由器是高端路由器，具有较为理想的传输效率，能以介质速率进行分组转发；非线速路由器是中低端路由器。

2. 按结构划分

从结构上分为模块化路由器和非模块化路由器。模块化结构可以灵活地配置路由器，以适应企业不断增加的业务需求，非模块化的路由器就只能提供固定的端口。通常中高端路由器为模块化结构，低端路由器为非模块化结构。

3. 按功能划分

从功能上划分，可将路由器分为核心层(骨干级)路由器、分发层(企业级)路由器和访问层(接入级)路由器。

核心层路由器是实现企业级网络互联的关键设备，数据吞吐量大。对核心层路由器的基本性能要求是高速率和高可靠性。为了获得高可靠性，网络系统普遍采用诸如热备份、双电源、双数据通路等传统冗余技术，从而使得核心层路由器的可靠性一般不成问题。分发层路由器连接许多中小型网络，连接对象较多，但系统相对简单，且数据流量较小，对这类路由器的要求是以适中的价格实现尽可能多的网络互联，同时还要求能够支持不同的服务质量。访问层路由器主要应用于连接家庭或 ISP 内的小型企业客户群体。

4. 按所处网络位置划分

按路由器所处的网络位置，通常把路由器划分为边界路由器和中间结点路由器。边界路由器处于网络边缘，用于不同网络路由器的连接；中间结点路由器处于网络的中间，用于连接不同网络，起到一个数据转发的桥梁作用。由于各自所处的网络位置有所不同，其主要性能也就有相应的侧重，如中间结点路由器因为要面对各种各样的网络，需要识别这些网络当中的结点，选择中间结点路由器时就需要在 MAC 地址记忆功能上更加注重，选择缓存更大的路由器。边界路由器由于它可能要同时接收来自许多不同网络路由器发来的数据，要求边界路由器的背板带宽要足够大。

5.4.3 第三层交换

1. 第三层交换的基本概念

20 世纪 90 年代中期，网络设备制造商提出了"第三层交换"的概念。简单地说，第三层交换技术是二层交换技术与三层路由技术的结合。目标是实现快速转发分组，保证 QoS 服务质量,提高交换结点的稳定性及可靠性等。实现了第三层交换技术的交换机称为第三层交换机。

在第三层交换技术的发展过程中,不少公司都提出了自己的交换技术,主要有以下几种:Ipsilon公司首倡的Ipsilon IP交换技术,这也是最早的第三层交换技术,该技术通过识别数据包流,使得数据包尽量在第二层进行交换,以绕过路由器,改善网络性能;Cisco公司研发的Cisco标签交换技术,通过给数据包贴上标签实现,此标签在交换结点读出,判断包传送路径,该技术适用于大型网络和Internet;3Com公司提出的Fast IP技术,该技术侧重数据策略管理、优先原则和服务质量,保证实时音频或视频数据流能得到所需的带宽;IBM公司提出的ARIS技术(Aggregate Route-based IP Switching),该技术与Cisco的标签交换技术相似,包上附上标记,借以穿越交换网,一般用于ATM网络;Toshiba公司的信元交换技术,Cascade公司的IP导航器等也都是第三层交换技术的代表。当时,Cisco、3Com、北电网络、朗讯、Cabletron、Foundry和Extreme等公司都有比较成熟的第三层交换产品和模块推出。这些技术各有所长,都在一定程度上提高了IP分组的转发速率,改善了网络性能。

第三层交换技术是在市场需求和设备制造商的共同推动下产生发展起来的。那么,为什么有了集线器、网桥、二层交换机、路由器等设备后,还要研发第三层交换机呢?早期的局域网大都使用集线器将计算机连接在一起,所有的计算机共享同一个"冲突域",因此在介质争用的过程中浪费了网络的共享带宽。

为解决冲突域问题,可以考虑使用网桥来分隔网段中的流量,网桥根据硬件地址过滤和转发数据帧,网桥建立了分离的冲突域。但是网桥存在"广播风暴"的问题,同时网桥让网络上的所有计算机共享同一个"广播域"。

为解决广播域的问题,引入了路由器,为互联网之间的数据转发提供了路由,路由器可以建立分离的广播域,根据分组报头中的IP地址决定分组的转发路径,但是路由器处理数据分组的速率较低,因为路由器需要使用软件来实现处理功能,不同的数据分组经由不同的路由器所需要的处理时间也大不相同。

在网桥的基础上,结合硬件交换技术,人们制造出了第二层交换机(简称为交换机)。第二层交换机实现了网桥的基本功能,同时提高了传输性能。同样地,人们考虑能否将硬件交换技术与路由器相结合,研发第三层交换机,使之具有路由器和交换机共同的优点。第三层交换机本质上是一种用硬件实现了的高速路由器,工作于网络层,依据IP地址实现数据分组的转发。较之一般的路由器,第三层交换机转发数据分组的速率较高,但实现的额外功能要比路由器少,工作时不如路由器灵活、容易控制。

第三层交换机通常可以提供如下功能。

(1) 分组转发。分组转发是第三层交换机的主要功能,第三层交换机依据目的IP地址决定转发路径。

(2) 路由处理。第三层交换机通过内部路由选择协议(如RIP、OSPF)创建并维护路由表。

(3) 安全服务。第三层交换机也会提供一些简单的安全服务,如防火墙、分组过滤等服务功能。

除此之外,第三层交换机一般还可以实现流量工程、拥塞控制等额外功能。

2. 第三层交换机的工作原理

一个具有三层交换功能的设备，是一个带有第三层路由功能的第二层交换机，但它是二者的有机结合，并不是简单地把路由器设备的硬件及软件叠加在局域网交换机上。与二层交换机类似，三层交换机也需要建立 MAC 地址转发表，记录 MAC 地址与端口的映射关系。

假设发送站 A 要向目的站 B 发送信息，三层交换机的工作原理如下。

(1) 发送站 A 在开始发送时，把自己的 IP 地址与目的站 B 的 IP 地址进行比较，判断目的站 B 是否与自己在同一子网内。

(2) 若目的站 B 与发送站 A 在同一子网内，则进行二层转发。

(3) 若两个站不在同一子网内，发送站 A 要向“默认网关”发出 ARP 请求包，而“默认网关”的 IP 地址其实是三层交换机的三层交换模块；如果三层交换模块在以前的通信过程中已经知道目的站 B 的 MAC 地址，则向发送站 A 回复目的站 B 的 MAC 地址，否则三层交换模块根据路由信息向目的站 B 广播一个 ARP 请求，目的站 B 得到此 ARP 请求后向三层交换模块回复其 MAC 地址，三层交换模块保存此 MAC 地址并回复给发送站 A，同时将目的站 B 的 MAC 地址发送到二层交换引擎的 MAC 地址表中。

(4) 自此之后，发送站 A 向目的站 B 发送的数据包便全部交给二层交换处理，信息得以高速传输。

由此可以看出，第三层交换机在工作时是“一次路由，处处交换”。由于仅仅在路由过程中才需要三层处理，绝大部分数据都通过二层交换转发，因此三层交换机的速度很快，接近二层交换机的速度。

特别指出，第三层交换技术在不同时期、不同公司有着不同的实现，如 Cisco 公司的 MPLS 技术与 IBM 的 ARIS 技术在实现细节上就有所不同；即便同是 Cisco 公司的三层交换技术(有早期的标签交换 Tag Switching 和后期的多协议标签交换 MPLS)，在实现细节上也有所区别。所以，这里只是介绍第三层交换的一般性原理，具体细节就不进行详细讨论了。

3. 第三层交换机的应用

在一些需要高速转发而对网络管理和安全又有很高要求的场合，使用第三层交换机是最好的选择，如一些重要部门的内部主干网络。然而，当需要接入 Internet 并对网络进行必要的控制管理时，路由器仍是最好的选择。

图 5-26 给出了一个以路由器为核心的网络结构示意图。从图 5-26 中可以看到，路由器在这个网络中的地位非常重要，不但担负着接入 Internet 的任务，同时也担负着内网通信的任务。路由器不仅仅是连接的中心点，也是全网的瓶颈。如果路由器出现故障或者路由器的性能不良，不但会影响到全网的 Internet 接入，还会影响到内网之间的通信。

为了解决这样的问题，可以考虑在主干结点部分增加一个第三层交换机，如图 5-27 所示。采用这种连接方式可以有效提高全网的性能。因为第三层交换机承担了主要的内网通信任务，只有当需要接入 Internet 时，才使用到路由器。也就是说，第三层交换机主要负责了内网的通信工作，而路由器主要负责与外网的通信。通过这样合理地分工，提高了整个系统的运作效率。

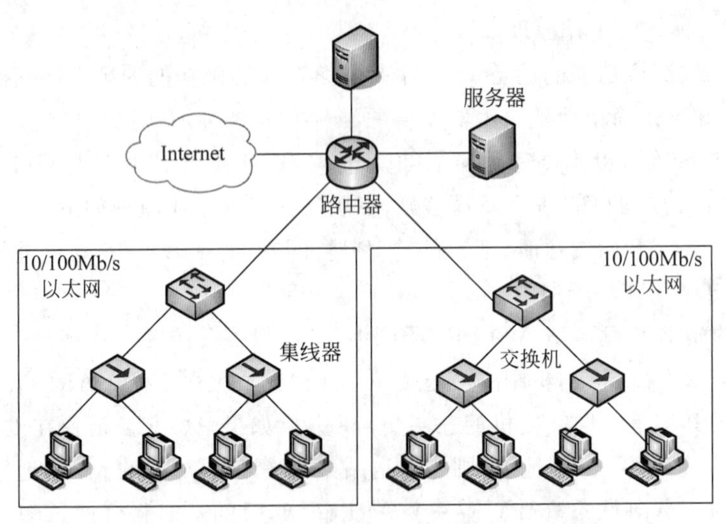

图 5-26　以路由器为核心的网络结构示意图

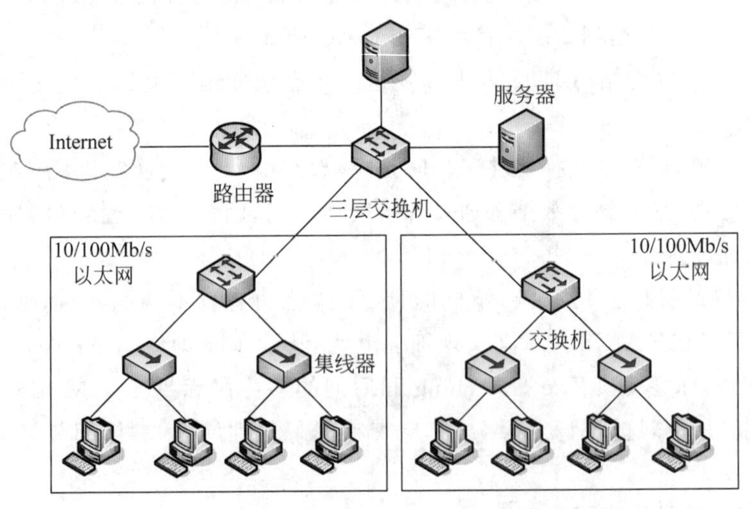

图 5-27　第三层交换机加入主干结点的网络结构

5.5　IP 多播与 IGMP 协议

IP 多播(Multicast,曾译为组播)已成为当今网络应用领域中的一个热点话题。IP 多播的概念首次于 1988 年提出,1992 年 3 月 IETF 在 Internet 范围内尝试了会议声音的多播,当时一共有 20 个结点可以同时接收到会议的声音。IP 多播在网络电话、视频会议、股市行情、网络教学等领域中都有应用。

5.5.1　IP 多播的基本概念

IP 多播是指由一个源点发送数据,多个终点同时接收数据的通信方式,即一对多的通信。在 Internet 中,实现一对多通信可以有两种方式:一种是由源结点采用点对点的方式,依次向目标结点发送同一分组;另一种方法就是采用多播。采用多播方式可以节省网络资源，简化传输过程。能够运行多播协议的路由器称为多播路由器(Multicast Router)。多播路由器可以是单独的路由器，也可以是运行多播软件的普通路由器。所有的多播路由器都同时可以转发普通的单播 IP 数据报。

IP 多播实现了一种高效的一点对多点传输的工作模式，主要包括以下几方面的内容。

(1) 定义了一个组地址，每个组代表了一个或多个发送者与一个或多个接收者的一个会话(Session)。

(2) 接收者可以自主地选择自己所希望加入或者退出的多播组，可以用多播地址通知相应的多播路由器来实现。

(3) 发送者使用多播地址作为目的地址以发送分组，发送者不需要了解接收者的位置与状态等信息。

(4) 多播路由器建立一棵从发送者分支出去的多播路由传递树，这棵树延伸至所有的 IP 多播成员涉及的网络中。利用这棵树，多播路由器将多播数据分组转发至所有的相关网络中。

1. IP 多播地址

Internet 中的主机都有一个全球唯一的 IP 地址。那么，当主机需要加入多播组工作时，应该使用什么样的地址呢？

D 类 IP 地址是为 IP 多播专门定义的。每个多播地址都会在 224.0.0.0 到 239.255.255.255 之间。每一个 D 类 IP 地址代表一个多播组，如此一来，D 类地址一共可以表示 2^{28} 个多播组。不过，其中也有一些地址被保留用于一些特殊的用途，如 224.0.0.1 用来表示在本子网上所有加入多播的主机，224.0.0.2 用来表示在本子网上所有加入多播的路由器，224.0.0.3 没有进行指派，224.0.0.11 用来当作移动代理的地址，224.0.1.1～224.0.1.18 的地址预留给电视会议等多播应用。完整的多播地址表可以从 IANA 授权的网站(http://www.iana.org/numbers)上获取。

显然，多播地址只能用作目的地址，而不能用作源地址。在多播数据分组的目的地址字段写入多播地址(而不是每一单个主机的 IP 地址)，然后设法让加入到这个多播组的主机 IP 地址与多播地址相关联。

2. IP 多播的工作过程

多播数据报也是采用“尽最大努力交付”的原则，在传输过程中，并不保证能够将多播数据报交付给多播组内的所有成员。在多播数据报的传输过程中，不产生 ICMP 差错报文。因此，若在 PING 命令后面输入多播地址，将永远不会收到响应。

图 5-28 给出了 IP 多播的工作过程。主机 A 需要发送多播数据报时，只需要发送一个多播数据报，多播路由器 1 进行复制后，发送至多播路由器 2 和多播路由器 3；多播路由器 2 和多播路由器 3 接收后再分别进行复制，将多播数据报发送至多播路由器 4、多播路由器 5 和多播路由器 6；进而将多播数据报交付给所有的多播组目标主机。

IP 多播在工作时需要运行两种不同的协议，即网际组管理协议(IGMP)和多播路由选择协议。图 5-29 所示为 IGMP 协议的工作过程。图 5-29 中，标有 IP 地址的 4 台主机都参加了多播组 230.0.0.1，多播数据报应传送到路由器 R1、R3 和 R4，而不应传送到路由器 R2，因为与 R2 连接的局域网上目前没有该多播组的成员。而 IGMP 协议的作用就是要让这些路由器知道它们所连接的网络上有没有多播组的成员。

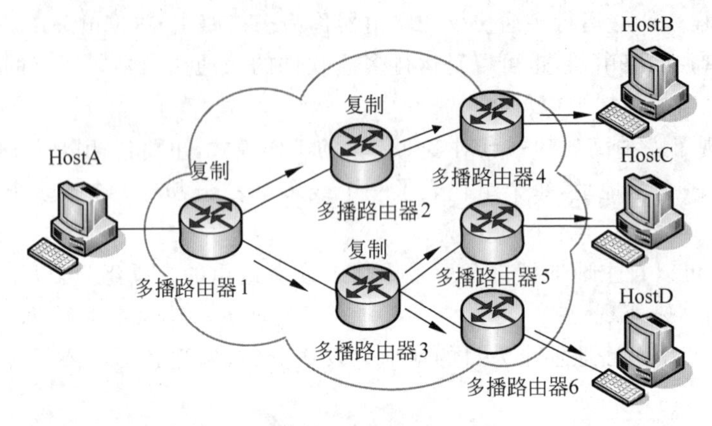

图 5-28 IP 多播的工作过程

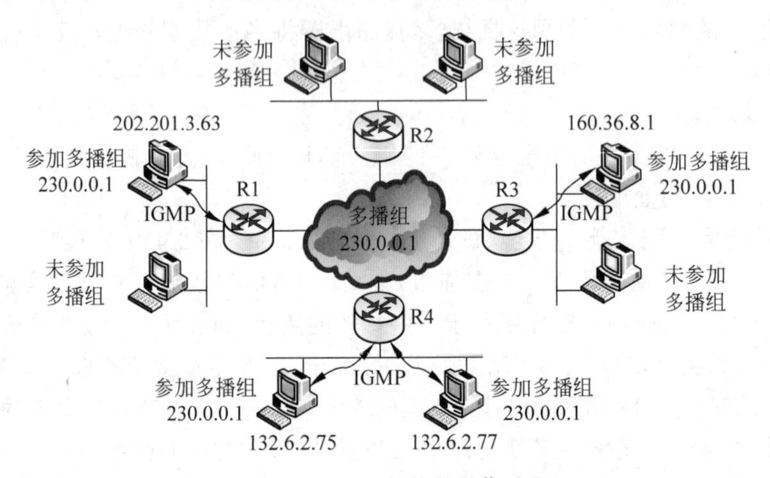

图 5-29 IGMP 协议的工作过程

由此可以看出,加入多播组 230.0.0.1 的成员有{R1[202.201.3.63],R3[160.36.8.1],R4[132.6.2.75,132.6.2.77]}。此处需要注意的是,IGMP 并不知道 IP 多播组所包含的成员的具体数量,也不知道这些成员分布在哪些网络上,IGMP 协议只是让连接在本地局域网上的多播路由器知道本网络上是否有加入多播组的主机(更具体地说,是主机上的某个进程)。当某台主机加入了新的多播组时,该主机会向多播组的多播地址发送一个 IGMP 报文,声明自己要成为该多播组的成员。本地的多播路由器收到 IGMP 报文后,还要利用多播路由选择协议(如距离矢量多播路由选择协议 DVMRP),把该组的成员关系转发给互联网上的其他多播路由器。

多播数据报的发送者和接收者永远都不知道(也无法找出)一个多播组的成员有多少个,以及这些成员是哪些主机。互联网中的路由器和主机都不知道哪个应用程序进程将要向哪个多播组发送多播数据报,因为任何一个应用程序进程都可以在任何时刻向任何一个多播组发送多播数据报,而这个应用程序进程并不需要加入这个多播组。

仅有 IGMP 协议仍然无法完成多播任务,连接在局域网上的多播路由器还必须和互联网上的其他多播路由器协同工作,以便把多播数据报用最小的代价传送给所有的组成员,这就需要使用多播路由选择协议[常见的有距离矢量多播路由协议(Distance Vector Multicast Routing Protocol,DVMRP)、多播开放最短路径优先协议(Multicast Open Shortest Path

First,MOSPF)和密集模式独立多播协议(Protocol-Independent Multicast-Dense Mode,PIM-DM)等]。多播路由选择协议要比单播路由选择协议复杂得多,这是因为多播的转发必须动态地适应多播组成员的动态变化(而此时网络拓扑并未发生改变)。与多播路由选择协议不同,单播路由选择协议通常在网络拓扑发生变化时才会更新路由。目前,还没有在整个互联网范围内使用的多播路由选择协议,多播路由选择协议也尚未标准化。

为了适应交互式音频和视频信息的多播,从1992年起,在Internet上开始试验虚拟的多播主干网(Multicast Backbone On the Internet,Mbone)。Mbone可以将分组发送到不在一个网络,但属于同一个多播组的多个主机。现在多播主干网的规模已经很大,拥有几千台多播路由器。

5.5.2 以太网物理多播

在网络层中,IP多播数据报可以借助D类IP地址实现。但是,由于多播数据报使用的是多播IP地址,ARP协议将无法找出相对应的物理地址,而在数据链路层转发数据报时需要用到物理地址。现在大部分主机都是通过局域网接入到Internet中的,在Internet进行多播的最后阶段,需要使用硬件多播将多播数据报交付给多播组的所有成员。

以太网支持物理多播编址。以太网的物理地址(MAC)长度为6B(48位),若MAC地址中的前25位是0000000100000000010111100,则这个地址定义TCP/IP协议中的多播地址,剩下的23位用来定义一个多播组。要把IP多播地址转换为以太网地址,多播路由器需要提取D类IP地址中的最低的23位,将它们放到多播以太网物理地址中,如图5-30所示。由此可以看到,以太网多播物理地址块的范围为01-00-5E-00-00-00～01-00-5E-7F-FF-FF。

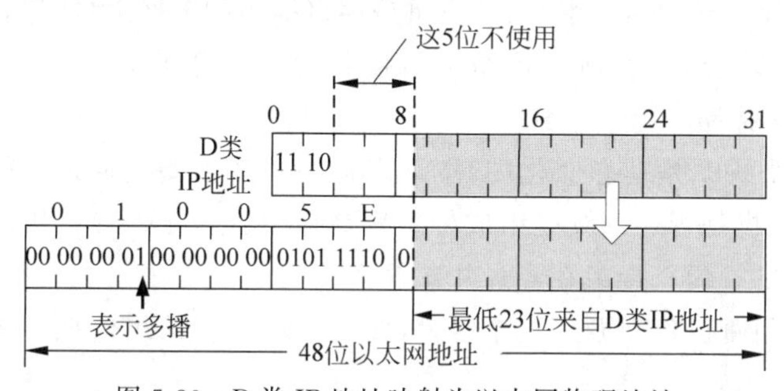

图5-30 D类IP地址映射为以太网物理地址

在这个映射过程中,有一点问题需要指出:D类IP地址的可用长度为28位(前4位为固定的1110),而每一个物理多播地址中只有23位可用作多播,这意味着有5位没有使用。也就是说,将会有32(2^5)个IP多播地址映射为单个的物理多播地址。整个的映射过程是多对一的,而并非一对一。例如,IP多播地址224.128.60.5(E0-80-3C-05)和224.0.60.5(E0-0-3C-05)转换为物理多播地址后都是01-00-5E-00-3C-05。由于映射关系的不唯一性,因此收到多播数据报的主机还需要在网络层利用软件进行过滤,把不是本主机要接收的数据报丢弃。当加入多播的位于以太网中的主机接收到基于转换后的MAC地址为目的地址的帧后,由于在加入多播组时链路层已经被通知接收该目的MAC地址的帧,所以该帧就会被主机的数据链路接收并处理。

5.5.3 Internet组管理协议

Internet组管理协议(Internet Group Management Protocol,IGMP)是在多播环境下使用的协议,正在发挥着越来越重要的作用。IGMP用来帮助多播路由器识别加入一个多播组的成员主机。IGMP协议共有3个版本：1989年公布的RFC1112文档是IGMP的第1个版本；1997年公布的RFC2236文档是IGMP协议的第2个版本,已成为Internet的建议标准协议；2002年10月公布的RFC3376文档是IGMP协议的第3个版本,宣布RFC2236(IGMPv2)是陈旧的版本。

类似于ICMP协议,IGMP也被当作IP协议的一部分,IGMP使用IP数据报传递其报文,IGMP报文通过IP首部中协议字段值为2来指明。IGMP有固定的报文长度(8B),没有可选数据项。图5-31表示了IGMPv1的报文格式。

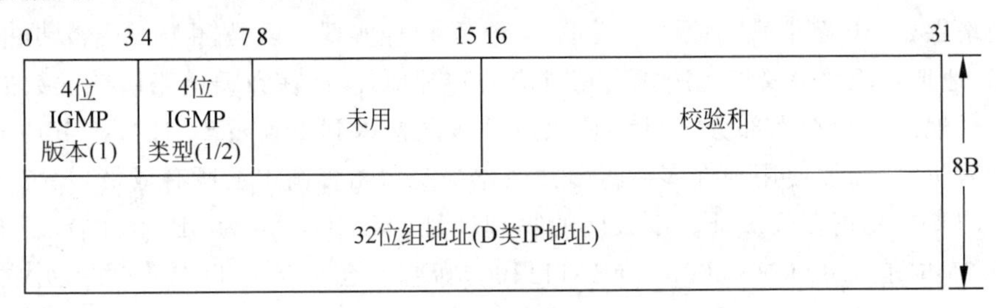

图5-31 IGMPv1的报文格式

IGMP协议执行过程可以分为以下两个阶段。

(1) 当有主机加入新的多播组时,该主机按照多播组的多播地址发送一个IGMP报文,声明自己想加入该多播组。本地多播路由器接收到IGMP报文后,将组成员关系转发给Internet上的其他多播路由器。

(2) 由于组成员关系是动态变化的,本地多播路由器需要周期性地探询本地网络上的主机,以确认这些主机是否还继续是组成员。只要有一个主机对某个组响应,多播路由器就认为这个组是活跃的。但一个组在经过几次探询后仍然没有一个主机响应,多播路由器就认为本网络上的主机都已经离开了这个组,因此也就不再将该组的成员关系转发给其他的多播路由器。

多播路由器在探询组成员关系时,只需要对所有的组发送一个请求信息的询问报文,而不需要对每一个组发送一个询问报文。默认的询问频率是每125s发送一次。当同一个网络上连接有多个多播路由器时,它们能够迅速且有效地选择其中的一个来探询主机间的成员关系。因此,网络上的多个多播路由器或者多个多播组不会带来过大的通信量。

在IGMP的询问报文中有一个数值N,它指明一个最长的响应时间(默认值为10s)。当收到询问时,主机在0～N之间随机选择一个数值作为发送响应报文的时延。因此,若一个主机同时加入了几个多播组,则主机对每一个多播组选择不同的随机数,对应于最小时延的响应报文最先被发送。

同一个组内的每一个主机都要监听响应,只要有本组的其他主机先发送了响应,自己就不必再发送响应了。这样可以有效地控制通信量。

多播数据报的发送者和接收者都不知道一个多播组的成员数有多少,以及这些成员是哪些主机。Internet 中的路由器和主机都不知道哪个应用进程将向哪个多播组发送多播数据报，因为任何应用进程都可以在任何时候向任何一个多播组发送多播数据报。多播数据报可以由没有加入多播组的主机发出，也可以通过没有组成员接入的网络。

5.6 IPv6 技术

5.6.1 IPv6 概述

IPv6 是 Internet Protocol Version 6 的缩写，是互联网协议的第 6 版，也称为下一代互联网协议。它是由互联网工程任务组(Internet Engineering Task Force，IETF)设计的用来替代现行 IPv4 协议的一种新的 IP 协议，是 IPv4 协议的后继者。IPv6 的提出主要是为了解决 IPv4 所存在的一系列问题，主要表现在以下几方面。

(1) 目前使用的第二代互联网 IPv4 协议，是在 20 世纪 70 年代末期设计的，它现存的最大问题就是网络地址资源匮乏。从理论上讲，IPv4 的 32 位地址结构可以编址 1600 万个网络，大约有 43 亿台主机。但是，为了使用方便，设计者采用了 A、B、C、D、E 共 5 类的分类编址方式。其中，将 A、B、C 三类地址用于实际的网络中，同时特意预留出一部分地址及 E 类 IP 地址以备后用。但是，Internet 突飞猛进的发展使这种灵活、易用的编址方式成为 IPv4 的一个缺陷，它使得可用的网络地址和主机地址的数量大打折扣。事实上，大约只有 2.5 亿个地址可以分配给网络设备使用，且这些可用地址大多分布于北美地区。负责英国、欧洲、中东和部分中亚地区互联网资源分配的欧洲网络协调中心通过邮件确认，其最后的 IPv4 地址储备池已于 2019 年 11 月 25 日完全耗尽，这样，将迫使人们更快地迁移到 IPv6。中国所拥有的 IP 地址数量只相当于美国麻省理工学院的 IP 地址数量。地址数量不足，严重地制约了我国及一些发展中国家互联网的应用与发展。

(2) 随着 Internet 业务的不断发展普及，人们对网络服务质量 QoS 也提出了更高的要求。而 IPv4 所提供的“尽最大努力”(Best Effort)传输的方式已不能满足人们更高的需求。事实上，无论对 IPv4 协议作如何的改进与优化，都很难满足新型业务对 QoS 的要求。同时，IPv4 协议的设计并没有考虑音频流和视频流的实时传输问题。诸多现存问题都使得 IPv6 协议全面应用成为必然。

(3) 安全问题是当代网络中的重要内容。IPv4 的设计较少涉及安全性问题，没有提供加密和认证机制，并且不能保证重要数据的安全机密传输。IPv4 也制定了一些关于安全通信的服务标准，但这些标准是具有可选择性的，在实现过程中可操作性并不强。

(4) 一些技术(如 VLSM、CIDR、NAT 等)可以部分缓解地址不足的问题，但是相应地也带来一些新的问题，会对网络性能、安全和应用产生负面影响，同时也使得路由策略变得十分复杂。

(5) 计算机的日益普及使得网络规模不断扩大，这也就在一定程度上使得网络管理人员在网络配置、管理、维护方面形成一定的困难，使得他们工作量加大。现有的 IP 地址在多数情况下都是手工配置或者使用 DHCP 动态主机配置协议，如果能够出现一种即插即用的联网方式，只要计算机一连接上网络便可自动设定地址，这对一般用户而言使他们不必知道太多的专业知识便可以进行地址设定，对于网络管理者来说可以减轻他们的工作负担。

当然,IPv4 中的问题还有很多,以上只是列举了一些主要的问题以说明 IPv6 应用的必要性和紧迫性。为了解决这一系列的问题,IETF 早在 1992 年 6 月就提出要制定下一代的 IP 协议,并在 1993 年成立了研究下一代 IP 协议的 IPng 工作组;1994 年,IETF 的 IPng 项目管理者们在多伦多举行的 IETF 会议上提出了构建 IPv6 的建议。1994 年 11 月 17 日,因特网工程指导小组(Internet Engineering Steering Group,IESG)起草了 IPv6 提议标准;1995 年 12 月在 RFC1883 中公布了建议标准(Proposal Standard);1996 年 7 月,发布了版本 2 的草案标准(Draft Standard);1997 年 11 月,发布了版本 2.1 的草案标准;1998 年 8 月 10 日,IPv6 核心协议成为 IETF 草案标准;1998 年 12 月,发布了标准 RFC2460;1999 年,完成了 IETF 要求的 IPv6 协议的审定,成立了 IPv6 论坛,正式分配 IPv6 地址,IPv6 协议成为标准草案;2001 年,主要的计算机操作系统(如 Windows,Unix,Solaris 等)开始支持 IPv6 协议;2003 年主要网络产品制造商开始推出支持 IPv6 协议的产品。我国 IPv6 部署和应用相对较快,截至 2023 年 10 月,我国拥有近 7 万个 IPv6 地址块,位居世界第一,IPv6 活跃用户数已达 7.63 亿。

与 IPv4 相比,IPv6 具有以下几个优势。

(1) IPv6 具有更大的地址空间。IPv6 中 IP 地址的长度为 128 位,即有 3.4×10^{38} 个地址。难以想象这是一个多么庞大的数字。曾经有人这样比喻——即使是地球上的每一粒沙子,我们也可以给它分配一个 IP 地址。IPv6 所提供的充足的地址空间决定了今后接入 Internet 的设备将不会再受 IP 地址数量不足的限制,这将促使 Internet 在各个领域中的迅速普及。

(2) IPv6 使用更小的路由表。根据 IPv4 所形成的地址分配方案使得在 Internet 上的骨干路由器的路由表中通常都有超过 80 000 条的路由和状态信息记录。而 IPv6 的地址分配方案一开始就遵循聚类(Aggregation)的原则。这使得路由器能在路由表中用一条记录(Entry)来表示一片子网,大大减小了路由器中路由表的长度,提高了路由器转发数据包的效率。IPv6 所提供的巨大地址空间,使得我们能够在地址空间内设计更多的层次和更灵活的地址结构,以更好地适应 Internet 的 ISP 层次结构。

(3) IPv6 增加了增强的多播(Multicast)。多播技术的出现,改变了数据流的传统传输方式,克服了单播和广播的不足。多播技术允许路由器一次将数据包复制给多个数据通道,实现了一点对多点或多点对多点的数据传输方式。多播可以大大节省网络的传输资源,因为无论有多少个目的地址,在整个网络的任何一条链路上只传送一个数据包,从而减轻了网络负载,减少了网络出现拥塞的概率。当 IPv6 全面普及时,将会有更多的设备使用 IP 地址,网络规模进一步增大,那时必将造成更大的网络负载,因此对多播的依赖性也将进一步增强。

(4) IPv6 加入了自动配置(Auto Configuration)功能。自动配置功能的出现简化了网络内主机的配置过程。网络内的主机会根据自己所处的链路的具体状况配置适合自己的本地链路地址。当处于同一个网络的同一链路上的所有主机都可以自动配置本地链路地址时,就可以实现即插即用功能了。自动配置功能是 IPv6 所具备的标准功能,这是对 DHCP 协议的改进和扩展,使得网络(尤其是局域网)的管理更加方便和快捷。为了与 IPv4 中的 DHCPv4 有一定的区别,把这种 DHCP 方式称为 DHCPv6。它与 DHCPv4 最大的不同是它可以支持 IPv6 寻址方案。

(5) IPv6 具有更高的安全性。安全问题是 IPv6 协议设计时着重考虑的一个方面,早期的IP协议在这方面做得并不完善，致使Internet时常发生机密数据被窃取、网络遭受攻击等事件。IPv6协议使用了对用户数据在网络层进行加密并对IP报文进行校验的机制，极大地增强了网络的安全性。IP安全(IPSec)协议只是作为IPv4的一个可选扩展协议，但在IPv6中成为了一个必须的组成部分。另外，作为IPSec的一项重要应用，IPv6集成了虚拟专用网(VPN)的功能，使用IPv6可以更容易地实现安全可靠的虚拟专用网。

(6) IPv6可以提供较高的网络服务质量QoS。服务质量是一项综合指标，是用于衡量所提供的网络服务质量好坏的性能指标。IPv6可以提供不同水平的服务质量；IPv6在保证服务质量方面，主要依靠“流标记”和“业务级别”来实现，与IPv4的QoS机制相比，新增了流标记功能，扩大了业务级别的范围。这种能力对支持需要固定吞吐量、时延和时延抖动的多媒体应用，特别是动态视频传输非常有用。

5.6.2 IPv6分组

IPv6的数据报主要由三部分构成，分别为固定大小的基本首部、可有可无的扩展首部与数据部分，如图5-32所示。

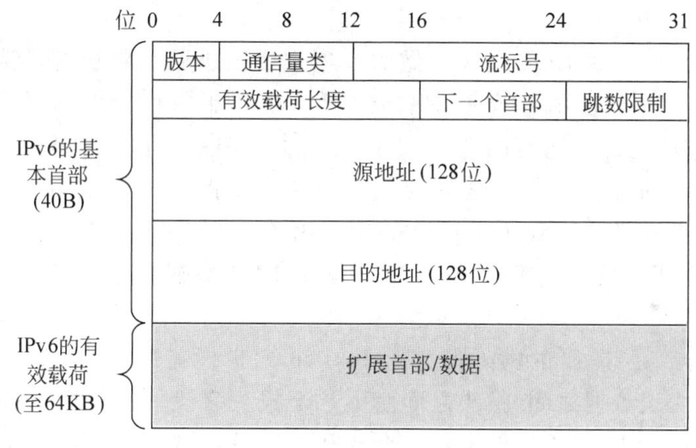

图5-32 IPv6报头的基本结构

1. IPv6基本首部

IPv6基本首部长度固定为40B，去掉了IPv4中可选字段。IPv6基本首部也称为固定首部，共包含8个字段，分别为版本、通信量类、流标号、有效载荷长度、下一个首部、跳数限制、源地址、目的地址等。尽管IPv6地址长度是IPv4的4倍，但IPv6数据报头部长度仅为IPv4数据报头部长度的2倍。

(1) 版本(Version)：长度为4位，指明了数据报协议的版本号。对于IPv6，该字段值为6。

(2) 通信量类(Traffic Class)：长度为4位，用来标识IPv6分组类别和优先级。发送结点和转发结点可以根据该字段的值来决定发生拥塞时如何更好地处理分组。例如，若由于存在拥塞，两个连续的数据报中必须丢弃一个，那么具有较低优先级的数据报将被丢弃。

(3) 流标号(Flow Label)：该字段是IPv6的新增字段。这里的“流”是指从特定的源结点到目标结点的单播或多播分组，所有属于同一个流的数据分组都具有相同的流标号。源结点使用这20位字段，为特定序列的包请求特殊处理(效果好于尽力转发)。实时数据传输

(如语音和视频)可以使用流标号字段以确保QoS并且可以支持资源预留。流标号允许路由器将每一个数据分组与一个给定的资源分配相关联,数据分组所经过路径上的每一个路由器都要保证其所指明的服务质量。

(4) 有效载荷长度(Payload Length):长度为16位,表示IPv6数据报除基本头部以外的字节数。该字段能表示的最大长度为65 535字节的有效载荷,如果超过这个值,则该字段会置0。

(5) 下一个首部(Next Header):长度为8位。如果存在扩展首部,则用该字段值表示下一个扩展首部的类型;如果不存在扩展首部,则该值表示下一个传输层报头是TCP、UDP还是ICMPv6报头。

(6) 跳数限制(Hop Limit):长度为8位,该字段用来保证分组不会无限期地在网络中生存,相当于IPv4中的生存时间。分组每经过一个路由器,该字段的值递减1。当跳数限制值降为0时,分组将会被丢弃。

(7) 源地址与目的地址:长度分别为128位,用来标识发送分组的源主机和接收分组的目标主机。

2. IPv6扩展首部

IPv6报头设计中对原IPv4报头所做的一项重要改进就是将所有可选字段移出IPv6报头,置于扩展首部中。使用IPv6扩展首部,可以在不影响性能的前提下实现选项。由于在IPv4的报头中包含了所有的选项,因此每个中间路由器都必须检查这些选项是否存在,如果存在,则必须处理它们。这种设计方法会降低路由器转发IPv4数据报的效率。在IPv6中,相关选项都被移到了扩展首部中。由于扩展首部不被中转路由器检查或处理,加之省略了首部的校验和字段,这样就能减少IPv6数据报中途经过路由器时的处理时间。

可以将一些网络层需要的额外信息置于IPv6的扩展首部中,扩展首部(EH)可位于IPv6报头和上层协议数据之间,报头之间由下一个报头字段值进行标识,这样组成一个链式结构。一个IPv6数据报可以有0个、1个或几个扩展首部。通常,一个典型的IPv6数据报,没有扩展首部,仅当需要路由器或目的结点做某些特殊处理时,才由发送方添加一个或多个扩展首部。与IPv4不同,IPv6扩展首部长度任意(不受40字节限制),以便于日后扩充新增选项,增强IPv6协议的可扩展性。但是,为了提高处理选项首部和传输层协议的性能,扩展首部总是8字节长度的整数倍。

目前,RFC2460中定义了以下6个IPv6扩展首部:逐跳选项首部、目的选项首部、路由首部、分段首部、认证首部和封装安全性净荷(ESP)协议首部。

(1) 逐跳选项首部(Hop-by-Hop)。逐跳选项首部是所有扩展首部中的第1个首部,是转发路由器唯一需要处理的一个扩展首部。逐跳选项首部由8b的下一个首部、8b的扩展报头长度与选项三部分组成。首部长度依然是8B的整数倍。

(2) 目的选项首部。目的选项首部包含只能由最终目的结点处理的选项,有两种用法,如果存在路由扩展首部,则每一个中转路由器都要处理这些选项;如果没有路由扩展首部,则只有最终目的结点需要处理这些选项。

(3) 路由首部。类似于IPv4的松散源路由。IPv6的源结点可以利用路由扩展首部指定一个松散源路由,即分组从信源到信宿需要经过的中转路由器列表。

(4) 分段首部。分段首部包含一个分段偏移值、一个“更多段”标志和一个标识字段，用于提供分段和重装服务。当分组大于链路最大传输单元(MTU)时，源结点负责对分组进行分段，并在分段扩展报头中提供重装信息。

(5) 认证首部(AH)。认证首部提供了一种机制来进行数据源认证、数据完整性检查和反重播保护，对 IPv6 基本首部、扩展首部、净荷的某些部分进行加密的校验和计算。认证首部不提供数据加密服务，需要加密服务的数据包，可以结合使用 ESP 协议。

(6) 封装安全性净荷(ESP)协议首部。封装安全性净荷协议首部是最后一个扩展首部，它指明剩余的净荷已经加密，并为已获得授权的目的结点提供解密信息。

5.6.3 IPv6 地址

由于 IPv6 地址拥有 128 位，因此 IPv6 的最大优势在于可以提供巨大的地址空间，大约有 3.4×10^{38} 个 IP 地址，这是一个难以想象的庞大数目。但同时对于它的读取则出现了一些问题。在 IPv4 的 32 位地址中，使用了点分十进制的方式来简化地址的表示。显然，这样的方式并不适合于 IPv6 地址。

为此，引入了冒号十六进制的表示方式(参照 MAC 地址的格式)，每 4 个十六进制数为一组，将 128 位地址划分为 8 组，组之间用冒号隔开，如 FEEA:0000:ABBD:0000:0000:00AE:00AC:1EAC。

这样的表示方式显然不够简练，进一步地，可以采用两种方式来压缩地址长度。第一种方式是省略前面的 0，如上面所举例子中的地址可以压缩为“FEEA:0:ABBD:0:0:AE:AC:1EAC”；第二种方式是用双冒号代替多组 0，规定双冒号只能出现一次，上例可进一步简化为“FEEA:0:ABBD::AE:AC:1EAC”，这种方法也称为双冒号表示法(Double Colon)。

IPv6 地址的使用过程中，有以下几个需要注意的问题。

(1) 使用第一种方法省略前面的 0 时应注意，不能把位段内部的 0 也给省略了。例如，地址 EE02:60:0:0:0:0:0:2 进行简写时，不能简写为 EE2:6::2，而应该简写为 EE02:60::2。

(2) 在双冒号表示法中应注意，在一个地址中双冒号只能出现一次。例如，地址 0:0:0:4AE:23:0:0:0，它有两种简化写法。一种简化写法是::4AE:23:0:0:0；另一种写法是 0:0:0:4AE:23::，但不能写成::4AE:23::。

(3) 有时可能需要去算出一个 IPv6 地址在使用双冒号表示法进行简化时到底压缩了多少个 0。其实方法很简单，只要计算一下除::外，还有多少个位段，然后用 8 减去这个位段数，再将结果乘以 16。例如，EE04:EE03::EE02 中有 3 个位段(EE04、EE03 和 EE02)，就可以计算出双冒号::表示的 0 的个数为$(8-3)\times16=80$。

(4) IPv6 地址不支持子网掩码，它只支持前缀长度表示法。前缀表示法与 IPv4 的无类域间路由 CIDR 表示方法基本相似。前缀是 IPv6 地址的一部分，用作 IPv6 路由或子网标识。IPv6 的前缀表示方法为“地址/前缀长度”，如 55DF::A3:0:0/48、F0C0::4F:0/64。

IPv6 地址与 IPv4 的两级层次结构(即网络前缀和主机前缀)不同，它的巨大地址空间支持多级层次结构。怎样对 IPv6 地址空间进行划分、管理地址分配及设计地址与路由之间的映射关系都是值得进一步探讨的问题。IPv6 地址空间分成两部分：第一部分是可变长度的类型前缀，它定义了地址的类型；第二部分是地址的其余部分，其长度也是可变的。当分配到一个 IPv6 地址时，由地址的前缀决定地址的类型，IPv6 地址类型前缀如表 5-5 所示。

表 5-5 IPv6 地址类型前缀

二 进 制	地 址 类 型	地址空间所占份额
0000 0000	保留(IPv4 兼容)	1/256
0000 0001	未分配	1/256
0000 001	NSAP 地址	1/128
0000 010	IPX 地址	1/128
0000 011	未分配	1/128
0000 1	未分配	1/32
0001	未分配	1/16
001	聚集全球单播地址	1/8
010	未分配	1/8
011	未分配	1/8
100	未分配	1/8
101	未分配	1/8
110	未分配	1/8
1110	未分配	1/16
1111 0	未分配	1/32
1111 10	未分配	1/64
1111 110	未分配	1/128
1111 1110 0	未分配	1/512
1111 1110 10	本地链路单播地址	1/1024
1111 1110 11	本地网点单播地址	1/1024
1111 1111	多播地址	1/256

目前,IPv6 地址差不多只分配了 15%,当地址的需求超过目前所分配的数目时,IETF 将扩充地址空间使用其余未分配的区域。从表 5-5 中可以看出,地址的分配相对较为稀疏,没有进行连续分配,但是由于已经对地址进行了选择,因此有着较高的处理效率。

与大家所熟知的 IPv4 的 3 种地址类型(单播、广播、多播)不同,在 IPv6 中取消了效率低下的广播地址,新增了任意播地址,使之也有了 3 种地址类型。

1. 单播地址

单播地址(Unicast Address)标识了 IPv6 网络中一个区域中的单个网络接口地址。在这个区域中该地址是唯一的,目的地址为单播地址的数据分组,最终会被送到这个唯一的网络接口上。单播 IPv6 地址的主要类型有聚集全球单播地址、本地链路单播地址、本地网点单播地址等。聚集全球单播地址可以用于全球范围,而链路本地地址往往仅用于有限的范围中。

(1) 聚集全球单播地址。有时也简称为全球单播地址或单播地址,同 IPv4 中的单播地址一样,IPv6 中的全球单播地址是公网通用地址,全球单播地址在整个网络中有效且唯一。全球单播地址起始 3 位为"001",每个全球单播 IPv6 地址有 3 个字段:全球路由前缀、子网 ID、接口 ID,如图 5-33 所示。

全球路由前缀部分用来指明全球都清楚的公共拓扑结构,主要是提供商分配给组织机构的前缀。子网 ID 部分也称为地点级标识,和 IPv4 中的子网字段相似,是 ISP 在自己管理的网络中建立的多级寻址机构,以便于组织管理下级机构寻址、路由、划分子网等,具有很大

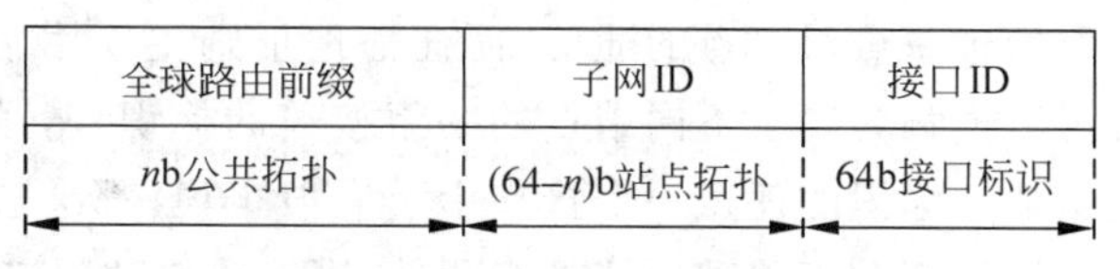

图 5-33　聚集全球单播地址的结构

的灵活性。ISP 可以利用前缀中的 49～64 位(共 16 位)将网络划分为最多 65 535 个子网。接口 ID 用来标识单个的网络接口,一般会将 48 位的以太网地址放于此处。为了达到 64 位的长度,还应另外增加 16 位,IPv6 规定了这 16 位的值是 0xFFFE,并且该值应该插入在以太网地址的前 24 位公司标识符之后。

(2) 本地链路单播地址。本地链路单播地址的前缀是“1111 1110 10”,即 FE80::/10,其结构如图 5-34 所示。本地链路单播地址是由结点启用 IPv6 时自动按照 EUI-64 的规则生成的(每个结点可以配置多个 IPv6 地址,而这个地址类似于 IPv4 中,当 DHCP 分配失败时自动生成的类似 169.254.x.x 的地址),主要用于同一链路上相邻结点间的通信,该类地址仅用于单个链路(链路层不能跨 VLAN),不能在不同子网中路由。使用本地链路单播地址作为源或目的地址的数据包不会被转发到其他链路上,即本地链路单播地址只在本链路上有效。该类地址主要用于邻居发现协议和无状态自动配置中链路本地上结点之间的通信。

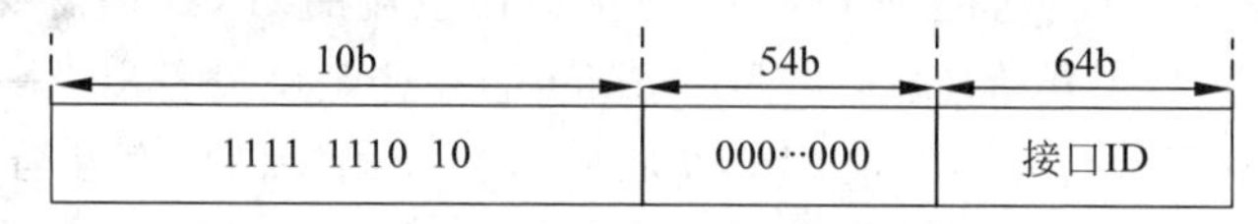

图 5-34　本地链路单播地址结构

(3) 本地网点单播地址。本地网点单播地址的前缀是“1111 1110 11”,即 FEC0::/10,目前,该类地址已被唯一本地地址 FD00::/8 所替代,这类地址类似于 IPv4 中的私有地址,仅能够在本地网络使用,在 IPv6 Internet 上不可被路由。该类地址的有效域限于一个网点内部(相当于一个私有网络,其覆盖范围要大于本地链路,可跨越私有网络内的路由器),同时含此类地址的包也不会被路由器转发到本地网点以外。该地址配置时通过在路由器上配置本地前缀(Router Advertisement)或通过 DHCPv6 来分配,这类地址通常很少使用。

2. 多播地址

多播地址(Multicast Address)也可以称为组播地址,是指一个源结点发送一个数据分组能够被多个特定的目的结点所接收,可以简单地理解为一点对已标识多点的通信。这“多个特定的目的结点”构成了一个有组织的多播组,IPv6 的结点可以随时加入或离开某一个多播组。与传统广播方式不同的是,多播的效率更高,且对网络本身的影响很小。可以看到,广播可以作为多播的一个特例进行处理。IPv6 多播数据流的运行方式与 IPv4 基本相似,其地址结构如图 5-35 所示。

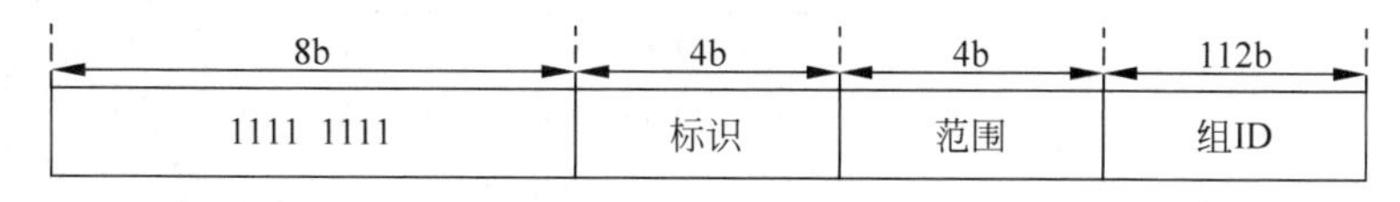

图 5-35　IPv6 多播地址结构

3. 任意播地址

任意播地址(Anycast Address)有时也称为任播或泛播地址,是 IPv6 中新增的一种地址类型。多播地址主要用于一点对多点的通信,而任播地址则主要用于一点对多点中的一个结点的通信。任播可以理解为属于不同结点的一组接口的标识符,送往一个任播地址的数据分组将被传送至该地址标识的任意一个接口上。一般来说,都会选择距离最近的网络接口进行数据交付。任播地址对于移动通信是有利的,当一个移动用户需要接入网络时,因为地理位置的变化,它需要实时地寻找一个距离最近的接收结点。

4. 特殊地址

为了一些特定的用途,IPv6专门保留了一些地址。由于IPv6地址空间巨大,因此保留一些地址对于IPv6的地址空间来说影响并不大。以下介绍两种IPv6特殊地址。

(1)"0:0:0:0:0:0:0:0"等价于"::",其含义与IPv4中的0.0.0.0相同,称为不确定地址。这个地址不可以指定给任何网络结点使用,只有在主机不知道其来源IP地址时,才可以在它发送的IPv6数据包中的源地址字段输入不确定地址。

(2)"0:0:0:0:0:0:0:1"等价于"::1",其含义与IPv4中的127.0.0.1相同,称为回环地址,不能分配给任何物理接口。

5.6.4 IPv4到IPv6的过渡

尽管IPv6拥有众多优势,但是IPv6要完全替代主流的IPv4,仍需要一段时间。自从20世纪80年代初期IPv4开始实施,早期Internet的一些基础设备以及一些主干网络都是以IPv4为基础的,并且经过这么长时间的发展使得目前因特网中存在着数量庞大的IPv4用户。所以,IPv4到IPv6的过渡必将需要一个过程。IPv4到IPv6的过渡也应该是一个循序渐进的过程。IETF成立了专门的工作组,研究IPv4到IPv6的转换问题,并且提出了一些方案,主要包括双栈技术、隧道技术等。2012年6月6日,国际互联网协会举行了世界IPv6启动纪念日,全球IPv6网络正式启动,此后,IPv6的发展逐渐加快。令人欣慰的是,我国在IPv6的建设上步伐较快,到2021年8月,IPv6"高速公路"全面建成,IPv6网络基础设施规模全球领先,已申请的IPv6地址资源位居全球第一,制定发布了120多项IPv6标准。

1. 双栈技术

双栈技术也许是实现IPv6最简单、最常见、最容易的一种方式。通过在网络设备上安装IPv4和IPv6两个协议栈,使得这些设备既支持IPv4协议,也支持IPv6协议。在IPv6推广的早期,这些设备可以主要采用IPv4协议进行通信;随着网络的不断升级,当通信网络全面迁移到IPv6环境中时,该设备便可以立即更换为全IPv6协议进行通信。图5-36所示为IPv4/IPv6的双协议栈结构示意图。

应用程序	
TCP/UDP	
IPv6协议	IPv4协议
物理网络	

图5-36 IPv4/IPv6的双协议栈结构示意图

双协议栈的工作机制可以简单描述如下:当主机或路由器采用双协议栈后,双协议栈主机为了知道目的主机采用的是哪一个版本的IP地址,会利用域名系统DNS进行查询,根据DNS的查询结果来判断地址类型。若DNS返回的是IPv4地址,双协议栈就使用IPv4地址;否则使用IPv6地址。IPv4/IPv6双协议栈的工作过程如图5-37所示。

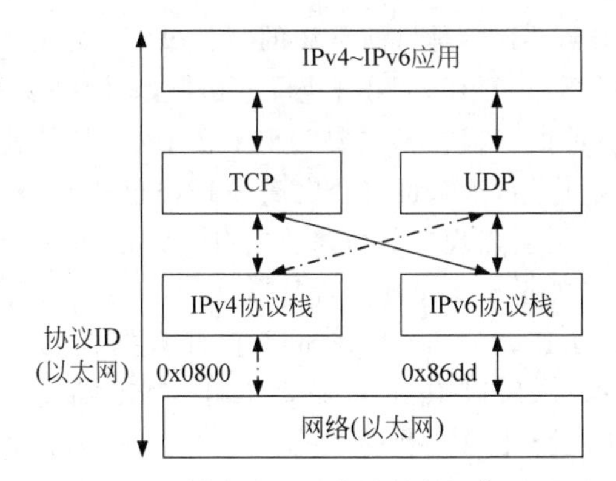

图 5-37　IPv4/IPv6 双协议栈的工作过程

双协议栈机制是使 IPv6 结点与 IPv4 结点兼容的最直接方式，互通性好，易于理解。但是双栈策略也存在一些缺点，如对网元设备性能要求较高，需要维护大量的协议及数据。另外，网络升级改造将涉及网络中的所有设备，投资大，建设周期比较长。

2. 隧道技术

隧道技术是一种通过在其他协议的数据报中重新封装新的报头形成新的协议数据报的数据传送方式。所以，IPv4 到 IPv6 的隧道技术是指 IPv6 分组进入 IPv4 网络时，将 IPv6 分组封装成 IPv4 分组，使整个 IPv6 分组成为 IPv4 分组的数据部分，从而对外隐藏了 IPv6 分组的格式及内容，使之呈现为 IPv4 分组的形式在 IPv4 网络中进行传输，就好比在 IPv4 的网络中建立起一条用来传输 IPv6 数据分组的隧道。在 IPv6 普及的初期，必然会呈现出大块的 IPv4 网络包围小块的 IPv6 网络，利用隧道技术可以通过现有运行 IPv4 协议的 Internet 骨干网络(即隧道)将局部的 IPv6 网络连接起来，因而是 IPv4 向 IPv6 过渡的初期最易于采用的技术。图 5-38 说明了隧道技术的工作原理。

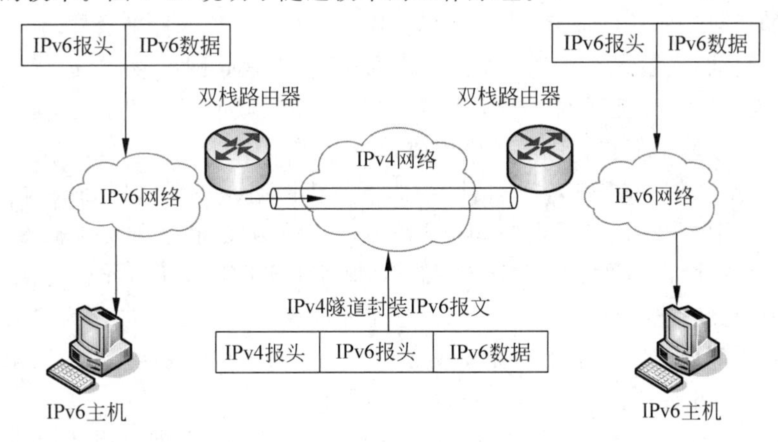

图 5-38　隧道技术的工作原理

由此可以看出，一般是由一个双栈路由器将 IPv4 网络与 IPv6 网络连接起来。当有数据要从 IPv6 网络通过 IPv4 网络到达另一端 IPv6 网络时，该路由器就会将 IPv6 数据报封装入 IPv4 数据报中，IPv4 数据报的源地址和目的地址分别是隧道入口和出口的 IPv4 地址。在隧道的出口处再将 IPv6 数据报取出转发给 IPv6 目的结点。

目前应用较多的隧道技术包括构造隧道、6to4 隧道、6over4 隧道及 MPLS 隧道等。利用隧道来构造大规模的IPv6网络,是目前常用的一种过渡方法。本质上,隧道方式只是把IPv4网络作为一种传输介质。在IPv6网络建设的初期,其网络规模和业务量都较小,这是经常采用的连接方式。目前的隧道技术主要实现了在IPv4数据报中封装IPv6数据报,随着IPv6技术的发展和广泛应用,未来也将会出现在IPv6数据报中封装IPv4数据报的隧道技术。但是,在隧道的入口处会出现负载协议数据报的拆分,在隧道出口处会出现负载协议数据报的重装,这都增加了隧道出入口的实现复杂度,不利于大规模的普及应用。

另外需要指出的是,与IPv4一样,IPv6也不保证数据报的可靠交付,因为互联网中的路由器可能会丢弃数据报,所以IPv6也需要使用ICMP协议来反馈一些差错信息,该协议新的版本称为ICMPv6,它比ICMPv4要复杂得多。在网际报文控制协议ICMPv4中的一些独立的协议,现在已经成为ICMPv6协议中的一部分了。ICMPv6还增加了一些新的报文,因此其功能更多。图5-39所示的是新旧版本中网络层协议组成的比较,显然,新版本的网络层中,地址解析协议ARP和网际组管理协议IGMP的功能均已被合并到了ICMPv6中。

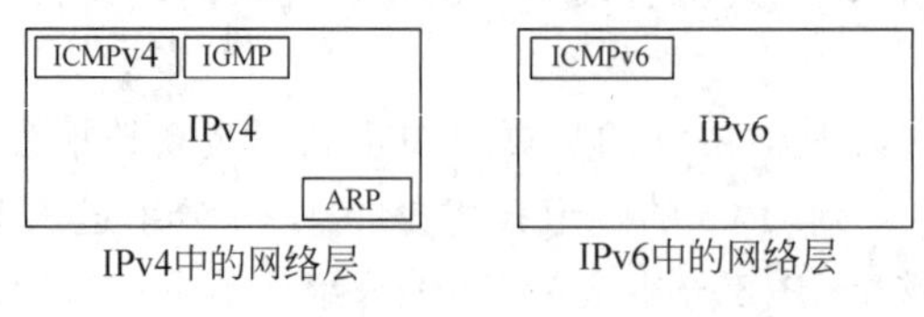

图5-39　新旧版本中网络层协议组成的比较

5.6.5　IPv6的应用

IPv6自诞生至今,已经历了20多年的发展。应该说,其初期发展速度还是较为缓慢的。近年来,在IPv4地址相对匮乏的欧洲和亚洲,IPv6标准化进程及推进速度明显加快,开展了大量的科研工作并且部署了一些示范型网络,相关的技术标准及软、硬件平台都得到了快速发展。目前,设备制造商已经全面生产和制造了IPv6网络设备,运营商也建成了基于IPv6的电信级下一代互联网。事实上,IPv6的应用领域远不止传统的电信行业,在人们工作生活的诸多领域中都有着广阔的应用前景。

(1) 6G业务。现在的PSTN电信网络的下一代网络是NGN,Internet的下一代网络就是NGI,移动网的下一代则要走向5G或者6G。为了满足永远在线的需要,每一个要接入Internet的移动设备都将需要两个唯一的IP地址来实现移动Internet连接,本地网络分配一个静态IP地址,连接点分配第二个IP地址用于漫游。5G和6G作为未来移动通信蓝图中的核心组成部分,对IP地址的需求量极大,只有IPv6才能满足这样的需求。网络运营商都一致认为,IPv6将是发展5G、6G移动通信的有力工具。

(2) 宽带多媒体。随着IP宽带业务的不断发展与普及,宽带多媒体应用正在向更广泛、更深入的领域发展。数字监控、数字电视、远程教学、视频会议等产品和应用都有着广阔的发展前景。IPv6提供的巨大地址空间,解决了地址不足的问题。优化的地址结构极大地提高了路由选择的效率及数据传输量,这对于需要传输大信息量的多媒体业务来说是极其重要的;IPv6加强的协议多播功能可以更加有效地利用网络带宽,实现基于多播、具有网络服务质量保障的大规模视频会议和高清晰度电视广播应用。

(3) 家庭网络。Internet的普及对于家庭网络的发展提供了巨大商机。由于IPv6拥有巨大的地址空间、即插即用的便捷配置、对移动性的内在支持等，使 IPv6 非常适合于拥有巨大数量的各种家用设备网络。一般可以通过个人计算机、PDA 等设备对连接在家庭网络中的电话、空调、冰箱等家电设备进行远距离操控。大容量 IP 地址结构能够实现每一个家用电器获得一个 IP 地址，并可以通过网络把这些家电管理起来，方便用户随时掌握家中状况，体验全新的生活模式。

(4) 传感器网络。传感器网络已经逐渐深入到社会的多个角落中，以传感器网络为物理基础的物联网近年来也成为了新的研究热点。IPv6 中的大容量地址空间，可以为每个传感器分配一个 IP 地址，通过 IPv6 互联网络，实时采集地震、大气、水文等各种环境监测数据，进行分析研究。IPv6 也可以用于射频识别技术中，方便人们的工作生活。

(5) 军事应用。军事应用是网络发展永恒的原动力，IPv6 技术也必将应用于军事领域中。军事网络大多是相对独立的物理网络，全面普及 IPv6 技术相对更为容易一些；IPv6 所内建的安全功能将是军事应用更为关注的内容。

(6) 智能交通系统。智能交通系统的优势已经为世界各国所认可，其在解决交通拥挤、行车安全、智能驾驶等方面都将有所作为。智能交通系统中涉及大量的通信实体，信息点众多，类型复杂。IPv6 可以使智能交通系统中的每一个实体(信号灯、监视器、传感器、车辆等)都获得一个单独的 IP 地址，进而实现智能交通系统的整体联网，解决结点间的无障碍通信难题。

5.7 虚拟专用网(VPN)和网络地址转换(NAT)

5.7.1 虚拟专用网

1. VPN 的功能

由于 IP 地址的紧缺，一个机构能够申请到的 IP 地址数量要远少于该机构所拥有的主机数量，这样就存在 IP 地址不够用的问题。另外，考虑到互联网并不安全，一个机构也并不需要把所有的主机都接入外部的互联网中。在很多情况下，大多数主机也是要和该机构内部的其他主机进行通信(如大型企业中很多主机需要经常访问企业内部的各种服务器，而并不需要访问外部网络)。这样，对于采用 TCP/IP 协议联网的机构内部网络，可以让其使用仅在该机构内部有效的 IP 地址(该类地址称为本地地址、专用地址或私有地址，如表 5-2 所示)，而不需要向互联网的管理机构申请全球唯一的 IP 地址(该类地址称为全球地址)，这样就可以大大节约全球 IP 地址资源。

私有地址只能用于机构内部的通信，而不能用于与互联网上的主机进行通信。即在互联网中的所有路由器，对目的地址是私有地址的数据报一律不进行转发。采用这样的私有 IP 地址的网络称为专用网。显然，全球范围内有很多的专用网使用相同的私有 IP 地址，但并不会引起地址冲突，因为这些私有地址仅在本机构内部使用，所以私有 IP 地址也称为可重用地址。

在传统的大型企事业单位的组网方案中，为了实现处于不同地理位置的部门、分支机构 LAN 与 LAN 之间的远距离通信，一种方式就是采用租用线路的方式，在这种方式下，用户除了要承担昂贵的专线租金外，还要承担繁杂的调制解调器与接入设备的管理任务，并且这种方法的扩展性与灵活性差。另一种方式则是利用接入互联网的条件,构建企业的虚拟专用网(Virtual Private Network),利用互联网作为该机构位于不同地点的专用网通信的载体实现机构内部各个专用网的网络互联。

之所以称其为"专用网"是因为这种网络是用于该机构内部的通信,而不是用于和网络外其他机构的主机通信。若专用网不同网点之间的通信必须通过公用互联网,而通信又有保密的要求,那么所有通过互联网传送的数据都必须进行加密处理。"虚拟"表示好像是,但本质上并不是,因为并未使用通信专线,VPN所达到的效果和真正的专用网是一样的。一个机构要构建自己的VPN,就必须为它的每一个场所购买专门的硬件和软件,并进行相关的配置,使得每个场所的VPN系统都知道其他场所的地址。

VPN至少应提供以下3方面的功能。

(1) 加密数据,以保证通过公共网络传输信息即使被他人截获也不会泄露。

(2) 信息认证和实体认证,保证信息的完整性、真实性,并能认证用户的身份。

(3) 提供访问控制,不同的用户有不同的访问权限。

2. VPN的解决方案

目前,VPN主要采用4种技术来保证安全,即隧道技术、加解密技术、密钥管理技术、身份认证技术,其中隧道技术是VPN的基本技术。图5-40所示的是一个一般的VPN结构示意图。

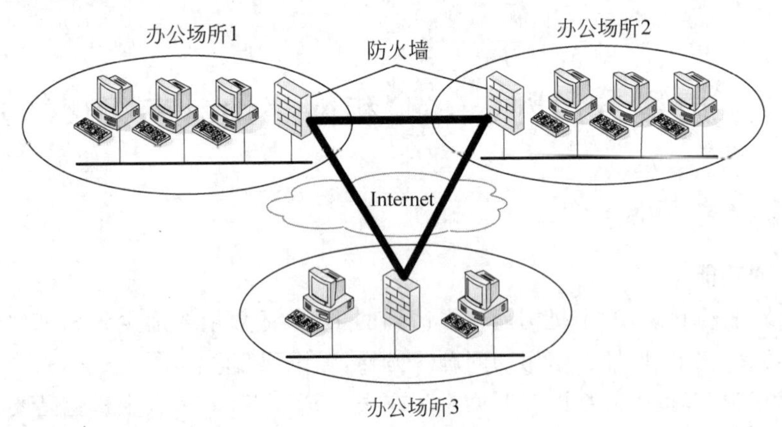

图5-40 一般的VPN结构示意图

在这个方案中,每个办公场所配备一个防火墙,并且通过Internet在所有这些办公场所两两之间建立隧道,这个隧道的建立需要进行加密验证,只有密钥正确,隧道才能建立起来,加密验证保证了隧道是和正确的对方建立的。在建立隧道之后,明文的数据经过加密后才会被传送,加密密钥和加解密算法也是需要双方配置正确,这样可以保证数据即使被中途截获,如果不知道密钥和加解密算法,依然难以还原数据。

许多防火墙具有内置的VPN功能,有些普通路由器也具有VPN功能,但是,由于防火墙的主要任务在于提供安全服务,因此,只要公司与Internet之间有非常清晰的隔离边界,则让隧道起止于防火墙是非常自然的做法。

根据形成隧道协议的不同,VPN分为第二层隧道和第三层隧道。由数据链路层协议形成的隧道称为第二层隧道,主要包括PPTP协议和L2TP协议;由网络层IP协议形成的隧道称为第三层隧道,主要包括IPSec。

1996 年 Microsoft 与 Ascend(现在是 Lucent 科技的一部分)提出了在 PPP 协议基础上的 PPTP(Point-to-Point Tunneling Protocol)隧道协议,同年 Cisco 提出了将 PPTP 隧道协议与 L2F(Layer 2 Forwarding)协议结合起来,研究 L2TP(Layer 2 Tunneling Protocol)协议。PPTP 和 L2TP 隧道协议的优点,是支持流量控制,通过减少丢弃包来改善网络的性能;其缺点是,两种协议只支持对隧道两端设备的认证,不能对隧道中通过的每个数据报文进行认证,因此无法抵御插入攻击、地址欺骗攻击与拒绝服务攻击。PPTP 和 L2TP 隧道协议比较适合远程访问的 VPN。

与 PPTP 和 L2TP 相比,IPSec 的功能更丰富,而且也更复杂,它通过使用隧道模式,来建立 VPN 服务。IPSec 支持主机与主机、主机与路由器、路由器与路由器之间,以及远程访问用户之间的安全服务。由于 IPSec 出众的加密能力及极强方便性,因此 IPSec 是人们构建 VPN 的首选方法。

3. VPN 的应用方式

VPN 作为一种组网技术,有 3 种应用方式:远程访问虚拟专用网(Access VPN)、企业内部虚拟专用网(Intranet VPN)、扩展的企业内部虚拟专用网(Extranet VPN)。

(1) Access VPN。Access VPN 主要解决远程用户安全办公问题,用户既要能远程获取企业内部网信息,又要能够保证用户和企业内部网的安全。远程用户利用 VPN 技术,采用 ADSL、LAN 或 WLAN 接入技术通过 Internet 方式接入公司内部网。Access VPN 一般包含两部分,即远程用户 VPN 客户端软件和 VPN 接入设备,其组成结构如图 5-41 所示。

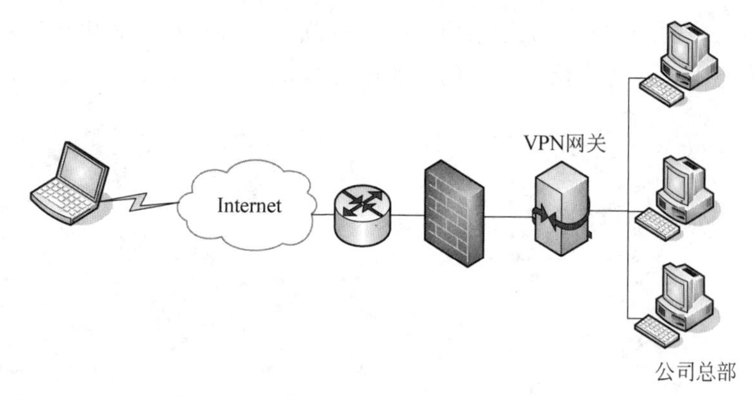

图 5-41　Access VPN 的组成结构

(2) Intranet VPN。随着企业业务的发展变化,企业办公地点不再集中在一个地点,而是分布在各个不同的地理区域,甚至是跨越不同的国家。因而,企业的信息环境也随之变化,针对企业的这种情况,Intranet VPN 的用途就是通过公用网络,如 Internet,把分散在不同地理区域的企业办公点的局域网安全地互联起来,实现企业内部信息的安全共享和企业办公自动化。Intranet VPN 一般的组成结构如图 5-42 所示。

(3) Extranet VPN。由于企业合作伙伴的主机和网络分布在不同地理位置上,传统上一般通过专线互联实现信息交换,但是如此一来网络建设与管理维护都非常困难,造成企业间的商业交易程序复杂化。Extranet VPN 则是利用 VPN 技术,在公共通信基础设施(如 Internet)上把合作伙伴的网络或主机安全接入到企业内部网,以方便企业与合作伙伴共享信息和服务。Extranet VPN 解决了企业外部机构的接入安全和通信安全,同时也降低了网

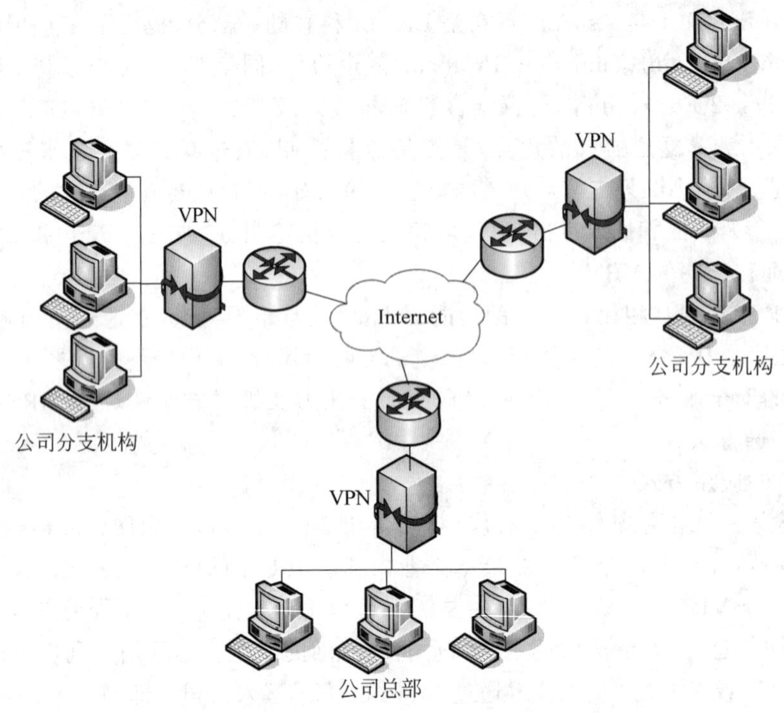

图 5-42 Intranet VPN 的组成结构

络建设成本。Extranet VPN 的一般结构如图 5-43 所示。在这种方式中出于对企业内网资源的保护,通常把对企业合作伙伴提供的服务放在 DMZ(非军事化区)中。

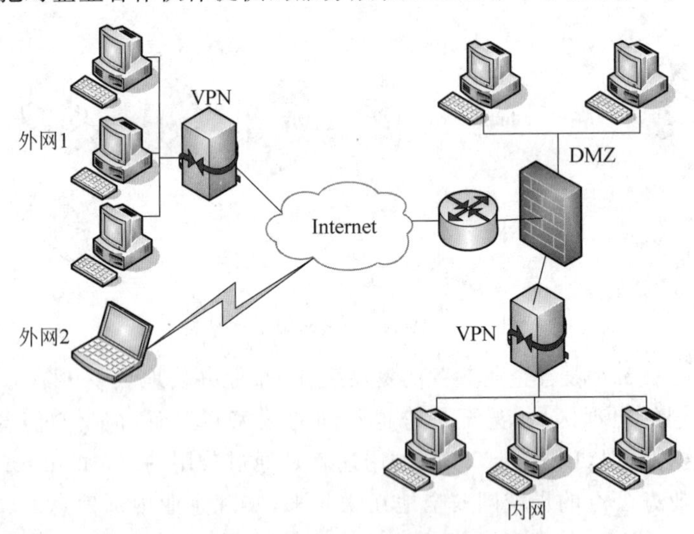

图 5-43 Extranet VPN 的一般结构

5.7.2 网络地址转换

在专用网内部的一些主机上本来已经分配到了本地私有 IP 地址,但现在又想和互联网上的主机进行通信,且无保密要求,这种情况下,就需要网络地址转换(Network Address Translation,NAT)。

通常，路由器和一些专用 NAT 设备都具备 IP 地址转换功能，且这些使用本地地址的专用网络在连接到 Internet 时，都会安装相应的 NAT 设备（一般是 NAT 路由器），这些设备至少具有一个有效的外部全球地址。

NAT 有 3 种实现方式：静态 NAT、动态 NAT、端口地址转换 PAT。

(1) 静态 NAT。实现起来较为简单容易，内部网络中的每个主机都被永久映射成某个全球地址。一般用于全球地址足够多的情况。

图 5-44 给出了一个静态 NAT 路由器的工作原理。专用网 192.168.1.0 中所有主机的 IP 地址都是私有 IP 地址 192.168.1.x，NAT 路由器至少有一个全球 IP 地址（当然也可以有多个）才能和互联网相连。NAT 路由器的全球 IP 地址是 170.1.3.8。

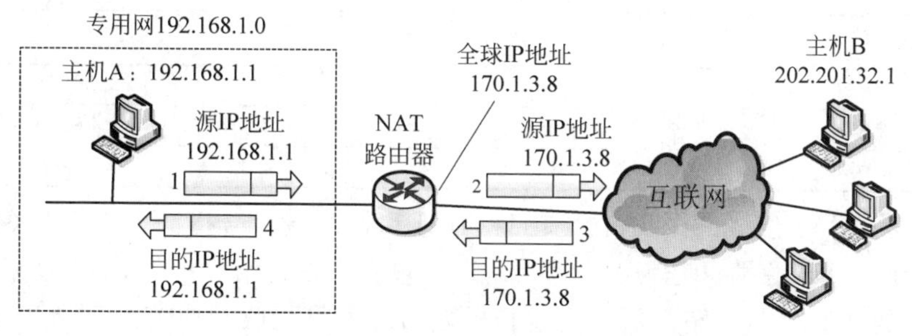

图 5-44　静态 NAT 路由器的工作原理

NAT 路由器收到从专用网内部的主机 A 发往互联网上的主机 B 的数据报，该数据报的源 IP 地址是 192.168.1.1，目的 IP 地址是 202.201.32.1。NAT 路由器把 IP 数据报的源 IP 地址 192.168.1.1 转换为新的源 IP 地址（即 NAT 路由器的全球 IP 地址）170.1.3.8，然后转发出去。当主机 B 收到该数据报时，认为 A 的 IP 地址是 170.1.3.8。当主机 B 给主机 A 发送应答信息时，IP 数据报的目的 IP 地址就是 NAT 路由器的全球 IP 地址 170.1.3.8，此时主机 B 并不知道主机 A 的私有地址 192.168.1.1。即使知道了也不能使用，因为互联网上的路由器都不转发目的地址是私有 IP 地址的 IP 数据报。

当 NAT 路由器收到从互联网上的主机 B 发来的 IP 数据报时，还要进行一次 IP 地址的转换，这种转换可以根据 NAT 路由器中的 NAT 地址转换表进行，该表的一个例子如表 5-6 所示，根据转换表把目的地址 170.1.3.8 转换为主机 A 的真实私有地址 192.168.1.1。

表 5-6　NAT 地址转换对照表

内部私有地址	对应的全球 IP 地址
192.168.1.1	170.1.3.8
192.168.1.2	170.1.3.9
192.168.1.3	170.1.3.10

由此可见，当 NAT 路由器具有 n 个全球 IP 地址时，专用网内最多可以同时有 n 台主机接入互联网。另外，通过 NAT 路由器的通信必须是由专用网内部的主机发起的，因为若互联网上的主机要发起通信，当 IP 数据报到达 NAT 路由器时，该路由器就不知道应当把目的 IP 地址转换成专用网内的哪一个私有 IP 地址，这表明，这种专用网内部的主机不能充当互联网上被其他主机访问的服务器，因为互联网上的客户无法请求专用网内的服务器提供服务，但其可以作为内部网络的服务器来使用。

(2) 动态 NAT。可以将多个内部地址映射为多个全球地址,一般设有一个地址池,地址之间的映射关系不固定绑定。

(3) 端口地址转换 PAT。也称为 NAPT(Network Address Port Translation),可以将多个内部地址映射为一个全球地址,但以不同的协议端口号与不同的内部地址相对应。这种方式常用于全球地址不是很充足的情况。

PAT 方式应用较为广泛,具体的实现过程如下。

设内部地址分别为 A1、A2、…,在每个 Ai 上有多个应用,其端口号为 P1、P2、…,PAT 的全球地址为 B,建立一张对照表,其形式如表 5-7 所示。

表 5-7 PAT 对照表

内 部 IP	端 口 号	变换端口号
A1	P1	30000
A2	P2	30001
…	…	…

以 A1 为例,A1 组成一个 IP 包,其目的地址和目的端口号指向一个合法的服务器地址,其源地址为 A1,源端口号为 P1。如果该 IP 包直接发送给服务器,则服务器送回的应答包中的目的地址为 A1,路由器不会进行转发,A1 不可能收到应答包。所以 A1 不能实现与该服务器的通信。现在,A1 的包经过 PAT 时,PAT 对该包进行了修改,具体方法如下。

(1) PAT 查找对照表,查看 A1+P1 是否存在。

(2) 若不存在,生成一个新的变换端口号(如 30000),将 A1、P1 和新的变换端口号存入对照表,转(3)。

(3) 取出变换端口号 P,将 IP 包中的源地址改为 B,源端口号改为 P,将数据包转发出去。

(4) PAT 收到一个应答包后,用包中的目的端口号(目的地址肯定是 B)到对照表中查找对应的内部 IP 和端口号。

(5) 将应答包的目的地址改为查到的内部 IP 地址 A1,目的端口号改为查到的端口号 P1,然后将修改后的应答包发送到内部网络上。

通过这样的方式,可以实现内部网络的所有主机通过一个全球 IP 地址实现 Internet 的接入。虽然对 NAT 技术的褒贬不一,但事实上,NAT 技术确实方便了人们的应用,在一定程度上缓解了 IP 地址空间不足的问题。

另外,从层次的角度看,PAT 的机制有些特殊。第一,普通路由器在转发 IP 数据报时,对于源 IP 地址或目的 IP 地址都是不改变的;但 NAT 路由器在转发 IP 数据报时,一定会更改其 IP 地址(从专用网到互联网时转换源 IP 地址,从互联网到专用网时转换目的 IP 地址)。第二,普通路由器在转发分组时,是工作在网络层,但 PAT 在工作时还要查看和转换传输层的端口号,而这应属于传输层的范畴,因此受到了一些人的质疑,但其主要工作仍然属于网络层的范畴,且这些质疑并未影响 PAT 的使用。

第6章 传 输 层

传输层在整个网络体系结构中起着承上启下的不可或缺的作用。传输层实现了主机间的进程通信，保证了可靠的端到端交付，向下屏蔽了种种复杂的通信细节，是应用层各项服务的基础和保障。本章将讨论传输层的服务与规范，介绍与传输层相关的概念及应用。重点学习 UDP 和 TCP 两个协议，为今后进一步学习应用层协议等打好基础。

6.1 传输层的服务和规范

6.1.1 进程通信

通过前面的学习已经知道，网络层实现了从源主机到目标主机的数据通信，也就是说网络层可以将数据从源主机准确无误地传送到目标主机，但是整个的通信过程至此并没有结束。有过上网经验的用户都知道，在上网的时候可以一边用 QQ 聊天，一边访问多个网页，还可以同时欣赏精彩的网络直播节目、收发邮件等。那么，如果仅有网络层提供的服务，也就是说，只是把数据送到了需要送到的主机，那么接收主机该如何区分收到的数据是聊天的数据还是有关直播节目的数据呢？由此可见，仅有网络层提供的服务还不够，还需要对数据进行进一步的区分。其实，计算机网络的本质就是实现不同主机间的进程通信。通过标识进程，可以正确并有序地将数据发送到目标应用软件，保证各种不同应用之间的数据不会混淆。传输层提供了网络进程间的通信功能。进程(Process)是计算机操作系统中的一个基本概念。进程与程序既有联系，又有区别。程序是一个在时间上按照严格次序的前后相继的操作序列，是一个静态的概念；而进程则是一个程序对于某个数据集的执行过程，是动态的。目前的计算机操作系统都支持多进程通信，即同一台计算机上可以并发运行多个进程，它们之间对于 CPU、内存等计算机资源的争用由操作系统进行统一调度与协调。因此，在计算机网络中，通信的真正端点并不是主机而是主机中的进程。当然，也只有主机中(资源子网)才存在传输层，在路由器(通信子网)中是没有传输层的。图 6-1 说明了这些问题。

在网络通信环境下，传输层应当如何对进程进行标识呢？由于在单机的环境下，进程是通过进程标识(Process ID)进行唯一标识的，这个进程标识一般来说是一个不太大的整数，由操作系统进行具体的分配。但是在网络环境下，不能完全照搬这样的进程标识方法。因为网络中存在的操作系统是多种多样的，而每种操作系统对进程的管理方式不尽相同，如在 Windows 下的进程 20 与在 UNIX 下的进程 20 代表的是不同功能的进程，如果传输层只是指明要和主机的进程 20 进行通信，有可能在不同的操作系统下会产生不同的执行结果。事

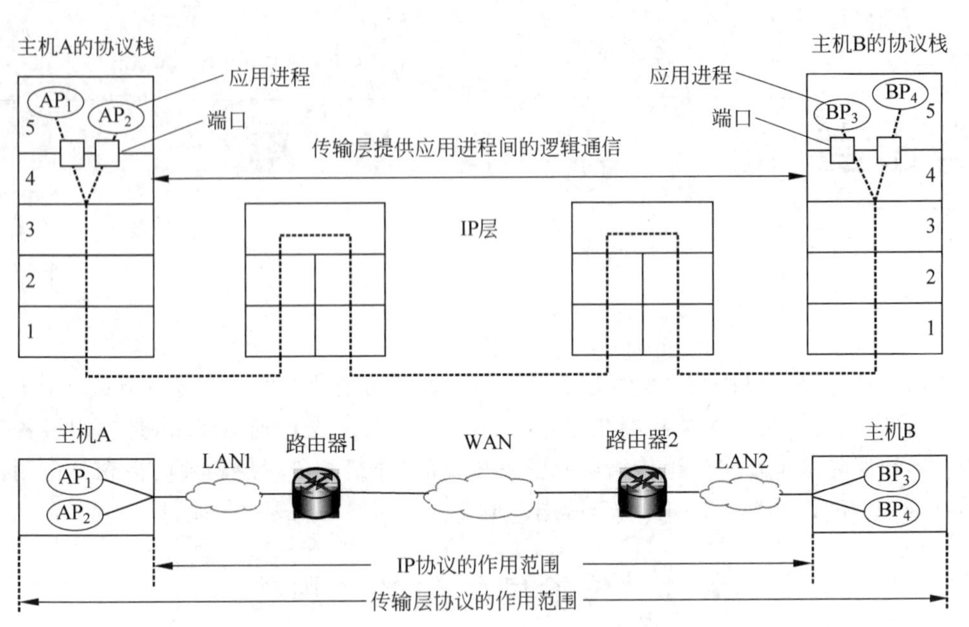

图 6-1　传输层中的进程通信

实上,即使所有的操作系统都使用完全相同的进程标识方式,在网络环境下也不能使用单机环境中的进程标识方法,因为进程的创建与撤销都是动态的。通信的一方几乎无法识别对方计算机上的进程。由此看来,在网络通信环境中,需要一种新的对进程进行标识的方式,这就是协议端口号(Protocol Port Number),通常简称为端口(Port)或端口号(Port Number)。端口是一种在网络环境下通用的进程标识的方法,端口的定义基于主机提供的功能而不是具体实现功能的进程。换句话说,就是只要知道通信时所使用的功能是什么(功能在通信的始末是不会变化的),而不再关心具体的进程是哪些了,尽管通信的终点是进程,具体的功能都是由进程来实现的。传输层的软件具体地将端口与进程对应起来,由端口找到进程。作为用户,只需要知道如何使用端口号就可以了。

在TCP/IP协议族中规定,传输层的软件以客户/服务器模式工作,这就意味着端口号将存在源端口与目的端口之分,源端口用来标识发送端所使用的进程,目的端口用来标识接收端使用的进程。在具体的应用过程中,端口号用一个16位的整数来表示,范围为0～65535,这么多的端口对于一台计算机来说是足够用了。端口号只具有本地意义,它只是为了标识本地计算机应用层中的各个进程在和传输层交互时的层间接口。在整个互联网中,不同计算机间的端口号是没有关联的,也就是说,不同计算机可以使用相同的端口号。

由此可见,两台计算机间的通信不仅需要IP地址(标识主机),而且还需要端口号(标识应用进程)。端口号可以分为以下3类,由Internet赋号管理局(IANA)进行管理。

(1) 熟知端口号(Well-known Port Number)。范围为0～1023,是在服务器端使用的端口号。IANA将这些端口号分配给了一些重要的TCP/IP应用程序,每一种具体的应用都会有事先指定好的端口号,这些指定好的端口号不能用于其他用途。当用户需要和服务器进行通信时,会依据通信的类型选择相应的端口号。表6-1列出了常用的一些熟知端口号。

表 6-1　常用的熟知端口号

端　口　号	服务进程	说　　明
7	Echo	将收到的数据报回送到发送器
9	Discard	丢弃任何收到的数据报
11	Users	活跃的用户
13	Daytime	返回日期和时间
17	Quote	返回日期和引用
19	Chargen	返回字符串
20	FTP	数据文件传输协议(数据连接)
21	FTP	控制文件传输协议(控制连接)
23	Telnet	虚拟终端网络
25	SMTP	简单邮件传输协议
53	DNS	域名服务器
67/68	BOOTP	引导程序协议
69	TFTP	简单文件传输协议
80	HTTP	超文本传输协议
111	RPC	远程过程调用
161/162	SNMP	简单网络管理协议

(2) 注册端口号。范围为1024～49151,是在服务器端使用的端口号。这类端口号是为没有熟知端口号的应用程序提供的。需要使用注册端口号的用户可以在IANA申请注册,以防止重复。

(3) 临时端口号。范围为49152～65535,是在客户端使用的端口号。由于这类端口号仅在客户进程运行时才动态选择,因此又称为临时端口号或者短暂端口号。这类端口号只有在需要的时候由客户进程随机地选取一个使用,告诉服务器进程自己所使用的端口号,以便服务器进程可以与自己进行通信;当整个的通信过程结束后,刚才使用过的端口号就会交回给操作系统,这个端口号此时就又可以提供给其他的客户进程使用了。

在通信过程中,为了标识一个连接,往往需要标识出连接的两个端点,这就需要使用套接字(Socket)。套接字是由IP地址(32位)和端口号(16位)共同组成的,形式为{IP地址:端口号},共48位。在整个因特网中,使用一对标识通信两端的套接字就可以唯一地标识一个连接,也就是说,连接可以用{socket1,socket2}这样的形式进行标识。例如,{202.6.21.18:52500,202.201.85.15:25}就表示了一个连接。

6.1.2　传输层协议

目前,在传输层工作的协议有3个:用户数据报协议(User Datagram Protocol,UDP)、传输控制协议(Transmission Control Protocol,TCP)和流控制传输协议(Stream Control Transmission Protocol,SCTP)。其中,TCP和SCTP是一种面向连接的传输层协议,UDP是一种无连接的传输层协议。

按照OSI参考模型的规定,两个对等传输层实体在通信时传送的数据单位称为传输协议数据单元(Transport Protocol Data Unit,TPDU),TPDU的有效载荷是应用层的数据。但在TCP/IP协议体系结构中,依据所使用的协议,分别称为UDP用户数据报、TCP报文段(Segment)、SCTP分组。

UDP在传送数据之前不需要建立连接。远程主机的传输层在收到UDP报文后,不需要给出任何形式的回复。虽然UDP提供的是一种不可靠交付,但在某些情况下却需要这样的工作方式,这样的工作方式简单且高效。

TCP则提供面向连接的服务。在传送数据之前必须建立连接,数据传送结束后要释放连接。TCP不提供广播或多播服务。由于TCP提供可靠的、面向连接的传输服务,因此不可避免地增加了许多的额外开销,如连接管理、流量控制、拥塞控制等。这不仅使协议数据单元的首部相对庞大,还需要占用许多的主机资源。

因此,应用层协议与UDP、TCP的明确的依赖关系主要是由于不同的应用服务对数据传输所提出的要求所决定的。有的应用服务要求传输必须有很高的可靠性,如文件传输协议(FTP)、超文本传输协议(HTTP)、简单邮件传输协议(SMTP)等,因此在传输层设计出一种高可靠性的TCP来满足这种要求;而有些应用服务则要求传输速率以及协议运行效率更高,如一些实时应用(IP电话、视频会议等),这些应用要求源主机以恒定的速率发送数据,并且在网络出现拥塞时,可以丢弃一些数据,但却不允许数据延迟太大,而UDP正是为这种应用需求所设计的。简单网络管理协议(SNMP)、路由选择协议(RIP)、网络电话(VoIP)等都应用了UDP。

SCTP兼有TCP和UDP的优点。SCTP提供面向连接的、点到点的可靠传输,它继承了TCP强大的拥塞控制、差错控制等功能,任何在TCP上运行的应用都可被移到SCTP上运行。不同于TCP的是,SCTP提供了许多对于信令传输很重要的功能,同时,对于其他一些对性能和可靠性有额外需要的应用,它能提供特定功能来满足这些需要。表6-2说明了一些主要的应用层协议所使用的传输层协议。

表6-2 应用层协议所使用的传输层协议

应　用	应用层协议	传输层协议
域名系统	DNS	UDP/TCP
文件传送	TFTP	UDP
路由选择协议	RIP	UDP
IP地址选择	BOOTP,DHCP	UDP
网络管理	SNMP	UDP
远程文件服务器	NFS	UDP
电子邮件	SMTP	TCP
远程终端接入	Telnet	TCP
万维网	HTTP	TCP
文件传送	FTP	TCP

6.1.3 传输层的基本功能

传输层的目标是向应用层的应用进程之间的通信,提供高效可靠、保证质量的服务。通信子网的数据传输总是存在差错的,因为在网络层上采取的是一种“尽力而为”的工作方式。传输层可以有效地消除差错,提高数据传输服务质量和可靠性,保证QoS,弥补通信子网服务的不足。传输层在网络分层结构中起着承上启下的作用,通过执行传输层协议,屏蔽了通信子网在技术、设计上的差异和服务质量的不足,向高层提供一个标准的、完善的通信服务。从通信和信息处理的角度看,应用层是面向信息处理的,而传输层是为应用层提供通信服务的。

传输层向源主机和目的主机进程之间提供端到端数据传输服务，而传输层以下的各层所提供的服务只是相邻结点之间的点到点数据传输。关于点到点和端到端两者的含义是不一样的，在通信子网中（只涉及物理层、数据链路层和网络层）的相邻结点之间的通信称为点到点通信，并不涉及程序及进程的概念。端到端通信的两端是传输层意义上的两个端点，端到端信道是由一段段的点到点信道构成的，端到端协议建立在点到点协议之上。

传输层的功能和网络层是有区别的，网络层只是为主机之间提供了逻辑通信，而传输层为应用进程之间提供了端到端的逻辑通信，两者的作用范围是不同的，如图 6-2 所示。

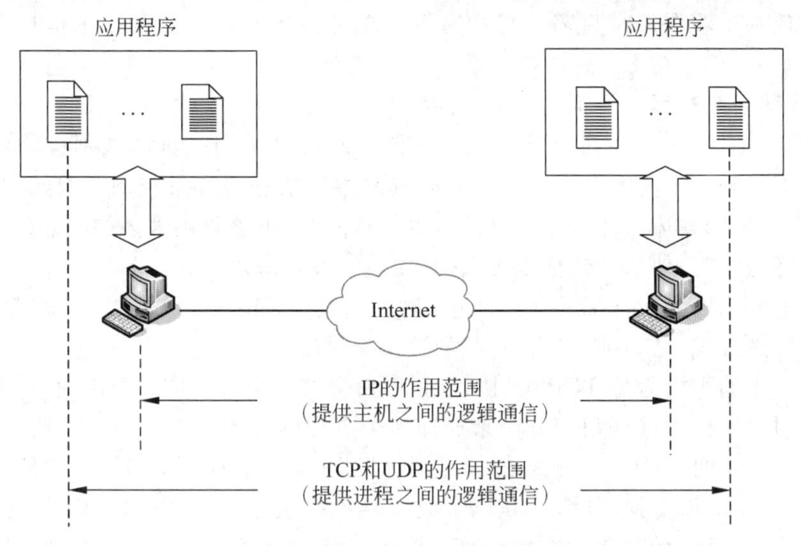

图 6-2　传输层和网络层的作用范围

6.2　用户数据报协议（UDP）

6.2.1　UDP 的主要特点

从用户的角度看，用户数据报协议（UDP）提供了无连接、不可靠的传输服务，UDP 只在 IP 数据报服务之上增加了很少的功能。虽然用户数据报只能提供不可靠的交付，但 UDP 在某些方面有其特殊的优点。首先将 UDP 与 TCP 进行一些比较，这样将有助于加深对这两种协议特点的理解。

（1）UDP 是无连接的，即 UDP 传送数据前并不与对方建立连接。而 TCP 是一种面向连接的服务协议，在传输数据前，双方必须建立一个 TCP 连接，之后才能传输数据。它们之间的区别就像发明信片和打电话的区别一样，在给对方发明信片时，并不告知对方，即不与对方建立连接。而打电话时则必须先与对方建立连接，之后才可进行对话。

（2）在 UDP 报文的首部中并没有关于数据顺序的信息，而且报文也不一定按顺序到达，所以 UDP 不对收到的数据进行排序。而 TCP 则严格按照顺序控制的方式对所传数据进行排序，以此来保证对丢失或损坏的数据在进行重传时有一个正确的编号。这就好比在发好几封明信片时，并不是按照顺序去发送，并且也不关心接收的顺序是否与发送的顺序相同。而在打电话时，说话的前后顺序也是对方收听到信息的顺序，所说的“再见”并不会在“你好”之前出现。

(3) UDP对接收到的数据报不发送确认信号,发送端不知道数据是否被正确接收,也不会重发数据。而TCP的确认应答信号说明了下一个所期望接收到的数据是什么,当传输出现错误时,它会要求进行重发。这就好比发出去的明信片,发出后并不会确认对方是否已收到,而且对方也不会要求重发;但当打电话时,有时就会问对方"你听清楚了吗""你明白我的意思吗"来确认应答。

(4) UDP传送数据较TCP系统开销少。因为UDP是一种无连接的传输方式,所以在传输数据时无须建立连接,在传输完成后也不用释放连接。因此减少了系统开销和传输时延。这就好比在发明信片时只需在最初写上简单的内容和收信人的简单信息之后进行邮寄。此后,便不会再花精力;而在打电话时必须花费一定的时间和精力来与对方进行信息的交流,且一般在此过程中是不能去干别的事的。

(5) UDP在收到分组时没有流量控制机制,而TCP采用一种与数据链路层的滑动窗口协议相似但又有所不同的可变大小的滑动窗口协议来进行流量控制。例如,假设你是一个明星,你无法控制歌迷给你寄明信片的多少,或许你会很烦收到太多的明信片。而当你和你的父母进行通话时,他们会让你说慢点,好让他们听得清楚些。

通过以上的比较可知,UDP提供的是一种无连接的、无序的、不可靠的、高效的、无流量控制的数据传送方式,是一种"尽力而为"的数据交付服务。

当在网络中的主机运行TCP/IP协议时,一般会有多个进程同时要求使用UDP所提供的服务。此时,UDP通过复用和分用来处理多个进程的服务请求,进程与进程之间则是靠端口号来进行区别的。UDP从不同的进程接收报文,这些进程是由指派给它们的端口来区分的,为用户数据报加上首部后,UDP就将之交给网络层;发送端的UDP处理多个进程的用户数据报称为UDP的复用。在接收端,UDP从IP接收用户数据报,经过差错检查后就丢掉首部,UDP根据端口号把每一份报文交付到适当的进程,这个过程称为UDP的分用。图6-3说明了UDP的复用和分用的关系。

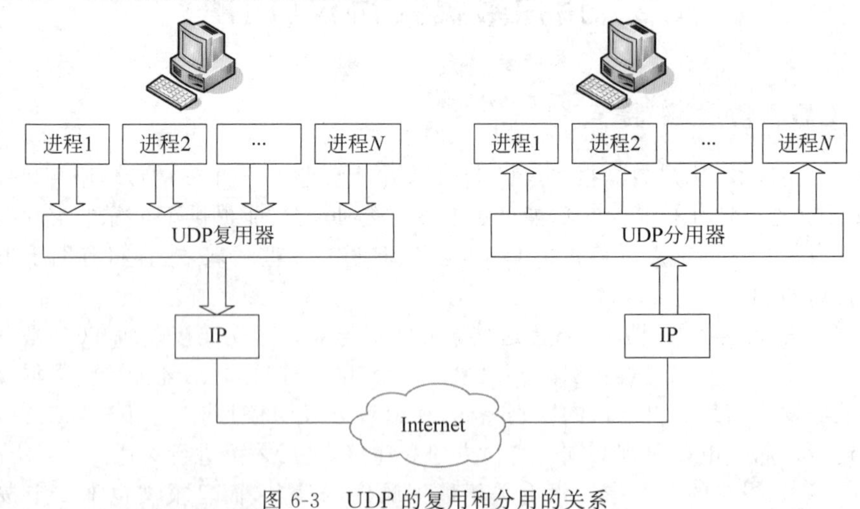

图6-3 UDP的复用和分用的关系

6.2.2 UDP数据报的格式

为了降低开销,UDP数据报的格式很简单。UDP数据报包括首部和数据两部分。其中,首部长度为8B,由4个字段构成,每个字段占2B,如图6-4所示。

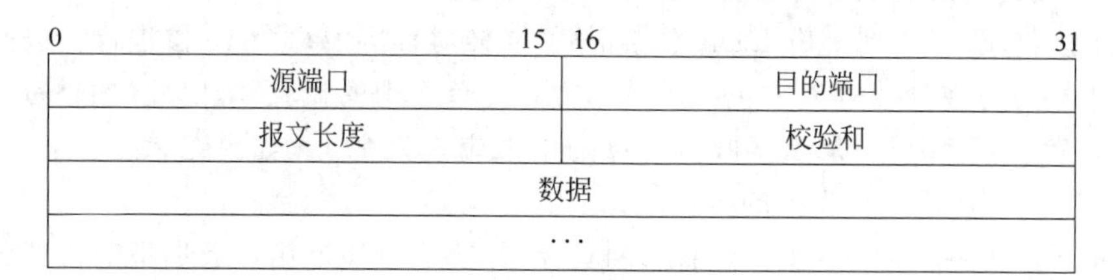

图 6-4　UDP 数据报的格式

下面介绍各字段的具体含义。

(1) 源端口。发送数据主机上应用程序的端口号,所占长度为 16b。

(2) 目的端口。目的主机上应用程序的端口号,所占长度也为 16b。

(3) 报文长度。UDP 报头和 UDP 数据的长度,定义了包括头部在内的用户数据报的总长度。UDP 数据报的总长度最大为 65 535B,最小为 8B。

(4) 校验和。UDP 报头和 UDP 数据字段两者的校验和,用来防止 UDP 数据报在传输过程中的错误。

与 TCP 相同的是,UDP 同样也提供了自己的校验和字段。不过 UDP 校验和字段是可选的,而 TCP 的校验和是必选项。UDP 与 TCP 还有一个共同的特殊点,就是在进行检验和计算时,会在 UDP 数据报前增加 12B 的伪首部。伪首部中包含 IP 首部的一些字段,目的是让 UDP 两次检查数据是否已经正确到达目的地。伪首部只是在计算时临时和 UDP 数据报连接在一起,因为它并不是 UDP 数据报的真正首部,所以称为伪首部。UDP 在进行校验和检验时,不仅检验 UDP 首部而且对数据部分也要进行检验,具体检验范围由 3 部分组成: ①伪首部; ②UDP 首部; ③从上层(应用层)来的数据。UDP 在计算校验和时使用的各个字段如图 6-5 所示。

图 6-5　UDP 在计算校验和时使用的各个字段

UDP 在进行校验和计算时,具体操作过程如下。

(1) 在 UDP 数据报前加上伪首部。

(2) 判断 UDP 用户数据报的数据部分是否为偶数字节,若不是,则应在最后加上值为 0 的字节。

(3) 将 16 位的校验和字段全部置 0,对首部中以每个 16 位为单位进行二进制反码求和,将最后的结果存在校验和字段中,发送此数据报。

(4) 在接收端,当收到一份 UDP 数据报后,同样对首部中每个16位进行二进制反码的求和。由于接收方在计算过程中包含了发送方存在首部中的校验和,因此,如果首部在传输过程中没有发生任何差错,那么接收方计算的结果应该为全1。如果结果不是全1(即校验和错误),那么 UDP 就丢弃收到的数据报。

图6-6所示为一个计算 UDP 校验和的具体例子,这里假定用户数据报的长度为15B。

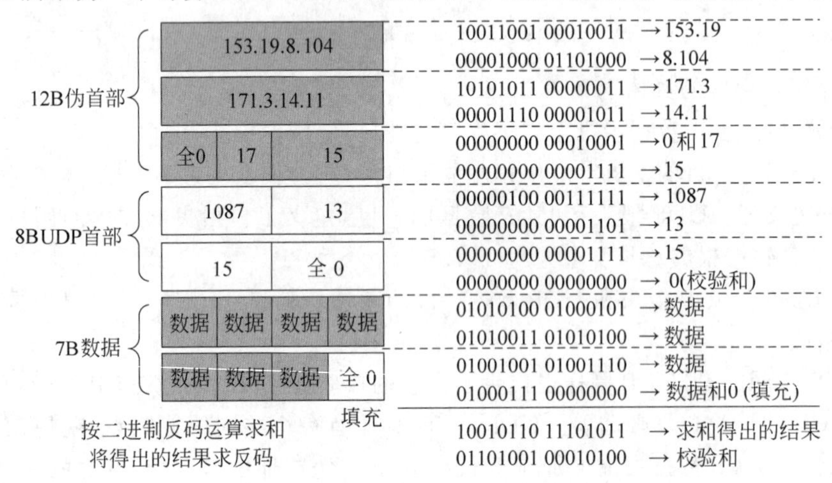

图6-6 UDP 校验和计算示例

6.2.3 UDP 的基本工作过程

1. UDP 的传输过程

首先通过一个例子描述一下 UDP 的基本工作过程。假设主机 A 中的应用层现在使用的是 SNMP(使用 UDP 传送报文)。当从应用层接收来的数据需要发送时,它就将数据交付给执行 UDP 的传输层实体。值得注意的是,在此过程中所需传输的数据要足够短。以便它能够装入一个用户数据报中,UDP 数据报中允许装入的用户数据的最大长度为65 507B(IP 数据报中允许的最大长度为65 535B,去除20B的 IP 首部和8B的 UDP 首部),因此只有发送短报文的应用进程才应该使用 UDP。该 UDP 传输层实体在得到应用层传来的数据后就根据实际情况加上 UDP 报头,形成 UDP 数据报。传输层再将 UDP 数据报交付给它下边的网络层,网络层得到 UDP 数据报后在它的头部加上 IP 报头,形成 IP 分组继续交付给数据链路层。数据链路层也做了相同的工作在 IP 分组上添加帧头、帧尾形成一帧,最后通过物理层传送出去。在到达目标主机 B 后,则是相反的一个解拆装过程。不同的是,在到达相应的层后都会根据各层的协议进行检查。在数据链路层和网络层先进行检查,在无错误之后由 UDP 协议对数据再进行检查。如果无差错就将数据交给应用层,从而完成了整个数据交换过程。图6-7说明了这一工作过程。

UDP 在传输之前并不需要建立连接,这使得使用 UDP 的进程是不能够连续发送数据从而形成数据流的。它所发送的每一个用户数据报相对于整个应用进程所提供的数据而言都是独立的。UDP 的封装将不同数据报之间的差异也很好地隐藏起来,使得每一个 UDP 数据报都以相同的格式发送。

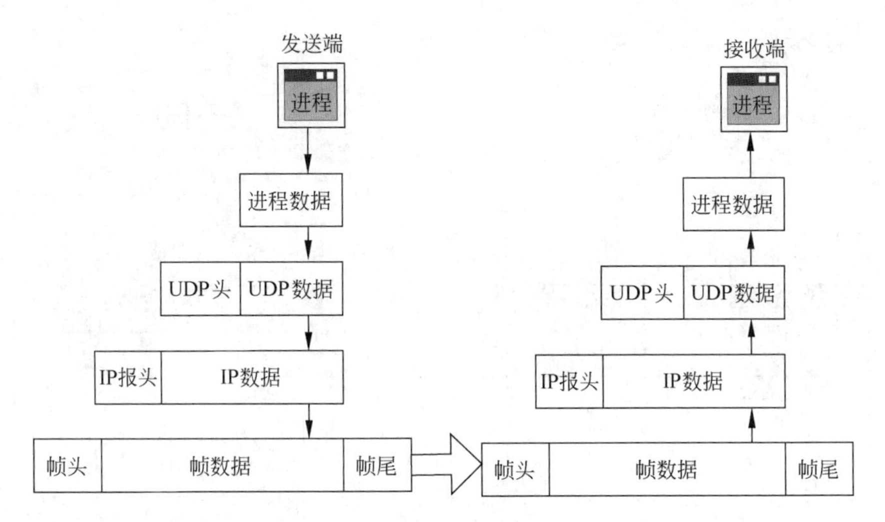

图 6-7　UDP 数据报的传输过程

在 UDP 的数据报报头结构中可以看到，UDP 数据报中是不含序号字段的，因此发送的 UDP 数据报也没有严格地按照顺序的规则到达，这主要是由于 UDP 数据报的传输路径是由网络层来决定的。对于从应用层来的数据而言可以走不同的路径到达相同的目标主机，有可能会出现晚发的数据早到的情况。

UDP 是一个简单的、不可靠的传输层协议，没有提供流量控制、差错控制等机制。UDP 只提供简单的校验和用来防止 UDP 数据报在传输过程中的出错问题，因此当接收进程通过校验和发现传输出错时，只是简单地将该出错的用户数据报丢弃，并不向发送进程提供错误通知。当然，采用 UDP 的应用进程一般会在应用层提供必要的差错控制机制。

2. UDP 的数据报传输队列

为了对同一台主机并发运行的多个 UDP 进程进行区分，传输层实体采用了一种与 UDP 端口相关联的用户数据报传输队列机制。图 6-8 给出了一对用户进程通过 UDP 进行数据交换时，用户数据报传输队列的工作原理。

(1) 客户端。当主机中的客户进程启动时，UDP 会为该进程分配一个临时端口号，并同时创建与该端口号对应的一个输出队列和一个输入队列。当该客户进程有要发送的用户数据报时，就被写入输出队列。如果输出队列发生溢出时，操作系统就会要求客户进程降低用户数据报的发送速度；从服务器端相应的对等进程接收的用户数据报，则被放入该客户进程端口号所对应的输入队列中。如果输入队列产生溢出或创建出现问题时，客户端将无法接收从服务器端对等进程所返回的数据。此时，客户端会丢弃这些用户数据报，并通过 ICMP 向服务器端发送“端口不可到达”的出错报文。

(2) 服务器端。与上面所讲述的客户端创建队列机制不同的是，服务器端会使用熟知端口号去创建一个输入队列和一个输出队列。不管是否有客户进程的请求，只要服务器进程在运行，这些队列就一直是存在的。一般地，服务器端会在客户的 UDP 请求到达时先检查对应于该用户数据报目标端口的输入队列，检查是否已经存在，若不存在，就丢弃该用户数据报，并通过 ICMP 向客户端发送“端口不可到达”的报文；否则，就将收到的客户 UDP 请求放在该输入队列的末尾。

应该指出，对于服务器进程而言，不管 UDP 请求是否来自不同的客户端，都要被放入

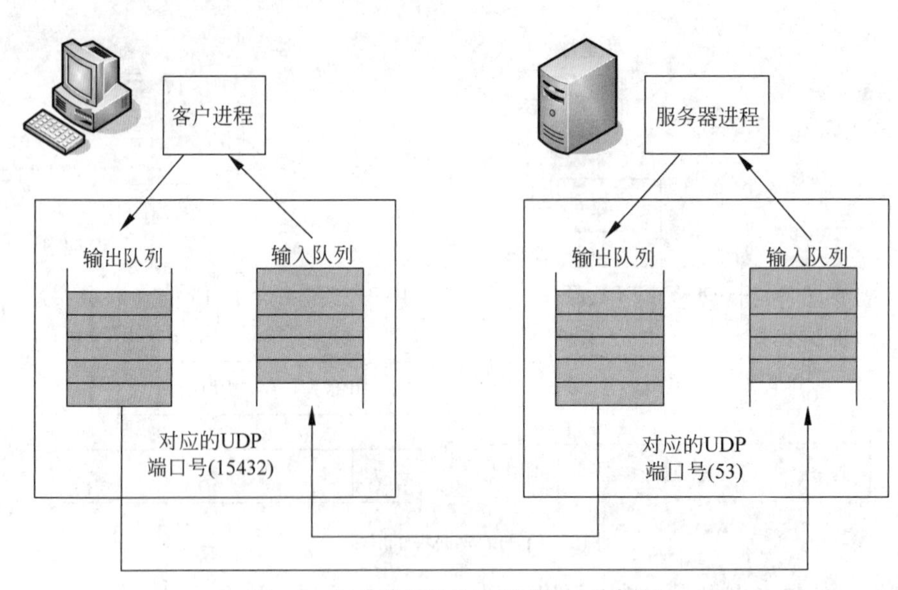

图 6-8 用户数据报传输队列的工作原理

同一个输入队列。当输入队列发生溢出时,UDP 服务器进程就丢弃该用户数据报,并请求通过 ICMP 向客户端发送"端口不可到达"的报文。当服务器要对客户的请求进行回应时,它就要将发送的报文传送到相应服务进程端口号所对应的输出队列中,并使用请求服务报文的源端口号作为应答报文的端口号。在为报文加上 UDP 首部后,将其交付给网络层。相反,若输出队列发生溢出,则操作系统会告知该服务器进程在继续发送报文之前先等待一段时间。

6.3 传输控制协议(TCP)

在 IP 服务的基础上,TCP 增加了面向连接服务,以此保证了传输的可靠性,同时也实现了流量控制、差错控制及拥塞控制等。TCP 的功能相对比较强大,但也正因如此,TCP 的实现相当复杂,TCP 是 TCP/IP 协议体系结构中非常复杂的一个协议。本节将全面深入地探讨 TCP,包括 TCP 的特点、TCP 报文段的格式、TCP 的连接过程、TCP 的流量控制、TCP 的差错控制、TCP 的拥塞控制。

6.3.1 TCP 的特点

(1) TCP 是一种面向连接的、可靠的协议。面向连接就要求在进行实际的数据传输前,必须首先建立 TCP 连接,数据传输完毕后,需要释放 TCP 连接。

(2) TCP 支持流传输。流(Stream)是指流入进程或从进程流出的字节序列。流类似于一个管道,从一端放入什么,就会从另一端取出什么,内容不会发生变化,顺序也会和放入时的顺序一致。流传输对于 TCP 而言是非常重要的,是保证传输层可靠性的基础。为了实现流传输,在发送端和接收端都需要设置缓存。发送端使用发送缓存存储来自应用程序的数据,接收端使用接收缓存存储来自网络的数据,接收端应用程序从接收缓存读取数据。TCP 并不负责解释流字节中内容的具体含义,而只是将它当作要发送或接收的对象,接收端相关的应用程序会对接收到的数据进行识别解释，将它还原成原始的有意义的应用层数据。

(3) TCP 支持全双工服务。TCP 允许通信双方的应用程序在任何时间都可以同时接收和发送数据，实现全双工服务。显然，能够提供全双工的服务是和缓存的作用分不开的。

(4) TCP 提供可靠的服务。TCP 使用确认与重传技术保证了数据的可靠交付，实现了在传输层以下各层没有实现的可靠交付的功能，经过 TCP 传输的数据可以认为是准确无误的。

6.3.2 TCP 报文段的格式

视频讲解

TCP 传送的数据单元是报文段，TCP 报文段被封装在一个 IP 数据报中，如图 6-9 所示。一个 TCP 报文段分为首部和数据两部分，首部的长度为 20～60B，其中前 20B 是固定的，后面有 $4N$B(N 必为整数)则是根据需要而增加的选项，选项的最大长度为 40B。TCP 各字段的意义如下。

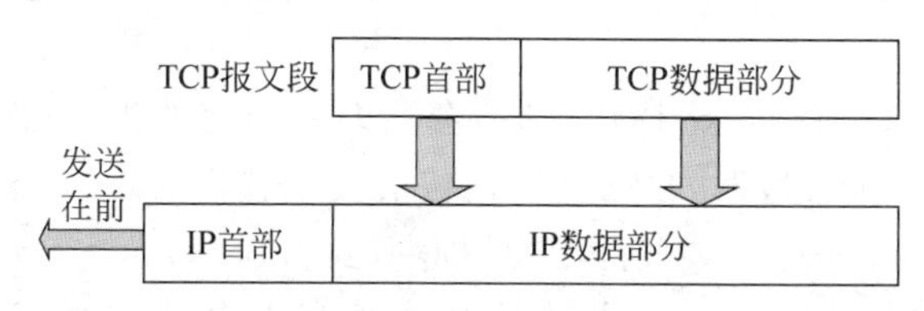

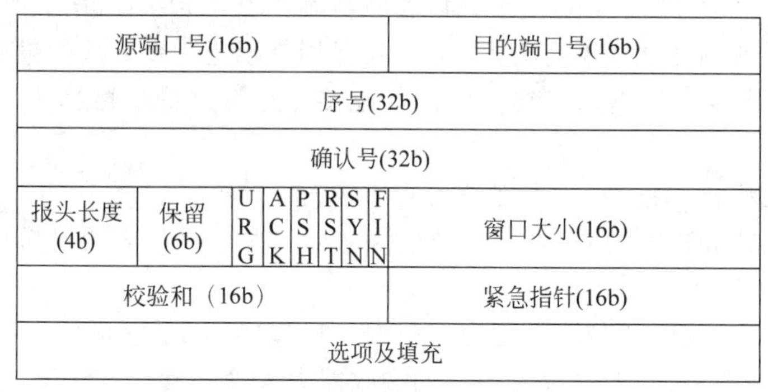

图 6-9 TCP 报文段的格式

(1) 源端口号和目的端口号。长度分别为 2B，分别写入发送端所使用的源端口号和接收端所使用的目的端口号，用于寻找发送端和接收端所使用的应用进程。这两个值加上 IP 首部中的发送端 IP 地址和接收端 IP 地址唯一地确定一个 TCP 连接。

(2) 序号。长度为 4B，是 32b 的无符号数，范围为 $0\sim2^{32}-1$，到达最末尾后又会重新从 0 开始。TCP 是基于流传输的，在一个 TCP 连接中传送的字节流中的每一字节都按顺序编号。序号用来标识从 TCP 发送端向 TCP 接收端发送的数据字节流，它表示在这个报文段中的第一个数据字节。例如，某报文段的序号字段的值是 1001，而携带的数据共 200B，则本报文段数据的第一个字节的序号是 1001，而最后一个字节的序号是 1200。这样，下一个报文段的数据序号应当从 1201 开始，因而下一个报文段的序号字段的值应为 1201。32b 的序号能够表示 4G 的数据字节的编号，这在一般的情况下是够用的。

(3) 确认号。长度为 4B，是期望收到对方的下一个报文段的数据的第一个字节的序号，也就是期望收到的下一个报文段首部的序号字段的值。例如，正确收到了一个报文段，其序号字段的值是 1001，而数据长度是 200B，这就表明序号在 1001～1200 的数据均已正确接收到。因此,在响应报文段中应将确认序号置为1201。由此可以看出,若确认号是N,则说明期待下次收到的报文的序号为N,也表明序号为$N-1$之前的报文都已经正确接收。

(4) 数据偏移/报头长度。长度4b。TCP报头长度是以4B为一个单元来进行计算的,由于首部长度为20～60B,因此这个字段的值为5～15。首部长度也叫数据偏移,它指出TCP报文段的数据起始处距离TCP报文段的起始处有多远。

(5) 保留。长度为6b,保留为今后使用,目前置为0。

(6) 紧急比特(URG)。从URG标志位开始一直到FIN标志位结束的6b内容称为控制字段,每个标志位长度为1b,共有6个标志位,各自实现不同的功能。当URG=1时,表明紧急指针字段有效,这时的报文段中包含紧急数据,可以优先发送。发送方TCP将紧急数据放在本报文段数据部分的最前面,在紧急数据之后的数据部分可以是需要发送的普通数据。后面将要介绍的紧急指针字段指出了紧急数据与普通数据的分界点。

(7) 确认比特(ACK)。当ACK=1时确认号字段有效,而当ACK=0时,确认号字段无效。

(8) 推送比特(PSH)。当推送比特置1时,会立即将当前的报文段发送出去,接收端TCP收到推送比特置1的报文段时,也会立即交付给应用进程处理,不需要等待整个缓存区填满后才进行交付。这个标志位在实际中使用得不多。

(9) 复位比特(RST)。当RST=1时,表明当前TCP连接中出现了严重的错误,必须释放连接,然后再重新建立传输连接。复位比特还用来拒绝一个非法的报文段或拒绝打开一个连接。复位比特也可以用来终止空闲的连接。复位比特也可称为重建比特或重置比特。

(10) 同步比特(SYN)。在连接建立时对序号进行同步。

(11) 终止比特(FIN)。用来释放一个连接。当FIN=1时,表明发送端的数据已经发送完毕,可以释放连接。

(12) 窗口大小。长度为2B,范围为$0\sim2^{16}-1$。定义了对方必须维持的窗口值,单位为字节。在流量控制中,一般是以接收方的接收能力来确定发送方的发送速度的,不能过快,否则会将接收方湮没在数据流中,而如果过慢,又会使传输效率比较低下。TCP的一端会根据自己的接收能力(主要取决于缓存的大小和处理速度)来确定自己的接收窗口大小,然后通知对方以确定对方的发送窗口,发送端必须要遵从接收端的接收窗口的要求。在TCP传输中,窗口值会随着网络状态及主机情况的变化而动态变化,不是一个固定不变的数值。

(13) 校验和。长度为2B。校验和字段检验的范围包括首部和数据两部分。和UDP检验的方法一样,在计算校验和时,要在TCP报文段的前面加上12B的伪首部,格式与UDP一样,但应将伪首部第4个字段中的17改为6,因为TCP的协议号是6,将第5个字段中的UDP长度改为TCP长度。接收端接收到此报文段后,仍要加上这个伪首部来进行检验。

(14) 紧急指针。长度为2B。该字段仅当URG=1时才生效,该字段指明了该报文段中的紧急数据的字节数,也就是说,通过这个字段,可以将报文数据中的紧急数据和普通数据区分开。即使窗口值变为零时,也可以发送紧急数据。

(15) 选项。长度可变,最长可达40B。选项包括两类:单字节选项和多字节选项。单字节选项有两个,即选项结束和无操作。多字节选项有3个:最大报文段长度、窗口扩大因子及时间戳。下面介绍一些常用的选项内容及其意义。

最大报文段长度(Maximum Segment Size,MSS)选项的长度为4B,表示每一个TCP报文段中的最大数据长度。注意,MSS虽然称为最大报文段长度,但MSS是指报文段中的数据字段的最大长度,而并不是真正意义上的最大报文段的长度,因为真正意义上的最大报文段的长度应该是数据字段加上TCP首部以后的长度,这一点特别容易引起混淆。在建立连接时,连接双方各自向对方通告自己的MSS值(双方的MSS值有可能会不一样),否则将默认为536B(加上20B的IP首部和20B的TCP首部构成576B的IP数据报),这个数值在连接期间不发生改变。设置MSS值的目的主要是提高传输效率。由此可以看到,不管数据字段的值有多大,在IP数据报的层面上,都会有40B的固定开销。如果TCP数据字段中的内容很少(如只有1B),则网络的利用率就很低了。所以,应该尽量使MSS的值大一些,但是也不能无限制的大。因为,网络层对IP数据报的大小是有要求的,如果数据报的长度过大,就需要进行分片。

特别指出,有些资料说MSS值会取双方提出的较小的那个数值,这是不对的,双方的MSS值可以不一样。一方在组装TCP报文段时,会遵从对方提出的MSS值。也有一些资料说,在建立TCP连接时,对方会协商MSS值。事实上,不存在任何的协商过程,只要自己遵从对方提出的MSS值进行TCP报文段的组装就可以了。

窗口扩大因子(Window Scale)选项长度为3B,作用是扩大TCP的窗口数值,以满足一些新的网络应用的需要。扩大后的数值可以达到$2^{30}-1$。

时间戳(Timestamp)选项长度为10B,发送端在报文中放置一个时间戳值,接收端在确认时返回这个值或接收时的时间戳值,以此来计算RTT值。同时,这个选项还用来防止序号绕回。随着高速网络技术的不断运用,2^{32}个序号很快就能轮回一遍。例如,对于1Gb/s的网络来说,不到4.3s所有的序号就会轮回一遍。为了使接收方能够区别新到的报文段和迟到很久的报文段,可以借助时间戳选项。

6.3.3 TCP的连接过程

TCP是一个面向连接的协议,工作时会在源点与终点之间建立一条虚路径。属于一个报文的所有报文段都会沿着这条虚路径进行发送,这使得确认和重传相对容易实现。在网络层上,TCP的实现要借助IP协议。TCP的面向连接传输需要3个阶段:连接建立、数据传送和连接释放。

1. 连接建立

TCP使用三次握手(Three-way Handshake)来建立连接,如图6-10所示。TCP使用的是客户/服务器工作模式。在连接过程中,连接一端的应用程序执行被动打开(Passive Open)的操作,向本机操作系统告知自己将会接受一个传入的连接,这时,操作系统会为连接的这一端分配一个TCP端口号,通常将这一端称为TCP服务器端。打开被动连接的服务器就处于"监听"(Listen)状态,不断检测是否有客户端进程发起连接请求。在连接的另一端,应用程序必须使用主动打开(Active Open)的请求,告诉操作系统自己要建立连接,通常将这一端称为TCP客户端。

在连接的过程中,有以下3个步骤。

(1) 客户(Client)端发送连接请求报文段(也称为SYN报文段),该报文段的同步比特

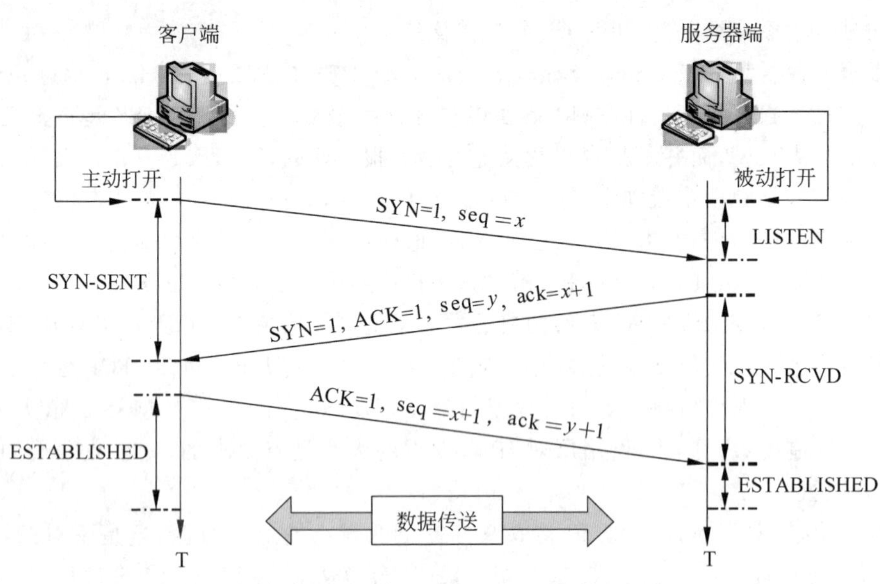

图 6-10　用三次握手建立 TCP 连接

(SYN)置为 1,随机地选取一个初始序号 seq=x。在前面已讲过,这里的 x 本来应该代表的含义是该报文段数据字节中第一个字节的序号,但是这里的用法比较特殊。SYN 报文段本身是不包含数据字节的,但是 TCP 中规定,同步位 SYN=1 的报文段依然要消耗一个序号,因此客户端发送的第二个报文段的序号是第一个报文段的序号加 1(即 $x+1$,虽然在第一个报文段中并未放入数据)。发送完 SYN 报文段后,TCP 客户进程就进入了 SYN-SENT(同步已发送)状态。

初始序号 x 值的选取是随机的,但要注意,每次新建立连接时选取的 x 值应该都是和前几次所选取的 x 值是不同的(每次进行随机选取,x 值相同的概率是很小的),如果 x 每次都选取相同的初始值(如都从 1 开始),则有可能让服务器端混淆多个不同的连接。SYN 报文段中不包括确认号,也没有定义窗口值。

(2) 服务器(Server)端收到连接建立请求报文段后,若同意建立连接,就发送确认。确认报文段是一个 SYN+ACK 报文段,将这两位都置 1,确认号 ack=$x+1$,同时也需要初始化自己的序号 seq=y。客户端的初始序号 x 和服务器端的初始序号 y 是没有直接关系的。当然,序号的选取方法是一样的,都是随机地进行选取。这个报文段中也不能携带数据,但由于同步位 SYN=1,因此同样要消耗一个序号,服务器端发送的第二个报文段的序号是第一个报文段的序号加 1(即 $y+1$)。发送完这个报文段后,TCP 服务器进程就进入 SYN-RCVD(同步收到)状态。

(3) 客户端收到来自服务器的确认报文段后,还需要向服务器进行确认,这个报文段的确认比特(ACK)这一位设置为 1,确认号 ack=$y+1$。该报文段可以携带数据,也可以不携带数据。一般来说,这个报文段是不携带数据的。TCP 中规定,如果不携带数据,则不消耗序号。由于第一次握手已经消耗了 1 个序号,因此此时客户端的序号 seq=$x+1$。发送完该报文段后,TCP 客户进程就进入了 ESTABLISHED(已建立连接)状态。服务器端收到此确认报文段后,也相继进入 ESTABLISHED 状态。

以上的 3 个过程就称为三次握手,经历三次握手建立连接后,就可以开始传输数据了。

有读者可能会有疑问，为什么最后客户端还要发送一次确认呢？采用两次握手可以吗？只要分析一下就可以得到答案了。

假设这样一种情况，若客户端发送的请求连接报文段没有按时到达服务器端(在传输的中间结点处滞留了)，客户端会在等待超时后重新发送新的连接请求报文，这个新的请求报文按时到达了服务器端，进而双方顺利地进行了数据交互，随后就释放了这个连接。而此后不久，第一次发送的被滞留的连接请求报文段到达了服务器端，服务器端会认为这是一个新的连接请求并发回确认报文段，若采用所谓的两次握手(也就是说客户端对此不再进行确认)，至此一个连接就又建立了。问题是，对客户端而言，这个连接请求早已失效，也没有数据通过此连接发送给服务器端，也不会给服务器端任何的确认报文段，这样，服务器端就会一直处于一种空等待状态，造成了服务器端资源的浪费。由此可见，两次握手是行不通的。

2. 数据传送

当连接建立以后，双方就可以用这个连接进行双向数据传输了。当有一方有数据需要发送时，就可以将这些数据组装成报文段进行发送。报文段的大小是有规定的，不能过长，也不宜太短，这个问题将在后面进行讨论。接收方收到来自发送方的报文段后要进行确认，也就是在自己发送给对方的报文段中的确认号字段处写上期望接收的下一字节的编号，但是要注意，这里的确认是累计的(Cumulative)。

例如，发送方向接收方发送了2000B的数据段，数据字节的编号为1001～3000，接收方接收到此报文段后，没有必要对这2000B一一确认(如果这样确认，共需要确认2000次)，而只需要确认编号为3000的数据字节就可以了(只需要确认一次)。确认编号为3000的数据字节的方法就是在自己发送的报文段的确认号字段中填入3001，表示期望接收的下一个数据字节的编号是3001，在此之前(编号3000以前的数据字节)的所有数据字节都已经正确接收。

3. 连接释放

参与数据交互的任何一方当数据发送完毕时都可以请求释放连接。当一方请求释放连接后，另一方仍然可以继续发送数据。现今大多数的实现允许在连接释放时有两个选项：具有半关闭的三次握手和四次握手(也有资料将释放连接时的交互过程称为三次挥手和四次挥手，只是命名不同，其操作过程是一样的)。下面将讲解释放连接时的三次握手的过程，图6-11说明了这一过程，共有3个步骤。

(1) 数据发送完毕的一方主动关闭连接，将这一方称为客户端。客户端发送连接释放报文段，将报文段中的终止比特(FIN)位置1。在这个报文段中，可以包含客户端发送的最后一块数据，也可以仅仅是一个控制报文段。但即使此报文段不携带数据，也要消耗一个序号，序号的值是前面已发送的最后一个数据字节的序号值加1，如图seq=x。发送完报文段后，客户端由原来的ESTABLISHED状态进入FIN-WAIT-1(终止等待1)状态，等待服务器端的确认。

(2) 服务器端收到来自客户端的FIN报文段后，会通知自己的TCP进程，同时由原来的ESTABLISHED状态进入CLOSE-WAIT(关闭等待)状态，并等待一段时间后发送一个确认报文段。这个报文段是将终止比特(FIN)位和确认比特(ACK)位置1，确认号字段ack=$x+1$，自己的序号seq=y，是前面已经发送的最后一个数据字节的序号值加1。当然，这个报文段也可以携带最后一块数据。但即使不携带数据，这个报文段也将消耗一个序

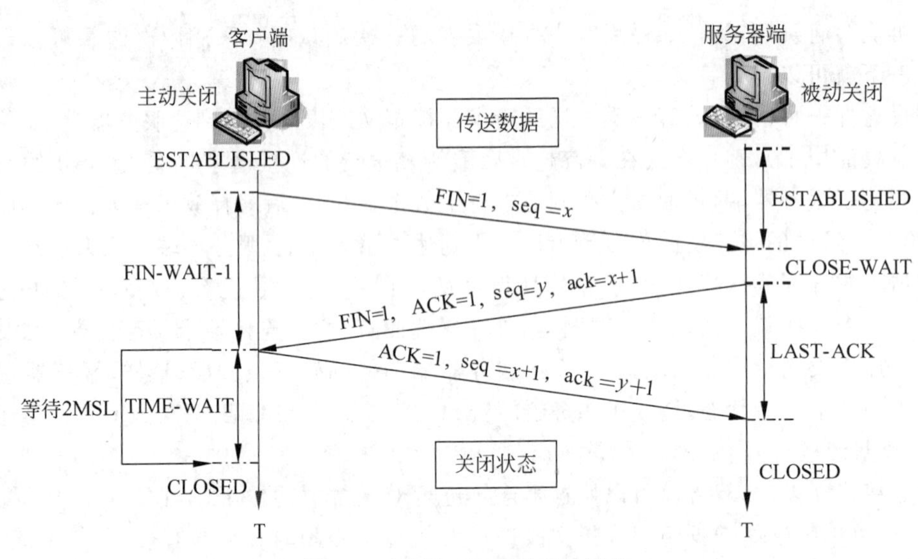

图 6-11 使用三次握手释放连接

号。发送完这个报文段后,服务器端由原来的 CLOSE-WAIT 状态进入 LAST-ACK(最后确认)状态。至此,从客户端到服务器端的连接就已经关闭了。

(3) 客户端 TCP 收到确认报文段后,向服务器端发送一个确认报文段以证实收到了服务器发送的确认报文段,这个报文段包括确认号 $ack=y+1$,但这个报文段不消耗序号,所以 $seq=x+1$。服务器收到来自客户端的确认报文段后,由原来的 LAST-ACK 状态进入 CLOSED(关闭)状态。客户端会等待 2MSL 的时间,这段等待时间状态称为 TIME-WAIT 状态,如果在此状态中没有收到任何消息,客户端就会进入 CLOSED 状态。至此,整个连接就双向关闭了。

还有另外一种情况,就是当客户端请求关闭连接时,服务器端还需要一段时间来继续发送一些尚未发送完的数据。在 TCP 中,一方终止发送数据但仍然可以继续接收数据的情况称为半关闭(或称为四次握手、四次挥手等),图 6-12 说明了半关闭的过程。

在关闭过程中,客户发送 FIN 报文段后(第一次握手),就由原来的 ESTABLISHED 状态进入到 FIN-WAIT-1 状态。服务器因为还有数据需要发送,所以只是回复一个确认报文段,这个报文段的 ACK 位置 1(这与使用三次握手的过程不同,三次握手过程中要将 FIN 位和 ACK 位同时置 1),发送完这个报文段后,服务器端由原来的 ESTABLISHED 状态进入到 CLOSE-WAIT 状态。客户端接收到来自服务器端的确认报文段后,就由刚才的 FIN-WAIT-1 状态进入到 FIN-WAIT-2 状态。此后,服务器端依然可以向客户端发送数据(第二次握手)。当服务器端把所有的数据都发送完毕后,就发送 FIN 报文段(第三次握手),请求关闭另一个方向的连接,此时的服务器端由原来的 CLOSE-WAIT 状态进入到 LAST-ACK 状态,之后客户端也会确认此报文段(第四次握手),由原来的 FIN-WAIT-2 状态进入到 TIME-WAIT 状态,TIME-WAIT 状态主要是等待 2MSL 的时间,如果没有收到任何消息,客户端将进入到 CLOSED 状态。当然,在此之前,如果服务器已经正常接收了客户端发送的确认报文段,也将进入到 CLOSED 状态。

在半关闭过程中,请大家特别注意使用的序号。根据 TCP 的规定,FIN 位为 1 的报文要消耗一个序号,这样第一个报文段和第三个报文段都会消耗一个序号。第二个报文段

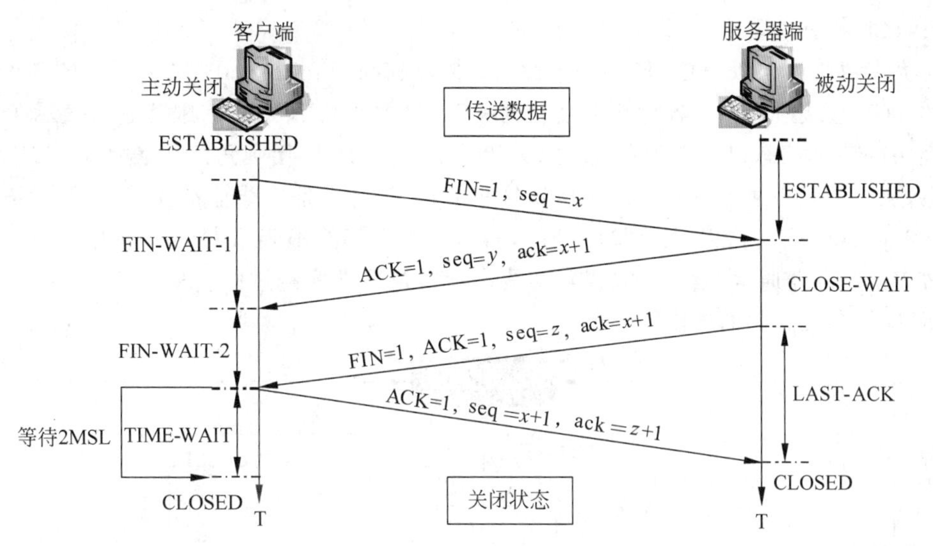

图 6-12 使用半关闭释放连接

FIN 位为 0(从服务器端到客户端的确认报文段),因此不消耗序号。同理,第四个报文段 FIN 位为 0(由客户端到服务器端的确认报文段),也不消耗序号。

关于释放连接的两种方式,很多资料都只是介绍了其中的一种,这给初学者带来一些疑惑。其实,两种方式都有采用,具体使用哪种方式取决于服务器端在客户端请求关闭连接时还有没有更多的数据需要发送。

在前面提到了一个 MSL 的概念,用于设定客户端发送完毕最后的确认报文段后等待的时间,客户端此时需要等待 2MSL 时间后才可以关闭连接,整个等待的状态称为 TIME-WAIT 状态。MSL 称为最长报文段生存时间(Maximum Segment Lifetime,MSL)。MSL 的常用数值为 30～60s。设置 MSL 的原因主要有两个。

(1) 确保客户端发送的最后的确认报文段能够到达服务器端。试想,若最后发送的这个报文段在途中丢失,则服务器端一定会在超时后重发,客户端就需要在收到重发的报文段后也要重新进行确认,同时还要继续等待 2MSL 时间段,这样就可以保证服务器端能够最终收到客户端的确认报文段以关闭连接。如果客户端不等待 2MSL 时间段,而是发送完最后的确认报文段后不管服务器端是否收到就马上关闭连接,就会造成无法再从这条连接上接收到来自服务器的任何消息。这样,如果确认报文段丢失,客户端又不再会接收来自服务器端的重发报文段,就会造成服务器端不能正常关闭连接。

(2) 等待 2MSL 时间段后,就可以使得关于此连接的所有报文段(有可能还存在于网络中的某个结点上)彻底失效,以保证这些报文段不会出现在将要建立的新的连接中。

TCP 中还设有一个保活计时器(Keepalive Timer)。保活计时器的作用是防止在两个 TCP 之间的连接出现长时期的空闲。例如,一个客户打开了到服务器的连接,传送了一些数据后就因故障关机了。如果不进行处理,这个连接将一直处于打开状态。所以,一般都会在服务器端设置一个保活计时器,每当收到信息后,就将保活计时器复位。保活计时器的时间设置通常为两小时。若超过了两小时还没有客户端的信息,服务器端就会主动发送探测报文段,每隔 75 秒发送一次,连续发送 10 个探测报文段。如果还是没有收到客户端的响应,就认定客户端出现了故障,随即关闭此连接。

4. TCP 状态机

与大多数协议相似,TCP使用一个称为有限状态机(Finite State Machine)的理论模型来描述TCP连接过程中的各种状态之间的关系,如图6-13所示。有限状态机表示了TCP能够经历的各种状态以及激发状态改变的事件。图6-13中用圆角矩形表示了TCP的11种状态,从一个状态通过有向连线转换到另一个状态,每一条连线上都注明了用"/"隔开的两个字符串,第一个字符串表示接收到的输入,第二个字符串表示发送的输出。图6-13中的虚线表示服务器通常要经过的转换,实线表示客户通常要经过的转换。读者可以参照此图分析TCP各状态间的转换关系。

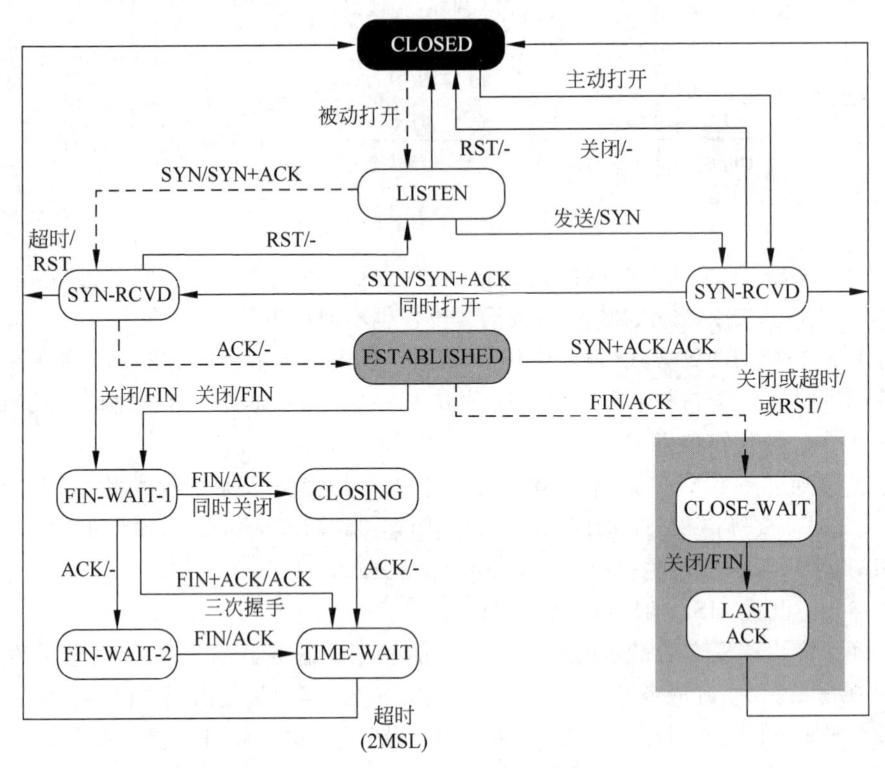

图 6-13　TCP的有限状态机

6.3.4 TCP 的流量控制

流量控制对发送端在收到从接收端发来的确认信息之前可以发送的数据量进行管理。在极端情况下,可以一次只发送一个字节的数据,直到接收到接收端发送来的确认信息之后才发送下一个字节的数据,这样做虽然不会使接收端因来不及接收数据而使数据丢失,但是这样做发送速率很慢,效率低下。另一种极端情况是,一次发送所有的数据,而不必考虑确认信息,这样做加速了发送进程,但有可能会使接收端来不及接收造成数据丢失,进而还需要重发。所以,流量控制的目标就是在接收端允许的条件下,尽可能快地发送数据。在TCP中实现流量控制的办法依然是滑动窗口机制,其基本原理和数据链路层协议所使用的基本一致。

1. 滑动窗口的工作机制

窗口大小的单位是字节,而不是报文段。在TCP报文段首部的窗口字段写入的数值就是发送方给对方设置的窗口数值。例如，发送方在发送的报文段的窗口字段中填入数值500，就是向对方说明“我当前的接收能力是500B”，也就是说当前的接收窗口值为500。接收到此报文段的接收方就知道，自己的发送窗口值不能超过500。由此可见，发送方的发送窗口不能超过接收方给定的接收窗口的数值。当然，在数据传送的过程中，接收方的接收窗口值会随着自身缓存的大小和处理能力的变化而发生变化，而发送方的发送窗口值也会随接收窗口值的变化而变化。图6-14所示用一实例说明了可变滑动窗口的工作过程。

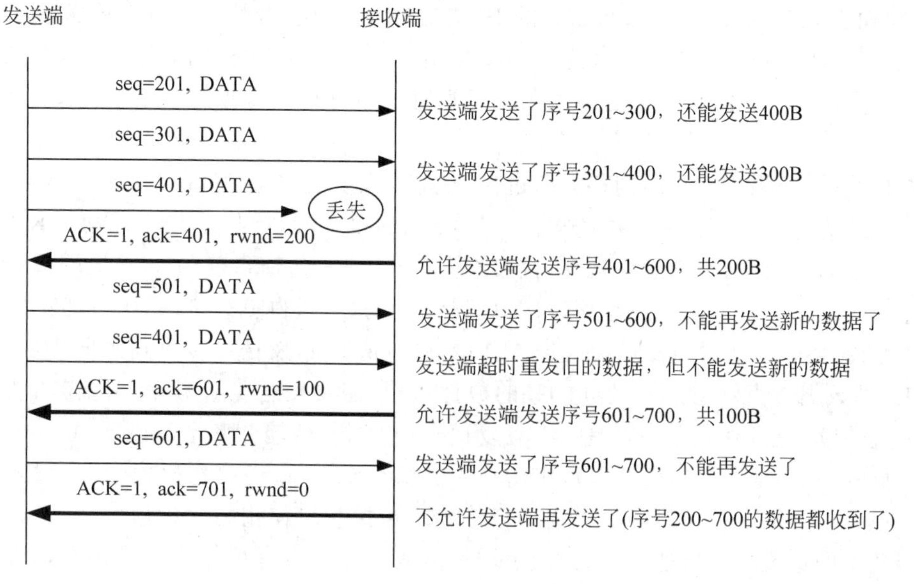

图6-14　TCP流量控制实例

在该例中，开始时的窗口值为500。第一次窗口值发生变化是接收端将接收窗口值缩小为200，第二次又将接收窗口值缩小为100，最终缩小到0，也就是不允许发送端继续发送数据了，直到接收端有能力继续接收数据时，将会把自己的接收窗口重新设置为一个大于0的数值，发送端才可以继续发送数据。前面已经说过，只有当ACK＝1时，确认号字段的值才有意义。

在TCP的每一端，都设置有一个持续计时器(Persistence Timer)。当TCP连接中的一方接收到对方通知的接收窗口为0的报文段后，就会启动持续计时器。持续计时器时间到以后，就发送一个探测报文段，这个探测报文段只携带一个字节的数据，而对方就在确认这个探测报文段时给出新的当前的窗口值。如果窗口值依然为0，那么接收到这个报文段的一方就继续启动持续计时器；如果不是0，就可以继续发送数据了。为什么要设置持续计时器呢？可以设想这样一种情况，若是A端向B端发送了接收窗口值为0的报文段，接收到此报文段的B端自然会停止发送数据；此后不久，A端又有能力接收新的数据了，于是A端向B端发送了一个接收窗口值不为0的报文段，但是此报文段在发送途中丢失了，所以B端并没有接收到新的报文段，依然处于等待状态；而A端此时也并不知道B端现在有没有数据需要发送，也处于等待状态。于是，TCP连接就进入了一种僵持状态。设置持续计时器可以解决这样的问题。

2. 糊涂窗口综合征

在TCP协议的运行过程中，当收发两端的应用程序以不同的速率工作时，可能会出现严重的问题。例如,发送应用程序产生数据很慢,或者接收应用程序消耗数据很慢,也或者两者兼有。不管是哪一种情况,都会使得发送的TCP报文段很小,造成传输效率的降低。下面,将分别从发送端和接收端来分析糊涂窗口综合征(Silly Window Syndrome,SWS)。

在发送端,如果产生数据的速率过慢,就有可能产生糊涂窗口综合征。例如,应用程序一次只产生1B的数据,产生的数据会写入发送端的TCP缓存中。如果发送端此时没有任何特定的任务和指令,它就会将缓存中的1B的数据发送出去。结果,为了发送这1B的数据,必须加上20B的TCP首部和20B的IP首部,也就是说,最终在网络中传送了41B的数据,而真正有用的数据只有1B,其他的都是控制信息。显然,这样的传输效率是很低的(传输效率只有1/41,约为2.439%)。如果发送端有大量这样的数据需要发送,其结果是可想而知的。

在接收端,如果应用程序消耗数据过慢,也有可能产生糊涂窗口综合征。例如,接收端的缓存大小为2KB,发送端一次发送了一个2KB的报文段,接收端TCP将这2KB的数据存入缓存中,把缓存给填满了。现在,接收端向发送端通告,窗口值为0,发送端接到通告后就停止发送数据。但接收应用程序一次只消耗1B的数据,也就是说,一次只能给缓存腾出1B的空间。接收端此时向发送端通告,当前的窗口值为1,发送端接收到此通告后,会立即发送1B的数据。当然,为了发送这1B的数据,还是需要发送41B数据。这样的状况有可能会一直持续下去,发送端一直是一次只发送1B。这样,传输效率也是很低的。

现行的TCP规范用启发式策略来防止糊涂窗口综合征。在发送端使用启发式策略以避免在每个报文段中仅携带少量数据进行传输。在接收端使用另一种启发式策略,可以避免发送微小增量值的窗口通告,因为微小增量值的窗口通告有可能会造成小数据报文段的产生。在实际使用过程中,建议发送端和接收端都分别实现对糊涂窗口综合征的避免,也就是说,应该将两种启发式策略合在一起使用,毕竟TCP连接是全双工的连接。这样做也可以确保某一端无法有效实现糊涂窗口避免的情况下,整个TCP仍然具有良好的性能。下面依然从发送端和接收端双方分别分析糊涂窗口综合征的避免方法。

在发送端,解决糊涂窗口综合征的方法是防止TCP逐个字节地发送数据。这就必须强迫发送端进行等待,不要逐个字节地发送数据,而是收集到了足够多的数据后才进行发送,其本质就是将原本很小的数据块进行组块(Clumping)。新的问题自然就是,应该等待多长时间呢?如果等待的时间过长,整个发送过程的时延就会太长。而且,TCP也并不知道还有没有新的应用程序的数据需要发送,所以它无法确定是否应该继续等下去。另一方面,如果等待的时间过短,报文段也会较短,吞吐率依然还是不高。发送端采用Nagle算法较好地解决了这些问题。

Nagle算法的具体思想是,若发送端应用进程将要发送的数据逐个字节地写入TCP的发送缓存,则发送方就把第一个数据字节先发送出去,把后面到达的数据字节先缓存起来。当发送端收到来自接收端的确认信息后,再把发送端缓存中的所有数据组装成一个报文段发送出去,同时继续对随后到达的数据进行缓存。只有在收到对前一个报文段的确认信息后,才继续发送下一个报文段。Nagle算法还规定,当到达的数据已有发送窗口大小的一半或者已经达到报文段的最大长度时,就应该立即发送当前缓存中的数据。Nagle算法较好地解决了发送端糊涂窗口综合征的问题。Nagle算法的优点是比较简单,考虑到了应用程序产生数据的速率和网络传输数据速率,便于实现。

在接收端，解决糊涂窗口综合征的方法有以下两种。

(1) Clark解决方法。Clark解决方法的思路是，在通告零窗口之后，要等到缓冲区可用空间至少达到总的可用空间的一半，或者等于最大报文段长度时，才发送更新后的窗口通告。

(2) 推迟确认。推迟确认方法是当报文段到达时并不立即发送确认。接收端在对收到的报文段进行确认之前一直等待，直到缓存有足够的空间时才进行确认。推迟确认可以有效地控制发送端TCP微量的滑动发送窗口，这样就可以保证不会发送小数据量的报文段。推迟确认方法同时还减少了网络上的通信量，因为接收端不需要对每一个报文段进行确认。当然，推迟确认的缺点就是如果接收端确认的时间过长，就有可能会迫使发送端对未确认的报文段进行重发，这样会浪费网络带宽，降低吞吐率，同时还加重了收发双方的计算机负载。此外，推迟确认还会干扰发送端对往返时间(RTT)的估计，使重传时间变得过长。为了避免潜在的问题，TCP规定推迟确认的时间不能超过500ms。

6.3.5 TCP的差错控制

TCP实现了可靠传输，这就意味着TCP传输数据时应该是按序的，没有误码也没有数据丢失或者重复。这一切都使用差错控制机制来实现。TCP的差错控制机制主要包括：检测受到损伤的报文段、丢失的报文段、失序的报文段和重复的报文段。实现差错控制要借助于3个工具：校验和、确认与超时。

校验和用来检查受到损伤的报文段，依靠的是报文段中的校验和字段。若报文段受到损伤，接收端就将此报文段丢弃。TCP使用确认来证实已经正确接收到了报文段。如前所述，控制报文段是需要进行确认的，而ACK报文段不需要确认。如果一个报文段在超时截止时间已经到来时依然未被确认，则发送端就认为此报文段已经受到损伤或者被接收端丢弃或者是在传输途中丢失了。发送端对于未被确认的报文段都要进行重传，以期待接收端能够接收到正确的报文段。下面将着重讨论TCP差错控制中的确认方式和超时重传时间的选择。

1. 确认方式

TCP中使用的确认方式主要有两种，即累积确认(Acknowledgement，ACK)和选择确认(Selective Acknowledgement，SACK)。

(1) 累积确认。TCP最初的设计使用的是累积确认方式。接收端总是对已正确接收到的数据流中的最大序号的数据字节进行确认。也就是说，每个确认给出一个序号值，其值比正确收到的连续流中的最大序号值大1，如已经正确接收了序号为1500～1800的数据流，那么现在的确认号就是1801。注意，"累积"的意思就是说，不需要对每一个数据字节都进行确认，而只需要一次确认一串数据流中的序号值最大的数据字节，确认了这个序号值最大的数据字节，就意味着比它序号值小的所有的数据字节也都全部正确接收了。在这种确认方式中，丢弃的、重复的或者有损伤的报文段都不进行确认。在TCP首部中的32位确认号字段用于累积确认，而这个字段的值仅当确认位ACK为1时才有效。

(2) 选择确认。越来越多地实现增加了选择确认方式，SACK并不是代替ACK工作，而是向发送端报告附加的信息。SACK报告失序的数据块和重复的报文段。但是，在TCP首部中并没有提供增加这类信息的地方，因此SACK的实现要依靠TCP首部后面的选项。

SACK针对的情况是接收端收到的报文段没有按顺序到达,中间缺少一些序号的数据字节。

SACK工作时,接收端会接收所有的在接收窗口中的报文段,接收完毕后,将未正确接收的数据块的序号通告给发送端,以期待发送端重传这些没有正确接收的报文段。例如,已经正确接收了序号为1000～1500的数据字节报文段,也正确接收了序号为2000～2300的数据字节报文段,但是序号为1501～1999的数据字节尚未正确接收。接收端就可以用SACK的确认方式通告发送端,“现在序号为1501～1999的数据字节没有正确接收,请重新发送”,显然,已经正确接收的数据字节就不需要再发送了。在实际工作时,SACK工作方式会将未正确接收的数据字节流的两个边界(左边界和右边界)通过TCP首部后的选项通告给发送端。这种工作方式看似很好,但SACK文档没有明确说明发送端应如何响应SACK,因此大多数的实现还是重传所有未被确认的数据块。

2. 超时重传时间的选择

TCP中最重要并且也是最复杂的一个问题就是重传时间的确定。TCP每发送一个报文段,就启动一个计时器并等待接收端确认。只要计时器设置的重传时间已经到了但还没有收到确认,就会重传该报文段。

TCP的重传算法针对的是互联网环境。发送的报文段可能只经过一个低时延的网络(如高速局域网),也可能会经过多个路由器,穿过多个不同速率的中间网络。因此,事先很难知道信息多长时间能够到达接收方,就更不用说确认信息需要多长时间返回发送方了。此外,每个路由器上的时延与当时的网络状态有关,并不是一个固定不变的值,这也使得报文段到达目标主机的时延会随着网络状态的变化而变化。总之,报文段到达不同目标主机的时延值有很大的差异,到达同一个目标主机的时延值也会随通信量负载的变化而呈现很大的差异。

由此可见,超时重传时间的确定是很复杂的。如果把超时重传时间设置得太短,就会引起一些不必要的报文段重传,增加网络负担;但如果把超时重传时间设置得过长,则又会使网络的空闲时间增加,报文段的传输效率下降。为此,TCP采用了自适应重传算法(Adaptive Retransmission Algorithm)。该算法的实质是,TCP监视每条连接的性能,由此推算出适当的超时时间值。当连接的网络性能发生变化时,TCP随即修改超时时间值。

自适应重传算法记录每一个报文段发出的时间,以及收到相应的确认报文段的时间。这两个时间之差就是报文段的样本往返时间(Sample Round Trip Time)或往返时间样本(Round Trip Time Sample)。每当获得一个新的往返时间样本,TCP就修改这个连接的平均往返时间。通常,TCP会计算出往返时间的加权平均值,作为往返时间的估计值,一般记为RTT_S,并使用新的往返时间样本来逐步修改这个平均值。早期的一种平均值计算方式就是使用一个常数权重因子α,$0 \leqslant \alpha < 1$,对旧的平均值和最新的往返时间样本进行加权:

$$RTT_S = (1-\alpha) \cdot Old\_RTT + \alpha \cdot New\_Round\_Trip\_Sample \quad (6\text{-}1)$$

显然,选用接近0的α值会使加权平均值对短暂的时延变化不敏感,而选用接近1的α值则会使加权平均值很快地响应时延的变化。一般地,推荐α的取值为1/8,即0.125。

大多数的实现不仅使用RTT_S,还需要计算出RTT的偏差,可记为RTT_D,它的取值与RTT_S和新的RTT样本值有关。第一次测量时,RTT_D值取为测量到的RTT样本值的一半。在此后的测量中,可用式(6-2)对RTT_D的值进行计算:

$$RTT_D = (1-\beta) \cdot Old\_RTT_D + \beta \cdot | RTT_S - New\_Round\_Trip\_Sample | \quad (6\text{-}2)$$

β 的取值与实现有关，是一个小于 1 的系数，推荐值为 1/4，即 0.25。

超时重传时间(Retransmission Time-Out，RTO)取值应略大于加权平均往返时间 RTT_S。一般用式(6-3)进行计算：

$$RTO = RTT_S + 4 \cdot RTT_D \tag{6-3}$$

以上，介绍了计算超时重传时间的步骤，通过这样三个公式可以得到超时重传时间(RTO)。但事实上，超时重传时间的计算实现起来是相当复杂的。图 6-15 给出了一个实例。

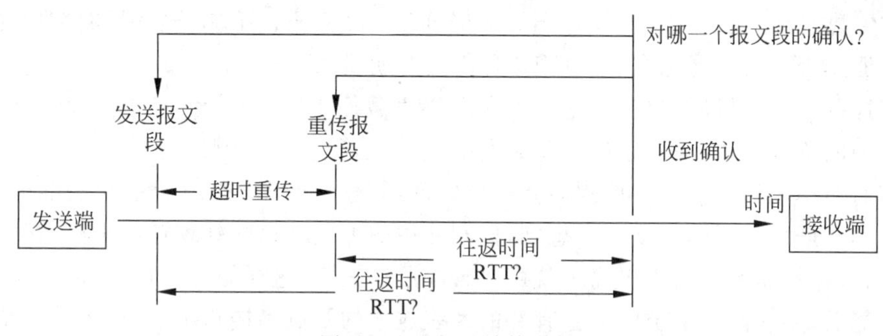

图 6-15　RTT_S 计算实例

图 6-15 中发送端首先发送一个报文段，当超时重传时间到了以后还没有收到确认，于是就重传此报文段。经过了一小段时间后，收到了确认报文段。问题就出来了：收到的确认报文段是对先发送的报文段的确认，还是对后来发送的报文段的确认呢？由于后来重传的报文段和先前发送的报文段一样，因此发送端主机无法辨别确认报文段是对哪一个报文段的确认。事实上，对于数据传输而言，这一点并不重要。因为不管收到的是对哪一个报文段的确认，发送端只要收到确认信息，就知道这个报文段已经正确送达了，至于送达的是第一个还是第二个，发送端可以不那么关心。但对于 RTT_S 值的计算来说，这一点是很重要的，因为准确的计算需要知道报文段的发送时间。如果收到的确认是对重传报文段的确认，但却被发送端当成是对原来的报文段的确认，计算出的 RTT_S 和超时重传时间(RTO)的值就会偏大。反之，计算出的值又会偏小。

Karn 算法解决了这个问题。Karn 算法的思路是，TCP 不考虑重传报文段的往返时间样本值。也就是说，只要报文段进行了重传，其往返时间样本值不参与各项(RTT_S、RTT_D)计算。但是这个算法的缺陷也是明显的。试想，如果因为网络状况的变化，报文段的传输时延瞬间增大了，以至于在原来的超时重传时间到达时，收不到确认报文段，因此发送端需要重传该报文段。问题在于，重传报文段的往返时间样本值并不参与超时重传时间(RTO)的计算，也就是说，重传报文段对 RTO 的值没有任何影响。这样，超时重传时间无法及时更新以适应网络状况的变化。

针对这样的情况，大多数的 TCP 采用了指数退避的策略。具体做法为：每产生一次重传，RTO 的数值就加倍。例如，重传一次时，RTO 的数值就变成两倍；重传两次时，RTO 的数值就变成四倍。当然，没有发生重传时就按照前面所说的步骤进行计算。

6.3.6　TCP 的拥塞控制

网络上的一个重要问题就是拥塞(Congestion)。拥塞是指网络中的负载大于网络可以承受的容量。换句话说,就是发送到网络中的分组数大于网络能够处理的分组数。发生拥塞时,数据报传输时延会剧烈增加,而路由器把大量数据报放在转发队列中,直到能够转发它们。情况严重时,由于路由器的存储空间不能满足需要,还会造成分组的大量丢失。

产生拥塞的原因,有可能是网络中的一个转发结点数据报超载,也有可能是多个转发结点数据报超载。问题是,不管是由一个还是多个转发结点造成的拥塞,端点处通常并不知道拥塞发生在哪里,也不知道为什么会发生拥塞。对于端点而言,拥塞只是表现为时延的增加。如前所述,当发送端不能如期收到确认信息时,就会使用超时重传机制,所以它们对时延增加的响应就是重传数据报。重传将会加剧而不会减轻拥塞。如果不加抑制,通信量的增加将会进一步增加时延,导致拥塞现象恶化,这种现象称为拥塞崩溃(Congestion Collapse)。

拥塞控制是一种机制和技术,它可以使网络负载低于网络容量。产生拥塞的根本原因就是网络中的资源配置不平衡,如有些转发结点处理速度相对较慢、存储空间较小,有些传输链路相对速率较低等。拥塞控制需要解决的问题就是让网络中的拥塞现象不再发生,更不会产生拥塞崩溃。可能有读者会想到,把刚才说的那些结点的处理速度提高,存储空间加大,把传输链路的速率也同步提高不就可以解决了。其实,这样做是不行的。原因是提高一部分的性能后,整个网络系统中又会有新的性能较差的结点和链路出现,重新成为整个网络系统的瓶颈。还有一部分人提出,可以将网络系统中的所有的结点都统一成一样的,将传输链路的速率也都统一成同一个速率,以期解决问题。这种方法初看好像是可以的,因为确实"消除"了整个系统中的瓶颈。但是,将整个网络系统"统一",也就是说,整个网络中都用同样的路由器,同样的传输链路,这几乎是一件不可能的事情。退一步讲,即便是实现了"统一",也不能解决问题,因为整个网络中的负载并不一定是均衡的,有些转发结点可能需要处理更多的数据报。这就好比在高速公路上,同样宽度的公路并不能保证不发生拥堵,因为车辆在公路上并不是均匀分布的。由此可见,为了避免拥塞,TCP 必须在拥塞发生时减少传输。同时,端点还应该能够准确地判断出什么时候发生了拥塞,甚至什么时候将要发生拥塞。

拥塞控制与流量控制有所不同。拥塞控制是一个全局性的过程,拥塞控制的目标就是防止过多的数据注入网络中,避免网络系统中的路由器和链路过载。拥塞控制涉及网络系统中诸多的因素,包括所有的主机、路由器及与降低网络传输性能有关的所有因素。流量控制是在给定的发送端和接收端之间的点对点通信量的控制机制,所要做的就是抑制发送端发送数据的速率,以便使接收端来得及接收。拥塞控制与流量控制有时会被混淆,是因为某些拥塞控制算法也是向发送端发送信息,告知发送端网络已经出现拥塞,需要发送端放慢发送速度,这一点与流量控制很像。

计算机网络是一个动态变化的复杂系统,这给拥塞控制的实现带来了一定的困难。经验表明,如果拥塞控制设计不当,不但不能有效地解决拥塞,甚至有可能加重网络拥塞。从拥塞控制的角度来看,可以在拥塞发生之前防止拥塞发生,也可以在拥塞发生之后消除拥塞。相应地,拥塞控制机制分为两大类:开环拥塞控制(防止)和闭环拥塞控制(消除)。

开环拥塞控制机制是在拥塞发生之前使用一些策略来预防拥塞的发生。这些策略可以在源点、转发结点或者终点处进行实现。具体的策略有重传策略(源点)、确认策略(终点)、丢弃策略(转发结点,如路由器)。

闭环拥塞控制机制是在拥塞发生后消除拥塞的策略。不同的协议采用的策略有所不同，常用的具体策略有反压、阻流点、发出隐式信号、发出显式信号。下面简单介绍一下这几种实现策略。

(1) 反压(Back Pressure)。当一个路由器发生拥塞时，可以通知它上方的路由器降低发送速率以缓解拥塞；这个动作可以一直持续下去，也就是说上方的路由器可以继续通知其自己上方的路由器(上方的上方)，直到源点路由器(第一个路由器)。

(2) 阻流点(Choke Point)。发生拥塞的路由器向源点路由器发送一个分组，以通知源点路由器当前发生了拥塞。这种策略类似于ICMP的源点抑制。

(3) 发出隐式信号。源点能够检测出的拥塞告警的隐式信令，从而放慢发送速率。例如，推迟确认有可能就是一种发生拥塞的信号。在现在的拥塞控制实现策略中，经常可以在协议中约定一些隐式信号，源点可以理解这样的信号，以有效地调整发送速率。

(4) 发出显式信号。发生拥塞的路由器可以发送显式信号以通知发送路由器当前已经发生拥塞，如可以将数据分组的约定位设置为1等。

当然，在已经发生拥塞的情况下，通告拥塞本身也会增加网络上的负载，进而加重拥塞现象。同时，过于频繁地采取拥塞控制策略，会使整个网络系统不能够平稳地运行，产生一定的振荡；但是过于迟缓地采取拥塞控制策略，就又不具有任何实用价值了。在拥塞控制策略的设计中，何时、何地、采取何种措施是一个关键而又困难的问题。

本节将具体介绍现行的4种拥塞控制算法，分别是慢开始(Slow-Start)、拥塞避免(Congestion Avoidance)、快重传(Fast Retransmit)、快恢复(Fast Recovery)。

(1) 慢开始。当发送端准备发送数据时，由于还不清楚网络当前的具体状况，此时如果将大量的数据注入网络，将有可能引起网络拥塞。一种普遍采用的方法是，由少到多逐渐增加发送的数据量，也就是说，首先发送少量的数据试探一下网络当前的状况，这就是所谓的慢开始算法。为了实现慢开始算法，发送端需要定义拥塞窗口cwnd(congestion window)，拥塞窗口是指发送端维持的一个状态变量，表示的意义是可能发生拥塞的数据量，大小取决于网络的拥塞程度，随着网络状况的变化而动态变化。

慢开始算法的工作思想是，只要当前的网络没有出现拥塞，就可以继续增大拥塞窗口值，以便将更多的分组发送出去；一旦网络出现拥塞，就将拥塞窗口减小一些，以控制注入网络的数据总量。当引入拥塞窗口后，发送端的发送窗口的取值就有一些变化了。在实际的数据发送过程中，发送端的发送窗口的取值如式(6-4)所示，式中rwnd表示的是接收窗口的取值：

$$\text{真正的发送窗口值} = \min\{rwnd, cwnd\} \tag{6-4}$$

由式(6-4)可以看出，当rwnd<cwnd时，可发送的数据量受接收端的接收能力的限制；当rwnd>cwnd时，可发送的数据量受网络拥塞程度的限制。窗口取值的单位可以是报文数，也可以是字节数，这里采用报文数进行表示。

慢开始算法的工作过程是，当主机刚刚开始发送报文时，将拥塞窗口cwnd设置为1；每当收到一个对新的报文段的确认后，将拥塞窗口值加倍；重新计算发送窗口取值，按新的发送窗口的取值大小发送报文。

(2) 拥塞避免。单纯地采用慢开始算法会使得拥塞窗口的取值成指数倍增长，窗口值有可能变得很大。在实际运行过程中，需要设置一个慢开始的门限值(阈值)ssthresh，当拥塞窗口达到此值时，窗口值将不再成倍地增长，而是改为线性增长。当出现数据传输超时时,就将拥塞窗口值重新置为1,并重新开始执行慢开始算法,这就是拥塞避免的思想。

拥塞避免算法的工作过程如下:当 cwnd<ssthresh 时,使用慢开始算法;当 cwnd>ssthresh 时,停止采用慢开始算法而改用拥塞避免算法;当 cwnd=ssthresh 时,既可以使用慢开始算法,也可以使用拥塞避免算法;当发送端判定出当前的网络已经出现拥塞时,会将慢开始门限值 ssthresh 设置为出现拥塞时的拥塞窗口值的一半(但不能小于2),同时将拥塞窗口 cwnd 的值置为1,重新执行慢开始算法。图6-16说明了慢开始-拥塞避免算法的工作过程。

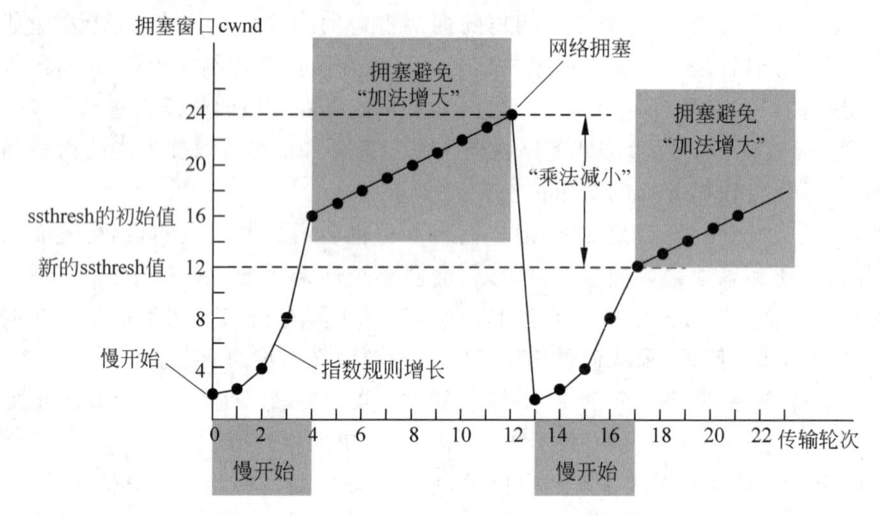

图6-16　慢开始-拥塞避免算法的工作过程

拥塞避免算法的好处就是,可以迅速地减少主机注入网络中的数据报的个数,使得网络中总的报文数能够在短时间内有效地减少,缓解整个网络的拥塞状况。但是应该指出,拥塞避免算法并不能完全避免拥塞,这种算法只是在拥塞避免阶段将拥塞窗口值调整为线性增长方式,使网络中出现拥塞的概率降低。

(3) 快重传。快重传和快恢复算法是 TCP 拥塞控制中为了进一步提高网络性能而设置的两个新的算法。传统的慢开始和拥塞避免算法是于1988年提出的,两个新的算法是于1990年提出的。

采用传统的慢开始算法及拥塞避免算法有其固有的缺陷。例如,当发送端的超时计时器已经到时,但此时还没有收到确认信息时,网络有可能已经发生拥塞,刚才发送的报文可能已经被丢弃,在这样的情况下,TCP 会重新调用慢开始算法,即将拥塞窗口值设置为1,同时将门限值 ssthresh 减半。显然,这种方法的发送效率不高,可以考虑采用快重传算法以提高传输效率。

快重传算法规定,接收端每收到一个失序的报文段后就立即发出重复确认 ACK,这样可以及时通知发送端有报文段没有正常到达接收端;发送端只要连续收到3个重复的 ACK,即可断定有报文段丢失了,应当立即重传丢失的报文段,而不必继续等待为该报文段设置的重传计时器到期。由于发送端尽早地重传了丢失的报文段,这样就可以显著提高传输的效率。

(4) 快恢复。快恢复算法是与快重传算法配合使用的。快恢复算法规定,当发送端收到连续3个重复的 ACK 时,就执行"乘法减小"策略,同时将慢开始的门限值 ssthresh 设置为 cwnd 的一半，重传丢失的报文段；将 cwnd 设置为 ssthresh＋3，这样设置的原因是有 3 个报文段离开网络到达目的地，然后开始执行拥塞避免算法，使用加法增大的策略使拥塞窗口值缓慢地线性增大；每次收到另一个重复的 ACK，将 cwnd 加 1，此时只要是在发送窗口允许的范围内，就发送 1 个报文段；当下一个确认新数据的 ACK 到达时，将 cwnd 设置为 ssthresh。快恢复的执行过程如图 6-17 所示。

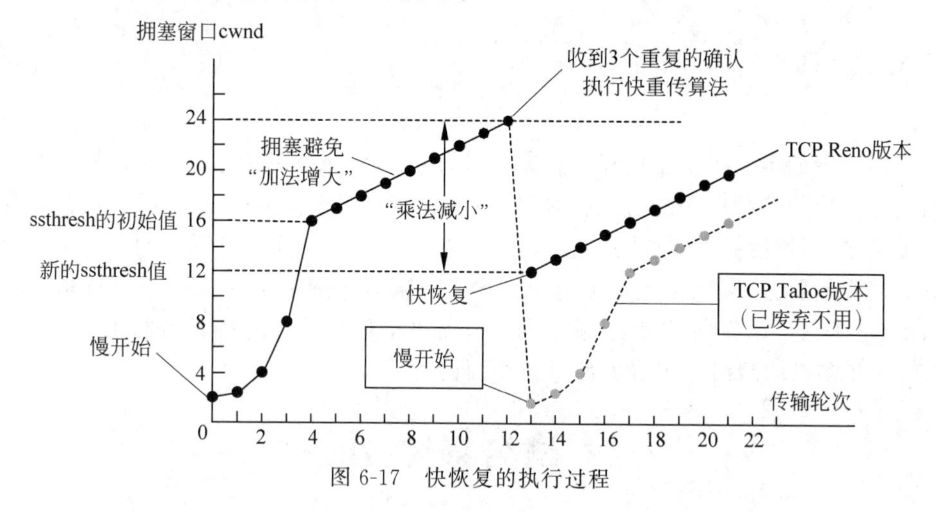

图 6-17　快恢复的执行过程

第7章 网络服务和应用层协议

应用层以下的各层提供了可靠的传输服务，应用层将在此基础上，为人们提供各式各样的网络应用。为使各种应用能够工作，应用层也需要支持多种协议，每一种协议都是为了解决某一类问题而设计的。通常是通过位于不同主机中的多个应用进程之间的通信和协同工作来完成需要的服务，应用层规定了应用进程在通信时应遵循的协议。本章将系统地讨论域名系统、电子邮件系统等应用层服务的工作原理，也将对当前比较流行的一些应用，如WAP、P2P及多媒体网络应用等方面进行全面讲解。

视频讲解

7.1 域名系统(DNS)

7.1.1 DNS基础

在前面的内容中学习过，Internet中的每台计算机都至少拥有一个IP地址，该地址将出现在每个发向该计算机的IP数据报中。那么，既然有了IP地址能够在Internet中唯一地标识主机，为什么还需要使用域名呢？原因是要让每一个使用Internet的用户都记住所需要的主机的IP地址是很困难的(即使IP地址使用了点分十进制形式，但对于用户而言要记住那些毫无意义的一串数字也是很困难的，更不用说记住二进制形式的IP地址了)。所以，Internet中的主机被赋予一个符号名称，当需要指定一台计算机时，应用软件允许用户输入这个符号名称。例如，现在的用户使用IE访问Internet时，大都使用的是域名而很少使用到IP地址；又如，用户在使用电子邮件系统时，输入的也都是具体的名称而非IP地址。由此可见，主机的名称在现在的Internet上已经使用得很普遍了。

新的问题是虽然符号名称对用户来说是很方便的，但对计算机来说就不同了。计算机处理二进制形式的IP地址要比处理符号形式的域名更为快捷方便，在进行某些操作时需要的计算量也更少。于是，尽管应用软件允许用户输入符号名称，但是在进行通信前必须将它翻译成对等的IP地址，也就是找到域名对应的IP地址，整个翻译的过程称为域名解析(Name Resolution)。在大多数情况下，翻译是自动进行的，翻译的结果也会自动保存在用户端的计算机中。

域名系统(Domain Name System，DNS)是一种用于TCP/IP应用程序的分布式数据库，它提供了主机名称和IP地址之间的转换及有关电子邮件的选路信息。所谓“分布式”，是指在Internet上的单个站点不能拥有所有的信息，否则随着Internet规模的不断扩大，单个站点会因超负荷而无法正常工作。每个站点(如大学校园、大型企业、政府机关)都保留自己的信息数据库，同时运行一个服务器程序供Internet上其他的域名系统(客户程序)查询，

DNS 提供了服务器和客户端之间相互通信的协议，通常也将提供域名解析服务的主机称为域名服务器。

当某一个应用进程需要将主机名映射为 IP 地址时，该应用进程就成为 DNS 服务器的一个客户，并将待转换的域名放在 DNS 请求报文中，以 UDP 数据报方式发送给本地域名服务器（使用 UDP 是为了减少开销）。本地域名服务器在查找到对应的域名后，将对应的 IP 地址放在应答报文中返回。应用进程获得目的主机的 IP 地址后即可进行通信。若本地域名服务器不能回答该请求，则此域名服务器就暂时成为 DNS 中的另一个客户，直到找到能回答该请求的域名服务器为止。这种查找过程后面还要进一步讨论。

至此，本书已经介绍了 3 种有关因特网中计算机的标识，分别是物理地址（硬件地址、MAC 地址）、逻辑地址（IP 地址、网络层协议地址）和域名，3 种地址用在不同的网络层次，作用也各不相同，在必要的时候可以进行相互之间的转换，如图 7-1 所示。

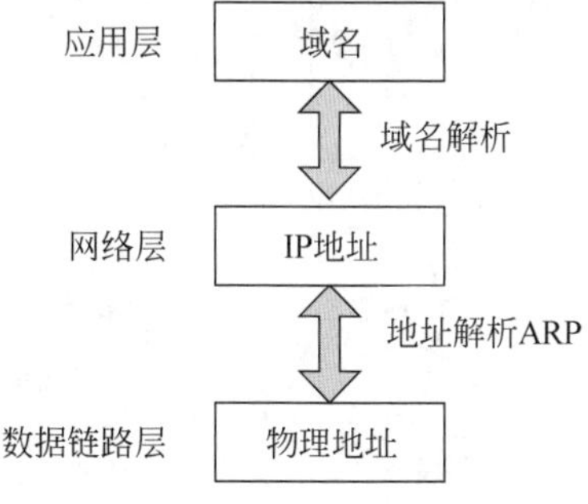

图 7-1　DNS 和 ARP 之间的区别

7.1.2　Internet 的域名结构

在 TCP/IP 互联网上采用的是层次树状结构的命名方法，通常称为域树结构，其一般的结构是由主机名和主机名所在域的名称共同组成的。采用这种命名方法，任何一个连接在 Internet 上的主机或路由器，都有一个唯一的层次结构的名称，即域名（Domain Name）。域是名称空间中一个可被管理的划分，域可以继续划分为子域，如二级域、三级域等。域的结构由若干分量组成，分量之间用下圆点隔开，一般的形式为{……. 三级域名. 二级域名. 顶级域名}。各分量代表着不同级别的域名。每一级的域名都由英文字母或数字组成，每级域名都要求不超过 63 个字符且不区分大小写字母，级别最低的域名写在最左边，而级别最高的顶级域名则写在最右边，完整的域名不超过 255 个字符。域名系统没有强制性地规定一个域必须包含多少个下级域，也没有规定各级的域名代表什么具体的含义，每一级的域名都由其上一级的域名管理机构管理，而最高的顶级域名则由 Internet 的有关机构管理。这样的域名结构既可以保证每个域名的唯一性，也方便了域名的管理和查找。需要强调的是，域名只是个逻辑概念，并不反映出域名所代表的计算机的物理位置；域名可以和 IP 地址进行转换，但转换过程中，域名当中的点（.）和点分十进制 IP 地址中的点是没有关系的，和前面所讲述的 IP 子网也是没有直接关联的。图 7-2 说明了当前的 Internet 的域名结构。

顶级域名的划分采用了两种划分模式，即组织模式和地理模式。组织模式最初只有 6 个，分别是 COM（商业机构）、EDU（教育机构）、GOV（美国政府部门）、MIL（美国军事部门）、NET（提供网络服务的系统）和 ORG（非营利性组织），后来又增加了一个为国际组织所使用的 INT；地理模式是指代表不同国家或地区的顶级域名，如 CN 表示中国、UK 表示英国、PR 表示法国、JP 表示日本、HK 代表中国香港等。

在国家顶级域名下注册的二级域名将由该国家的域名管理机构确定。在我国，现将二级域名划分为“类别域名”和“行政区域名”两大类。其中“类别域名”有 7 个，ac（科研机构）、com（工、商、金融等企业）、edu（教育机构）、gov（政府机构）、mil（国防机构）、net（提供互联网络服务的机构）、org（非营利性的组织）；“行政区域名”34 个，包括了我国的各省、自治区、

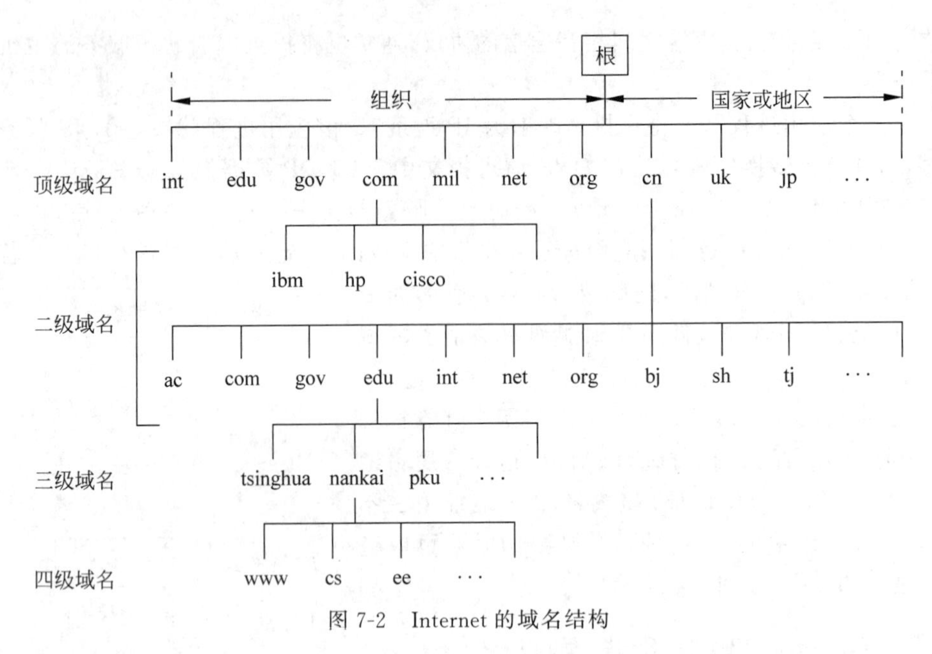

图 7-2 Internet 的域名结构

直辖市,如 bj(北京市)、sh(上海市)等。申请注册二级域名 edu 下的三级域名由中国教育和科研计算机网网络中心负责,而申请其他一些二级域名下的三级域名则应向中国互联网网络信息中心(CNNIC)申请,CNNIC 是中国互联网的管理机构。

7.1.3 域名服务器

要实现域名的管理及域名解析,就要依靠分布在网络中的域名服务器来实现。每一个域名服务器不但能够进行一些域名到 IP 地址的转换,而且还必须知道其他一些域名服务器的信息,以便当自己不能进行域名解析时,能够知道怎样借助于其他的服务器进行解析。

在 Internet 中,一个服务器所负责管辖的范围称为区(Zone)。各单位依据具体情况对自己管辖的范围进行划分,每一个区设置相应的权限域名服务器,用来保存该区中所有主机的域名到 IP 地址的映射。简单地说,DNS 服务器的管辖范围不是以“域”为单位,而是以“区”为单位,一个 DNS 服务器只管理一个区。区有可能小于或等于域,但是不会比域的范围大,也可以说,区是域的子集。图 7-3 所示举例说明了区的不同划分方法。

从图 7-3 中可以看到,abc. com 域可以只设置一个区[图 7-3(a)],也可以进行划分[图 7-3(b)中,划分为两个区],当然,也可以根据实际的需要划分为多个区。划分完毕后,在每个区中都会有一个相应的域名服务器进行工作,就此例而言,图 7-3(a)中会有一个域名服务器工作,管理整个区(域);图 7-3(b)中有两个域名服务器工作,分别管理各自的区,两个区合起来构成了完整的域。可以根据域名服务器管辖范围的不同,分为以下 4 种类型。

(1) 根域名服务器(Root Name Server)。根域名服务器是最高层次的域名服务器。所有的根域名服务器都知道所有的顶级域名服务器的域名和 IP 地址。当一个本地域名服务器无法解析一个域名时,就会直接找到根域名服务器,然后根域名服务器会告知它应该去找哪一个顶级域名服务器进行进一步的解析。目前,全世界共有 13 台根域名服务器,其中 1

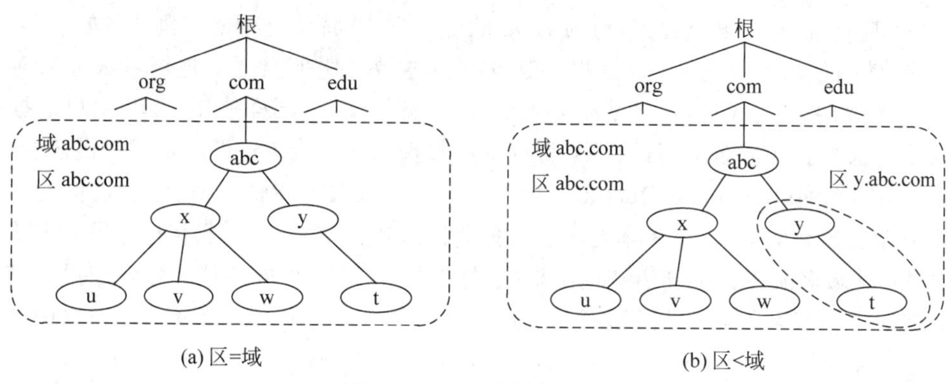

(a) 区=域　　(b) 区<域

图 7-3　区的不同划分方法

台主根服务器放置在美国，其余 12 台均为辅根服务器。辅根服务器 9 台在美国，2 台在欧洲的英国和瑞典，1 台在亚洲的日本。由美国政府授权的互联网域名与号段分配机构 ICANN 统一负责全球互联网域名根服务器、域名体系和 IP 地址等的管理，目的是满足本地域名服务器就近查找，提高 DNS 解析的速度，合理利用 Internet 的资源。为了打破西方国家对根服务器的垄断，在保证与现有 IPv4 根服务器体系架构充分兼容基础上，中国主导的“雪人计划”于 2016 年在全球 16 个国家完成了 25 台 IPv6 根服务器的架设，形成了 13 台原有 IPv4 根服务器加 25 台 IPv6 根服务器的新格局。目前在我国部署有 1 台主根服务器和 3 台辅根服务器。

(2) 顶级域名服务器(TLD server)。顶级域名服务器负责管理在本顶级域名服务器上注册的所有二级域名。当收到 DNS 查询请求时，能够将其管辖的二级域名转换为该二级域名的 IP 地址，或者是下一步应该找寻的域名服务器的 IP 地址。

(3) 权限域名服务器(Authoritative Name Server)。DNS 采用分区的方法来设置域名服务器，每一个区都设置服务器，这个服务器称为权限服务器，它负责将其管辖区内的主机域名转换为相应的 IP 地址，在其上保存有所管辖区内的所有主机域名到 IP 地址的映射。

(4) 本地域名服务器(Local Name Server)。本地域名服务器也称为默认域名服务器。当一个主机发出 DNS 查询报文时，这个查询报文首先被送往该主机指向的本地域名服务器。每一个 Internet 服务提供商(ISP)，或一个大学、一个单位等，都可以拥有一个本地域名服务器。当选择 PC 中“Internet 协议(TCP/IP)”的“属性”时，就可以看到关于 DNS 的选项，这里的 DNS 服务器就是本地域名服务器。本地域名服务器离用户较近，一般不超过几个路由器的距离。当所要查询的主机也属于同一个本地 ISP 时，该本地域名服务器立即就能将所查询的主机域名转换为对应的 IP 地址，而不需要再去询问其他域名服务器。

为了提高域名服务器的可靠性，一般都会将 DNS 域名服务器的数据复制到几个域名服务器来保存，其中的一个是主域名服务器，其他的是辅助域名服务器。当主域名服务器出现故障时，辅助域名服务器可以接替主域名服务器工作，保证 DNS 的查询工作不会中断。主域名服务器定期把数据复制到辅助域名服务器中，而更新数据只能在主域名服务器中进行，这样可以保证数据的一致性。

7.1.4　域名解析

DNS 被设计成客户/服务器模式的应用程序。当某个应用进程需要把域名解析为对应的IP地址时,它将调用解析程序,成为DNS的客户方,并将欲解析的主机域名放在DNS请求报文中,然后使用UDP用户数据报将其发往本地域名服务器。本地域名服务器对其进行对应查询,如果查找成功,就将结果放入DNS回答报文中,同样使用UDP用户数据报将其返回给请求方。在域名解析过程中,可以有递归查询和迭代查询两种方式以供选择。

(1) 递归查询(Recursive Query)。当某个主机有域名解析请求时,它总是首先向本地域名服务器发出查询请求,如果本地域名服务器知道查询结果,那么它将把结果返回给请求者;如果本地域名服务器不知道查询结果,它将作为DNS客户方向根域名服务器发出查询请求。然后由根域名服务器去完成接下来的查询。图7-4给出了一个递归查询的例子。在这个例子中主机chd.edu.cn要查询域名为www.cisco.com的IP地址。

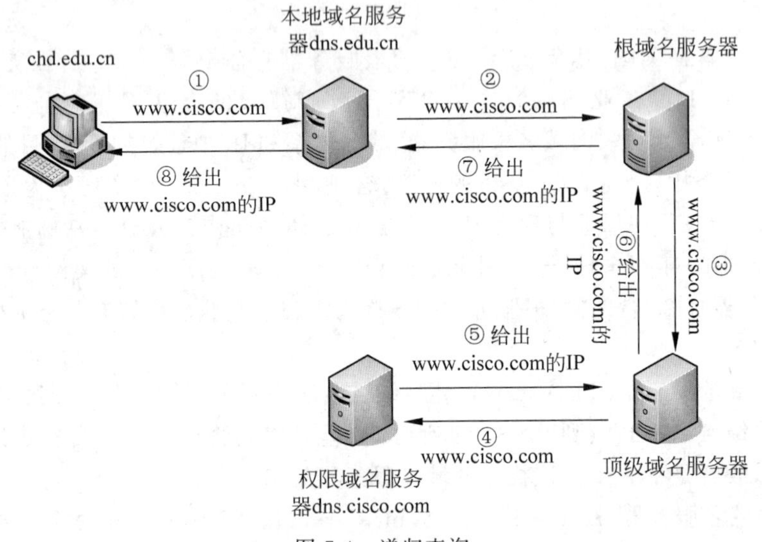

图7-4 递归查询

(2) 迭代查询(Iterative Query)。当根域名服务器收到本地域名服务器的查询请求时,它根据查询请求告诉本地域名服务器下一步应该去查询的顶级域名服务器的IP地址;接着本地域名服务器到该顶级域名服务器进行查询,若顶级域名服务器知道结果,那么它会把结果传送给本地域名服务器,否则它会告诉本地域名服务器下一步应该查询的权限域名服务器的IP地址。本地域名服务器就这样进行迭代查询,直到查到所需的IP地址,然后把结果返回给发起查询的主机。图7-5给出了一个迭代查询的例子,主机chd.edu.cn要查询域名为www.cisco.com的IP地址。

两种查询方式适用于不同的场合。一般来说,主机向本地域名服务器查询时都采用的是递归查询,而本地域名服务器向根域名服务器的查询通常采用迭代查询。当然,如果在查询报文中进行设置,本地域名服务器也可以采用递归查询方式。

为了提高查询效率,域名解析过程中也引入了高速缓存技术。主机和每个域名服务器都维护一个高速缓存,存放最近查询过的域名及从何处获得域名映射信息的记录。当有域名解析请求时,首先在自己的高速缓存中查找,若没有才转向其他的域名服务器。为保证高速缓存中的内容正确,域名服务器为每项内容设置了计时器,会删除超过合理时间的记录。高速缓存的使用可大大减轻根域名服务器的负荷,使Internet上的DNS查询请求和回答报文的数量大为减少。

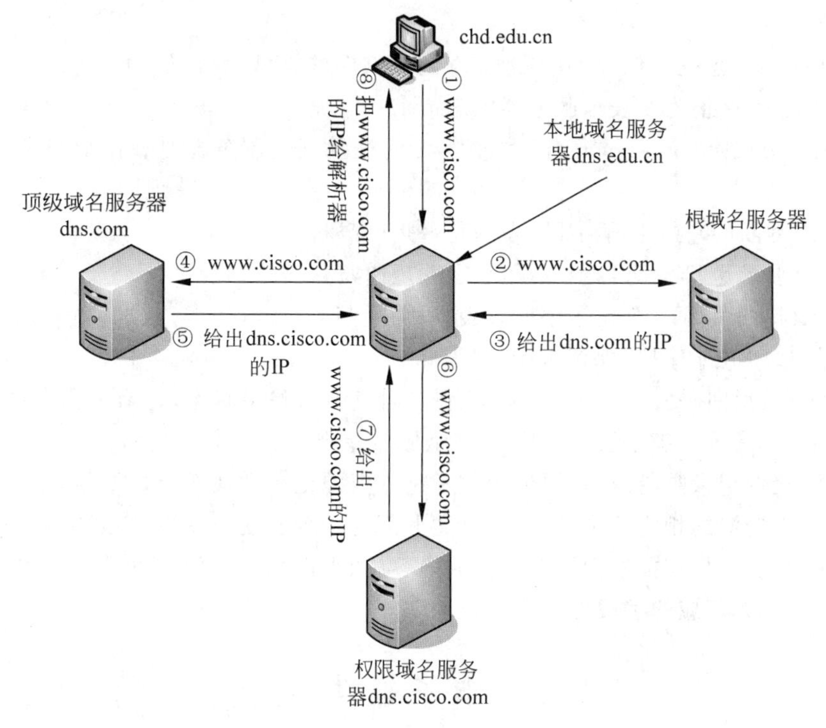

图 7-5　迭代查询

7.1.5 DNS 报文

DNS 有两种类型的报文：查询报文和响应报文。查询报文包括首部和问题记录；响应报文包括首部、问题记录、回答记录、授权记录及附加记录。这两种报文的首部格式是相同的，如图 7-6 所示。报文由 12B 的首部和 4 个长度可变的字段组成。

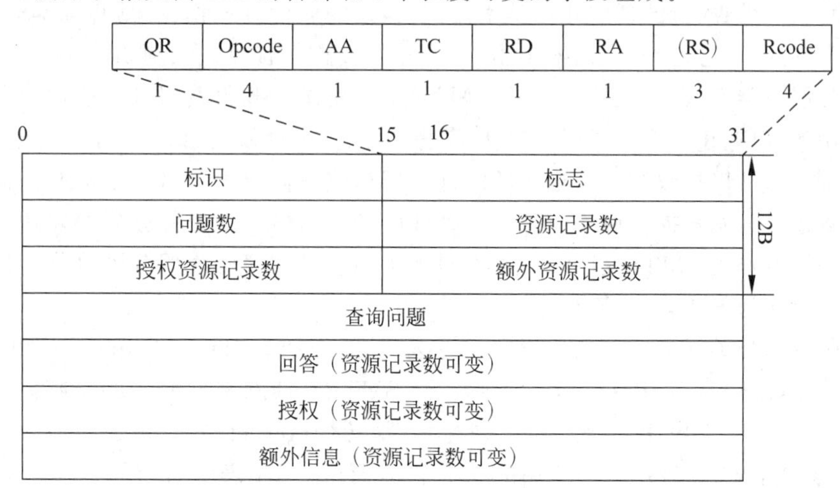

图 7-6　DNS 的报文格式

下面首先简要说明一下各标志子字段，标识字段由客户程序设置并由服务器返回结果。

(1) QR(查询/响应)。定义报文类型的 1 位子字段。0 表示查询报文，1 表示响应报文。

(2) Opcode。这是4位子字段,定义查询或响应的类型,通常值为0表示标准查询,值为1表示反向查询,值为2表示服务器状态请求。

(3) AA(授权回答)。1位子字段,值为1时表示域名服务器是权限服务器,只用在响应报文中。

(4) TC(截断的)。1位子字段,表示是否是可截断的。

(5) RD(要求递归)。1位子字段,表示期望递归。

(6) RA(递归可用)。1位子字段,表示可用递归。

(7) 保留。3位子字段,保留未用,置为000。

(8) Rcode(返回码)。4位子字段,表示在响应中的差错状态,只有权限服务器才能做出这个判断。通常为0表示没有差错,3表示域名差错。

问题数、资源记录数、授权资源记录数和额外资源记录数4个字段分别记录了问题、资源、授权及额外资源的相应记录个数,和报文下部的4个长度可变的字段的内容一一对应,长度均为16位。如果在报文中没有相应的内容(如查询报文中没有回答记录、授权记录和额外资源记录),则相应的字段处的值就记为0。

7.2 电子邮件系统

7.2.1 电子邮件系统概述

电子邮件(Electronic Mail,E-mail)是Internet上使用最多、较受用户欢迎的应用之一。电子邮件的发送方将邮件发送至ISP的邮件服务器,放入特定的收信人邮箱中,收信人可以登录到自己邮箱所在的ISP邮件服务器收取邮件。电子邮件服务为广大网络用户提供了一种快速、简便、高效、廉价的现代化通信手段,与传统的通信方式相比,具有成本低、速度快、安全与可靠性高、可达范围广、内容丰富、表达形式多样等优点。当前Internet上可供用户选择的邮件服务器有很多,大致可以分为两类,即免费服务和收费服务。相比免费用户,交纳一定费用的VIP用户可以享用到更大容量、更高安全性及更加高效可靠的电子邮件服务。邮件服务器可以接收用户发送来的邮件并把当前邮件转发至目标邮件服务器,大多数邮件服务器还会为用户提供回复信息。当邮件服务器向另一个邮件服务器发送邮件时,这个邮件服务器就作为SMTP客户;而当邮件服务器从另一个邮件服务器接收邮件时,这个邮件服务器就作为SMTP服务器。

电子邮件的相关标准经过几代竞争和更迭,现在较为通用的是,发送邮件使用的是简单邮件传送协议(Simple Mail Transfer Protocol,SMTP),读取邮件使用的是邮局协议(Post Office Protocol,POP3)和因特网报文存取协议(Internet Message Access Protocol,IMAP4)。其中,POP3表示当前使用的是版本3,而IMAP4表示当前使用的是版本4。由于SMTP只能传送ASCII码邮件,不能传送多媒体数据格式的邮件,通用Internet邮件扩充(Multipurpose Internet Mail Extension,MIME)解决了这个问题。MIME在其邮件首部中说明了邮件的数据类型(如文本、声音、图像、视频等),使用MIME可在邮件中同时传送多种类型的数据,这在多媒体通信环境下是非常必要的。

电子邮件的一般体系结构包含 3 个主要部件：用户代理、邮件服务器及邮件协议(包括发送协议 SMTP 和接收协议 POP3 或 IMAP)，如图 7-7 所示。

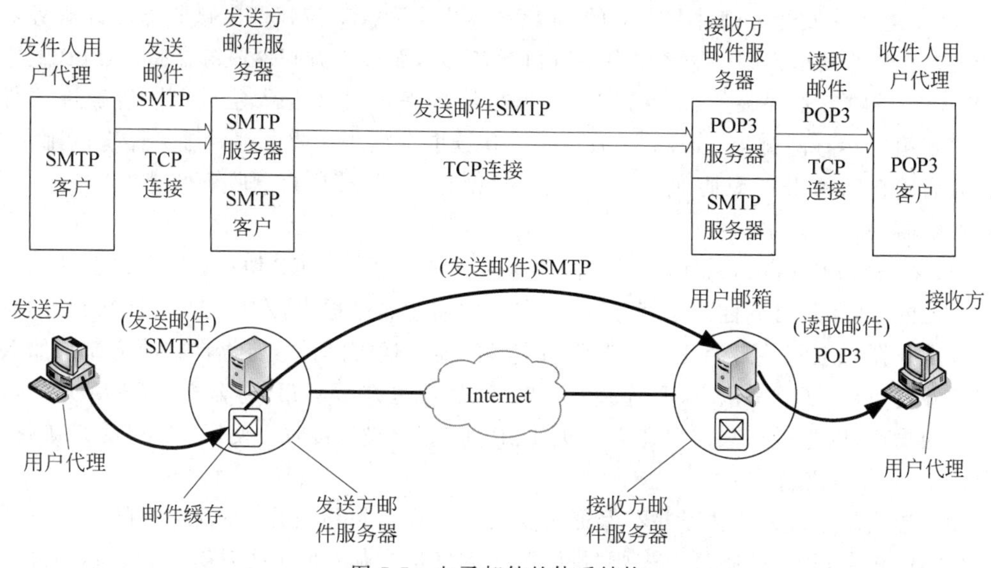

图 7-7　电子邮件的体系结构

用户代理(User Agent,UA)向用户提供服务，使得发送和接收过程更加容易。通常，UA 就是一个运行在客户端的特定程序，以帮助用户收发电子邮件。目前使用较多的方式是在网页上进行收发操作或使用电子邮件客户端软件。Microsoft 公司出品的 Outlook Express 是较为通用的客户端软件，但是 Foxmail 在使用方式上更加符合中国人的习惯。而邮件服务器(包括发送方和接收方)也称为报文传送代理(Message Transfer Agent,MTA)。

电子邮件系统的主要功能包括撰写、显示、处理、传输和报告 5 项基本功能。撰写、显示、处理是用户代理应当具有的 3 项功能，而传输和报告是邮件服务器应该具备的功能。

(1) 撰写。给用户提供很方便地编辑信件的环境。现在的用户代理撰写功能已经日趋人性化，可以大大方便用户编辑电子邮件，如可以方便地对字体格式进行处理，可以使用通讯录功能，可以随带有用的附件一同发送，可以群发邮件等。

(2) 显示。能准确清晰地阅读收到的来信，若来信是多媒体信件，也可感受到丰富的音视频信息。

(3) 处理。发送邮件和接收邮件都是处理工作。接收者可以设置自己喜欢的接收方式，当然也可以设置过滤规则对不希望收到的信件进行过滤。对收到的来信可以进行阅读、转存、删除、转发等操作。

(4) 传输。包括发送和接收。发送是指把邮件从邮件发送者的客户端发送到本地邮件服务器，进而从本地邮件服务器传送到目的邮件服务器的过程。接收是指把邮件从目的邮件服务器传送至接收邮件用户的客户端的过程。

(5) 报告。指邮件服务器向发送者回复邮件传送的情况，如已发送成功、发送失败等。

下面将结合图 7-7 来描述一下电子邮件系统的工作过程。发送者会启用自己的用户代理，撰写并且编辑要发送的信件，编辑完毕后用户代理用 SMTP 将邮件传送至发送方邮件服务器,此时,用户代理是SMTP的客户,而发送方邮件服务器是SMTP的服务器;发送方邮件服务器收到来自用户代理的邮件后,将邮件放入邮件缓存队列中,等待发送;当需要进行转发时,运行在发送方邮件服务器的SMTP客户进程会对该邮件向接收方邮件服务器进行转发;此时的发送方邮件服务器是SMTP的客户,而接收方邮件服务器是SMTP的服务器;运行在接收方邮件服务器中的SMTP服务器进程收到邮件后,会将邮件存放在收件者的用户邮箱中,等待收信人读取;当收件者准备读取存放于接收方邮件服务器上的邮件时,将首先启用自己的用户代理,使用POP3(或IMAP4)协议读取自己收到的邮件。

特别需要指出以下两点。

(1) 在SMTP(POP3和IMAP4)中,传输层上调用的是TCP协议,使用TCP协议的理由是明显的,即保障可靠性。这就意味着,在刚才描述的过程中,发送方使用SMTP向发送方邮件服务器发送邮件时会建立一次TCP连接,而发送方邮件服务器向接收方邮件服务器发送邮件时,也会建立一次TCP连接;如果TCP发送方(SMTP的客户)有多封邮件需要向同一处投递,则相应地只需要建立一次TCP连接。当然,接收方使用POP3读取邮件时,也会建立一次TCP连接。

(2) 电子邮件的交付过程并不保证是实时的。由此可以看出,在发送方邮件服务器上有一个邮件缓存,新到的邮件首先要"排队",直到发送方邮件服务器认为可以发送时才进行发送,这给邮件的投递过程带来了一定的延时,这种延时本身要比分组在路由器中转发时的延时大得多。当然,带来邮件投递延时的原因不仅仅是发送方邮件服务器有缓存,还有可能是传输线路故障、接收方邮件服务器忙碌不能建立TCP连接等。因此,许多用户在使用电子邮件服务时会感觉到不能立即接收到发送方发送的电子邮件。

与人们日常的邮局系统相似,电子邮件系统也需要对发送方和接收方进行唯一标识,标识的方式就是使用电子邮件地址。TCP/IP规定的电子邮件的地址形式是:用户邮箱@邮件服务器的域名。其中,在同一个邮件服务器中,要求用户所使用的邮箱名是唯一的,也就是说,在不重复的条件下可以自由地选择自己的用户邮箱名。由于邮件服务器的域名不可能相同,这样一来,就保证了电子邮件地址的唯一性。邮件地址中的符号"@"读作"at",表示"在"的意思。在选取邮箱名称时,建议用户使用一些有明确含义的字符串,这样既方便自己记忆,也方便别人使用。

7.2.2 SMTP协议

SMTP协议是发送邮件时使用的协议,在整个的发送流程中会使用到两次,即在发送方和发送方邮件服务器之间及两个邮件服务器之间。SMTP规定了在两个相互通信的SMTP进程之间应当如何交换信息,应当使用什么样的命令来完成邮件发送,但SMTP协议没有涉及邮件的具体格式、存储方式等。

SMTP规定了14条命令和21种响应信息。每条命令由4个字母组成,而每一种响应信息一般有一行信息,由一个3位数字的代码开始,后面附上(也可以不附)很简单的文字说明。表7-1列出了SMTP的主要命令,表7-2列出了响应代码及其含义。使用SMTP协议传送邮件共有3个阶段,分别是连接建立、报文传送及连接终止,下面分别介绍这3个阶段。

表 7-1 SMTP 的主要命令

关 键 词	变 量	关 键 词	变 量
HELO	发送端的主机名	RSET	重置服务器状态
MAIL FROM	发信人	VRFY	需要验证的收信人名称
RCPT TO	预期的收信人	EXPN	需要扩展的邮件发送清单
DATA	邮件的主体	HELP	命令名
QUIT	终止会话	NOOP	无操作

表 7-2 SMTP 的响应代码及其含义

代 码	说 明
正面完成回答	
211	系统状态或求助回答
214	求助报文
220	服务就绪
221	服务关闭传输信道
250	请求命令完成
251	用户不是本地的；报文将被转发
正面中间回答	
354	开始邮件输入
过渡负面完成回答	
421	服务不可用
450	邮箱不可用
451	命令异常终止；本地差错
452	命令异常终止；存储器不足
永久负面完成回答	
500	语法差错；不能识别的命令
501	语法的参数或变量出错
502	命令未实现
503	命令序列不正确
504	命令暂时未实现
550	命令未执行；邮箱不可用
551	用户非本地的
552	所请求的动作异常终止；过量的存储分配
553	所请求的动作未发生；邮箱名不允许使用
554	传送失败

1. 连接建立

发送方的邮件首先被放入发送方邮件服务器(MTA 客户)的邮件缓存，MTA 客户定期会扫描邮件缓存，如发现有待发邮件，就使用 SMTP 的熟知端口 25 与接收方服务器(MTA 服务器)的 SMTP 服务器建立 TCP 连接。在连接建立后，MTA 服务器会发出“220 Service Ready”以表示服务就绪。然后 MTA 客户向 MTA 服务器发送 HELO 命令，并附上发送方的主机名。MTA服务器若有能力接收邮件,则回答:“250 OK”。若MTA服务器暂时不可用,则回答“421 Service not available”。当然,若一直不能发送,超过一定的期限后就会将邮件退回到发件人,整个过程如图7-8所示。SMTP不使用任何的中间邮件服务器,也就是说,SMTP调用的TCP连接一定要在发送方的邮件服务器和接收方的邮件服务器之间直接建立。

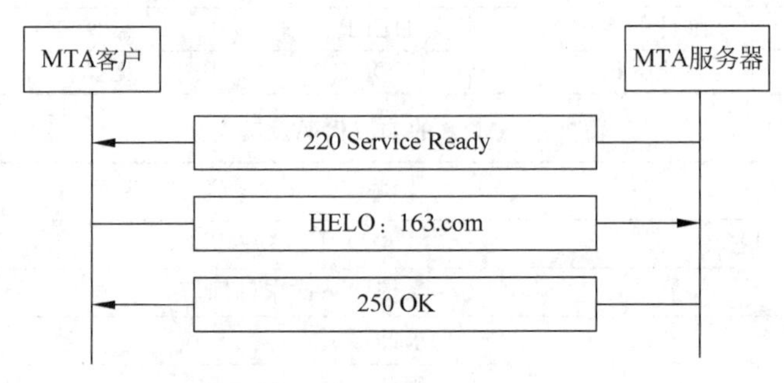

图7-8　SMTP连接建立过程

2. 报文传送

连接建立后,就可以传送报文了。

MTA客户发送MAIL FROM命令,后面跟有发信人的邮件地址。若MTA服务器已准备好接收邮件,则回答“250 OK”;否则,返回一个代码,指出原因。客户发送一个或多个RCPT TO命令,后面跟有收件人的邮件地址(有几个收件人就发送几个命令)。每发送一个命令都会从MTA服务器返回相应的信息。接下来客户发送DATA命令,对报文的传送进行初始化,表示将要开始传送邮件的内容了,若MTA服务器返回的响应代码是354就表示可以传输,若MTA服务器不能接收邮件,则返回相应的代码以说明原因,如421、500等。接着MTA客户就用连续的行发送邮件的内容,每一行都以<CRLF>标记表示行结束,<CRLF>标记代表的是回车和换行,报文以仅有一个点(.)的行结束。MTA服务器返回响应代码,表示邮件的接收状态,若邮件收到了,则返回“250 OK”。在整个的传送过程中,MTA服务器返回的状态码的具体含义读者可以参考表7-2。图7-9说明了SMTP报文传送过程。

3. 连接终止

邮件发送完毕后,就可以释放整个连接了,过程如图7-10所示。

连接终止过程比较简单,MTA客户首先发送QUIT命令。SMTP服务器返回相应的状态信息,返回221就表示服务关闭,释放TCP连接。至此,邮件传送的全部过程就结束了。

7.2.3　邮件读取协议

目前共有两种报文读取协议可供使用:邮局协议版本3(POP3)和因特网报文存取协议版本4(IMAP4)。下面对两种协议进行讨论。

1. POP3

邮局协议POP比较简单,所以功能有限。邮局协议POP最初公布于1984年。经过几次更新,现在使用的是它的第三个版本POP3。POP3已成为Internet的标准,大多数的

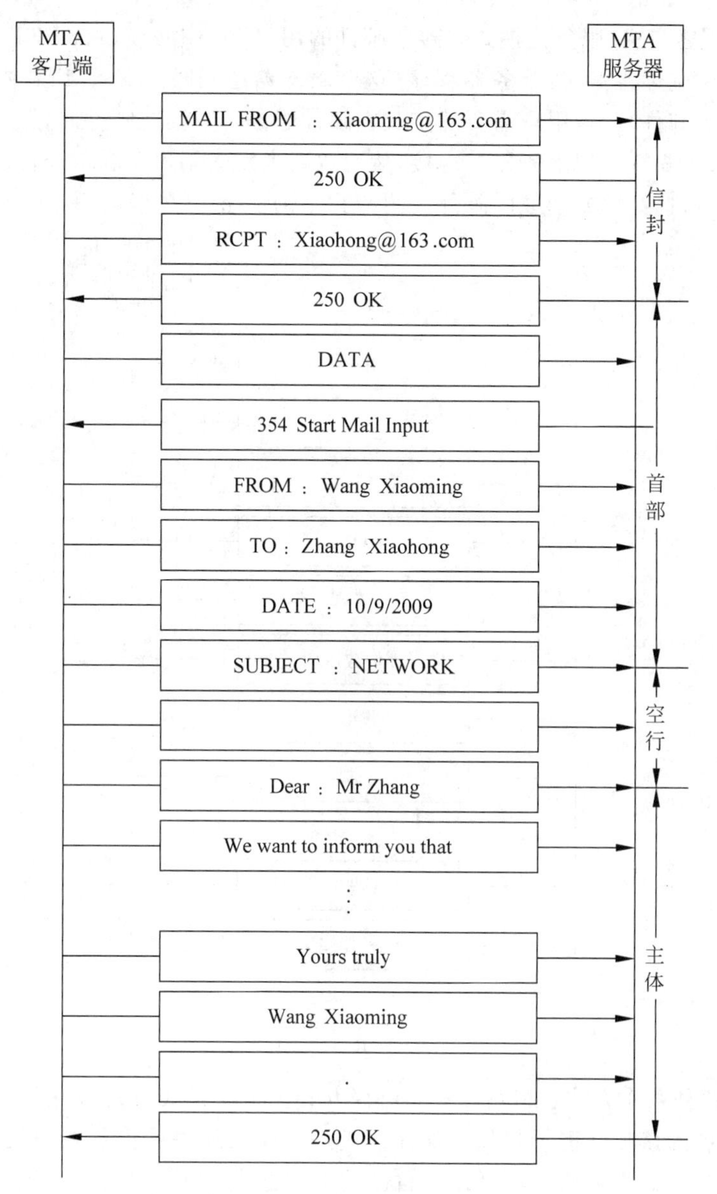

图 7-9 SMTP 报文传送过程

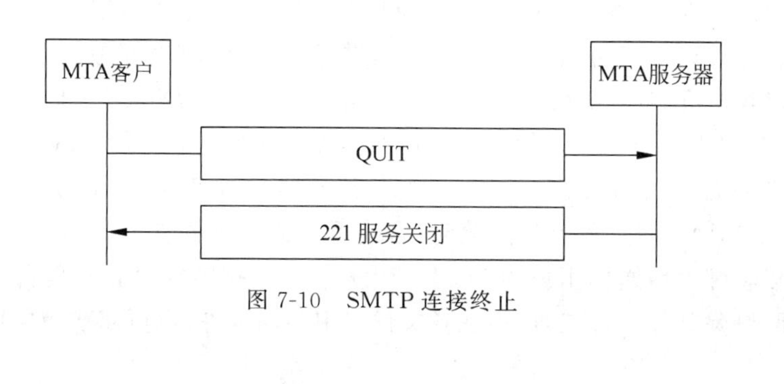

图 7-10 SMTP 连接终止

ISP 都支持 POP3。POP3 有时也简称为 POP。

POP3 使用客户机/服务器模式。接收邮件的用户 PC 中必须运行 POP 客户程序，接收方邮件服务器中则运行 POP 服务器程序(这个服务器还同时运行 SMTP 协议从发送方邮件服务器中接收邮件)。当用户需要从接收方邮件服务器中读取邮件时，客户端的用户代理会在 TCP 端口 110 打开到服务器的连接，然后按要求发送用户名和口令，进入邮箱，用户可以列出邮件清单，选择需要读取的邮件。图 7-11 说明了这一过程。

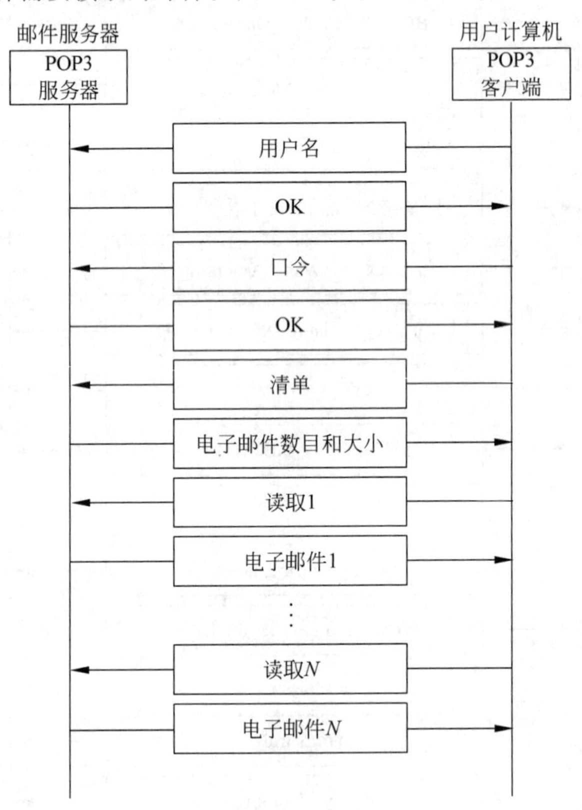

图 7-11　POP3 的工作过程

POP3 有两种工作方式：删除方式和保存方式。删除方式就是说在每一次读取完毕邮件后就把邮箱中的该邮件进行删除。保存方式是在读取邮件后仍然在邮箱中保存该邮件。用户可以根据自己的实际情况选择适合自己的工作方式。

2. IMAP4

较之 POP3，IMAP4 的功能更强，也更为复杂。IMAP4 能够实现一些 POP3 不能实现的功能，对邮件的读取方式更加灵活，为用户提供了一些管理邮件的功能。

IMAP4 以客户机/服务器模式工作，在用户的 PC 上运行 IMAP 客户程序，在接收方服务器上运行 IMAP 服务器程序，借助 TCP 连接实现邮件的传送功能。IMAP 是一个联机协议，用户在自己的 PC 上就可以管理 ISP 的邮件服务器上的邮箱，就像在本地操纵一样。用户在 PC 上打开 IMAP 服务器上的邮箱时，首先看到的是邮件首部。当需要进一步查看邮件正文时，可以将邮件传送到用户的 PC 上。用户可以根据需要设置管理自己的邮箱，可以在邮箱中创建、删除邮件文件夹，可以在各文件夹中移动邮件，也可以按照关键字查找邮件，提供了很多用户需要的功能。IMAP4 不会像 POP3 那样自动地删除用户的邮件，除非用户发出了删除命令。IMAP 还允许用户只读取邮件中的一部分，如果网速不是很快，就可以先不查看容量很大的附件内容。

7.2.4 电子邮件的格式

一封电子邮件分为信封和报文内容两大部分。信封实际上是一种 SMTP 协议命令，报文内容又包括报头和报文主体两部分。图 7-12 所示表示了电子邮件的格式。

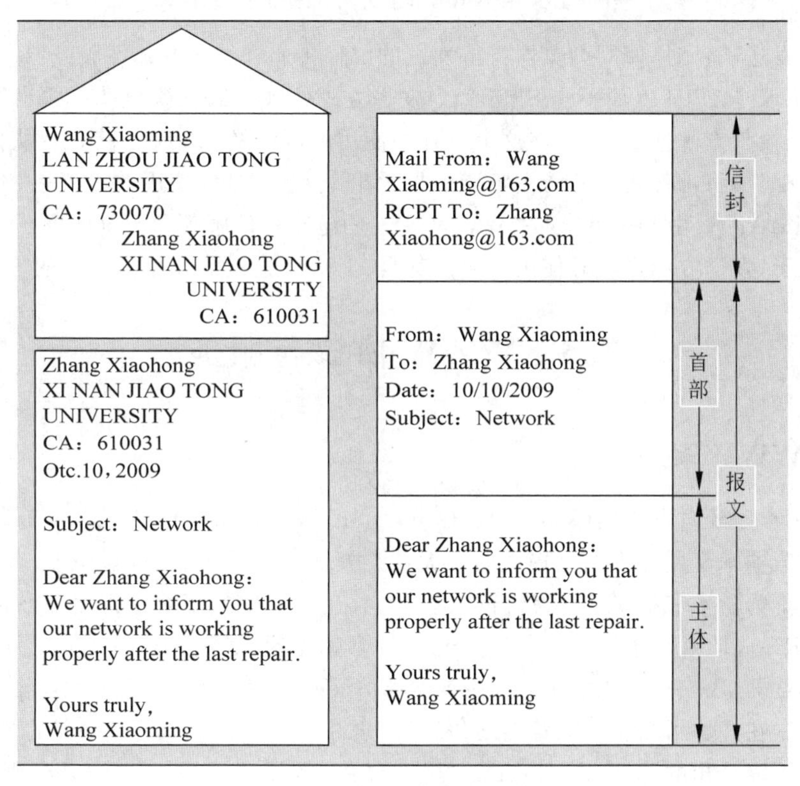

图 7-12 电子邮件的格式

报文部分的内容是由用户撰写产生的，电子邮件系统自动提取首部内容中的必要信息以供生成信封使用，用户不需要关心信封是如何填写的。报文首部中包括一些关键字，如 From、To、Date 和 Subject 等，关键字后面需要加上冒号。From 说明邮件是谁发送的，To 说明邮件发送给谁，Date 说明发送邮件的日期，Subject 说明邮件的主题。邮件首部还有一项是抄送“Cc：”，这两个字符来自“Carbon copy”，也就是说应给这些用户发送一份邮件的副本。有些邮件系统允许用户使用关键字 Bcc(Blind carbon copy)来实现盲复写副本。这样使发信人能将邮件的副本发送给目标用户，但目标用户却不知道收到的邮件是一份抄送副本，也不知道该副本同时还抄送给了哪些用户。

7.2.5 基于 WWW 的电子邮件

作为一种广泛而且通用的服务，现在很多网站也纷纷向用户提供了电子邮件服务。当前使用电子邮件的用户中，大多数用户是借助浏览器来实现电子邮件功能的，这已经成为一种主流的使用方式,给广大的电子邮件用户带来了很大的方便。下面介绍一下通过WWW直接使用电子邮件功能的过程,如图7-13所示。

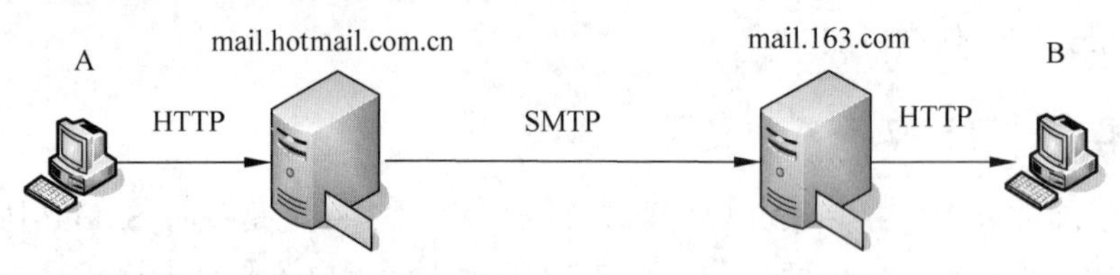

图7-13 基于WWW的电子邮件工作过程

发送者发送邮件时,使用浏览器将待发送的邮件传递到发送方邮件服务器,在这个过程中,使用的协议是HTTP(而不是SMTP)。发送方邮件服务器将该邮件在适当的时候进行转发,发送至接收方邮件服务器,在这个过程中使用的协议是SMTP。接收者从接收方邮件服务器接收邮件,将邮件在自己的浏览器中显示出来,这一过程使用的协议是HTTP(而不是POP或IMAP)。由此可见,通过WWW实现的电子邮件服务和传统的电子邮件服务的不同之处在于,发送方和接收方使用的协议都是HTTP,这是需要特别注意的。

7.3 WWW协议与服务

7.3.1 WWW概述

现在,用户已经对万维网(World Wide Web,WWW)不再陌生了,几乎所有上网的用户都会借助浏览器来享用万维网上提供的巨大信息资源。然而就在20世纪90年代初,万维网还基本上不为学术和科研群体以外的人所知。1989年3月,WWW诞生于欧洲粒子物理实验室(CERN),18个月后,第一个(基于文本的)原型投入运行。1993年2月,第一个图形界面的浏览器(Browser)开发成功,命名为Mosaic。1995年著名的Netscape Navigator浏览器上市。在经历了多年的浏览器之争以后,现在形成了多种浏览器并存的局面,主流的浏览器包括谷歌公司的Google Chrome浏览器、微软公司的Microsoft Edge浏览器、苹果公司的Safari浏览器、腾讯公司的QQ浏览器、360公司的360安全浏览器等。各个浏览器有不同的特点,如Google Chrome浏览器设计风格简约、页面访问速度快、具备丰富的拓展功能,Microsoft Edge浏览器性能稳定、兼容性好,Safari浏览器运行速度快、易于在移动端使用,QQ浏览器安装简单快捷、稳定性好,360安全浏览器安全性好、更新及时、访问速度快。

从概念上讲,万维网(WWW)通过Internet能访问到的大量文档的集合构成,这些文档称为万维网页面(Web page),也可以简称为页面。每个页面可以包含指向全球任何地方的其他页面的链接(Link)。通过鼠标单击一个链接,用户可以访问到这个链接所指向的页面。WWW的广泛使用使Internet走入了寻常百姓的普通生活,使网站数量按指数规律增长。据统计,万维网的通信量已超过整个因特网通信量的75%。因此,万维网的出现是Internet发展中的一个非常重要的里程碑。特别指出,虽然对于大多数用户而言,“Internet就是万维网”这样的观点不会带来什么太大的问题,甚至这种观点已经“深入人心”。但是两者是有区别的。前面已经指出,Internet是全世界范围内最大的一个互联网,由分布在世界各地的互联网组成；而万维网不是一种什么具体的网络，只是一种基于因特网的具体应用，是由分布在世界各地的因特网上的大量的文档组成的。由此可以看到，两者从概念上讲是不太一样的。

万维网是一个分布式的超媒体(Hypermedia)系统，它是超文本(Hypertext)系统的扩充。一个超文本由多个信息源链接成，而这些信息源的数目实际上是不受限制的。超媒体与超文本的区别是文档内容不同，超文本文档仅包含文本信息，而超媒体文档则包含其他表示方式的信息，如图形、图像、声音、动画或活动视频图像等。

7.3.2 WWW的体系结构

万维网以客户机/服务器方式工作。客户端使用浏览器得到服务器提供的相关内容，提供服务的服务器也称为网站(Website)。客户程序向服务器程序发出请求，服务器程序向客户程序返回客户所要的万维网文档。在图7-14中，客户需要查看属于网站A的某些信息，从而通过浏览器发出请求，这个请求中包含了这个网站和这个万维网页面的地址(URL)。在网站A的服务器操作这个文档，发送给这个客户。当用户查看该文档时，发现有一些引用文档是包含在网站B上的，于是这个客户就发送另一个请求到新的网站B，请求了相关新的文档。

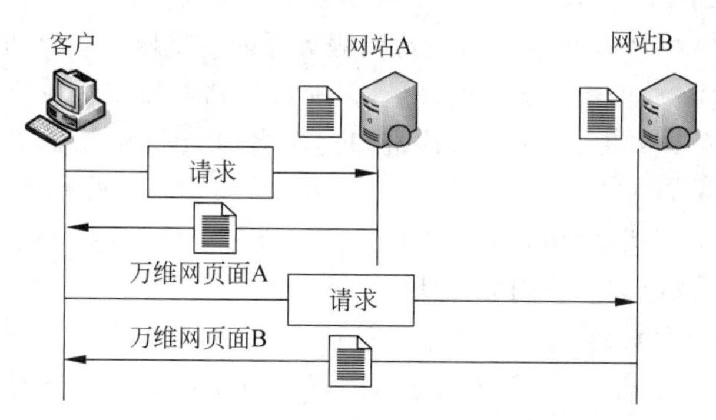

图7-14 WWW的工作方式

浏览器的作用就是解释和显示万维网的页面，现在几乎所有的浏览器都采用了相同的体系结构，如图7-15所示。每一个浏览器通常由3部分组成：控制程序、客户协议及解释程序。控制程序从键盘或鼠标接收输入，使用客户程序访问要浏览的文档。在文档找到后，控制程序就使用相关的协议(如HTTP、FTP、TELNET)处理。解释程序可以是HTML、Java或JavaScript，这取决于文档的类型。

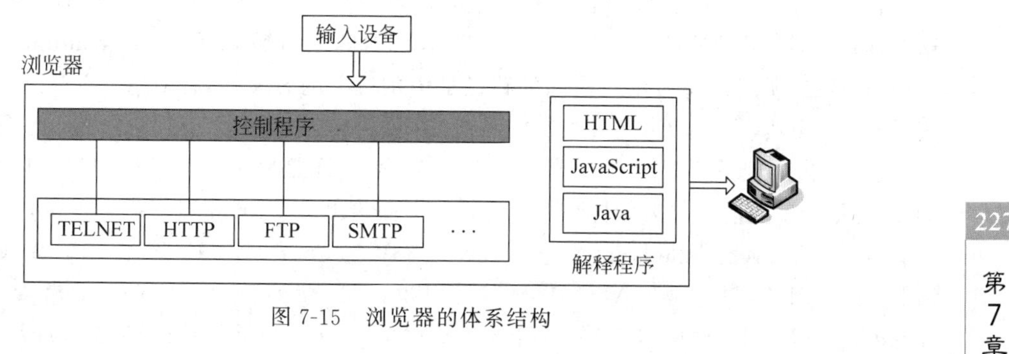

图7-15 浏览器的体系结构

万维网的页面存储在服务器上。每当有客户请求到达时,对应的文档就发送给客户。服务器常采用高速缓存技术、多线程技术等以提高访问效率。在这种情况下,服务器可以在同一时间回答多个客户的请求。

7.3.3 统一资源定位符(URL)

客户要访问万维网页面就需要地址。为了方便、准确地访问万维网上的资源,采用统一资源定位符(Uniform Resource Locator,URL)对万维网上的所有资源进行唯一标识。URL给资源的位置提供了一种抽象的识别方法,并用这种方法给资源定位。只要能够对资源定位,系统就可对资源进行各种操作,如存取、更新、替换和查找其属性。所谓“资源”,是指在万维网上可以访问的任何对象(文档、图像、声音等)。URL相当于一个文件名在网络范围的扩展,是与因特网相连的计算机上的任何可访问对象的一个指针。

URL采用的基本语法形式如下:

```
[protocol]://hostname[:port]/path[;parameters][?query]
```

其中,方括号中的内容表示是可选项。URL本身不区分大小写,对各参数的说明如下。

(1) protocol(协议):指出使用什么协议来获取万维网文档,现在常用的协议是HTTP,还可以是FTP、TELNET等,协议后面的“://”是必需的,不能省略。

(2) hostname(主机名):是指存放资源的服务器的主机域名或IP地址。

(3) :port(端口号):可选的协议端口号,只在服务器不使用相应协议的熟知端口的情况下才使用这一选项。省略时使用默认端口号。各种传输协议都有默认的端口号,如HTTP的默认端口为80。

(4) path(路径):可选项,用来表示主机上的一个目录或文件地址,是由零或多个“/”符号隔开的字符串。省略时表示访问的是默认文档。

(5) ;parameters(参数):可选字符串,指明由客户提供的可选参数。

(6) ? query(查询):可选项,用于给动态网页(如使用CGI、PHP/JSP/ASP/ASP.NET等技术制作的网页)传递参数,可有多个参数,用“&”符号隔开,每个参数名和值用“=”符号隔开,用户未必能直接看到或使用其中的可选部分。

实际使用过程中,用得比较多的两种协议是HTTP和HTTPS。此处进行一些简单的说明。HTTP的默认端口号是80,通常可省略。若再省略文件的< path >项,则URL就指向该主机设定的主页(home page)。主页是一个常用的概念,通常由网页的制作者来设定,也就是将一个页面设定为默认的访问页面。例如,当打开百度的主页后,输入“CN”作为查找项,就会进入到新的查找页面,该页面的URL为http://www.baidu.com/s?wd=CN。这个地址说明,现在的访问采用的是HTTP,访问的主机域名是www.baidu.com,采用默认端口号80(所以没有显示),访问的路径是该主机下的S文档,针对wd的查询给定的参数值是CN。当然,在实际访问万维网的动态文档的过程中,常常遇到的情况要比现在给定的例子复杂得多,但只要记住URL的基本形式和含义,还是完全可以准确理解具体URL含义的,这对用户实际应用能力的提高很有好处。下面给出的URL相对复杂一些。

http://search.dangdang.com/?key=%BC%C6%CB%E3%BB%FA%CD%F8%C2%E7%BB%F9%B4%A1%BD%CC%B3%CC&act=input,这是在当当网(www.dangdang.com)上查找指定书籍后得到的页面,从中可以看到,访问的主机域名是search.

dangdang.com，后面较为复杂的形式是一些具体的查询参数和对应的参数值。这里需要特别说明的是：URL查询参数中一般不含有块状字符，对块状字符要进行编码处理，使其转换为英文字符后再进行处理，如查询参数key对应的值是一字符串，该字符串对应的汉字是"计算机网络基础教程"；此外，对于给定的查询参数，若用户没有指定具体的参数值（也就是对该参数没有具体要求），则该查询参数"＝"的后面什么也不写。

7.3.4 万维网文档

WWW文档可以分为3类：静态文档、动态文档和活动文档，其中的动态文档有时也称为服务器端动态文档，而活动文档有时也称为客户端动态文档。这种分类方式是基于文档内容被确定的时间。

1. 静态文档

静态文档是一个存放于Web服务器上的HTML文件。静态文档的作者在创建文档时就已经确定了文档的具体内容，由于文档的内容不会发生变化，因此对静态文档的每一次访问都返回相同的结果。图7-16说明了静态文档的访问过程。制作静态文档主要使用的是超文本标记语言（HyperText Markup Language，HTML），HTML是一种制作万维网页面的标准语言，易于掌握且实施简单，现行的版本是HTML 5.0。有关HTML语言的更多知识，请读者参考网页设计方面的相关书籍。

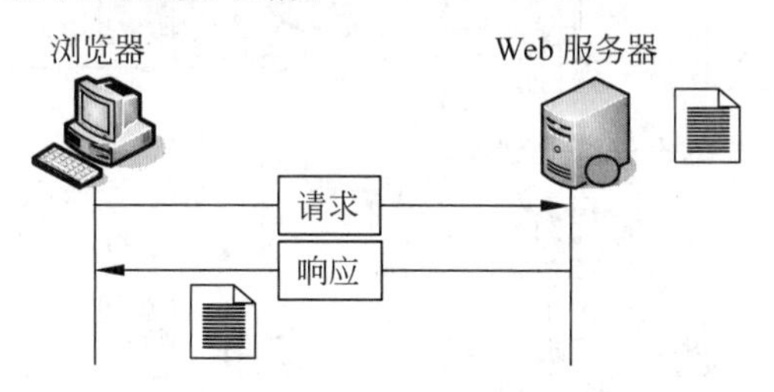

图7-16　静态文档的访问过程

2. 动态文档

动态文档是在浏览器请求该文档时才由Web服务器创建出来的。当一个请求到达时，Web服务器运行一个应用程序来创建所需的动态文档，服务器返回程序的输出，作为对浏览器请求的应答。由于每次访问都要创建新的文档，因此动态文档的内容是变化的。一个非常简单的例子就是从服务器得到当前的日期和时间的动态文档，日期和时间是一种动态信息，时刻都在发生着变化。图7-17说明了动态文档的访问过程。在动态文档生成技术方面，现在比较流行的是以下几种：超文本预处理器（PHP），它使用Perl语言；JSP（Java Server Pages），它使用Java语言进行编排；ASP（Active Server Pages）是一个微软推出的产品，可以使用相关的脚本语言进行网页编制。

3. 活动文档

对于许多应用，需要程序能够在客户端运行，这种文档为活动文档。例如，需要在浏览器屏幕上产生动画，或者需要与用户进行交互，这样的应用程序就应该运行在客户端。当客户请求文档时，服务器就将以二进制代码形式的活动文档发送给浏览器。浏览器收到该活动文档后，先进行存储，进而在客户端的计算机上运行该程序。客户以后可以再次运行这个文档而不需要发出新的请求。图7-18说明了活动文档的访问过程。产生活动文档的一种

(a) 客户向Web服务器发出请求　(b) 服务器创建文档

(c) 服务器向客户传送文档

图 7-17　动态文档的访问过程

方法是使用Java小应用程序。当然,在适当的场合下也可以使用动态文档中的脚本语言进行编制,如JavaScript。限于篇幅,本书不深入探讨Java技术,相关知识读者可以参考Java方面的学习书籍。

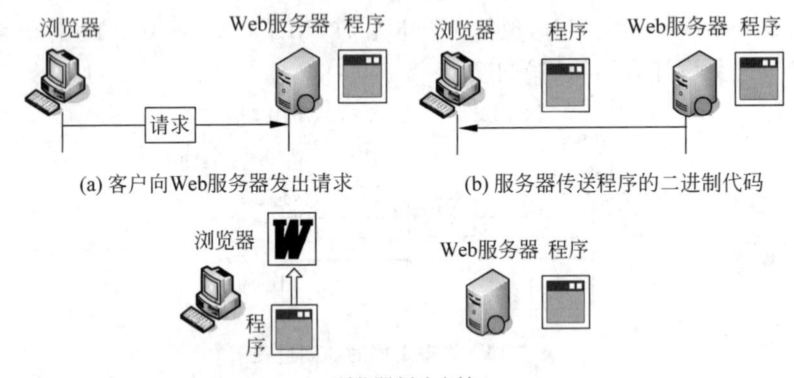

(a) 客户向Web服务器发出请求　(b) 服务器传送程序的二进制代码

(c) 浏览器创建文档

图 7-18　活动文档的访问过程

视频讲解

7.3.5　HTTP

1. HTTP的工作过程

超文本传输协议(HyperText Transfer Protocol,HTTP)主要用在万维网上进行数据存取,从层次的角度看,HTTP是面向事务(Transaction-Oriented)的应用层协议,它是万维网上可靠交换文件(包括文本、声音、图像等各种多媒体文件)的重要基础。Web客户(浏览器)与Web服务器使用一个或多个TCP连接进行通信。HTTP在服务器端使用的是TCP的80端口,以便发现是否有浏览器(即客户进程)向它发出连接建立请求。一旦监听到连接建立请求并建立了TCP连接之后,浏览器就向服务器发出浏览某个页面的请求,服务器接着就返回所请求的页面作为响应。在浏览器和服务器之间的请求和响应的交互,必须按照规定的格式和遵循一定的规则。这些格式和规则就是超文本传输协议(HTTP)。图7-19说明了这一过程。

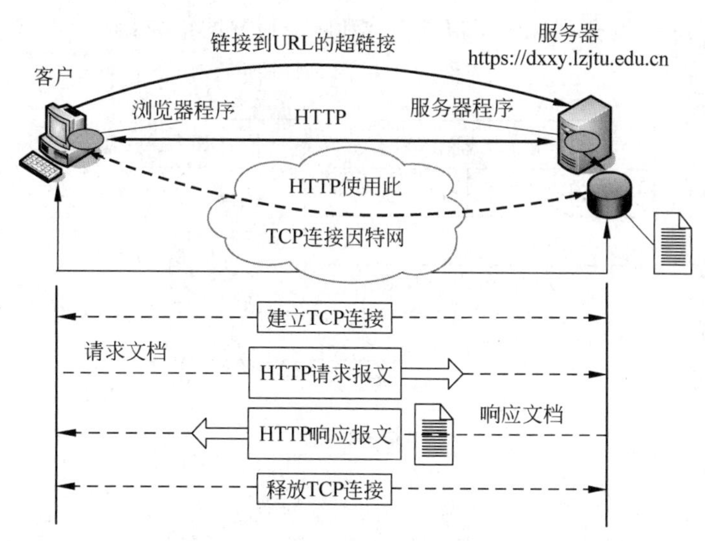

图 7-19　HTTP 的工作过程

用户浏览页面的方法有两种：一种方法是在浏览器的地址栏中输入目标页面的 URL；另一种方法是在某一个页面中用链接的方法到达指定的页面。以图 7-19 为例，目标 URL 是 https://dxxy.lzjtu.edu.cn/info/1299/5550.htm。下面说明在确定 URL 后所要进行的必要步骤。

(1) 浏览器分析处理 https://dxxy.lzjtu.edu.cn。

(2) 浏览器向 DNS 请求解析 https://dxxy.lzjtu.edu.cn 的 IP 地址。

(3) 域名系统 DNS 解析出 https://dxxy.lzjtu.edu.cn 对应的 IP 地址，返回给浏览器。

(4) 浏览器与服务器建立 TCP 连接。

(5) 浏览器发出取文件命令：GET/info/1299/5550.htm。

(6) 服务器给出响应，把文件 5550.htm 发送给浏览器。

(7) 数据传输完毕，释放 TCP 连接。

(8) 浏览器显示 5550.htm 文件中的所有内容。

HTTP 现行的有 3 个版本，分别为 HTTP/1.0 版本、HTTP/1.1 版本和 HTTP/2.0 版本，其中前两个版本在现在的 Internet 中广泛使用。HTTP 在传输层使用的协议是 TCP 以保证数据的可靠传输。但是，HTTP 本身是无连接的，也就是说，双方在通信时 HTTP 本身并没有建立连接，只是在传输层借助 TCP 工作时建立了 TCP 连接，不能认为 HTTP 本身建立了连接。HTTP 是无状态的(Stateless)，同一客户第二次访问同一服务器的结果和第一次访问的结果是相同的，服务器不会因为该客户是第二次访问就有不同的动作。事实上，服务器根本不去记忆哪个客户曾经访问过自己，也不去记忆某个客户访问了自己多少次。HTTP 的无状态性从某种程度上简化了协议的设计与实现，但是后面也将看到，对 HTTP 的性能会产生不利的影响。

2. HTTP 的报文

HTTP 的报文分为两种，分别是请求报文和响应报文。请求报文是从客户向服务器发送的报文，响应报文是从服务器到客户的回答。由于 HTTP 是面向文本的(text-oriented)、无状态的应用层协议，因此在报文中的每一个字段都是一些 ASCII 码串，每个字段的长度都是不确定的。图7-20分别说明了请求报文和响应报文的结构。

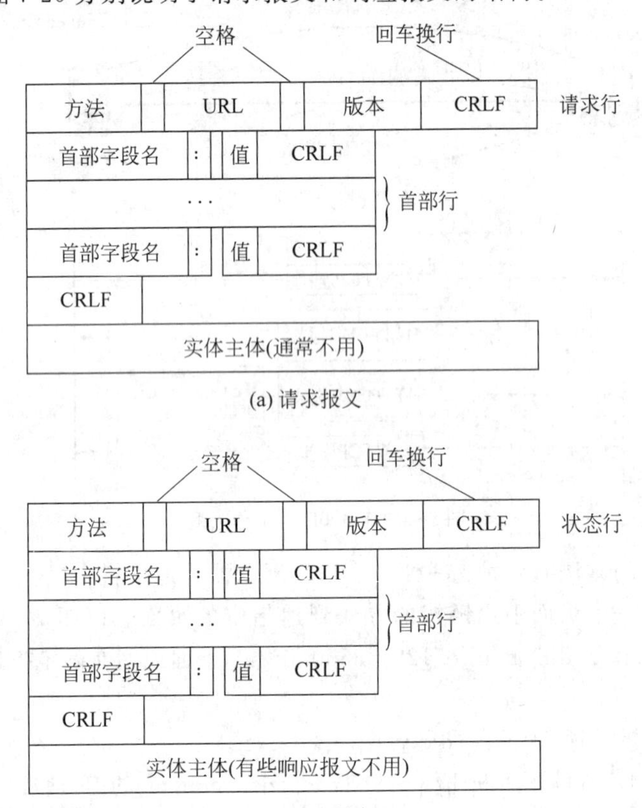

(a) 请求报文

(b) 响应报文

图7-20 HTTP的报文结构

由此可以看到,请求报文和响应报文的结构是相似的。请求报文包括一个请求行、一个首部行,有时还有一个实体主体;响应报文包括一个状态行、一个首部行,有时还有一个实体主体。下面分别进行讨论。首先讨论请求报文,主要有三部分,请求行、首部行、实体主体,各部分又包含了一些具体的字段。

(1) 请求行。请求行包含方法、URL和HTTP版本3个字段。方法字段有时也称为请求类型,"方法"这一用语是借助了面向对象技术中的专用名词,所谓"方法",就是对所请求的对象进行的操作,这些方法实际上也就是一些命令。因此,请求报文的类型是由它所采用的方法决定的。表7-3给出了常用的方法。URL指明了所请求资源的URL。版本标明所使用的HTTP版本,目前主要使用的是1.0版本和1.1版本。CRLF中的"CR"代表回车,"LF"代表换行。

(2) 首部行。在客户和服务器之间交换附加的信息,用来说明浏览器、服务器或报文主体的一些信息。首部可以有一个或多个首部行,也可以没有首部行。每一个首部行由一个首部名、一个冒号、一个空格和一个首部值组成,每一行在结束的地方都有"回车"和"换行"。整个首部行结束时,还有一空行将首部行和后面的实体主体分开。

(3) 实体主体。在请求报文中一般不使用该字段,有时用来包含要发送的文档。

表 7-3 请求报文的方法

方　　法	动　　作
OPTION	请求一些选项的信息
GET	请求读取有 URL 所标志的文档
HEAD	请求读取有 URL 所标志的信息的首部
POST	给服务器提供一些信息
PUT	在服务器端指明的 URL 处存储一个文档
DELETE	删除指明的 URL 所标志的资源
TRACE	用来进行回环测试的请求报文

针对前面的例子，这里给出了相应的 HTTP 的请求报文，如表 7-4 所示。

表 7-4 HTTP 请求报文示例

请求报文内容	说　　明
GET/art/201708/145499. htm HTTP/1. 1	请求行使用了相对 URL，注意空格
Host：training. 51cto. com	首部行的开始，给出主机域名
Connection：close	告知服务器，传输完指定文档后即可释放连接
User-agent：Mozilla/5. 0	用户代理使用的是 Safari 浏览器
Accept-language：fr	用户期待得到的文档
	一个空行，表示首部行的结束

在以上的报文中，读者要注意必要的空格。在请求行中使用了一种称为相对 URL 的地址，这是因为在首部行的第一行中明确了主机的域名。若是已知主机域名的情况下或者是已经和服务器建立了连接的情况下，是可以省略主机域名使用所谓的相对 URL 的。这个请求报文没有实体主体。

下面来看一下响应报文的结构，主要包括状态行、首部行、实体主体，各部分又包括了一些具体的字段。

(1) 状态行。状态行包含 HTTP 版本、状态码、状态短语 3 个字段。其中的 HTTP 版本说明了服务器端所使用的 HTTP 版本。状态码由 3 个数字组成，分为 5 大类共 33 种。状态短语以文本的形式解释状态码。表 7-5 给出了常用的状态码和状态短语。

表 7-5 常用的状态码和状态短语

代码	短　　语	说　　明
提供信息的		
100	Continues	请求的开始部分已经收到，客户可以继续请求
101	Switching	服务器同意客户的请求，切换到在更新首部中定义的协议
成功		
200	OK	请求成功
201	Created	一个新的 URL 被创建
202	Accepted	请求被接受，但还没有马上起作用
204	No content	主体中没有内容

续表

代码	短　语	说　明
重新定向		
301	Multiplechoices	所请求的 URL 指向多于一个资源
302	Moved permanently	服务器已不再使用所请求的 URL
304	Moved temporarily	所请求的 URL 已暂时移动了
客户差错		
400	Bad request	在请求中有语法错误
401	Unauthorized	请求缺少适当的权限
403	Forbidden	服务被拒绝
404	Not found	文档未找到
405	Method not allowed	URL 不支持该方法
406	Not acceptable	所请求的格式不可接受
服务器差错		
500	Internal server error	在服务器端有差错,如崩溃
501	Not implemented	所请求的动作不能完成
503	Service unavailablc	服务暂时不可用,但可能在以后被请求

(2) 首部行。作用与请求报文的首部行相似,这里不再赘述。

(3) 实体主体。一般不用这个字段,有时用来包含要接收的文档。

下面给出一个 HTTP 响应报文的例子,如表 7-6 所示。

表 7-6　HTTP 响应报文示例

响应报文内容	说　明
HTTP/1.1 200 OK	200 代表请求成功,相应的状态短语为 OK
Connection:close	指出连接应当关闭
Date:Thu,09-Sep-01 20:00:00 GMT	当前日期和格林尼治时间
Server:Apache/1.3.0	服务器的名称和版本号
MIME-version:1.0	给出 MIME 版本是 1.0
Content-length:2048	给出文档的长度
(文档的主体)	文档的数据内容

3. 持久和非持久连接

HTTP/1.0 使用的是非持久连接,而在 HTTP/1.1 中,默认使用的是持久连接。下面将分别进行介绍。

非持久连接是对每一个请求/响应都要建立一次 TCP 连接,工作过程如下。

(1) 客户打开 TCP 连接,并发送请求报文。

(2) 服务器发送请求(应答)报文,并关闭(建立/开启)TCP 连接。

(3) 客户读取响应报文,直到文件结束标记后,关闭连接。

使用这种策略时,如果客户要读取不同文档中的 N 个对象时,连接则必须相应地打开和关闭 N 次。显然,这给服务器造成了很大的开销,因为服务器需要使用 N 个不同的缓存为连接服务,而且每次打开连接时都要使用慢开始过程。现在的浏览器都提供了同时能够打开 5～10 个并行 TCP 连接的功能,让每一个 TCP 连接处理客户的一个请求。这样做虽然可以缩短响应时间,但是代价却是服务器耗费了大量的资源。

持久连接是服务器在发出响应之后，让连接继续为一些请求打开。服务器可以在客户请求时或超时时间到时，才关闭该连接。持久连接有两种工作方式，分别是非流水线方式(Without Pipelining)和流水线方式(With Pipelining)。非流水线方式是客户在收到前一个响应后才能发出下一个请求。而流水线方式是客户在收到 HTTP 的响应报文之前就能够接着发送新的请求报文，于是一个接一个地请求报文到达服务器后，服务器就可以连续发回响应报文。

在 IE 浏览器中，可以手工设置所使用的 HTTP 版本。方法为选择"工具"→"Internet 选项"选项，在打开的"Internet 选项"对话框中选择"高级"选项卡，就会看到关于 HTTP/1.1 的设置，如图 7-21 所示。如不进行设置，默认情况是使用带流水线方式的持久连接。

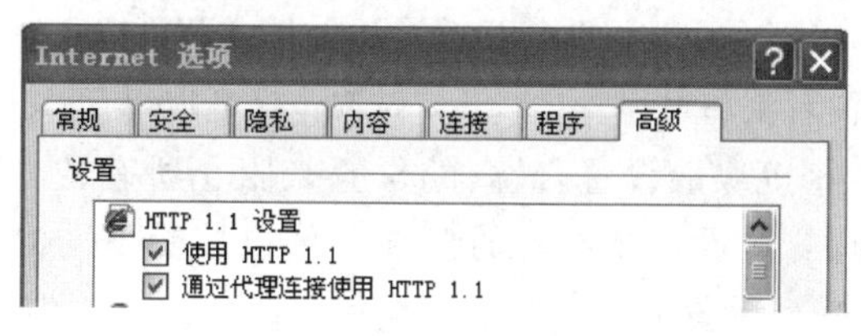

图 7-21 IE 浏览器中 HTTP 1.1 的设置

关于持久连接和非持久连接的性能优劣是很明显的，这里不再深入比较分析两者的性能。有兴趣的读者可以参阅 James F. Kurose 编著的《计算机网络——自顶向下方法与 Internet 特色》一书。

4. 代理服务器

HTTP 支持代理服务器(Proxy Server)。代理服务器本质上就是一台计算机，它用来保留最近请求过的文档的副本。在有代理服务器的情况下，HTTP 客户会把请求交给代理服务器来处理。代理服务器会检查它自己的高速缓存，如果在高速缓存中没有请求的文档，代理服务器就会把请求发送给相应的服务器，以请求源文档，当请求到该源文档时，代理服务器并不是立刻将该文档发送给请求的客户，而是先将该文档存储起来，以便在以后为同样的请求提供快速的响应。代理服务器的使用减少了原始服务器的工作负荷，也减少了骨干网上的通信量(代价是增加了网段内的通信量)，当然也会减少平均时延。代理服务器的性能也会影响整个网络的性能，如客户配置成了接入代理服务器，但若该代理服务器出现了问题不能正常工作时，有可能会影响到该客户对因特网的正常使用。

在代理服务器的使用过程中，有一个核心问题就是"文档应该在代理服务器中保存多长时间"。一方面，若保存的时间过长，会使得保存的文档副本变得陈旧，不能及时反映原文档的变化。另一方面，若保存的时间过短，效率会变得低下，因为有可能在下一个请求到来之前，该文档的副本已经超时被删除了。同时也应该看到，对每一个文档的保存时间不应该是一个固定不变的值，而应该是动态变化着的，应该是和该文档的内容、客户的使用情况等相对应的。

5. Cookie

HTTP 是一种无状态协议，双方都不记录关于对方的任何信息，一问一答，关系就结束了。然而随着万维网的发展，今天的一些应用却需要记录一些客户的信息。例如，以下一些场合：某些网站是需要先登录才能够访问其中的内容的；当今流行的电子商务网站，需要记录客户的购物过程(购物车)，最后针对所购物品进行结账。

总之,随着用户需求的多元化,现在有一些应该需要记录客户的访问信息。Cookie可以解决这样的问题。

Cookie提供了一种在Web应用程序中存储用户特定信息的方法。例如,当用户访问站点时,Cookie存储用户首选项或其他信息。当该用户再次访问该网站时,便可以检索以前存储的信息。在开发人员以编程方式设置Cookie时,需要将希望保存的数据序列化为字符串(并且要注意,很多浏览器对Cookie有4096B的限制),然后进行设置。Cookie存储于客户端硬盘上,与用户相关。虽然Cookie的使用给用户带来了很多的方便,也不会传播计算机病毒(对Cookie能够传播计算机病毒的说法是一种误解),但是Cookie确实会泄露用户的隐私,也会给一些别有用心的人带来可乘之机。

在IE浏览器中,可以对Cookie进行设置,方法是选择"工具"→"Internet选项"选项,在打开的"Internet选项"对话框中选择"隐私"选项,就可以看到关于Cookie的设置了,如图7-22所示。一共有6个等级的设置,最高的位置是阻止所有的Cookie,而最低的位置是接受所有的Cookie,中间的位置是在不同的条件下可以接受不同的Cookie,用户可以依据自己的实际情况灵活地进行设置。

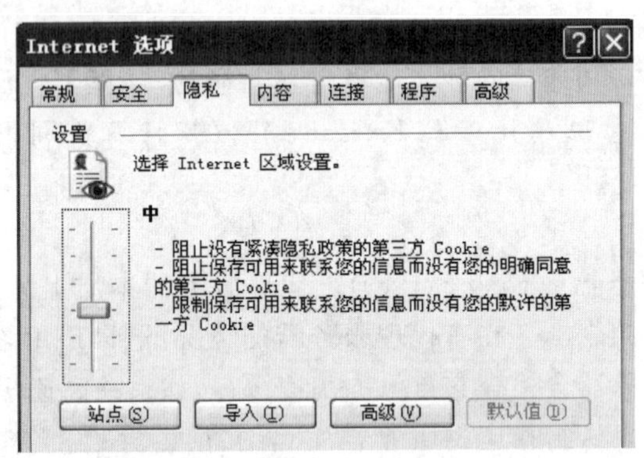

图7-22 Cookie的设置

7.3.6 搜索引擎

1. 搜索引擎的现状

搜索引擎(Search Engine)是指Internet上专门提供查询服务的一类网站,它以一定的方法在Internet中发现收集有用信息,对信息进行理解、提取、组织和处理。用户可以通过搜索引擎检索到自己所需要的大量信息。按照工作原理的不同,搜索引擎分为全文搜索引擎和分类目录式搜索引擎。

(1) 全文搜索引擎的工作方式是搜索引擎主动派出称为网络蜘蛛(Spider)的机器人(实质上是一种网络软件),它遍历Web空间,能够扫描一定IP地址范围内的网站,并沿着网页上的链接从一个网页到另一个网页自动获取大量的信息内容。为保证采集的内容是最新的,它还会回访已抓取过的网页。对采集到的信息,会根据一定的相似度算法进行大量的计算建立网页索引,进而建立(更新)索引数据库。人们平时使用的全文搜索引擎,实际上只是一个搜索引擎系统的检索界面,当用户输入关键字进行查询时,搜索引擎会从庞大的索引数据库中找到符合该关键字的所有相关网页的索引,并按一定的排名规则呈现给用户。不同的搜索引擎,网页索引数据库不同,排名规则也不尽相同,所以,当用户以同一关键字用不同的搜索引擎查询时，搜索结果也就不尽相同。Google(谷歌)、百度都是比较典型的全文搜索引擎系统。该类搜索引擎的优点是信息量大、更新及时、无须人工干预，并逐渐支持基于图形图像的多媒体信息查询。缺点是结果多，相关性低；更新慢；对自然语言理解能力差；不支持个性化查询。

(2) 分类目录式搜索引擎是一种网站级的搜索引擎，由分类专家将网络信息按照主题分成若干大类，每个大类再分为若干小类，依次细分。一般的搜索引擎分类体系有五六层，有的甚至十几层。和全文搜索引擎一样，分类目录的整个工作过程也分为收集信息、分析信息和查询信息三部分，只是分类目录的收集信息、分析信息这两部分主要依靠人工完成。分类目录一般都有专门的编辑人员，负责收集网站的信息。随着收录站点的增多，现在一般都是由站点管理者主动递交自己的网站信息给相关的目录式搜索引擎，然后由分类目录的编辑人员审核递交的网站，以决定是否收录该站点。如果该站点审核通过，还需要分析该站点的内容，进而将该站点放入相应的类别和目录中。所有这些收录的站点同样被存放在一个"索引数据库"中。用户在查询信息时，可以选择按照关键字搜索，也可按分类目录逐层查找。例如，以关键字检索，返回的结果与全文搜索引擎一样，也会对网站进行排名。如果用户不使用关键字也可进行检索，只要找到相关目录，就完全可以找到收录的相关网站。当然，这里的检索结果只是被收录网站的主页地址及相关简要介绍，而并不是具体的页面。分类目录式搜索引擎的典型代表是Yahoo(雅虎)、新浪、搜狐等。由于分类目录式搜索引擎的信息分类和信息搜集有人的参与，因此搜索的准确度是相当高的。但是缺点也是明显的，覆盖率有限，需要人工介入、维护量大、信息更新不够及时。分类体系结构缺乏统一的标准，不同搜索引擎的体系结构不同，使得同一内容的信息在不同的搜索引擎中经常会被纳入不同的类目，造成用户的困扰。

当前使用的搜索引擎中，有一些是对这两类搜索引擎的整合，主要有两类：元搜索引擎(META Search Engine)和集成搜索引擎(All-in-One Search Page)。元搜索引擎一般没有自己的网络机器人及索引数据库，它们的搜索结果是通过调用和优化其他多个独立搜索引擎的搜索结果，并以统一的格式在同一界面中显示。元搜索引擎在检索请求提交、检索接口代理和检索结果显示等方面，均有自己研发的特色元搜索技术。元搜索引擎的优点是返回结果的信息量更大、更全。缺点是用户需要做更多的筛选。集成搜索引擎是通过网络技术，在一个网页上链接很多个独立搜索引擎，查询时，点选或指定搜索引擎，一次输入，多个搜索引擎同时查询，搜索结果由各搜索引擎分别以不同页面显示。

尽管Internet只有一个，但各搜索引擎的能力和特点各不相同，所以收集的网页、检索结果的排序也有所不同。大型搜索引擎的数据库存储了互联网上几亿至几十亿的网页索引，数据量达到几千TB甚至PB级别。但是，即使最大的搜索引擎建立超过百亿级网页的索引数据库，也仅占Internet上全部网页的一小部分，不同搜索引擎之间的数据重叠率一般在70%以下。所以要想得到更加全面的信息，有时需要使用不同的搜索引擎。而由于各种原因，Internet上有更大量的内容，是搜索引擎无法收集到的，也是用户无法用搜索引擎检索到的。

2. 搜索引擎的发展趋势

针对传统搜索引擎所存在的不足，各搜索引擎网站纷纷向智能化、个性化方面发展。一个好的搜索引擎，不仅数据库容量要大，更新频率、检索速度要快，支持对多语言的搜索，而且随着数据库容量的不断膨胀,还要能从庞大的资料库中精确地找到准确信息。当前搜索引擎技术有以下几个发展趋势。

(1) 垂直主题搜索引擎。垂直主题搜索引擎是指利用某种技术或工具,在Web上发现并获取与某个主题相关的资源的过程。网络上的信息浩如烟海,网络资源飞速增长,一个搜索引擎很难收集全所有主题的相关信息,即使信息主题收集得比较全面,由于主题范围太宽,很难将各主题做得既精确又专业。这样一来,垂直主题的搜索引擎以其高度的目标化和专业化在各类搜索引擎中占据了一席之地。目前,一些主要的搜索引擎都提供了新闻、图片、MP3、视频等专门搜索,加强了检索的针对性。

(2) 多媒体搜索技术。基于内容的检索,多媒体搜索技术是指直接对媒体内容特征和上下文语义环境进行的检索。一般而言,可用于网络检索的多媒体信息的内容特征大致包括图像的颜色、纹理、形状等;声音的音频、响度、频度和音色等;影像的视频特征、运动特征等。这种类型的搜索引擎逐渐增多,目前主要用于图像检索,如lycos、WebSeek、Machine、Lxquick、百度识图等。目前的多媒体搜索引擎覆盖面小,检索功能不够完善,检索正确率也比文本检索差一些,因此,多媒体搜索技术尤其是音频、视频数据的检索仍是搜索引擎的一个研究重点和热点。

(3) 对自然语言的支持。为了提高搜索引擎对用户检索提问的理解,就必须有一个好的检索提问语言,现在已经出现了自然语言智能查询。用户可以输入简单的疑问句,如"如何清除计算机中的Win32病毒",搜索引擎在对提问进行结构和内容的分析之后,或直接给出提问的答案,或引导用户从几个可选择的问题中进行再选择。自然语言的优势在于,一是使网络交流更加人性化,二是使查询变得更加方便、直接、有效。如上例,如果用关键字查询,多数用户都会用"Win32病毒"这个词来进行检索,结果中必然会包括对该类病毒的介绍、Win32病毒的危害、Win32病毒是怎样产生的等无用信息,而用"如何清除计算机中的Win32病毒"检索,搜索引擎会将怎样清除病毒的信息提供给用户,提高了检索的准确率。

要想真正解决Internet信息检索的问题,完全满足用户的各种信息查询需求,搜索引擎需要解决的难题还很多。这些难题包括:科学组织和管理索引数据库,保持索引的更新与完整,包括对隐藏内容的索引;鉴别站点的优劣,向用户推荐质量高的内容,鉴别并移除恶意内容及链接;研究开发能充分表达用户查询要求的查询语言、方式和模式,提高查询语言的功能和查询的准确性;挖掘研究用户反馈,提高网络搜索的智能性,为用户提供个性化的服务;实现网络信息的自动化处理等。

7.4 文件传输协议(FTP)

7.4.1 FTP概述

在Internet中,文件传输服务提供了任意两台计算机之间相互传输文件的机制,它是广大用户获得丰富的Internet资源的重要方法之一。在TCP/IP实现之前,就已经有了用于ARPANET的标准文件传输协议。这些早期的文件传输软件版本逐步演化成了目前使用的标准,称为文件传输协议(File Transfer Protocol,FTP)。FTP可以将一个完整的文件从一个系统复制到另一个系统中,并且保证传输的可靠性。在Internet发展的早期阶段,FTP

的通信量约占整个 Internet 的三分之一，直到 1995 年，WWW 的通信量才首次超过了 FTP。时至今日，在一些应用场合（局域网资源服务器、一些提供文件资源的论坛等），FTP 依然表现出了特有的优势。

在网络环境中将文件从一台计算机复制到另一台计算机中看似是一件并不复杂的事情。然而，就是这样一件看似简单的事情实现起来往往会遇到一些问题。因为众多的计算机厂商研制出的文件系统多达数百种，且差别很大。例如，两个系统可能使用不同的文件目录结构及文件命名规则，两个系统可能使用不同方法表示数据，两个系统可能使用不同的访问控制方法访问文件。FTP 用一种较为简单的方法解决了这样的异构问题。

7.4.2 FTP 的工作原理

大多数 FTP 服务器的实现允许多个客户的并发访问。FTP 使用客户机/服务器（C/S）模式，但与大多数 C/S 模式下的应用程序不同，FTP 客户端与服务器之间建立的是双重连接。一个是控制连接（Control Connection），主要用于传输 FTP 控制命令，告诉服务器将传送哪个文件；另一个是数据传送连接（Data Transfer Connection），主要用于数据传送，完成文件内容的传输。把命令与数据传输分开使得 FTP 的运行更加高效。在整个 FTP 交互过程中，控制连接始终打开，处于连接状态，一旦控制连接释放，整个 FTP 会话过程也就结束了；数据连接则在每一次文件传送开始时打开，传送完毕时关闭。简单地说，当一个用户开始使用一个 FTP 服务传输文件时，控制连接就打开。在控制连接处于打开状态时，若传送多个文件，则数据连接可以打开和关闭多次。

不管是控制连接还是数据传送连接，都是由相关的操作系统进程来进行管理的，也就是说，是由进程来创建、管理及释放连接的。在服务器端运行的进程有主进程和从属进程，从属进程包括控制进程和数据传送进程，分别对应于控制连接和数据传送连接。一个服务器主进程等待连接，并为处理每个连接建立一个从属进程，从属进程接受和处理来自客户的请求。当然，这些进程在符合规定的情况下也是可以相互调用的。区分清楚"连接"和"进程"，对于准确理解 FTP 的运行过程和协议本质，是很有必要的。

控制连接有两个主要工作步骤：①服务器在熟知端口 21 发出被动打开，等待客户；②客户使用临时端口 A 发出主动打开。在整个交互过程中这个连接将一直处于打开状态。

数据连接也有两个主要工作步骤：①客户使用一个临时端口 B 发出被动打开，并通过控制连接将这个端口号发送给服务器；②服务器收到这个端口号，并使用熟知端口 20 和收到的临时端口 B 发出主动打开。在数据连接的过程中，有一个值得注意的问题。在构造数据连接时，FTP 服务器变成了客户（发起连接），而 FTP 客户则变成了服务器。但是此时的 FTP 服务器（充当客户）使用的端口号却依然是一个熟知端口 20（熟知端口一般只用于连接过程中处于服务器的一端）。图 7-23 说明了整个 FTP 的工作原理。

7.4.3 匿名 FTP 服务

为保护敏感文件不被随意存取，客户机与远程 FTP 服务器建立连接时，服务器会要求客户端的用户提供一个合法的用户名和口令，进行身份验证，只有验证通过的用户才能使用该服务器资源。实际上，Internet 上有很多公共 FTP 服务器（也称为匿名 FTP 服务器）免费开放，提供一些公共的文件服务。匿名服务其实就是在 FTP 服务器上建立一个公共账户，

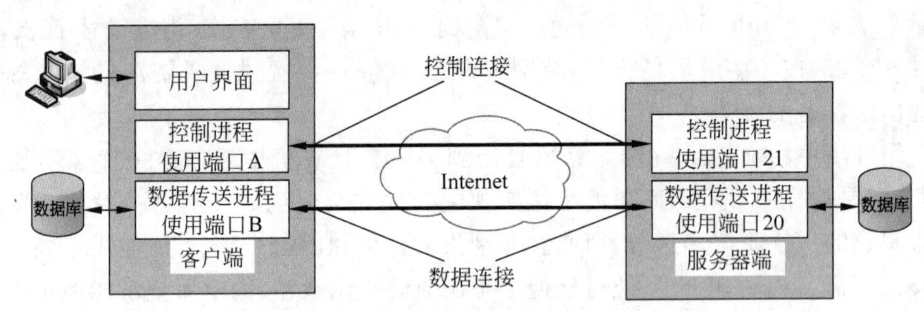

图7-23 FTP工作原理示意图

并赋予该账户访问公共目录的权限。若用户要登录匿名FTP服务器,无须事先申请用户名,可以使用anonymous作为用户名,并用自己的电子邮件地址(或者guest)作为口令,匿名FTP服务器便可以允许这些用户登录,并提供公共文件传输服务。

7.4.4 FTP的使用

计算机系统的文件表示方式多种多样,FTP不可能处理所有的表示方式。FTP定义了适用于大多数文件的两种基本传输类型:文本方式与二进制方式。用户必须选择一种传输类型,并且该模式在整个文件传输中一直有效。

文本方式传输被用于基本的文本文件。许多计算机系统在文本文件中用ASCII或EBCDIC字符集来表示字符。除了文本传输外唯一可选择的就是二进制方式,该方式必须被用于所有的非文本文件。例如,视频、声音、图像或浮点数矩阵等都必须以二进制方式传输。FTP在二进制文件传输时对文件内容不予解释,也不对文件的表示方式进行转换。

FTP允许文件可以进行双向传输,既可以由服务器向客户机传输(下载),也可以由客户机向服务器传输(上传)。当用户端与服务器建立连接后,用户可以从服务器获得一个文件或者将本地文件传输至服务器。当然,这种传输面临访问权限的问题(远程计算机可以被配置成禁止创建新文件或者修改现有文件)。

用户可以使用get或mget命令来取回远程文件。通常使用get命令每次处理一个文件。get要求用户指明要复制的远程文件名,当用户想为取回的文件取一个不同的名称时,可以输入第二个文件名。如果用户在命令输入行中不提供远程文件名,FTP将提示用户。一旦知道文件名,FTP将执行传输并且在完成后通知用户。mget命令允许用户一次请求多个文件。用户指定远程文件列表,然后FTP将每个文件传输到用户的计算机上。

为了将本地计算机的文件副本传输到服务器上,用户可以使用put、send或mput命令。put与send命令用来传输单个文件。同get一样,用户必须输入本地文件名。如果在命令行中没有文件名,FTP将提示用户。mput命令与mget命令很相似,允许用户用单个命令来请求多个文件的传输。用户指定文件列表,然后FTP传输每一个文件。

目前常用的FTP客户程序通常有3种类型:传统的FTP命令行、浏览器和FTP下载工具。传统的FTP命令行是最早使用的FTP客户程序。在Windows系统中,需要在MS-DOS窗口中执行命令行程序。当前几乎所有的主流浏览器也都运行FTP应用,通过它也可以使用FTP服务,使用方式与WWW应用相类似,如需要访问麻省理工学院MIT的匿名服务器,该服务器的域名是rtfm. mit. edu,则只需在地址栏中输入"ftp://rtfm. mit. edu"。不管是使用命令行方式还是浏览器方式进行FTP文件传输,只要传输过程中发生意外中断，已经传输完的那一部分文件不能以任何方式使用，之前的传输过程没有任何的实际意义。FTP 下载工具提供了断点续传功能，可以有效解决这样的意外中断，中断后再继续连接上进行下载时就会沿着中断的地方继续进行，这给下载带来了很大的方便。目前，常用的专用 FTP 下载工具有 CuteFTP、LeapFTP、AceFTP、BulletFTP 等，主流的下载工具(如迅雷、网际快车等)也都支持 FTP 下载功能。

7.4.5 简单文件传输协议(TFTP)

虽然 FTP 是 TCP/IP 中最常用的文件传输协议，但它对编程而言也是最复杂和困难的。许多应用既不需要 FTP 提供的全部功能，也不能应付 FTP 的复杂性。

简单文件传送协议(Trivial File Transfer Protocol，TFTP)，最初打算用于引导无盘系统(通常是工作站或 X 终端)，就是为客户和服务器间不需要复杂交互的应用程序而设计的。TFTP 只限于简单文件传输操作，不支持交互，且没有一个庞大的命令集。TFTP 没有列目录的功能，也不能对用户进行身份鉴别，不提供访问授权。

TFTP 运行在 UDP 上，使用超时和重传保证数据传输的可靠性。当需要将文件同时向多台计算机传输时就往往需要使用 TFTP(FTP 由于使用的是 TCP，不具备这样的功能)。TFTP 代码所占的内存较小，这对较小的计算机或某些特殊用途的设备是很重要的。这些设备不需要硬盘，只需要固化了 TFTP、UDP 和 IP 的小容量只读存储器。当接通电源后，设备执行只读存储器中的代码，向网络广播一个 TFTP 请求。网络上的 TFTP 服务器就发送响应，包括可以执行的二进制程序；设备收到此程序后将其放入内存，然后开始运行程序。这种方式增加了灵活性，也减少了开销。

TFTP 发送端每次传送的数据块中有 512B 的数据(但最后一次可以不足 512B)，并在发送下一个数据块前等待接收方对前一数据块进行确认。接收方在每收到一个数据块后都加以确认，确认时指明所确认的块编号。发送方发送数据后在规定时间内收不到确认就要重发数据块；接收方若在规定时间内收不到下一个文件块，也要重新发送确认。TFTP 发送的第一个分组请求文件传输，并建立客户与服务器间的交互，分组指明了文件名，并指定对文件是要进行读操作还是进行写操作。

7.5 动态主机配置协议(DHCP)

7.5.1 DHCP 的产生背景

连接到 Internet 上的任何一台计算机在其正常工作前都需要得到以下 4 项信息：正确的 IP 地址、子网掩码、默认网关地址和域名服务器地址，否则将无法接入 Internet。当一台计算机开始工作时所进行的工作常称为自举(Bootstrapping，也可缩写为 Booting)。用户开启计算机后，硬件便开始查找固定存储设备(如磁盘)上的特定文件，这个文件记录了本计算机的相关网络配置参数。

在计算机网络的发展历程中，有 3 个具体的协议都与此有关。最初的反向地址解析协议(Reverse Address Resolution Protocol，RARP)是为了让计算机能够获取一个可用的 IP 地址而设计的。后来，计算机可以通过引导程序协议(Bootstrap Protocol，BOOTP)来获取这些信息,取代了 RARP 协议。最终,作为 BOOTP 的增强版本,研究人员开发出了当今较为通用的动态主机配置协议(Dynamic Host Configuration Protocol,DHCP)。

RARP 用于早期的无盘机器,这些机器都是由 ROM 引导的,ROM 中只包含有少量的引导信息(不包括 IP 地址等相关信息);另一方面,ROM 是由制造厂家安装的,在出厂时还不知道本机的 IP 地址等必要的信息,因此无法写入 ROM 中。事实上,即便是知道了 IP 地址也是不能写入 ROM 中的,IP 地址只是一种逻辑地址,会随着网络的运行而发生变化,这一点和物理地址不同,物理地址是固化在网络适配器中的,在网络的运行过程中是不发生变化的。RARP 协议可以依据本机的 MAC 地址通过广播 RARP 请求而得到相应的 IP 地址,进而就可以接入 Internet 了。

BOOTP 协议可以将上述 4 种信息都提供给无盘机器或者是第一次启动的计算机。为什么有了 RARP 协议,还要 BOOTP 协议呢?原因是,现在接入 Internet 的计算机需要的不仅仅是 IP 地址这一项信息,如前所述,还需要子网掩码、默认网关地址和域名服务器地址,而这些信息都是 RARP 协议无法提供的。其实,在前面学习 ARP(RARP)协议时也知道,RARP 协议使用的是数据链路层服务而不是网络层服务,这将给 RARP 协议的使用带来一个限制,那就是 RARP 客户机和 RARP 服务器必须处在同一个物理网络上。而 BOOTP 就没有这样的限制了,它工作在应用层上,这意味着客户机和服务器可以处于不同的物理网络。

但 BOOTP 不是动态配置协议,它适用相对静态的环境。当一个客户请求 IP 地址时,BOOTP 服务器就会查找相应的匹配关系,这意味着要想得到 IP 地址,客户的物理地址与 IP 地址的绑定必须是事先存在的,这项工作一般由网络管理员手工来完成。若是管理员没有预先配置相应的匹配关系,或者是主机从一个物理网络移动到了另一个物理网络时,BOOTP 将无法应对这样的问题,除非管理员手工进行相应的改动。随着网络规模的不断扩大、网络复杂度的不断提高,网络配置也变得越来越复杂,在计算机经常移动(如便携机或无线网络)和计算机的数量超过可分配 IP 地址的数量等情况下,原有针对静态主机配置的 BOOTP 协议将不能满足实际需求。为方便用户快速地接入和退出网络、提高 IP 地址资源的利用率,IETF 设计了 DHCP 协议。与 BOOTP 不同,DHCP 不需要管理员为每台计算机进行相应的手工配置,而是提供了一种机制,允许新加入的计算机自动地获取 IP 地址及相关信息,这个概念称为即插即用网络(Plug-and-Play Networking)。

7.5.2 DHCP 的报文格式

为了使 DHCP 与 BOOTP 向后兼容,DHCP 的设计者决定使用与 BOOTP 几乎相同的报文格式,如图 7-24 所示。

DHCP 报文的各个字段的具体说明如下。

(1) 操作码。长度为 8b,说明报文的操作类型,分为请求报文和响应报文,1 为请求报文,2 为响应报文。具体的报文类型在 option 字段中标识。

(2) 硬件类型。长度为 8b,定义物理网络的类型,如以太网为 1。

(3) 硬件长度。长度为 8b,定义以字节为单位的物理地址长度,如以太网这个值是 6。

(4) 跳数。长度为 8b,表示 DHCP 报文经过的 DHCP 中继的数目。

(5) 事物标识 ID。长度为 32b,由客户端设置,用来对请求的回答进行匹配。服务器在

操作码	硬件类型	硬件长度	跳数
事物标识ID			
秒数		标志	未使用
客户IP地址			
你的IP地址			
服务器IP地址			
网关IP地址			
客户硬件地址(16B)			
服务器名(64B)			
引导文件名(128B)			
选项(可变长度)			

图 7-24 DHCP 报文格式

回答中返回同样的值。

(6) 秒数。长度为 16b，客户端进入 IP 地址申请进程的时间或更新 IP 地址进程的时间；由客户端软件根据情况设定。目前没有使用，固定为 0。

(7) 标志。长度为 1b，用来标识 DHCP 服务器响应报文是采用单播还是广播方式发送，0 表示采用单播方式，1 表示采用广播方式。

(8) 客户 IP 地址。长度为 32b，DHCP 客户端的 IP 地址。只有客户端是 Bound、Renew、Rebinding 状态，并且能响应 ARP 请求时，才能被填充，是由客户端写入的。

(9) 你的 IP 地址。长度为 32b，DHCP 服务器分配给你自己的或客户端的 IP 地址，是由服务器端写入的。

(10) 服务器 IP 地址。长度为 32b，包含服务器 IP 地址。这是服务器在回答报文中填入的。

(11) 网关 IP 地址。长度为 32b，包含路由器 IP 地址。这是服务器在回答报文中填入的。

(12) 客户硬件地址。DHCP 客户端的硬件地址，由客户端在请求报文中填入。

(13) 服务器名。DHCP 服务器提供的服务器的域名。

(14) 引导文件名。DHCP 服务器为 DHCP 客户端指定的启动配置文件名称及路径信息。

(15) 选项。长度最多可达 312B，由 3 个字段组成：1 字节的标记字段、1 字节的长度字段及可变长度值字段。选项中包含了报文的类型、有效租期、DNS 服务器的 IP 地址、WINS 服务器的 IP 地址等配置信息。

7.5.3 DHCP 的工作过程

1. 地址分配

DHCP 采用 C/S 工作模式，所有的配置参数都由 DHCP 服务器集中管理，并负责处理客户端的 DHCP 请求；而客户端则会使用服务器分配的 IP 网络参数进行通信。DHCP 可以提供静态地址和动态地址分配。静态地址由人工配置；动态地址则自动配置。DHCP 有两个数据库，一个用来保存静态地址分配的绑定关系；另一个则用来保存动态地址分配的信息。当DHCP客户请求IP地址时,服务器首先检查它的静态数据库,若静态数据库中有匹配项,则返回给这个客户一个永久IP地址。反之,DHCP服务器就会从IP地址池(其中保存有可供分配且尚未使用的IP地址)中选择一个IP地址发送给客户供其使用,并在动态数据库中保存相应的分配信息。客户不再使用的IP地址就自动收回地址池,以供再分配,从而大大节省了IP地址空间。为了动态获取并使用一个合法的IP地址,需要经历以下4个阶段。

(1) 发现阶段。所有运行DHCP协议的服务器都会被动打开UDP端口67等待客户端发来的报文。在发现阶段,DHCP客户端使用UDP端口68发送DHCP DISCOVER报文来寻找DHCP服务器。由于DHCP服务器的IP地址对于客户端来说是未知的,因此DHCP客户端以广播方式发送DHCP DISCOVER报文。

(2) 提供阶段。网络中接收到DHCP DISCOVER报文的DHCP服务器,将从IP地址池中取得空闲的IP地址连同一些其他参数(如租约期限、网关地址、域名服务器地址等)一起通过DHCP OFFER报文发送给DHCP客户端。

(3) 选择阶段。如果有多台DHCP服务器向DHCP客户端回应DHCP OFFER报文,则DHCP客户端只接受第一个收到的DHCP OFFER报文。然后以广播方式发送DHCP REQUEST请求报文,该报文中包含选项(标记值为54,服务器标识选项),即它选择的DHCP服务器的IP地址信息。以广播方式发送DHCP REQUEST请求报文,是为了通知所有的DHCP服务器,它将选择选项54中标识的DHCP服务器提供的IP地址,其他DHCP服务器可以重新使用曾经提供的IP地址。

(4) 确认阶段。收到DHCP客户端发送的DHCP REQUEST请求报文后,DHCP服务器根据DHCP REQUEST报文中携带的MAC地址来查找有没有相应的租约记录。如果有,则发送DHCP ACK报文作为应答,通知DHCP客户端可以使用分配的IP地址;如果DHCP服务器收到DHCP REQUEST报文后,没有找到相应的租约记录,或者由于某些原因无法正常分配IP地址,则发送DHCP NACK报文作为应答,通知DHCP客户端无法分配IP地址。DHCP客户端需要重新发送DHCP DISCOVER报文来请求新的IP地址。

2. 更新租约

DHCP服务器分配给DHCP客户端的IP地址一般都有一个租借期限,期满后DHCP服务器便会收回分配的IP地址。如果DHCP客户端要延长IP租约,则必须更新其IP租约。

(1) IP租约期限达到50%(T1)时,DHCP客户端会向DHCP服务器发送DHCP REQUEST报文,请求更新IP地址租约。如果收到DHCP ACK报文,则租约更新成功;如果收到DHCP NACK报文,则重新发起申请过程。

(2) 到达租约期限的87.5%(T2)时,如果仍未收到DHCP服务器的应答,DHCP客户端会向DHCP服务器发送请求更新IP地址租约的DHCP REQUEST报文。如果收到DHCP ACK报文,则租约更新成功;如果收到DHCP NACK报文,则重新发起申请过程。

图7-25说明了DHCP协议工作的状态转换关系。

3. DHCP的中继工作过程

细心的读者可能已经发现了一个问题。前面在讲述DHCP地址分配的过程中说到,DHCP客户端会以广播方式发送DHCP DISCOVER报文来寻找服务器。那么,要想成功地找到DHCP服务器,就要求客户端和服务器只能工作在同一个网段中;若跨网段工作,路由器就会阻断广播报文,出现找不到其他网段上的DHCP服务器的情况。这样一来,就

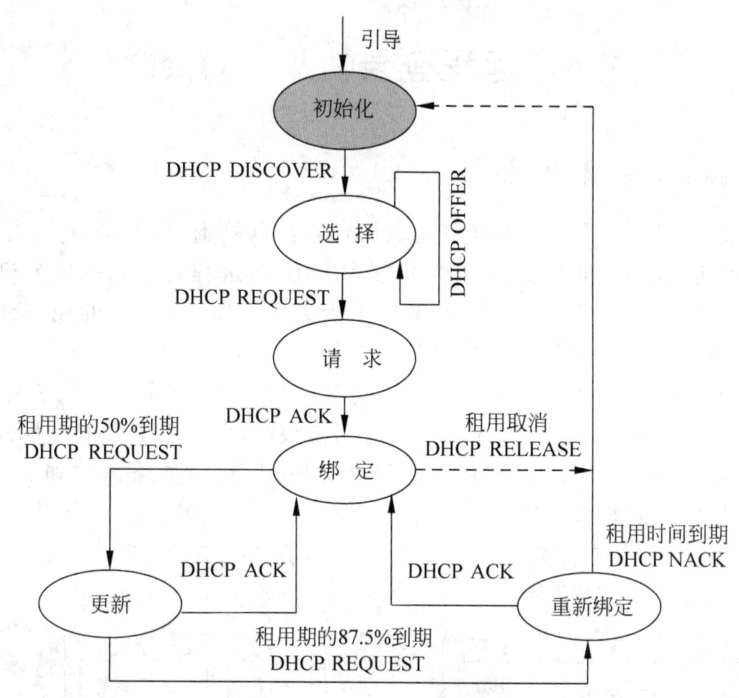

图 7-25 DHCP 协议工作的状态转换关系

需要在所有网段上都配置一台 DHCP 服务器,这显然是不经济甚至是不现实的。其实,早在 BOOTP 协议中就已经解决了跨网段的问题。下面就来看一下 DHCP 是怎样解决这个问题的。

DHCP 是通过引入中继代理(Relay Agent)来解决这一问题的,中继代理在处于不同网段间的 DHCP 客户端和服务器之间提供服务,将 DHCP 协议报文跨网段传送到目的 DHCP 服务器,于是不同网络上的 DHCP 客户端可以共同使用一个 DHCP 服务器。通过 DHCP 中继代理完成动态配置的过程中,客户端与服务器的处理方式与不通过 DHCP 中继代理时的处理方式基本相同。图 7-26 说明了 DHCP 中继代理的工作过程。DHCP 客户端发送请求报文给 DHCP 服务器,DHCP 中继代理收到该报文并适当处理后,发送给指定的位于其他网段上的 DHCP 服务器。服务器根据请求报文中提供的必要信息,通过 DHCP 中继代理将配置信息返回给客户端,完成对客户端的动态配置。

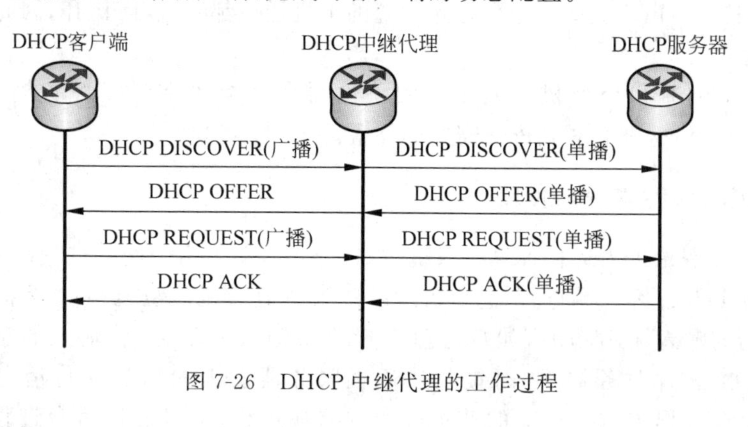

图 7-26 DHCP 中继代理的工作过程

7.6 远程登录协议(Telnet)

7.6.1 Telnet的基本概念

远程登录协议(Telnet)又称为终端仿真协议,是TCP/IP的一部分,也是Internet最早提供的基本服务功能之一,起源于1969年的ARPANET。远程登录采用了客户机/服务器模式,图7-27显示了Telnet客户端和服务器的连接关系。Internet中的用户使用Telnet命令,使自己的计算机暂时成为远程计算机的一个仿真终端。一旦用户成功地实现了远程登录,用户使用的计算机就可以对远程计算机进行文件操作,运行系统中的程序,像使用本地主机一样使用远程主机的资源。Telnet过去应用得很多,但随着PC性能不断完善,现在的用户已经很少使用Telnet了。但是在一些特殊的应用场合(如路由器和交换机的配置),Telnet具有不可替代的作用。

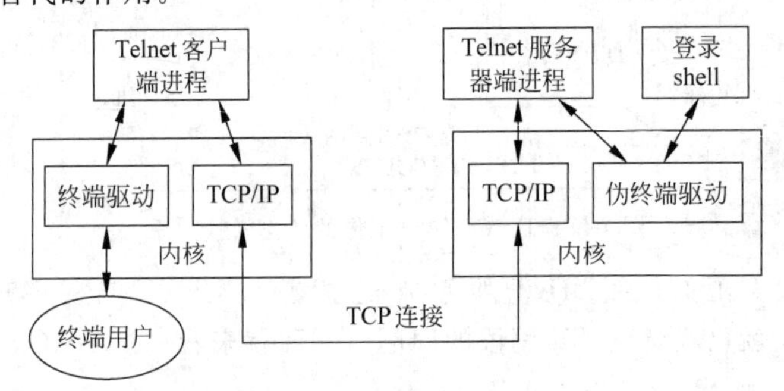

图7-27 Telnet的工作示意图

Telnet主要有以下几方面的作用。

(1) 提高了本地计算机的性能。用户可以通过远程登录计算机,完成在自己计算机上不能完成的复杂处理,从而大大提高了本地计算机的处理性能。

(2) 扩大了计算机系统的通用性。有些软件系统只能在特定的计算机上运行,通过远程登录,使原本不能运行这些软件的计算机也可以使用这些软件,从而扩大了它们的通用性。

(3) 访问大型数据库的联机检索系统。大型数据库联机检索系统(如Dialog、Medline等)的终端,一般运行简单的通信软件,通过本地的Dialog或Medline的远程检索访问程序直接进行远地检索。由于这些大型数据库系统的主机往往都装载TCP/IP,因此通过Internet也可以进行检索。

(4) 配置路由器和交换机。大多数的路由器和交换机在进行配置时,都需要使用Telnet进行远程登录,进而对其进行需要的配置。

7.6.2 Telnet的工作原理

采用Telnet登录进入远程计算机系统时,相当于启动了两个网络进程。一个是在本地终端上运行的Telnet客户端进程,它负责发出Telnet连接的建立与拆除请求,并完成作为一个仿真终端的输入输出功能,如从键盘上接收所输入的字符,将输入的字符串变成标准格式并发送给远程服务器,同时接收从远程服务器发来的信息并将信息显示在屏幕上。另一个是在远程主机上运行的Telnet服务器端进程,该进程以后台进程的方式在远程计算机上实现监听，一旦接收到客户端的连接请求，就马上被激活以完成连接建立的相关工作；建立连接之后，该进程等待客户端的输入命令，并把客户端命令的执行结果送回给客户端。

在远程登录过程中，用户终端采用用户终端的格式与本地 Telnet 客户端程序通信；远程主机采用远程系统的格式与远程 Telnet 服务器端程序通信；通过 TCP 连接，Telnet 客户端程序与 Telnet 服务器端程序之间采用了网络虚拟终端(Network Virtual Terminal, NVT)标准来进行通信。网络虚拟终端(NVT)提供了一种专门的键盘定义，用来屏蔽不同计算机系统对键盘输入的差异性，使得各个不同的用户终端格式只与标准的网络虚拟终端(NVT)格式打交道，而与各种不同的本地终端格式无关。Telnet 客户端程序与 Telnet 服务器端程序一起完成用户终端格式、远程主机系统格式与标准网络虚拟终端(NVT)格式的转换，如图 7-28 所示。

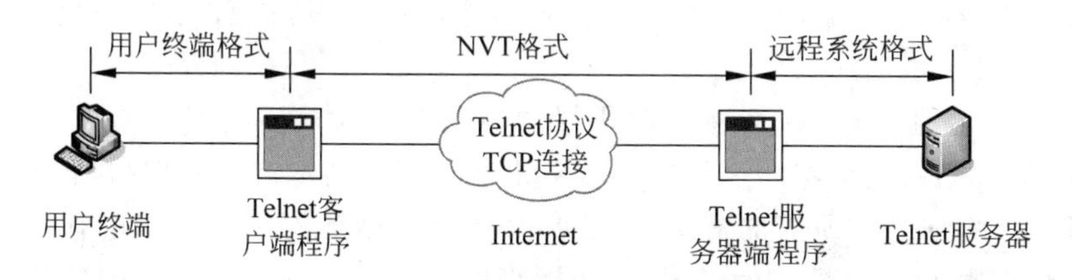

图 7-28　Telnet 的工作原理

7.6.3　Telnet 的使用

为了防止非授权用户访问或破坏远程计算机，在建立 Telnet 连接时会要求提供合法的登录账户及口令，只有通过身份验证的登录请求才可能被远程计算机接受。

Telnet 命令的一般格式为

```
Telnet <主机域名> <端口号>
```

Telnet 服务使用 TCP 端口号 23 作为默认值，对于使用默认值的用户可以不输入端口号。启动 Telnet 应用程序进行登录时，首先给出远程计算机的域名或 IP 地址(端口号)，系统开始建立本地计算机与远程计算机的连接；连接建立后，再根据登录过程中远程计算机系统的询问正确地输入自己的用户名和口令；登录成功后可以直接执行命令或应用程序；工作完成后即可退出，通知系统结束当前的 Telnet 连接。

远程登录有两种形式：第一种是远程主机有用户的账户，用户可以用自己的账户和口令访问远程主机；第二种形式是匿名登录，一般 Internet 上的主机都为公众提供一个公共账户，不设口令，大多数计算机仅需要输入 guest 即可登录到远程计算机上，这种形式在使用权限上受到一定限制。

7.7　P2P 应用协议

7.7.1　P2P 概述

在计算机网络发展演化的过程中，有一种有意思的现象，这就是在集中式和分布式之间摆动。在早期的计算机局域网中，由于计算机性能还很差，没有出现共享磁盘与文件服务器,当时只支持结点之间平等的对等通信方式;而后当高配置的大型计算机出现后,网络使用模式便转换为众多无力提供网络服务的用户共享使用性能较好的大型计算机,由大型计算机向个人计算机提供服务,出现了服务器/工作站这样的非对等结构;近年来,随着高性能个人计算机的不断普及,应用模式又势必会从集中式走向分布式。事实上,当前互联网中的每个用户在享用网络服务的同时(Client),也在为其他的用户提供着服务(Server),这种工作模式就是对等连接(Peer to Peer,P2P),该工作模式的基本概念和工作过程在第 1 章已经进行了初步介绍。

P2P 业务近年来得到了飞速发展,已经成为宽带互联网业务的主流。P2P 技术将各个用户互相结合成一个网络,共享其中的带宽,共同处理其中的信息。以共享下载文件为例,以前人们下载文件是从服务器上,而 P2P 则是多个终端用户各下载一部分,然后互相下载,最终每个用户都能得到完整的文件,这样大量用户同时下载不但不会造成堵塞,反而加快了速度。P2P 应用改变了互联网现在以大型网站为中心的状态,重返"非中心化",并把权力交还给用户,用户可以主动加入或退出。

传统的客户机/服务器(C/S)模式将大量的数据集中存放在高性能的服务器上,整个互联网以服务器为中心,整个网络上传播的信息是通过服务器进行集中控制,客户端只是很简单地在服务器上提取自己所需的资源。在这种模式下,服务器端和客户端存在着明显的主从关系。P2P 克服了 C/S 模式的局限性,使网络应用的核心从中央服务器向边缘的设备扩散,整个网络一般来讲不依赖于专用的中央服务器,网络中的结点之间无须经过中间体即可实现资源(如软硬件资源、计算能力、存储能力等)共享。P2P 与 C/S 两种模式的性能比较如表 7-7 所示。

表 7-7　P2P 与 C/S 性能比较

模式	性能						
	可维护性	安全性	数据实时性	成本控制	互操作性	可扩展性	健壮性
P2P	差	差	好	好	好	好	好
C/S	好	好	差	差	差	中	中

P2P 的发展至今已经经历了四代。

(1) 第一代是以 Napster 为代表的、用中央服务器管理的 P2P,可提供免费下载 MP3 音乐。Napster 能够搜索音乐文件,能够提供检索功能。所有的音乐文件地址集中存放在一个 Napster 目录服务器中,使用者可以很方便地下载需要的 MP3 文件。用户也要及时向 Napster 目录服务器报告自己存有的音乐文件。当用户想下载某个 MP3 文件时,就向目录服务器发出询问。目录服务器检索出结果后向用户返回存放此文件的 IP 地址,于是这个用户就可以从中选取一个地址下载想要得到的 MP3 文件(这个下载过程就是 P2P 方式)。由此可见,Napster 的文件传输是分散的(P2P 方式),但文件的定位则是集中的(C/S 方式)。

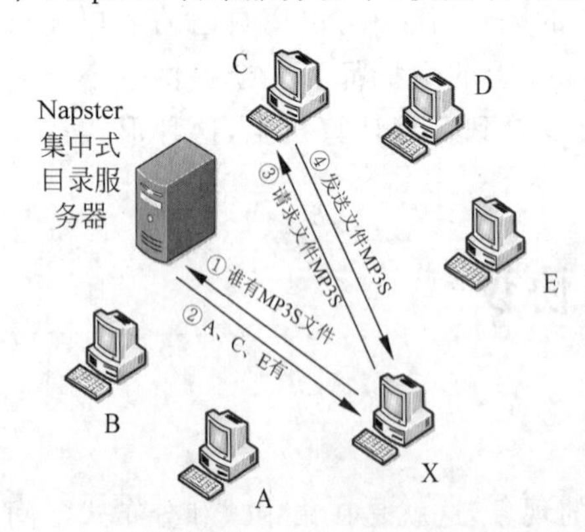

图 7-29　Napster 的工作过程

图 7-29 所示的是 Napster 的工作过程示意图。假定 Napster 目录服务器已经建立了用户的动态数据库,某个用户下载音乐文件的交互过程如下。

① 用户 X 向 Napster 目录服务器查询谁有音乐

文件 MP3S(C/S 模式)。

② Napster 目录服务器回答 X：有 3 个地点有文件 MP3S，即 A、C 和 E，并给出这 3 个地点的 IP 地址，于是用户 X 得知所需文件 MP3S 的 3 个下载地点。

③ 用户 X 随机选择其中一个地点，假定选择了 C，则向 C 发送下载文件 MP3S 的请求报文，此时 X 与 C 就是 P2P 方式通信，互相称为对等方，X 是临时的客户 Client，C 则是临时的服务器 Server。

④ 对等方 C 把文件 MP3S 发送给 X。

这一代 P2P 生命力十分脆弱，只要关闭服务器，网络就"死"了。其可靠性差，目录服务器会成为服务的瓶颈。而且由于在 1999 年，国际五大唱片公司起诉 Napster，指责其涉及侵权歌曲数百万首，要求其为每首盗版歌曲赔偿 10 万美元。2000 年 2 月，法院判定 Napster 败诉。2002 年 6 月，Napster 宣告破产。

(2) Napster 关闭后，第二代 P2P 文件共享程序 Gnutella 出现，它采用全分布方法定位内容。Gnutella 与 Napster 最大的区别就是不使用集中式目录服务器，而是使用洪泛法在大量 Gnutella 用户之间进行查询。为了不使查询的通信量过大，Gnutella 设计了一种有限范围的洪泛查询，这样可以减少倾注到 Internet 的查询流量。但由于查询的范围受限，因而这也影响到查询定位的准确性，查询速度较慢。

(3) 继上述两代 P2P 之后，出现了第三代混合型 P2P，其采用"中心文件目录/分布式文件系统"的结构，由中心服务器负责目录的注册、查询等管理功能。由此可以看出，由于混合式 P2P 模型的资源目录集中于服务器中，资源搜索的效率相对较高。

双向传输突破服务器带宽限制的 BT 下载和世界上最大最可靠的点对点文件共享客户端 eMule 就属于这一类。eMule 使用分散定位和分散传输技术，把每个文件划分为许多小文件块，并使用多源文件传输协议 MFTP 进行传送。因此用户可以同时从很多地方下载一个文件中的不同文件块。由于每个文件块都很小，并且是并行下载，因此下载可以比较快地完成。eMule 用户在下载文件的同时也在上传文件，因此，Internet 上成千上万的 eMule 用户在同时下载和上传一个个小的文件块。eMule 使用了一些服务器，这些服务器并不保存用户需要下载的文件，而是保存用户的有关信息，可以告诉用户从哪些地方下载到所需的文件。eMule 使用了专门定义的文件夹，让用户存放可以和其他用户共享的文件。eMule 的下载文件规则鼓励用户向其他用户上传文件。用户上传文件越多，其下载文件的优先级就越高，进而下载速度就越快。所以 eMule 的规则实际上是"我为人人，人人为我"。

(4) 对等服务器网络(Peer to Server and Peer，P2SP)是对 P2P 技术的进一步延伸，该技术融合了客户机/服务器模式和 P2P 模式两者的技术优势，其特点是"下载速度更快，资源更丰富，稳定性更强"。迅雷是 P2SP 技术的典型代表，它利用独特的"多媒体搜索引擎技术"，不再是单纯的服务器多线程下载或单纯的 P2P 对等传输，而是把所有 P2P 共享资源与原本孤立的服务器及其镜像资源进行整合，可依据需要同时从多个服务器端下载文件。在 P2SP 的结构中包括一个或多个目录服务器，此服务器并不包含信息资源本身，而只是存放了对等体和信息资源的目录，以供查询。对等体通过对目录服务器的查询，获得了多个能够提供所需信息服务的对等体信息，并从中进行选择。虽然在 P2SP 模式中增强了服务器的作用，但其本质上还是对等网络，可以把 P2SP 中的服务器看作"超级对等体"(Super Peer)。

通过分析可知，当 P2SP 网络中同时提供服务器功能和客户机功能的对等体的数量趋近0时(即网络中仅存的是只提供服务功能的对等体和只有客户机功能的对等体),整个网络就演化成为一个C/S系统;而当只提供服务功能的对等体的数量趋近0时,整个网络就演化成为一个混合P2P系统。由此可以看出,P2SP的运行过程结合了C/S和P2P两种网络模式的优点,形成了特有的技术优势。一方面,相对于C/S,P2SP可以使得同时下载同一资源的客户越多,下载速度越快,网络服务质量也会随之提高;另一方面,相对于P2P结构,P2SP中具有了相对固定的服务器,使得整个网络系统的服务质量和可控性均有提升。

P2SP的结构如图7-30所示,除了包括服务器、同时拥有服务功能和客户机功能的PC外,还有一个或多个资源服务器,资源服务器维护着大量的信息检索数据。当用户试图从某个特定地址下载特定信息资源时,资源服务器中的资源地址列表可根据此信息的ID值提供其余可下载资源的地址(这些地址指向多个PC或服务器)。

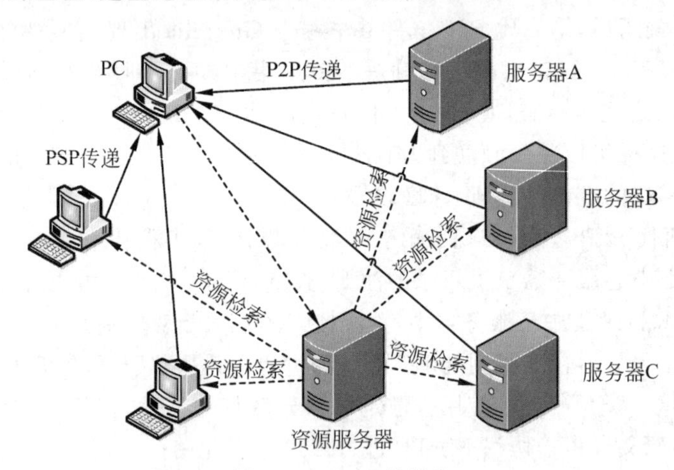

图7-30 P2SP的结构

在下载时,客户端PC向资源服务器提出下载要求,资源服务器负责向互联网上的其他结点发送信息寻找下载结点(服务器A、B、C等),此时客户端PC与这些下载结点服务器建立关联关系,并由位于客户端PC的分发文件服务管理整个的下载进程,下载结点服务器负责实现加速下载、与用户的操作交互及本地共享资源的管理。

7.7.2 P2P的应用

P2P应用已经成为当今互联网上的主流业务,在IP音频和视频方面的应用更多。P2P以其优良的特性在许多领域得到应用,主要体现在如下几方面。

(1) 文件共享与交换。采用P2P共享信息资源可以更充分地利用网络中的带宽资源,提高系统数据通信的效率,如μTorrent、BitComet、极速迅雷、Frostwire、QQ旋风等。

(2) 分布式计算及协同工作。把一个大的计算任务分解给P2P网络中的许多结点来协同计算完成,结点之间合理协作来完成单机或少数计算机无法胜任的大型工作(如数据挖掘、空间探索等)。

(3) 搜索引擎。利用P2P技术开发出的搜索工具,可以在P2P网络结点之间进行直接、实时的搜索,并且可达到传统集中式搜索引擎无可比拟的深度,搜索到的信息将有更强的实时性和有效性,如InfraSearch、Pointera、Pandango等搜索软件。

(4) 视频直播。P2P 视频直播主要采用的是应用层多播技术，依靠对等结点之间的数据转发来达到多播功能，有效解决了传统视频直播软件的带宽和负载有限等问题，整体服务质量大大提高，如在互联网上非常流行的 PPLive、Flashplayer 等。

(5) 存储服务。通过在互联网中部署一定数量的存储服务器，将存储的对象分散地存放在不同的服务器上，为用户提供数据存储服务，确保数据的可靠性、可用性、安全性和访问效率，如清华大学的存储服务系统 Granary、美国加州大学伯克利分校的 OceanStore。

作为一种快速发展并已经广泛使用的技术，P2P(P2SP)也存在着一些亟待解决的问题，主要包括版权问题、有效管理识别 P2P 流的问题、网络安全方面的问题、标准尚不统一的问题、经济法律及政治方面的问题，这些问题有的需要通过技术的不断进步得以解决，而有些则需要通过政策法规来进一步进行规范。P2P 是一种极具应用前景的技术，在诸多应用领域都将得到进一步的广泛应用。随着对 P2P 相关技术研究的不断深入，那些制约 P2P 发展的因素终会逐步解决，P2P 将在互联网上发挥更大的作用，使人们所期望的"开放的、自由的"互联网理想变为现实。

7.8 协议数据包的分析

前面已经学习了网络各层协议数据包的结构和组成，本节通过一个协议数据包的分析实例来巩固所学的知识，并学习协议数据包的分析方法。

数据包分析通常也称为"数据包嗅探"或"协议分析"，指捕获并解析网络上在线传输数据的过程，其目的是更清楚地了解网络上正在发生的事情。数据包分析过程通常由数据包嗅探器(或网络分析系统工具/软件)来执行，数据包嗅探器是一种在网络环境中捕获原始数据包的工具。

数据包分析通常的目标主要包括了解网络特征、查看网络上的通信主体、确认正在占用网络带宽的进程或应用、识别网络使用的峰谷特征、鉴别可能出现的网络攻击或恶意活动、发现不安全或滥用网络资源的应用。

数据包分析过程涉及软件和硬件之间的协作，该过程通常可分为以下三个步骤。

(1) 收集。数据包嗅探器从网络链路上收集原始的二进制数据。通常情况下，需要将选定的网络适配器设置成混杂模式(一种允许网络适配器接收流经网络链路的所有数据包的驱动模式)来完成。在这种模式下，除非设置了过滤器，否则网络适配器将抓取一个网段上所有的网络通信流量。

(2) 转换。将捕获的二进制数据转换成可以理解的形式。

(3) 分析。对捕获和转换后的数据进一步分析，得到数据包的类型、特征、各字段值及其含义，并分析每个协议的特定属性。

本书 1.6 节曾通过一个客户端访问百度服务器的过程简单讲解了所发生的事件顺序，为了和这部分内容对应，也为了让读者通过前面的学习再系统地巩固一下所学的知识，本节就对一个客户端访问百度服务器的过程来捕获数据包并进行分析。

图 7-31 是通过协议分析工具捕获到的一个客户端访问百度服务器的数据包实例(此处的 IP 地址并未和 1.6 节中的例子完全对应，请读者学习时注意。这个例子中，客户端的 IP 地址为 192.168.1.100，是私有地址，通过 NAT 转换为公有地址进行访问；服务器端的 IP 地址为 111.206.57.162)，其中编号为 2～4 的 3 个数据包就是 TCP 三次握手的 3 个数据

包。协议数据包的捕获方法和捕获过程以及过滤规则的设置等属于实验内容,此处不再讲解,请读者参考相关书籍。

编号	绝对时间	源	源地理位置	目标	目标地理位置	协议	大小
2	11:34:15.3690...	192.168.1.100:56282	本地	111.206.57.162:80	中国	TCP	70
3	11:34:15.4103...	111.206.57.162:80	中国	192.168.1.100:56282	本地	TCP	66
4	11:34:15.4104...	192.168.1.100:56282	本地	111.206.57.162:80	中国	TCP	58
5	11:34:15.4107...	192.168.1.100:56282	本地	111.206.57.162:80	中国	HTTP	342
6	11:34:15.4352...	111.206.57.162:80	中国	192.168.1.100:56282	本地	TCP	58
7	11:34:15.4353...	192.168.1.100:56282	本地	111.206.57.162:80	中国	HTTP	732
8	11:34:15.4596...	111.206.57.162:80	中国	192.168.1.100:56282	本地	TCP	58
9	11:34:15.4880...	111.206.57.162:80	中国	192.168.1.100:56282	本地	HTTP	644
10	11:34:15.4881...	111.206.57.162:80	中国	192.168.1.100:56282	本地	TCP	58
11	11:34:15.4881...	192.168.1.100:56282	本地	111.206.57.162:80	中国	TCP	58

图 7-31 捕获到的客户端访问百度服务器的数据包

下面先打开第一次握手的数据包来分析各数据单元的含义,数据包中的数据如图 7-32 所示。注意,图中的数据字段均采用十六进制表示。

```
00000000  8C F2 28 80 52 A4 40 E2 30 58 0D C3 08 00 45 00
00000010  00 34 79 92 40 00 80 06 15 B5 C0 A8 01 64 6F CE
00000020  39 A2 DB DA 00 50 F9 0D F7 80 00 00 00 00 80 02
00000030  20 00 16 E0 00 00 02 04 05 B4 01 03 03 02 01 01
00000040  04 02
```

图 7-32 TCP 第一次握手的数据包

该数据包长度为 70B,图中仅显示了 66B,这是由于 CRC 校验的 4B 经验算正确后将不再显示。由于以太网数据帧的帧头帧尾共 18B,除去帧尾 4B 的 CRC 校验后,剩余帧头的 14B,对应图 4-10 中的 MAC 帧格式(以太网 V2 的 MAC 帧),分别是 6B 的目的地址、6B 的源地址和 2B 的类型字段,再与捕获到的数据包数据进行对照,对应关系如下。

目的地址:8C F2 28 80 52 A4;

源地址:40 E2 30 58 0D C3;

类型:08 00(代表上层协议是 IP)。

接下来的 20B 是 IP 数据报的头部,通过与图 5-10 中 IPv4 数据报的格式对应,可以得到以下数据字段值。

版本:4(占 4b);

首部长度:5(占 4b),1 个单位为 4B,这样,5 个单位的首部长度就是 5×4=20B;

区分服务:00(占 8b 或 1B),所有位均为 0,表示没有服务质量的要求;

总长度:00 34(占 16b 或 2B),表示总长度为 0x34=52B,即数据包总长度 70B-数据帧首部尾部 18B=52B;

标识:79 92(占 16b 或 2B),IP 数据报的编号;

标志/片偏移:4000(占 16b 或 2B),其中高 3 位为标志字段,转换为二进制为 010,最低位 MF=0,表示该报文是若干报文中的最后一个或者没有分片,中间一位 DF=1,表示不能分片,最高位没有定义;

生存时间:80(占 8b 或 1B),即 TTL=128;

协议:06(占 8b 或 1B),表示上层协议为 TCP;

首部校验和:15 B5(占 16b 或 2B),对首部数据进行校验(不包括数据字段);

源地址:C0 A8 01 64(占 4B),换算为十进制为 192.168.1.100;

目的地址:6F CE 39 A2(占 4B),换算为十进制为 111.206.57.162。

接下来的 32B 是 TCP 报文的头部,其中包括 20B 的固定头部和 12B 的选项。20B 的固定部分通过与图 6-9 中 TCP 报文段的格式对应,可以得到以下数据字段值。

源端口号：DB DA(占 16b 或 2B)，转换为十进制为 56262，是客户端随机产生的一个临时端口号；

目的端口号：00 50(占 16b 或 2B)，转换为十进制为 80，是一个熟知端口号，代表应用层采用的是 HTTP 协议；

序号：F9 0D F7 80(占 4B)，代表该报文中的第 1 字节的编号；

确认号：00 00 00 00(占 4B)，代表期望收到的下一个报文段第 1 字节的编号；

首部长度：8(占 4b)，1 个单位为 4B，这样，8 个单位的首部长度就是 8×4＝32B；

保留：0(占 6b)，目前未用；

紧急比特(URG)：0(占 1b)，表示紧急指针字段无效；

确认比特(ACK)：0(占 1b)，表示确认号字段无效；

推送比特(PSH)：0(占 1b)，表示不需要立即推送本报文；

复位比特(RST)：0(占 1b)，表示当前连接未出现错误；

同步比特(SYN)：1(占 1b)，表示建立连接时对序号进行同步；

终止比特(FIN)：0(占 1b)，表示还不需要释放连接；

窗口大小：20 00(占 16b 或 2B)，转换为十进制为 8192，表示还可以接收的数据窗口大小为 8192B；

校验和：16 E0(占 16b 或 2B)，是首部和数据部分的校验和；

紧急指针：00 00(占 16b 或 2B)，表明报文中无紧急数据。

后面的 12B 为 TCP 报文头的选项部分，主要定义了最大报文段长度、窗口扩大因子和时间戳等内容，在此不做进一步分析。

至此，通过对一个 TCP 三次握手的数据包进行分析，说明了数据包的分析过程和分析方法，其他类型数据包的分析过程与此类似，有些协议分析工具集成了智能化数据分析模块，使用更为方便，如图 7-33 所示。实例中的数据包只有帧头、IP 数据包头和 TCP 报文的头部，并未见数据字段，这是因为 TCP 连接过程的报文通常只有头部，而不携带数据。如果

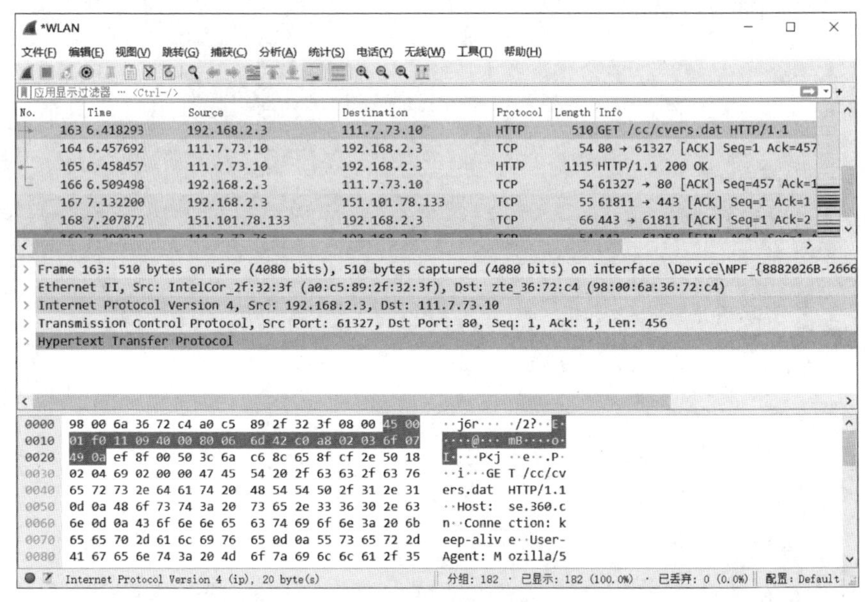

图 7-33 智能化协议分析工具示例

是其他类型的报文,则会包含数据字段,当然只能看到数据字段的十六进制数据,一般看不出该数据所表达的含义。

掌握了网络协议分析技术和方法,下一步就可以根据捕获到的数据包,确定网络中会话的主体和来源,判断异常操作的性质,追踪特殊数据包的发送位置和发送者,优化网络通信参数,为网络的安全稳定运行提供监控手段。

第8章 无线网络及互联网音频/视频服务

8.1 无线局域网

8.1.1 无线局域网的组成

无线局域网可分为两类：第一类是有固定基础设施的；第二类是无固定基础设施的。所谓“固定基础设施”，是指预先建立起来的、能够覆盖一定地理范围的一批固定基站。大家经常使用的蜂窝移动电话网就是利用电信公司预先建立的、覆盖全国的大量固定基站来接通用户手机拨打的电话。

1. IEEE 802.11

对于第一类有固定基础设施的无线局域网，1997年IEEE制定出无线局域网的协议标准802.11。IEEE 802.11是无线以太网的标准，它使用星状拓扑，其中心称为接入点(Access Point，AP)，在MAC层使用CSMA/CA协议。凡使用IEEE 802.11系列协议的局域网又称为Wi-Fi(Wireless-Fidelity，意思是“无线保真度”或“无线高保真”)。因此，在许多文献中，Wi-Fi几乎成了无线局域网WLAN的同义词。

IEEE 802.11标准规定无线局域网的最小构件是基本服务集(Basic Service Set，BSS)，一个基本服务集(BSS)包括一个基站和若干移动站，所有的站在本BSS以内都可以直接通信，但在和本BSS以外的站通信时都必须通过本BSS的基站。在IEEE 802.11的术语中，上面提到的接入点AP就是基本服务集内的基站(Base Station)。当网络管理员安装AP时，必须为该AP分配一个不超过32B的服务集标识(Service Set Identifier，SSID)和一个信道。一个基本服务集(BSS)所覆盖的地理范围称为一个基本服务区(Basic Service Area，BSA)，基本服务区(BSA)和无线移动通信的蜂窝小区相似。无线局域网的基本服务区(BSA)的范围直径一般不超过100m。

一个基本服务集可以是孤立的，也可以通过接入点(AP)连接到一个分配系统(Distribution System，DS)，然后再连接到另一个基本服务集，这样就构成了一个扩展的服务集(Extended Service Set，ESS)，如图8-1所示。分布式系统可以使用以太网(这是最常用的)、点到点链路或其他无线网络。扩展服务集(ESS)还可为无线用户提供到802.x局域网(也就是非802.11无线局域网)的接入，这种接入是通过称为Portal(门户)的设备来实现的。Portal是802.11定义的新名词，其实它的作用就相当于一个网桥。在一个扩展服务集内的几个不同的基本服务集也可能有相交的部分。在图8-1中移动站A如果要和另一个基本服务集中的移动站 B 通信,就必须经过两个接入点 AP_1 和 AP_2,即 $A \rightarrow AP_1 \rightarrow AP_2 \rightarrow B$,这里应当注意到,从 AP_1 到 AP_2 的通信是使用有线传输的。

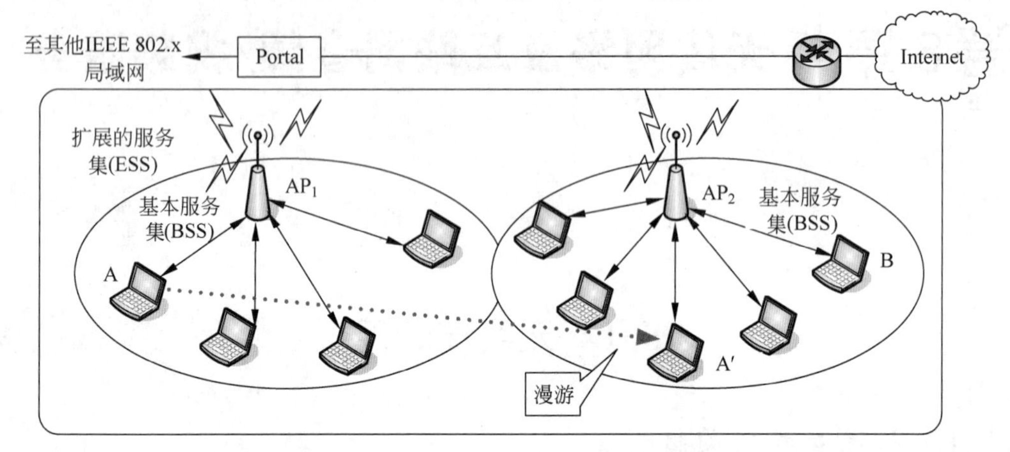

图 8-1 IEEE 802.11 的基本服务集(BSS)和扩展服务集(ESS)

图 8-1 中还画出了移动站 A 从一个基本服务集漫游到另一个基本服务集(图 8-1 中的 A′),而仍然保持与另一个移动站 B 的通信,但 A 在不同的基本服务集所使用的接入点(AP)改变了。基本服务集的服务范围是由移动站所发射的电磁波的辐射范围确定的,在图 8-1 中,用一个椭圆来表示基本服务集的服务范围,当然实际上的服务范围可能是不规则的几何形状。

IEEE 802.11 标准中并没有定义如何实现漫游,但定义了一些基本的工具。例如,一个移动站若要加入一个基本服务集(BSS),就必须先选择一个接入点(AP),并与此接入点建立关联(Association)。建立关联就表示这个移动站加入了选定的 AP 所属的子网,并和这个接入点(AP)之间创建了一个虚拟线路。只有关联的 AP 才向这个移动站发送数据帧,而这个移动站也只有通过关联的 AP 才能向其他站点发送数据帧。

此后,这个移动站就和选定的 AP 互相使用 IEEE 802.11 关联协议进行对话。移动站点还要向该 AP 进行身份验证。在关联阶段过后,移动站点要通过关联的 AP 向该子网发送 DHCP 发现报文以获取 IP 地址,这时,Internet 中的其他部分就把这个移动站当作该 AP 子网中的一台主机。

若移动站使用重建关联(Reassociation)服务,就可把这种关联转移到另一个接入点。当使用分离(Dissociation)服务时,就可以终止这种关联。

移动站与接入点建立关联的方法有两种:一种是被动扫描,即移动站等待接收接入点周期性发出的(如每秒 10 次或 100 次)信标帧(Beacon Frame),信标帧中包含了若干系统参数(如服务集标识符及支持的速率等);另一种是主动扫描,即移动站主动发出探测请求帧(Probe Request Frame),然后等待从接入点发回的探测响应帧(Probe Response Frame)。

2. 移动自组织网络

另一类无线局域网是无固定基础设施的无线局域网,它又称为自组织网络(Ad hoc Network)。这种自组织网络没有上述基本服务集中的接入点(AP),而是由一些处于平等地位的移动站之间相互通信组成的临时网络,如图 8-2 所示。在图 8-2 中还画出了当移动站 A 和 E 通信时,经过 A→B→C→D→E 这样一连串的存储转发过程。因此从源结点 A 到目的结点 E 的路径中的移动站 B、C 和 D 都是转发结点，这些结点都具有路由器的功能。由于自组织网络没有预先建好的网络固定基础设施(基站)，因此自组织网络的服务范围通常是受限的，而且自组织网络一般也不和外界的其他网络相连接。

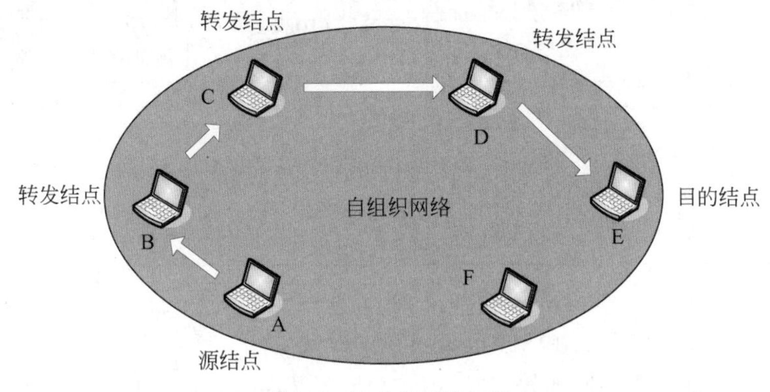

图 8-2 移动自组织网络

8.1.2 802.11 局域网的物理层

IEEE 802.11 标准中物理层相当复杂。限于篇幅，这里对无线局域网的物理层不展开讨论。根据物理层的不同(如工作频段、数据速率、调制方法)，802.11 无线局域网可再细分为不同的类型。现在最流行的无线局域网是 802.11b，另外几种产品(802.11a、802.11g、802.11n 和 802.11ac)也广泛存在。表 8-1 所示的是这几种无线局域网的简单比较。在今后几年内可能还会有一些更高速率的无线局域网在市场上流行。

表 8-1 几种常用的 802.11 无线局域网

标　准	频段/GHz	最高数据速率/($\mathrm{Mb \cdot s^{-1}}$)	调 制 方 式	优　缺　点
802.11b (WiFi 1)	2.4	11	DSSS	最高数据率较低，价格最低，信号传播距离最远且不易受阻碍
802.11a (WiFi 2)	5	54	OFDM	最高数据率较高，支持更多用户同时上网，价格最高，传播距离较短且易受阻碍
802.11g (WiFi 3)	2.4	54	OFDM DSSS	最高数据率较高，支持更多用户同时上网，信号传播距离最远且不易受阻碍，价格比 802.11b 贵
802.11n (WiFi 4)	2.4/5	600	OFDM	采用了多天线技术，无线信号(对应同一条空间流)将通过多条路径从发射端到接收端，从而间接提高了信号的覆盖范围。兼容传统的 802.11 a/b/g
802.11ac (WiFi 5)	5	Wave 1：1300 Wave 2：3470 IEEE：6900	OFDM(256-QAM)	向下兼容 802.11 a/b/g/n，大幅提高多用户同时接入 AP 时的吞吐性能

续表

标　准	频段/GHz	最高数据速率/(Mb·s^{-1})	调制方式	优缺点
802.11ax (WiFi 6)	2.4/5	9600 (9.6Gb/s)	OFDMA(1024-QAM)	向下兼容802.11a/b/g/n/ac,提升了电源管理的效率,在高密度部署的场景中提升了通信效率
802.11be (WiFi 7)	2.4/5/6	30 000 (30Gb/s)	OFDMA(4096-QAM)	支持OFDMA技术,支持非连续信道进行聚合、多AP间的协调工作,可以改善密集用户接入产生的延时问题,减少由于信道竞争机制产生的网络拥塞

无线局域网最初还使用过跳频扩频(Frequency Hopping Spread Spectrum,FHSS)和红外技术(InfraRed,IR),但现在已经很少用了。

以上几种标准都是用共同的媒体接入控制协议,都可以用于固定基础设施或无固定基础设施无线局域网。

对于最常用的802.11b无线局域网,所工作的2.4～2.485GHz频率范围中有85MHz的带宽可用。802.11b定义了11个可部分重叠的信道集。但仅当两个信道由4个或更多信道隔开时它们才无重叠。信道1、6、11的集合是唯一的3个非重叠信道的集合,因此在同一个位置上可以设置3个AP,并分别为它们分配信道1、6和11,然后用一个交换机把这3个AP连接起来,这样就可以构成一个最大传输速率为33Mb/s的无线局域网。

除了IEEE 802.11委员会外,欧洲电信标准委员会ETSI的RES10工作组也为欧洲制定了无线局域网的标准,他们把这种局域网命名为HiperLAN。ETSI和IEEE的标准是可以互操作的。

视频讲解

8.1.3　802.11局域网的MAC层协议

1. CSMA/CA协议

CSMA/CD协议已经成功地应用于使用有线连接的局域网,但在无线局域网的环境下,却不能简单地搬用CSMA/CD协议,特别是碰撞检测部分。这里主要有以下两个原因。

(1) 在无线局域网的适配器上,接收信号的强度往往会远小于发送信号的强度,因此若要实现碰撞检测,那么在硬件上需要的花费就会过大。

(2) 在无线局域网中,并非所有站点都能够听见对方,而“所有站点都能够听见对方”正是实现CSMA/CD协议必须具备的基础。

下面用图8-3来说明这点。虽然无线电波能够向所有方向传播,但其传播距离受限,而且当电磁波在传播过程中遇到障碍物时,其传播距离就更短。图8-3中有4个无线移动站,并假定无线电信号的传播范围是以发送站为圆心的一个圆形面积。

图8-3(a)表示站点A和站点C都想和站点B通信。但站点A和站点C相距较远,彼此都听不见对方。当站点A和站点C检测到信道空闲时,就都向站点B发送数据,结果发生了碰撞。这种未能检测出信道上其他站点信号的问题称为隐蔽站问题(Hidden Station Problem)。

当移动站之间有障碍物时也有可能出现上述问题。例如,3个站点A、站点B和站点C

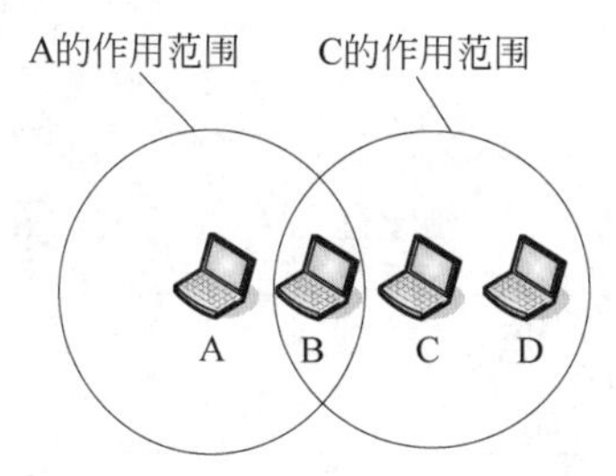

(a) A和C同时向B发送信号，发生碰撞的作用范围

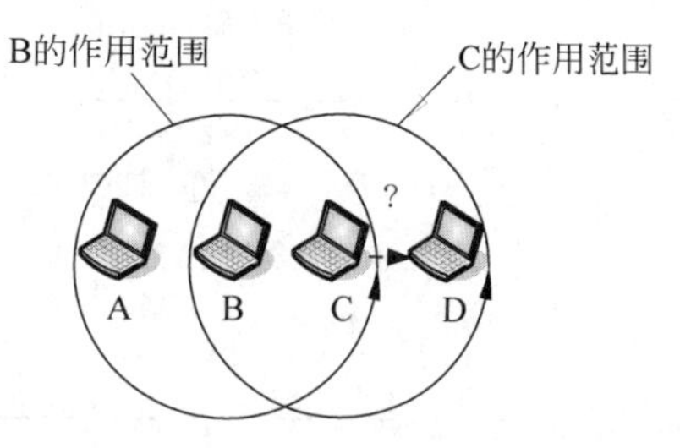

(b) B向A发送信号，使C停止向D发送数据

图 8-3　隐藏站和暴露站问题

彼此距离都差不多，相当于一个等边三角形的 3 个顶点。但站点 A 和站点 C 之间有一个障碍物，因此站点 A 和站点 C 彼此都听不见对方。若站点 A 和站点 C 同时向站点 B 发送数据就会发生碰撞，使站点 B 无法正常接收。

图 8-3(b)给出了另一种情况。站点 B 向站点 A 发送数据，而站点 C 又想和站点 D 通信。但站点 C 检测到信道忙，于是就停止向站点 D 发送数据，其实站点 B 向站点 A 发送的数据并不影响站点 C 向站点 D 发送数据(如果这时不是站点 B 向站点 A 发送数据而是站点 A 向站点 B 发送数据，则当站点 C 向站点 D 发送数据时就会干扰站点 B 接收站点 A 发来的数据)。这就是暴露站问题(Exposed Station Problem)。在无线局域网中，不发生干扰的情况下，可允许多个移动站同时进行通信，这点与有线局域网有很大的差别。

由此可见，无线局域网可能出现检测错误的情况：检测到信道空闲，其实并不空闲；而检测到信道忙，其实并不忙。

CSMA/CD 有两个要点：一是发送前先检测信道，信道空闲就立即发送，信道忙就随机推迟发送；二是边发送边检测信道，一发现碰撞就立即停止发送。因此偶尔发生碰撞并不会使局域网的运行效率降低很多。既然无线局域网不能使用碰撞检测，那么就应当尽量减少碰撞的发生。为此，IEEE 802.11 委员会对 CSMA/CD 协议进行了修改，把碰撞检测改为碰撞避免(Collision Avoidance，CA)。这样，802.11 局域网就使用 CSMA/CA 协议。碰撞避免的思路是：协议的设计要尽量减少碰撞发生的概率。注意，在无线局域网中，即使在发送过程中发生了碰撞，也要把整个帧发送完毕。所以在无线局域网中一旦出现碰撞，在这个帧发送的整个时间内信道资源都被浪费了。

802.11 局域网在使用 CSMA/CA 的同时还使用停止等待协议。这是因为无线信道的通信质量远不如有线信道，所以无线站点每通过无线局域网发送完一帧后，要等到收到对方的确认帧后才能继续发送下一帧，这称为链路层确认。

在讨论 CSMA/CA 协议之前要先介绍 IEEE 802.11 的 MAC 层。

IEEE 802.11 标准设计了独特的 MAC 层，如图 8-4 所示。它通过协调功能(Coordination Function)来确定在基本服务集(BSS)中的移动站在什么时间能发送数据或接收数据。IEEE 802.11MAC 层包括两个子层。

(1) 分布式协调功能(Distributed Coordination Function，DCF)。DCF 不采用任何中心控制，而是在每一个结点使用 CSMA 机制的分布式接入算法，让各个站通过争用信道来获取发送权。因此 DCF 向上提供争用服务。802.11 协议规定，所有的实现都必须有 DCF 功能。

(2) 点协调功能(Point Coordination Function，PCF)。PCF 是可选的，是用接入点(AP)集

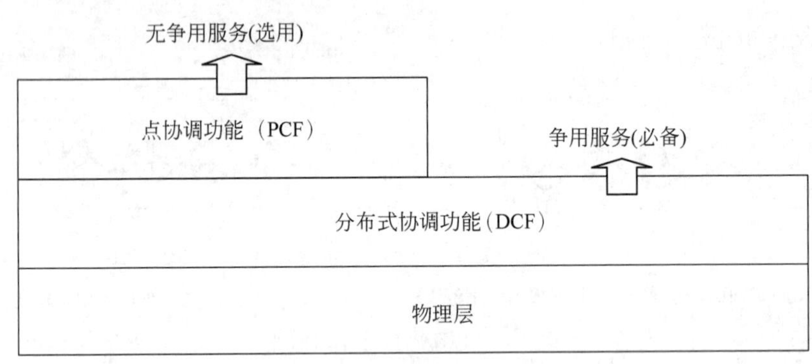

图8-4　802.11的MAC层

中控制整个BSS内的活动,因此自组织网络就没有PCF子层。PCF使用集中控制的接入算法,用类似于探询的方法把发送数据权轮流交给各个站,从而避免了碰撞的产生。对于时间敏感的业务,如分组语音,就应使用提供无争用服务的点协调功能。

为了尽量避免碰撞,IEEE 802.11规定,所有的站在完成发送后,必须再等待一段很短的时间(继续侦听)才能发送下一帧,这段时间称为帧间间隔(InterFrame Space,IFS)。帧间间隔的长短取决于该站要发送的帧的类型。高优先级的帧需要等待的时间较短,因此可以优先获得发送权,但低优先级帧就必须等待较长的时间。若低优先级帧还没来得及发送,而其他站的高优先级帧已发送到媒体,则媒体变为忙态,因而低优先级帧就只能再推迟发送了,这样就减少了发生碰撞的机会。至于各种帧间间隔的具体长度,则取决于所使用的物理层特性。下面解释常用的3种帧间间隔的作用(如图8-5所示)。

(1) SIFS,即短(Short)帧间间隔。SIFS是最短的帧间间隔,用来分隔开属于一次对话的各帧。在这段时间内,一个站应当能够从发送方切换到接收方。使用SIFS的帧类型有ACK帧、CTS帧、由过长的MAC帧分片后的数据帧,以及所有回答(AP)探询的帧和在PCF方式中接入点(AP)发出的任何帧。

(2) PIFS,即点协调功能帧间间隔(比SIFS长),是为了在开始使用PCF方式时(在PCF方式下使用,没有争用)优先获得接入到媒体中。PIFS的长度是SIFS加一个时隙时间(Slot Time)长度。时隙的长度是这样确定的:在一个基本服务集(BSS)内,当某个站在一个时隙开始接入到信道时,那么在下一个时隙开始时,其他站就能检测出信道已转变为忙态。

(3) DIFS,即分布式协调功能帧间间隔(最长的IFS),在DCF方式中用来发送数据帧和管理帧,DIFS的长度比PIFS再多一个时隙长度。

为了尽量减少碰撞的机会,IEEE 802.11标准采用了一种称为虚拟载波侦听(Virtual Carrier Sense)的机制,这就是让源站把它要占用信道的时间(包括目的站发回确认帧所需的时间)写入到所发送的数据帧中(即在首部中的"持续时间"字段中写入需要占用信道的时间,以微秒为单位,一直到目的站把确认帧发送完为止),以便使其他所有站在这段时间都不要发送数据。"虚拟载波侦听"的意思是其他各站没有侦听信道,而是由于这些站知道了源站正在占用信道才不发送数据,这种效果就好像是其他站都侦听了信道。

当站点检测到正在信道中传送的帧中的"持续时间"字段时,就调整自己的网络分配向量(Network Allocation Vector)。NAV指出了信道处于忙状态的持续时间。信道处于忙状态就表示:或者是由于物理层的载波侦听检测到信道忙,或者是由于MAC层的虚拟载波侦听机制指出了信道忙。

CSMA/CA 协议的工作原理比较复杂，下面先讨论比较简单的情况。

如图 8-5 所示，当某个站点有数据帧要发送时，按以下步骤。

(1) 先检测信道(进行载波侦听)。若检测到信道空闲，则等待一段时间 DIFS 后(如果这段时间内信道一直空闲)就发送整个数据帧，并等待确认。为什么信道空闲还要再等待呢？就是考虑可能有其他站点有高优先级的帧要发送。如果有，就让高优先级帧先发送。

(2) 目的站若正确收到此帧，则经过时间间隔 SIFS 后，向源站发送确认帧 ACK。

(3) 所有其他站都要设置网络分配向量(NAV)，表明这段时间内信道忙，不能发送数据。

(4) 当确认帧 ACK 结束时，信道忙也就结束了。在经历了帧间间隔之后，接着会出现一段空闲时间，称为争用窗口，表示在这段时间内可能出现各站点争用信道的情况。

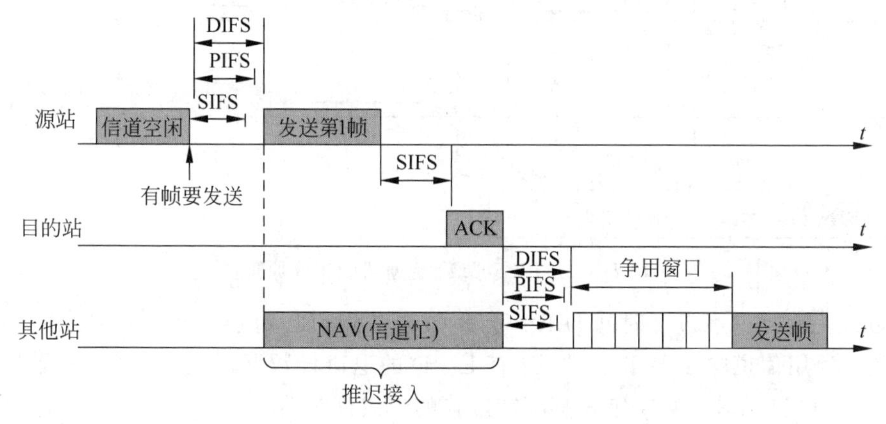

图 8-5　CSMA/CA 协议的工作原理

争用信道的情况比较复杂，因为有关站点要执行退避算法，如图 8-6 所示。图 8-6 表示当 A 正在发送数据时，B、C 和 D 都有数据要发送(用向上的箭头表示)。由于它们都检测到信道忙，因此都要执行退避算法，各自随机退避一段时间再发送数据。IEEE 802.11 标准规定，退避时间必须是整数倍的时隙时间。

IEEE 802.11 使用的退避算法和以太网的稍有不同。第 i 次退避的时间在时隙$\{0,1,\cdots,2^{2+i}-1\}$中随机地选择一个，这样做是为了减小不同站点选择相同退避时间的概率。这就是说，第 1 次退避($i=1$)要推迟发送的时间是在时隙$\{0,1,\cdots,7\}$中(共 8 个时隙)随机选择一个，而第 2 次退避的时间是在$\{0,1,\cdots,15\}$中(共 16 个时隙)随机选择一个……当时隙编号达到 255 时(这就对应第 6 次退避)就不再增加了。

退避时间选定后，就相当于设置了一个退避计时器(Backoff Timer)。站点每经历一个时隙的时间就检测一次信道。这就可能发生两种情况。若检测到信道空闲，退避计时器就继续倒计时。若检测到信道忙，就冻结退避计时器的剩余时间，重新等待信道变为空闲并在经过时间 DIFS 后，从剩余时间开始继续倒计时。退避计时器的时间减少到零时，就开始发送整个数据帧。

从图 8-6 中可以看出，C 的退避计时器最先减到零，于是 C 立即把整个数据帧发送出去。注意，A 发送完数据后信道就会变为空闲。C 的退避计时器一直在倒计时。当 C 在发送数据的过程中，B 和 D 检测到信道忙，就冻结各自的退避计时器的数值，重新期待信道变为空闲。正在这时 E 也想发送数据，由于 E 检测到信道忙，因此 E 就执行退避算法和设置退避计时器。

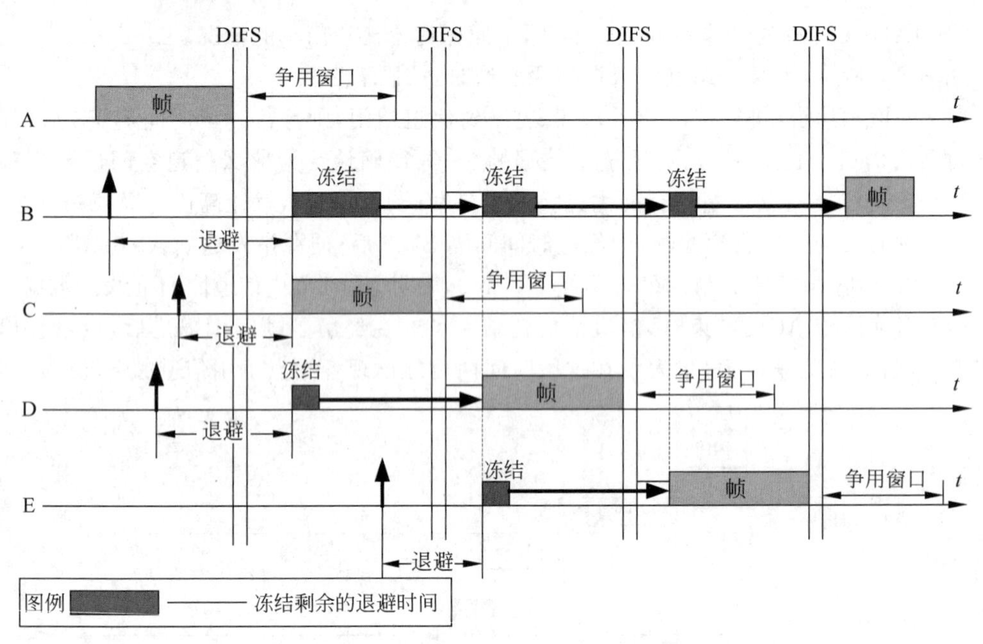

图 8-6　IEEE 802.11 退避机制工作原理

当C发完数据并经过了时间DIFS后,B和D的退避计时器又从各自剩余时间开始倒计时。现在争用信道除了B和D外,还有E。D的退避计数器最先减到零,于是D得到了发送权。在D发送数据时,B和E都冻结各自的退避计时器。

E的退避计时器比B先减少到零。当E发送数据时,B再次冻结其退避计时器,等到E发送完数据并经过时间DIFS后,B的退避计时器才继续工作,一直到把最后的剩余时间用完,然后就发送数据。

冻结退避计时器剩余时间是为了使协议对所有站点更加公平。

根据以上讨论的情况,可以把CSMA/CA算法总结如下。

(1) 若站点最初有数据要发送(而不是发送不成功再进行重传),并检测到信道空闲,在等待DIFS时间后,就发送整个数据帧。

(2) 否则,站点执行CSMA/CA协议的退避算法。一旦检测到信道忙,就冻结退避计时器。只要信道空闲,退避计时器就进行倒计时。

(3) 当退避计时器时间减少到零时(这时信道只可能是空闲的),站点就发送整个帧并等待确认。

(4) 发送站若收到确认,就知道已发送的帧被目的站正确收到了。这时如果要发送第二帧,就要从上面的步骤(2)开始,执行CSMA/CA协议的退避算法,随机选择一段退避时间。

若源站在规定的时间内没有收到确认帧ACK(由重传计时器控制这段时间),就必须重传此帧(再次使用CSMA/CA协议争用接入信道),直到收到确认为止,或者经过若干重传失败后放弃发送。

应当指出,当一个站要发送数据帧时,仅在下面的情况下才不使用退避算法:检测到信道是空闲的,并且这个数据帧是它想发送的第一个数据帧。

除此以外的所有情况,都必须使用退避算法。具体来说,以下几种情况都必须使用退避算法。

(1) 在发送第一个帧之前检测到信道处于忙状态。

(2) 每次重传。

(3) 每次成功发送后再发送下一帧。

2. 对信道进行预约

为了更好地解决隐蔽站带来的冲突问题，IEEE 802.11 允许发送数据的站对信道进行预约。具体的做法如下：如图 8-7(a)所示，源站 A 在发送数据帧之前先发送一个短的控制帧，称为请求发送(Request To Send，RTS)，它包括源地址、目的地址和这次通信(包括相应的控制帧)所需的持续时间。若信道空闲，则目的站 B 响应一个控制帧，称为允许发送(Clear To Send，CTS)，如图 8-7(b)所示，它也包括这次通信所需持续的时间(从 RTS 帧中把这个持续时间复制到 CTS 帧中)。A 收到 CTS 帧后就可以发送其数据帧。下面讨论在 A 和 B 两个站附近的一些站将做出的反应。

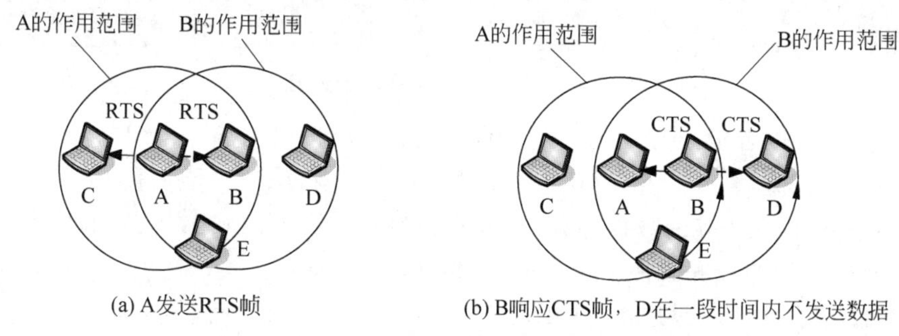

图 8-7　CSMA/CA 协议中的 RTS 和 CTS 帧

C 处于 A 的传输范围之内，但不在 B 的传输范围内，因此 C 能够收到 A 发送的 RTS，但经过一小段时间后，C 不会收到 B 发送的 CTS 帧。这样，在 A 向 B 发送数据时，C 不能发送数据。

再观察 D。D 收不到 A 发送的 RTS 帧，但能收到 B 发送的 CTS 帧。因此 D 知道 B 将要和 A 通信，因此 D 在 A 和 B 通信的一段时间内不能发送数据，因而不会干扰 B 接收 A 发来的数据。

站 E 能收到 RTS 和 CTS，因此 E 和 D 一样，在 A 发送数据帧和 B 发送确认帧的整个过程中都不能发送数据。

由此可见，这种协议实际上就是在发送数据帧之前先对信道进行预约一段时间。

使用 RTS 和 CTS 帧会使整个网络的效率有所下降。但这两种控制帧都很短，其长度分别为 20B 和 14B，与数据帧(最长可达 2346B)相比开销不算很大。相反，若不使用这种控制帧，则一旦发生冲突而导致数据帧重发，则浪费的时间就更多。虽然如此，但协议还是设有 3 种情况供用户选择：①使用 RTS 和 CTS 帧；②只有当数据帧的长度超过某一数值时才使用 RTS 和 CTS 帧(显然，当数据帧本身就很短时，再使用 RTS 和 CTS 帧只能增加开销)；③不使用 RTS 和 CTS 帧。

虽然协议经过了精心设计，但冲突仍然会发生。例如，B 和 C 同时向 A 发送 RTS 帧。这两个 RTS 帧发生冲突后，使得 A 收不到正确的 RTS 帧，因而 A 就不会发送后续的 CTS 帧。这时，B 和 C 像以太网发生冲突那样，各自随机地推迟一段时间后重新发送其 RTS 帧。推迟时间的算法也就是二进制指数退避算法。

8.1.4 802.11局域网的MAC帧

为了更好地了解802.11局域网的工作原理,应当进一步了解802.11局域网的MAC帧结构。802.11帧共有3种类型,即控制帧、数据帧和管理帧。通过图8-8所介绍的802.11局域网数据帧的主要字段,可以进一步了解802.11局域网的MAC帧的特点。

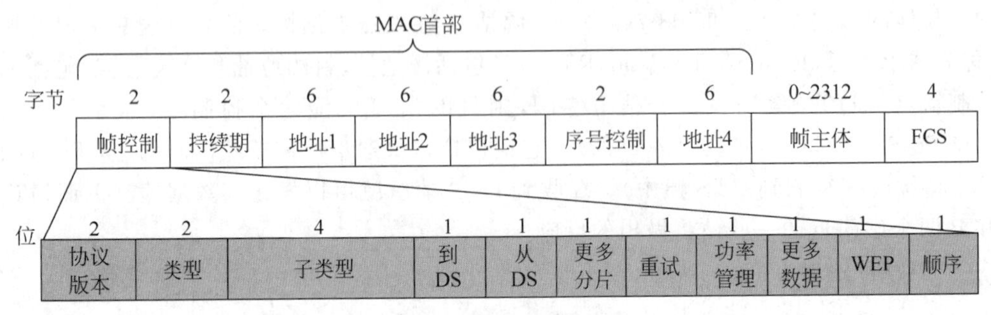

图8-8 802.11局域网的数据帧

从图8-8中可以看出,802.11数据帧由以下三部分组成。

(1) MAC首部,共30B。帧的复杂性都体现在帧的首部。

(2) 帧主体,也就是帧的数据部分,不超过2312B。这个数值比以太网的最大长度长很多。不过802.11帧的长度通常都是小于1500B。

(3) 帧校验序列FCS是尾部,共4B。

1. 关于802.11数据帧的地址

802.11数据帧最特殊的地方就是有4个地址字段。地址4用于自组织网络。这里只讨论前3种地址。这3个地址的内容取决于帧控制字段中的"到DS"(到分配系统)和"从DS"(从分配系统)这两个子字段的数值。这两个子字段各占1位,合起来共有4种组合,用于定义802.11帧中的几个地址字段的含义。

表8-2给出的是802.11帧的地址字段最常用的两种情况(都只使用前3种地址,而不使用地址4)。

表8-2 802.11帧的地址字段最常用的两种情况

到DS	从DS	地址1	地址2	地址3	地址4
0	1	目的地址	AP地址	源地址	—
1	0	AP地址	源地址	目的地址	—

现结合图8-9所示的例子进行说明。站点A向B发送数据帧,这个过程要分两步走。首先站点A把数据帧发送到接入点AP_1,然后再由AP_1把数据帧发送给站点B。

当站点A把数据帧发送给AP_1时,帧控制字段中的"到DS"=1和"从DS"=0。因此地址1是AP_1的MAC地址(接收地址)。注意,AP的MAC地址在802.11标准中称为基本服务集标识符(BSSID),也是一个6B(48位)地址,和以太网地址相似,对于单一全球管理的地址,其第1字节的最低位是0而最低第2位是1,其余46位则按照指明的算法随机产生。地址2是A的MAC地址(源地址),地址3是B的MAC地址(目的地址)。

当AP_1把数据帧发送给站点B时,帧控制字段中的"到DS"=0和"从DS"=1。因此地址1是B的MAC地址(目的地址),地址2是AP_1的MAC地址(发送地址),地址3是A的

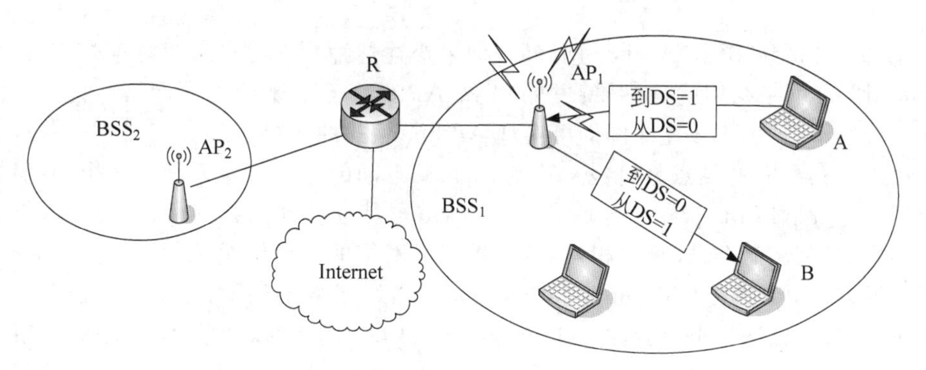

图 8-9　A 向 B 发送数据帧必须先发送到接入点 AP_1

MAC 地址(源地址)。

2. 序号控制字段、持续期字段和帧控制字段

下面有选择地介绍 802.11 数据帧中的其他一些字段。

(1) 序号控制字段占 16 位,其中序号子字段占 12 位(从 0 开始,每发送一个新帧就加 1,到 4095 后再回到 0),分片子字段占 4 位(不分片则保持为 0。例如,分片则帧的序号子字段保持不变,而分片子字段从 0 开始,每个分片加 1,最多到 15)。重传的帧的序号和分片序号子字段的值都不变。序号控制的作用是使接收方能够区分开是新传送的帧还是因出现差错而重传的帧。

(2) 持续期字段占 16 位。在前面已经讲过 CSMA/CA 协议允许传输站点预约信道一段时间(包括传输数据帧和确认帧的时间),这个时间写入持续期字段中。由于这个字段有多种用途(这里不对这些用途进行详细的说明),因此最高位为 0 时表示持续期。这样,持续期不能超过 $2^{15}-1=32\,767$,单位是微秒。

(3) 帧控制字段共分为 11 个子字段。下面介绍其中较为重要的几个。

协议版本字段现在是 0。

类型字段和子类型字段用来区分帧的功能。802.11 帧共有 3 种类型:控制帧、数据帧和管理帧,而每种帧又分为若干子类型,如控制帧有 RTS、CTS 和 ACK 等几种不同的控制帧。控制帧和管理帧都有其特定的帧格式。

更多分片字段置为 1 时表明这个帧属于一个帧的多个分片之一。由于无线信道的通信质量是较差的,因此无线局域网的数据帧不宜太长。当帧长为 n 而误比特率 $p=10^{-4}$ 时,正确收到这个帧的概率为 $P=(1-p)^n$。若 $n=12\,144$(相当于 1518B 的以太网帧),则算出这时 $P=0.2969$,即正确收到这样的帧的概率还不到 30%。因此为了提高传输效率,在信道质量较差时,需要把一个较长的帧划分为许多较短的分片。这时可以在一次使用 RTS 和 CTS 帧预约信道后连续发送这些分片。当然这仍然要使用停止等待协议,即发送一个分片后,等到收到确认后再发送下一个分片,不过后面的分片都不需要使用 RTS 和 CTS 帧重新预约信道。

8.2　无线自组织(Ad hoc)网络

Ad hoc 一词源自拉丁语,意思是 for this,引申为 for this purpose only,即"为某种目的设置的,特别的"意思,所以无线自组织(Ad hoc)网络是一种有特殊用途的网络。IEEE

802.11标准委员会采用了“Ad hoc网络”一词来描述这种特殊的自组织对等式多跳移动通信网络,Ad hoc网络结构就是一种省去了无线AP而搭建起来的对等网络结构,因此只要安装了无线网卡,计算机彼此之间即可实现Ad hoc模式的无线互联。

在Ad hoc网络中,结点具有报文转发能力,结点间的通信可能要经过多个中间结点的转发,即经过多跳(Multi-Hop),这是Ad hoc网络与其他移动网络的最根本区别。结点通过分层的网络协议和分布式算法相互协调,实现了网络的自动组织和运行。因此它也称为多跳无线网络(Multi-Hop Wireless Network)、自组织网络(Self-Organized Network)或无固定设施的网络(Infrastructureless Network)。Ad hoc网络的基本结构如图8-10所示。

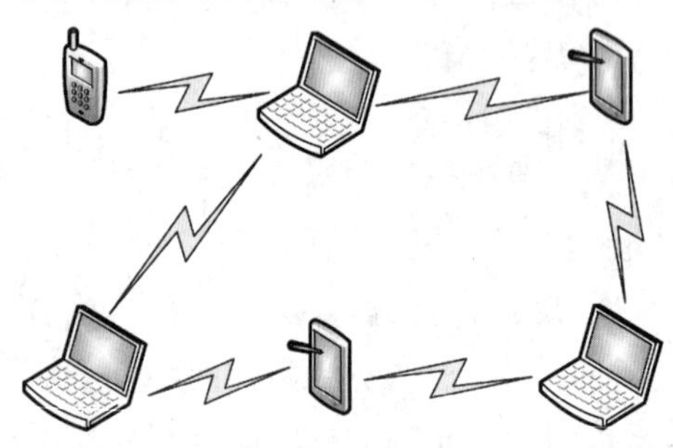

图8-10　Ad hoc网络的基本结构

Ad hoc网络中所有结点的地位平等,无须设置任何的中心控制结点,网络中的结点不仅具有普通移动终端的功能,而且具有报文转发能力。与其他通信网络相比,Ad hoc网络具有网络独立自治、带宽有限、链路容易改变、结点的移动性以及由此带来的网络拓扑的动态性、物理安全有限、受设备能量限制等特点。因此,无线自组织网络协议栈也产生了比传统网络协议栈更高的要求:适应移动分布结点随机收发行为的媒体接入控制(MAC)协议,基于动态拓扑结构的高效、稳健的路由算法,便利的异构网络互联技术,有效的功率控制,合理的跨层信息交互、多层协同设计,可靠的安全机制等。

Ad hoc网络在应用需求、协议设计和组网等方面都与传统的IEEE 802.11无线局域网和IEEE 802.16无线城域网有很大的区别,因此,Ad hoc网络有其技术的特殊性。Ad hoc网络关键技术的研究主要集中在物理层及数据链路层的信道分配技术、网络层的路由协议、涉及多层的QoS、多播与安全5方面。表8-3给出了关于Ad hoc网络关键技术及其对应的层次。

表8-3　Ad hoc网络关键技术及其对应的层次

关键技术类别	涉及层次	关键技术
信道分配技术	物理层 数据链路层	隐藏终端、暴露终端和单向链路
		单信道接入协议
		双信道接入协议
		多信道接入协议
路由协议	网络层	表驱动先验式路由协议(OLSR、DSDV等)
		反应式按需路由协议(AODV、DSR、TORA等)
		混合式路由协议(ZRP、CGSR、LANMAR等)
QoS	物理层 数据链路层 网络层 传输层	物理层与信道保障
		QoS路由
		传输层协议改进
多播	网络层	基于树的多播协议
		基于网的多播协议
安全	网络层 传输层 应用层	安全模型
		认证协议与密钥管理
		入侵检测

8.2.1 Ad hoc 的信道分配技术

1. 信道分配问题

最初的无线自组织网络由于技术和设备的限制，各结点都工作在一个信道上。随着设备和相关协议的发展，多信道、甚至是多接口多信道无线自组织网络已经步入实用阶段。

对于单信道无线自组织网络，其 MAC 协议需要考虑的是如何充分利用信道，避免冲突。载波侦听多路访问/冲突检测(CSMA/CA)机制是目前应用非常广泛的协议，结点通过物理信道侦听(CCA)与虚拟网络侦听(NAV)结合的方式进行载波侦听，采用基于长帧间隙、中帧间隙和短帧间隙等不同时隙的退避机制和冲突避免策略，竞争信道进行发送。时分多址(TDMA)机制可以将信道按照时间片划分为多个时隙，结点按照静态或者动态分配方式占用其中的一个或者几个时隙。但是对于无线自组织网络来说，静态分配方式不能适应结点的移动和拓扑的变化；而在一个分布式多跳系统中，进行动态分配也还有很多问题需要解决，目前的研究多是针对基于某些假设或者某种应用背景的无线自组织网络，还没有普遍适用的方法。

多信道无线自组织网络，主要考虑如何在结点间分配信道，以提高网络吞吐量，避免冲突，实现信道上的负载均衡。目前常用的做法是，将信道分为控制信道和数据信道，结点在控制信道中协商数据交换采用的数据信道，然后在相应的数据信道上进行数据通信。控制信道和数据信道的划分可能是时间上的，也可能是空间上的。例如，一个信道在某个时刻可能用作控制信道，协商好数据信道后，切换到相应的数据信道进行通信。也可能一个结点拥有几个接口，其中的一个接口固定工作在某个控制信道上，其他接口固定或者动态使用某个数据信道。不管是哪种方式，都需要占用一定的资源用于信道协商。多信道的理论分析结果显示，在合理设计的多信道条件下，不仅可以提高整体网络容量，还可以提高每个信道的实际吞吐量。

2. 隐藏终端、暴露终端和单向链路

由于 Ad hoc 网络的自组织、多跳性，因此 Ad hoc 网络存在隐藏终端、暴露终端和单向链路的问题。其中隐藏终端和暴露终端的问题与 8.1 节中 CSMA/CA 协议中的隐藏站和暴露站的问题基本类似，在此不再重复。除了隐藏终端和暴露终端的问题之外，Ad hoc 网络还存在一个单向链路的问题。

单向链路问题是无线通信中一个普遍存在的问题。如图 8-11 所示，A 的信号覆盖范围包括 B，而 B 由于功率、地形等因素，信号不能覆盖到 A，则 B 可以收到 A 的信息，而 A 不能收到 B 的信息，这就构成了单向链路。

解决隐藏终端和暴露终端问题的最主要的方法是忙音检测法和 RTS/CTS(Request to Send/Clear to Send)握手方法。使用这两种方法的代表协议分别是 BTMA 和 MACA。

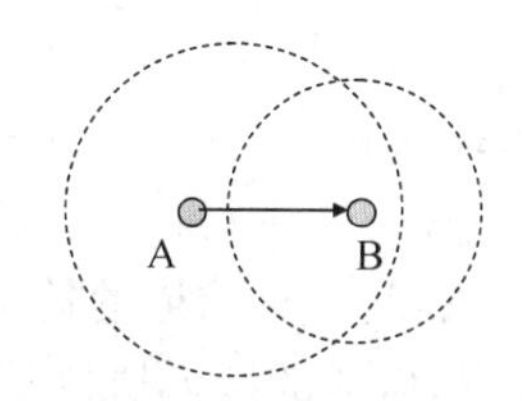

图 8-11 单向链路示意图

BTMA 协议将整个通信带宽分成两个信道：数据信道和控制信道。数据信道用来传输数据包，而控制信道则用来传输忙音信号，用于指示数据信道的忙闲。其实现方式如下：当源结点有数据发送时，它首先在控制信道侦听忙音，如果控制信道空闲，则源结点可以发送数据，否则源结点随机延迟一段时间重新监听控制信道。同时，网络中任何结点间听到数据信道忙时,就在控制信道上发送忙音信号,当数据信道恢复空闲时,停止发送控制信道忙音。这种接入方式大大降低了隐藏终端的干扰,但同时也增加了暴露终端的数量。但是,该类协议的一个重要前提就是要求结点可以同时在数据信道和控制信道上发送和接收数据,这也是大多数多信道协议所面临的问题,这将增加硬件的复杂度和设备的成本。

MACA 协议是一个用于单信道网络的信道接入协议。它使用了两种固定长度的信号帧,当结点 A 要向结点 B 发送数据时,结点 A 先向结点 B 发送一个控制帧 RTS;结点 B 在接收到 RTS 后,同意接收则返回 CTS 控制应答帧。结点 A 收到 CTS 应答帧后,才开始向结点 B 发送数据帧。如果结点 A 没有收到 CTS 控制应答帧,则认为发生冲突并重发 RTS 控制帧。所有收到不是给本结点的 RTS 帧的结点,回退一个 CTS 帧的传输时间(包括 CTS 帧的发送时间和回环时间);所有收到不是给本结点的 CTS 帧的结点,回退足够数据发送完成的时间(CTS 帧中包含该数据长度)。在这种协议中,隐藏终端 C 能够听到结点 B 发送的 CTS 帧,从而回退一段时间,解决了隐藏终端的问题。

8.2.2 Ad hoc 的信道接入协议

Ad hoc 网络信道接入协议要解决很多其他网络没有涉及的问题,因此,它的信道接入协议具有与其他协议不同的特点。首先,应在空间上高度复用,因为 Ad hoc 网络需要支持多对结点同时通信,从而实现结点频率的空间复用,提高网络总的吞吐量,解决这一问题的关键在于解决好隐藏终端和暴露终端问题。其次,Ad hoc 网络必须采用特殊的信道共享方式,减少和避免帧发送冲突。最后,Ad hoc 网络信道接入协议应该与实现该协议的硬件和软件无关,以具有普适性,即只要满足基本无线功能的无线模块都可以用来实现该协议。

一个理想的 Ad hoc 网络信道接入协议还应具备结点公平、节约能量与安全的特点,同时要支持多播、广播和实时业务等。

Ad hoc 网络信道接入协议可以分为三类,即基于单信道、基于双信道和基于多信道。

1. 基于单信道的信道接入协议

基于单信道的信道接入协议主要采用竞争的方式使用信道,来获得信息的发送权。这种协议是基于竞争的接入协议,其通过竞争来获得信道的访问权限,通过随机重传来解决冲突问题。除时隙 ALOHA 外,大多数竞争接入协议都采用异步通信的方式(即各结点不需要严格的时钟同步),实现方法比较简单。竞争接入协议在网络负载率较低的情况下,冲突较少,传输效率较高;而在网络负载较重时,冲突增多,传输效率会急剧下降,甚至会导致协议无法正常工作。

典型的基于单信道的 Ad hoc 网络信道分配协议主要有多路访问冲突避免协议(Multiple Access Collision Avoidance,MACA)、无线局域网多路访问冲突避免协议(MACA for Wireless LAN,MACAW)、分布式协调功能协议(Distributed Coordination Function,DCF)和信道获取多路访问协议(Floor Acquisition Multiple Access,FAMA)等。

2. 基于双信道的信道接入协议

单信道的接入协议总是无法完全避免隐藏终端和暴露终端的问题。如果结点的无线通信设施可以提供两个信道,一个信道用于数据帧传输,另一个信道用于控制帧传输,数据帧与控制帧的传输不会出现冲突,这样就能很好地解决隐藏终端和暴露终端的问题,同时提高信道利用率与频率空间复用度。

基于双信道的信道接入协议主要有忙音多路访问协议(Busy Tone Multiple Access, BTMA)、双忙音多路访问协议(Dual Busy Tone Multiple Access,DBTMA)、无线网络基本访问协议(Basic Access Protocol for Wireless, BAPW)和双信道多路访问协议(Dual Channel based Multiple Access,DCMA)等。

3. 基于多信道的信道接入协议

基于多信道的信道接入协议除了可以有效地避免隐藏终端和暴露终端的问题,还可以更有效地利用无线频谱,提高系统的通信效率。由于有多个信道,相邻结点可以使用不同的信道同时通信。在使用多信道的情况下,接入控制更加灵活,可以使用其中一个作为公共控制信道,也可以让控制帧和数据帧在一个信道上混合传输。这种协议主要关注的问题是信道分配和接入控制。信道分配负责为不同的通信结点分配相应的信道,消除数据帧的冲突,使尽量多的结点可以同时通信。接入控制负责确定结点接入信道的时机、冲突的避免和解决等。

基于多信道的信道接入协议主要有多信道 CSMA 协议、多信道非坚持 CSMA 协议、多信道 1-CSMA 协议、跳隙预留的多重接入协议(Hop Reservation Multiple Access,HPMA)和动态信道分配协议(Dynamic Channel Assignment,DCA)等。

8.3 无线传感器网络

8.3.1 无线传感器网络的组成

无线传感器网络(Wireless Sensor Network, WSN)是由无线传感器结点组成的一种自组织网络,是 Ad hoc 网络的一种特殊应用形式。WSN 通过无线通信技术,把数量众多的传感器结点以自由式进行组织与结合,构成无线自组织网络。该网络的特点主要包括自组织,结点数量多,结点计算能力不高,结点能量供应有限,分布式,结点平等,结点变化性大,安全性差等。

WSN 中的结点分为两类,一类是 Sink 结点(汇聚结点),另一类是传感器结点。Sink 结点主要的功能是将传感器结点产生的错误数据进行剔除,将各类传感器结点的数据进行融合,并对收集到的数据进行处理和转发。传感器结点则采集各种物理信号,并进行简单的滤波、去噪处理。构成传感器结点的单元包括:数据采集单元、数据传输单元、数据处理单元以及能量供应单元。其中数据采集单元通常是采集监测区域内的信息并加以转换,例如光强度、大气压力、温度与湿度等;数据传输单元则主要以无线通信方式发送采集到的数据信息;数据处理单元通常处理路由转发数据、结点管理数据以及定位数据等;能量供应单元则为结点提供电力供应。传感器结点采集的信号类型主要有地震、电磁、温度、湿度、噪声、光强度、压力、土壤成分、移动物体的大小、速度和方向等自然环境中的各种物理信号。WSN 的应用领域主要有军事、航空、防爆、救灾、环境、医疗、保健、智能家居、工业、商业等。

WSN 的组成如图 8-12 所示。其中 Sink 结点的处理能力、存储能力和通信能力相对比较强,它连接传感器网络与 Internet 等外部网络,实现两种协议的通信协议转换,同时发布管理结点的监测任务,并把收集的数据转发到外部网络上。Sink 结点既可以是一个具有增强功能的传感器结点,有足够的能量供给和更多的内存与计算资源,也可以是没有监测功能仅带有无线通信接口的特殊网关设备；传感器结点通常是一个微型的嵌入式系统，它的处理能力、存储能力和通信能力相对较弱，通过携带能量有限的电池供电。从网络功能来看，每个传感器结点兼顾传统网络结点的终端和路由器双重功能，除了进行本地信息收集和数据处理之外，还要对其他结点转发来的数据进行存储、管理和融合等处理，同时与其他结点协作完成一些特定任务。

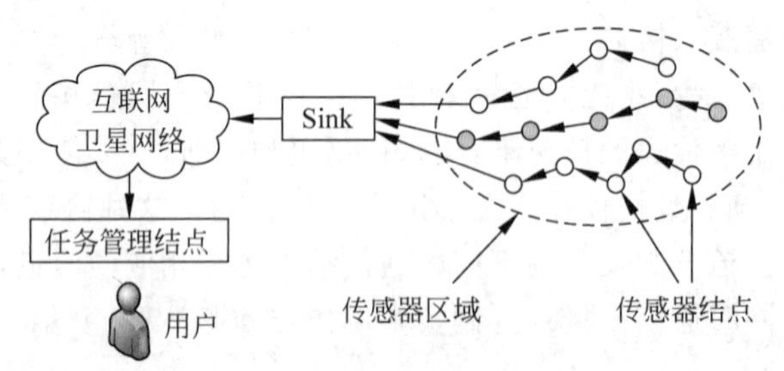

图 8-12　WSN 的组成

传感器结点结构如图 8-13 所示。其中位于感知单元的传感器模块负责检测区域内信息的采集，然后由 A/D 转换器进行模数转换；位于处理单元的处理器模块负责控制整个传感器结点的操作，并与存储器协作存储和处理自身采集的数据及其他结点发来的数据；位于通信单元的无线通信模块负责和其他传感器结点进行无线通信、交换控制消息和收发采集数据；能量供给单元则为传感器结点提供运行所需的能量，通常采用微型电池或太阳能电池板。除此之外，根据具体应用的需要，可能还会有位置查找单元和移动管理单元等。

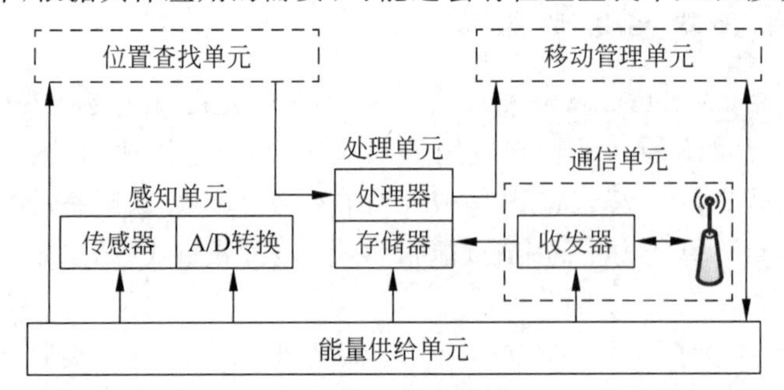

图 8-13　传感器结点结构

8.3.2　无线传感器网络的体系结构

无线传感器网络(WSN)的体系结构由分层的网络通信协议、网络管理平台及应用支撑平台这 3 部分组成，如图 8-14 所示。

1. 分层的网络通信协议

类似于传统 Internet 网络中的 TCP/IP 协议体系结构，它也是由物理层、数据链路层、网络层、传输层和应用层组成的。

(1) 物理层。负责信号的调制、数据的收发。在实际的应用中，WSN 物理层的设计要根据实际需要而定。以发送接收信号为主要功能的物理层首先要考虑的是信号的传输介质。

从物理层的通信介质来看，主要有无线电波(电磁波和红外)、声波等。电磁波是最主要

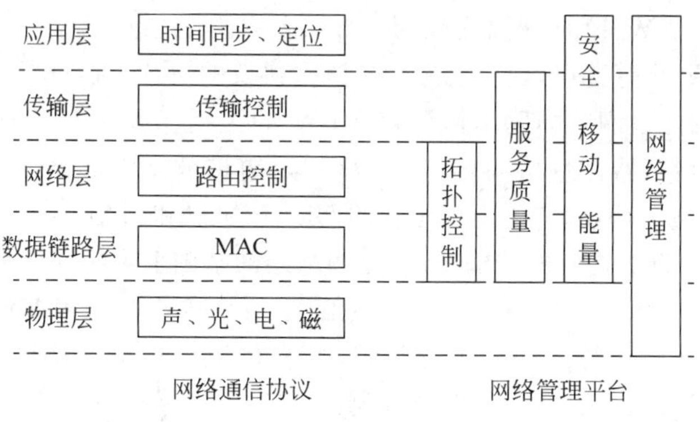

图 8-14　WSN 体系结构

的无线通信介质,而声波仅用于水下无线通信。根据电磁波的波长,又分为无线电波、微波、红外线、毫米波及光波。无线通信需要解决的主要问题是无线频段的选择、调制技术和扩频技术。目前比较成熟的物理层的应用实例包括红外线、IEEE 802.11 工作组提出的 Wi-Fi(包括 IEEE 802.11b、IEEE 802.11a 和 IEEE 802.11g 等)、IEEE 802.15.4 工作组提出的 LR-WPAN、蓝牙(即 IEEE 802.15.1)、超宽带 UWB 和 IEEE 802.15.4 工作组提出的 ZigBee 等。

物理层是决定 WSN 的结点体积、成本以及能耗的关键环节。能耗和成本是 WSN 最主要的两个性能指标,也是 WSM 物理层协议设计中需要重点考虑的问题。

(2) 数据链路层。负责数据成帧、帧检测、媒体访问控制和差错控制。其中,媒体访问控制(Medium Access Control,MAC)协议的主要功能是在相互竞争的用户之间分配信道资源,保证可靠的点对点和点对多点通信。在传统网络中,有两种基本的分配无线信道的方法:一种是预留固定分配信道法,包括频分多址接入(Frequency Division Multiple Access,FDMA)、时分多址接入(Time Division Multiple Access,TDMA)、码分多址接入(Code Division Multiple Access,CDMA)和空分多址接入(Space Division Multiple Access,SDMA)等;另一种是随机分配信道法,包括 IEEE 802.11 中使用的 CSMA(Carrier Sense Multiple Access)、MACA 和 MACAW(Multiple Access with Collision Avoidance for Wireless)。

传统网络 MAC 协议的主要目标是在用户公平使用信道资源的前提下,提高吞吐量和带宽利用率。而 WSN 系统的特点给 MAC 协议提出了一些新要求,包括低能耗、低通信延迟和动态可扩展等。适用于 WSN 网络的 MAC 协议主要有基于竞争的 S-MAC 协议、T-MAC 协议、Sift 协议,基于信道分配的 SMACS 协议、TRAMA 协议,混合型 ZMAC 协议。

差错控制则要保证源结点发出的信息可以完整无误地到达目标结点。

(3) 网络层。负责路由发现和维护,通常,大多数结点无法直接与网关通信,需要通过中间结点以多跳路由的方式将数据传送至汇聚结点。

WSN 的网络层路由协议的功能是在网络中任意需要通信的两个结点间建立并维护数据传输路径。传统无线网络的路由协议设计是以避免网络拥塞、保持网络的连通性和提供高质量网络服务为主要目标。在路由实现过程中,首先利用网络层定义的"逻辑"上的网络地址来区别不同结点以便实现数据交换,然后通过路由选择算法判定到达目的地的最佳路径。最佳路径的选择标准包括路径长度、可靠性、时延、带宽、负载、通信成本等。

与传统网络相比,WSN有资源受限、无全局统一逻辑地址、网络拓扑结构变化频繁及网络中存在大量的冗余等特点,因而会影响到路由协议的设计,对路由协议的设计提出了新的要求,也与传统的无线网络的路由协议存在较大的区别。适用于WSN网络的路由协议主要有基于数据的传感器信息协商协议SPIN和定向扩散路由协议DD,基于集群结构的LEACH协议和TEEN协议,基于地理位置的GEAR协议和GAF协议。

(4) 传输层。负责数据流的传输控制,在网络层的基础上为应用层提供可靠、高质量的数据传输服务。WSN由于长期在未知环境中工作、数据传输时采用多跳的通信机制、以数据为中心的工作模式及资源严格受限等特点,使得传统的传输层协议并不适用。适用于WSN网络的传输层协议主要有基于拥塞控制的PECR协议和CODE协议,基于可靠性保证的PSFQ协议和ESRT协议。

(5) 应用层。主要完成应用程序数据的报文分段或组装、数据格式编码的转换、压缩、加密等功能,负责为用户提供通用的网络服务和面向各个不同领域的增强网络服务。

WSN与传统无线数据网络最大的区别在于:数据本身并不重要,重要的是通过数据分析得出对用户有用的检测结果。在远程监视应用中,监视者并不关心单个传感器采集的信息,而是关注在某个特定的区域内是否监测到某种特定的事件发生。因此,WSN本身需要将大量的原始信息聚集并综合成用户需要的具有特定含义信息的能力,这种能力是WSN的分布式信息处理能力,可以通过信息融合方式减少冗余信息,生成准确度更高的测量值。

WSN的操作系统或运行环境必须支持相应的特定结点,与传统的操作系统不同,其需要考虑的问题主要包括:结点的计算资源有限,须减小系统开销;结点电池供电,须具备能耗管理策略;支持各结点的并发控制;观测任务的实时性;对结点和环境的变化有自适应能力;具有可靠性、安全性和容错性;可自动升级。适用于WSN中的操作系统主要有TinyOS、MANTIS OS和SOS等。

2. 网络管理平台

网络管理平台主要负责对传感器结点自身的管理及用户对传感器网络的管理,它包括拓扑控制、服务质量管理、能量管理、安全管理、移动管理和网络管理等。

(1) 拓扑控制。为了节省能量,某些传感器结点会在某些时刻进入休眠状态,这导致网络的拓扑不断地发生变化,因而需要通过拓扑控制技术管理各结点状态的转换,使网络保持畅通,数据能够有效地传输。拓扑控制功能利用数据链路层的MAC协议和网络层的路由协议来完成,反过来又为它们提供基础信息支持,优化MAC协议和路由协议,降低能耗。

(2) 服务质量管理。服务质量(QoS)管理在各协议层设计队列管理、优先级机制或者带宽预留等机制,并对特定应用的数据给予特别处理。它是用户与网络之间以及网络上互相通信的用户之间关于信息传输与共享的质量约定。为满足用户的要求,WSN必须能够为用户提供足够的资源,以用户可接受的性能指标工作。

(3) 能量管理。在WSN中,电源能量是各个结点最宝贵的资源。为了使WSN的使用时间尽可能长,需要合理、有效地控制结点对能量的使用。每个协议层次中都要增加能量控制功能,并提供给操作系统进行能量分配决策。

(4) 安全管理。由于结点随机部署、网络拓扑的动态性以及无线信道的不稳定性,传统的安全机制无法在WSN中适用,因此需要设计新型的WSN安全机制,这需要采用扩频通信、接入认证/鉴别、数字水印和数据加密等技术。

(5) 移动管理。在某些 WSN 应用环境中其结点处于移动的状态,因此,需要采用移动管理技术来监测和控制结点的移动,维护到汇聚结点的路由。

(6) 网络管理。网络管理是对 WSN 上的设备及传输系统进行有效的监视、控制、诊断和测试所采用的技术和方法。它要求协议各层嵌入各种信息接口,并定时收集协议运行状态和流量信息,协调控制网络中各个协议组件的运行。

应用于 WSN 中的网络管理系统主要有集中式网络管理系统 BOSS 和 TinyDB,层次式网络管理系统 RRP 和 SNMP,分布式网络管理系统 TinyCubus 等。

3. 应用支撑平台

应用支撑平台建立在分层网络通信协议和网络管理技术的基础之上,它包括一系列基于监测任务的应用层软件。在应用支撑平台上,需要完成的功能包括时间同步、定位和各种各样的应用服务。

(1) 时间同步。在 WSN 中单个结点的能力非常有限,整个系统所要实现的功能需要网络内所有结点相互配合共同完成。而时间同步是结点合作的基础,在分布式系统中,时间可分为逻辑时间和物理时间。逻辑时间的概念建立在 Lamport 提出的超前关系上,体现了系统内时间发生的逻辑顺序。物理时间是用来在分布式系统中传递一定意义上的"人类"时间。对于直接观测物理时间现象的 WSN 来说,物理时间的地位十分重要。

物理时间同步的含义如下:时钟偏移定义为某个时间段内两个时钟之间因为漂移而产生的时间上的差异。分布式系统物理时钟服务定义了一个系统中所允许的时钟偏移的最大值。只要两个时钟之间的差值小于所定义的最大时钟偏移值,就认为两个时钟保持了时间同步。WSN 系统的通信带宽较低,大部分结点长期休眠,网络拓扑结构动态变化,这些特点使传统的时间同步机制难以适用,因此需要设计具有一定同步精度的低通信开销、动态可扩展的时间同步机制。应用于 WSN 中的时间同步技术主要有 DMTS 同步、RBS 同步、TPSN 同步、FTSP 同步、协作同步和萤火虫同步。

(2) 定位。结点定位确定每个传感器结点的相对位置或绝对位置,结点定位在军事侦察、环境监测、紧急救援等应用中尤为重要。WSN 结点定位可以表述为依靠有限的位置已知结点,确定布设区中其他结点的位置,在传感器结点之间建立起一定的空间关系。大多数情况下,只有结合位置信息,传感器获取的数据才有意义。应用于 WSN 中的定位技术主要有基于测距的定位技术 RSSI、TOA 和 TDOA,基于非测距的定位技术质心定位、APIT 定位和 DV-Hop 定位。

(3) 应用服务。WSN 的应用是多种多样的,针对不同的应用环境,有各种应用层的协议,如任务安排、结点查询和数据分发协议等。

8.4 无线网格网络技术

8.4.1 无线网格网络概述

移动 Ad hoc 网络由于其应用环境和技术成本等原因,不适合直接应用到民用通信领域,因此,基于 Ad hoc 网络的完全适用于民用通信的无线多跳网络技术——无线网格网络

(Wireless Mesh Network,WMN,又称无线网状网、无线 Mesh 网)随之出现。

1. WMN 的定义

WMN 是在无线自组织网(Ad hoc)的基础上发展起来的,是一种基于多跳路由、对等结构、高容量的网络结构,支持分散控制与管理、Web 业务、VoIP 与多媒体等无线通信业务,是对 WLAN、WiMAX 技术的补充,成为解决无线接入"最后一公里"的技术方案之一。

2. WMN 的特点

WMN 在本质上仍然属于 Ad hoc 网络,还承袭了 WLAN 的部分特征,区别在于 WMN 的移动性相对较低,一般不会作为一个独立的网络形态存在,而是因特网核心网的无线延伸。WMN 具有成本低、扩展性好、自组织、自配置、自愈合、容错能力强、可覆盖范围广、部署方便等特征,被认为是构建卫星网络、智能电网及物联网等网络的关键技术。

与 WMN 密切相关的还有无线宽带接入网(Wireless Broadband Access Network, WBAN)技术、IEEE 802.11s 协议标准和 IEEE 802.15.5 协议标准。IEEE 802.11s 协议标准是专门针对 WMN 设计的,它扩展了 IEEE 802.11 的 MAC 协议,解决了互操作问题,使网络具备自组织、自配置、自动识别等功能,实现对局域网范围内单播、多播和广播的支持。IEEE 802.15.5 协议标准则使用了超宽带技术,支持个域网、可实现短距离内的超高速无线接入。

图 8-15 说明了 WMN 与 Ad hoc、WLAN 和 WBAN 之间的关系。

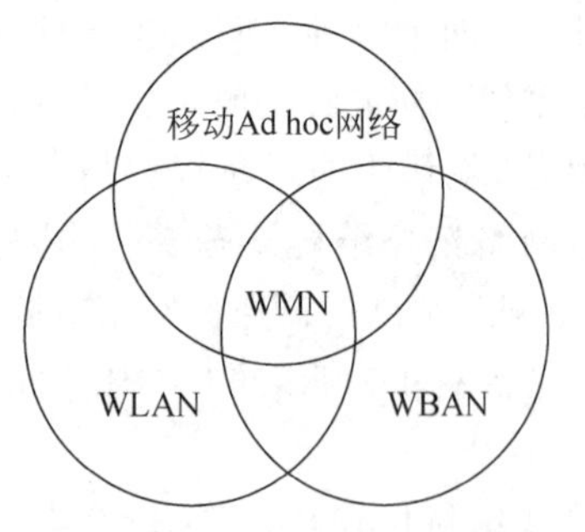

图 8-15　WMN 与 Ad hoc、WLAN 和 WBAN 之间的关系示意图

下面介绍 WMN 与 Ad hoc、WLAN 和 WBAN 之间的主要区别。

(1) WMN 与 Ad hoc 的区别。

从自组织的角度来看,WMN 与 Ad hoc 虽然都采用 P2P 的自组织多跳网络结构,但是 WMN 是由无线路由器(Wireless Router, WR)构成无线骨干网的,因此结点地位不平等。无线骨干网提供大范围的信号覆盖与结点连接。Ad hoc 的网络结点都兼有主机和路由的功能,结点地位平等,结点之间以平等合作的方式实现连通。

从网络拓扑的角度来看,两者虽然相似,但结点功能差异较大,WMN 结点的移动性弱于 Ad hoc 结点。WMN 多为静态或弱移动的拓扑,而 Ad hoc 网络更强调结点的移动和网络拓扑的快速变化。因此,WMN 更注重于"无线",Ad hoc 则更注重于"移动"。Ad hoc 结点传输的是一对结点之间的数据,而 WMN 结点主要传输 Internet 的数据。WMN 结点大多静止不动,因此不以电池为能源,拓扑变化相对较小。

从应用的角度来看,WMN 主要用于 Internet 与宽带多媒体通信的接入服务,而 Ad hoc 则主要用于军事与特殊通信领域。

(2) WMN 与 WLAN 的区别。

从拓扑结构的角度来看,WLAN 采用点对多点的结构和单跳工作方式,结点本身不承担数据转发的任务。

从通信距离来看,WLAN 在相对较小的范围内(通常在几百米)提供数据传输服务,WMN 则利用无线路由器 WR 组成的骨干网,将接入距离扩展到几千米。

从协议角度来看，WLAN 的 MAC 协议主要完成本地业务的接入，而 WMN 除了要完成本地业务接入外，还要完成其他结点数据的转发。因此，WLAN 采用的是静态路由协议与移动 IP 协议的结合，而 WMN 主要采用生命周期很短的按需发现的路由协议。

(3) WMN 与 WiMAX 的区别。

WiMAX(Worldwide Interoperability for Microwave Access)即全球微波互联接入，也称为 IEEE 802.16，是一种宽带无线接入技术，能提供面向互联网的高速连接，数据传输距离最远可达 50km。

从拓扑结构来看，WiMAX 采用的是星状结构，一旦一条通信信道出现故障，可能造成大范围的通信中断；而 WMN 采用的是网状结构，其自愈能力更强。

从投资来看，WiMAX 投资成本较大，而 WMN 的组网设备(如无线路由器 WR、智能路由器 IR 和接入点 AP)的价格远低于 WiMAX 基站设备的价格，因此 WMN 成本较低。

(4) WMN 与蜂窝网络的区别。

从可靠性上来看，WMN 相对较高。在 WMN 中，其拓扑为网状，某条链路出现故障后可以自动切换到冗余链路；而蜂窝网络拓扑为星状，某条链路的故障会造成大范围的服务中断。

从投资成本上来看，WMN 建设成本低，蜂窝网络建设成本高。从网络配置和维护上，WMN 也比蜂窝网络简单。从使用成本上，WMN 相对于蜂窝网络要低得多。

上面比较了 WMN 与其他网络之间的区别，总体来说，WMN 具有以下优点。

(1) 扩展了原有无线网络的传输距离。在有线接入点部署费用过高或环境条件受到限制时，利用 Mesh 网络部署网络结点更加方便。由于不需要有线基础设施，Mesh 可以更快、更廉价和更简单(不需要具备太多专业知识)地建立起来。

(2) 结点的部署位置不依赖于有线骨干线路。在任何有电源的位置和无线电信号能够覆盖的地方，均能够部署结点。由于无线电频率传播的特性，WMN 的容量更高。结点间的无线电链路越近，调制速率就越高，有效的网络吞吐量也就会越大。

(3) WMN 具有比集中式基础设施网络更大的弹性和容错能力。如果存在大量的结点，网络能够抵御暂时的拥塞、单个结点故障及局部干扰。WMN 具有内置的寻找邻近结点、建立连接、寻找最佳传输路径的能力。

(4) WMN 设备可以在没有中央接入点的情况下被设置为中间转发结点，并在 WMN 结点之间建立高带宽网络，这种对等连接的能力非常适合企业和家庭的特殊应用场合。

8.4.2 无线网格网络结构

无线网格网络结构从分级的角度可以分为单级网络结构、多级网络结构和混合网络结构；从网络拓扑的连通性上可以分为全网状结构和部分网状结构。

全网状结构的网络如图 8-16(a)所示，网络中的任意两个结点都可以实现直接连接；部分网状结构的网络如图 8-16(b)所示，只有整个网络中的部分结点之间可以直接通信。

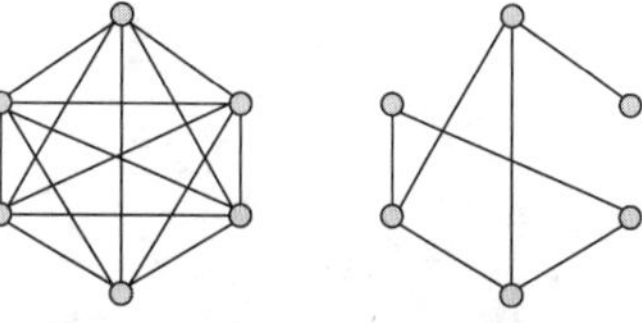

(a) 全网状结构　(b) 部分网状结构

图 8-16　WMN 网络的结构

分级网络结构是指整个网络从客户机结点到连入

Internet 的层次关系结构。

单级网络结构是 WMN 中最简单的一种,所有的结点采用对等的 P2P 结构,每个结点都执行相同的 MAC、路由、网关和安全协议,类似于 Ad hoc 网络。

多级网络结构则在客户机与连入的 Internet 之间增加了无线 Mesh 路由器和网关等设备,下层的设备通过 WMN 路由器并经过网关来访问 Internet,且下层设备之间都不具备相互通信的功能。

混合网络结构是实际应用中最为常见的一种网络结构,是将单级网络结构和多级网络结构相结合的一种网络结构,即在多级网络结构的基础上增加了结点之间的相互通信访问功能,因此是两种网络结构的结合,是一种更为优化的网络结构。在混合网络结构中,骨干网可以采用 WiMAX 技术,在几十千米的范围内提供大于 100Mb/s 的传输速率;接入网则可以采用 WLAN,满足一定范围内的用户无线接入需求;同时 WLAN 的接入点 AP 可以与邻近的 WMN 路由器相连,由 WMN 路由器组成的无线自组网传输平台,实现 WLAN 无法覆盖的多种终端设备,如智能手机、笔记本计算机、无线 PDA 设备的接入。图 8-17 所示的是混合网络结构示意图。需要指出的是,近年来,随着 5G 等技术的应用,WMN 网络应用的热度在逐渐降低。

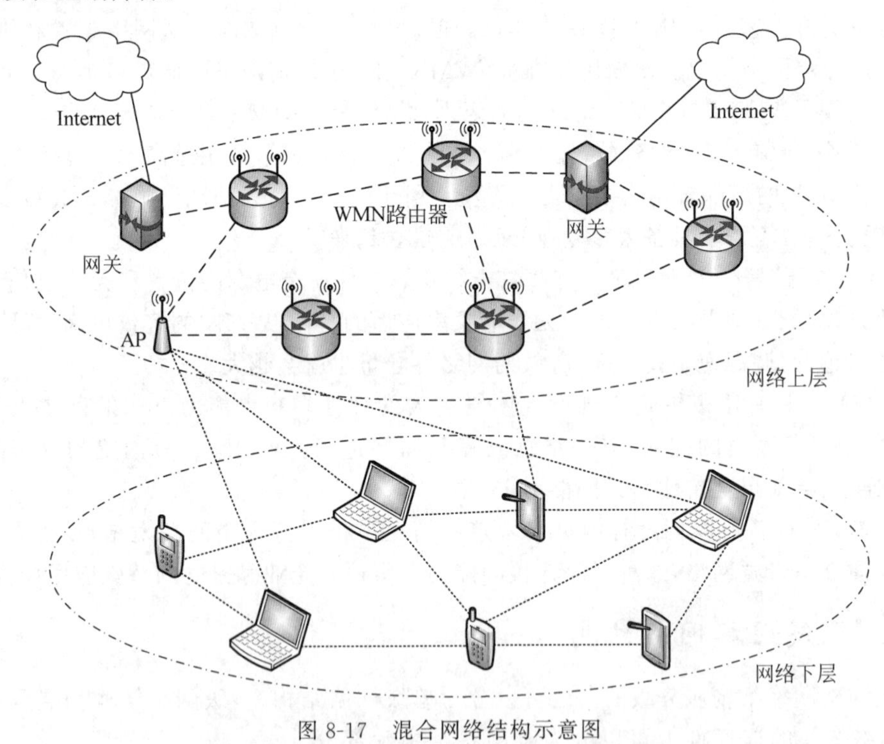

图 8-17　混合网络结构示意图

8.5　互联网上的音频/视频服务

8.5.1　音频/视频概述

计算机网络最初是为传送数据设计的。互联网 IP 层提供的"尽最大努力交付"服务,以及每个分组独立交付的策略，对传送数据信息十分合适。互联网传输层使用的 TCP 可以很好地解决 IP 层不能提供可靠交付这一问题。

随着互联网的发展，许多用户开始利用互联网传送音频/视频信息等多媒体信息。传统的基于电路交换的公用电话网传送话音和多媒体信息早已是成熟的技术，如视频会议（又称为电视会议）原先使用电路交换的公用电话网。使用电路交换的好处是：一旦连接建立了（也就是只要拨通了电话），各种信号在电话线路上的传输质量就有保证。但使用公用电话网的缺点是价格太高，因此人们想办法通过互联网传送这类多媒体信息。

多媒体信息（包括声音、图像和视频信息）与数据信息有很大的区别，其中最主要的两个特点如下。

第一，多媒体信息的信息量往往很大。

含有音频或视频的多媒体信息的信息量一般都很大，下面进行简单的说明。

对于电话的声音信息，如采用标准的 PCM 编码（8kHz 速率采样），而每一个采样脉冲用 8 位编码，则得出的声音信号的数据速率就是 64kb/s。对于高质量的立体声音乐 CD 信息，虽然它也使用 PCM 编码，但其采样速率为 44.1kHz，而每一个采样脉冲用 16 位编码，因此这种双声道立体声音乐信号的数据速率就超过了 1.4Mb/s。

对于数码照片，假定分辨率为 1280×960（中等质量），若每像素用 24b 进行编码，则一张未经压缩的照片的字节数约为 3.52MB（这里 1B=8b，$1M=2^{20}$）。

活动图像的信息量就更大，如不压缩的彩色电视信号的数据速率超过 250Mb/s。

因此在网上传送多媒体信息都毫无例外地采用了各种信息压缩技术。例如，在话音压缩方面的标准有移动通信的 GSM（13kb/s），IP 电话使用的 G.729（8kb/s）和 G.723.1（6.4kb/s 和 5.3kb/s），立体声音乐的压缩技术 MP3（128kb/s 或 112kb/s）。在视频信号方面有 VCD 质量的 MPEG-1（1.5Mb/s）、DVD 质量的 MPEG-2（3～10Mb/s）、高压缩 MPEG-4 视频（4.8～64kb/s）、MPEG-7 和 MPEG-21 等。

第二，在传输多媒体数据时，对时延和时延抖动均有较高的要求。

这里需要说明的是，“传输多媒体数据”隐含地表示了“边传输边播放”的意思。因为如果是把多媒体音视频文件先下载到计算机的硬盘中，等下载完毕后（节目文件较大时可能需要很长时间才能下载完成）再去播放，那么在互联网上传输多媒体数据就没有什么更多的特点值得专门来讨论（仅仅是数据量非常大而已）。

由于模拟的多媒体信号只有经过数字化后才能在互联网上传送。就是对模拟信号要经过采样和模数转换变为数字信号，然后将一定数量的比特组装成分组进行传送。这些分组在发送时的时间间隔都是恒定的，通常称这样的分组为等时的（Isochronous），这种等时分组进入互联网的速率也是恒定的。但传统的互联网本身是非等时的。这是因为在使用 IP 协议的互联网中，每一个分组是独立地传送，因而这些分组在到达接收端时就变换为非等时的。如果用户在接收端对这些以非恒定速率到达的分组边接收边还原，那么就一定会产生很大的失真。图 8-18 说明了互联网是非等时的这一特点。

要解决这一问题，可以在接收端设置适当大小的缓存（通常由应用程序完成），当缓存中的分组达到一定的数量后，再以恒定速率按顺序将这些分组读出进行还原播放。图 8-19 说明了缓存的作用。

从图 8-19 中可看出，缓存实际上就是一个先进先出（FIFO）的队列。图 8-19 中标明的

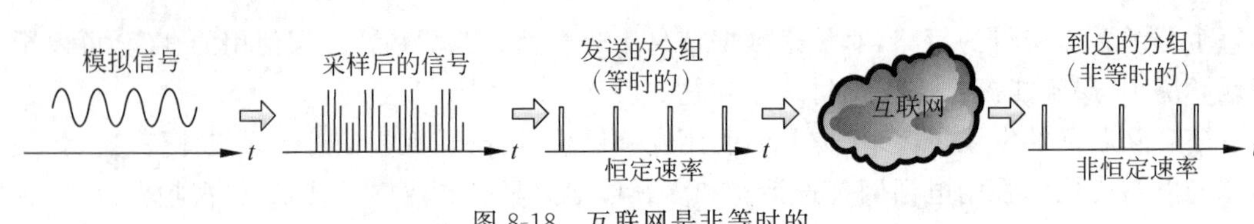

图 8-18 互联网是非等时的

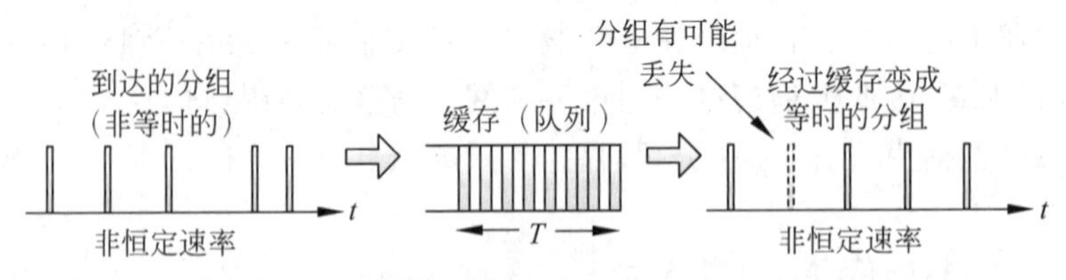

图 8-19 缓存把非等时的分组变换为等时的分组

T 称为播放时延,这就是从最初的分组开始到达缓存算起,经过时间 T 后就按固定时间间隔把缓存中的分组按先后顺序依次读出播放。由此可以看到,缓存使所有到达的分组都经历了时延。由于分组以非恒定速率到达,因此早期到达的分组在缓存中停留的时间较长,而较晚到达的分组在缓存中停留的时间就较短。从缓存中取出分组是按照固定的时钟节拍(须严格与发送时钟节拍相等)进行的,因此,到达的非等时的分组,经过缓存后再以恒定速率读出,就变成了等时的分组(注意,时延太大的分组就丢弃了),这就在很大程度上消除了时延的抖动。但付出的代价是增加了时延。还有一种情况,就是读出分组的时钟节拍若略大于发送分组的时钟节拍,则会在播放一段时间后出现停顿现象(但视频节目的内容并未删减),这就是目前 IPTV 播放时经常发生停顿的情况。

目前互联网提供的音频/视频服务大体上可分为以下 3 种类型。

(1) 流式(Streaming)存储音频/视频。这种类型是先把已压缩的录制好的音频/视频文件(如音乐、电影等)存储在服务器上,用户通过互联网下载这样的文件。注意,用户并不是把文件全部下载完毕后再播放,因为这往往需要很长时间,而用户一般也不愿意等待太长的时间。流式存储音频/视频文件的特点是能够边下载边播放,即在文件下载后不久(如几秒钟到几十秒钟后)就开始连续播放,名词“流式”就是这样的含义,其文件格式通常为 RM (Real Media)格式或者 ASF(Advanced Streaming Format)格式。注意,普通光盘中的 DVD 电影不是流式视频,其文件格式为 VOB,编码格式是 MPEG-2。如果用户想下载一部光盘中的普通的 DVD 电影,那么只能在整个电影全部下载完毕后(这可能要经历相当长的时间)才能播放。注意,flow 的译名也是“流”(或“流量”),但意思和 streaming 完全不同。

(2) 流式实况音频/视频。这种类型和无线电台或电视台的实况广播相似,不同之处是音频/视频节目的广播是通过互联网来传送的。流式实况音频/视频是一对多(而不是一对一)的通信。它的特点是:音频/视频节目不是事先录制好和存储在服务器中,而是在发送方边录制边发送(不是录制完毕后再发送)。在接收时也是要求能够连续播放。接收方收到节目的时间和节目中事件的发生时间可以认为是同时的(相差仅仅是电磁波的传播时间和很短的信号处理时间)。流式实况音频/视频按理说应当采用多播技术才能提高网络资源的利用率,但目前实际上还是使用多个独立的单播。流式实况音频/视频目前已经得到了广泛的应用,如电视盒子中经常使用的电视猫、电视家等都是此类应用的实现。

(3) 交互式音频/视频。这种类型是用户使用互联网和其他人进行实时交互式通信,现在的互联网电话或互联网电视会议就属于这种类型。

注意,上面所讲的“边下载边播放”中的“下载”,实际上与传统意义上的“下载”有着本质上的区别。传统的“下载”是把下载的音频/视频节目作为一个文件存储在硬盘中,用户可以在任何时候把下载的文件打开,甚至进行编辑和修改,然后还可以转发给其他朋友。但对于流式音频/视频的“下载”,实际上并没有把“下载”的内容存储在硬盘上。因此当“边下载边播放”结束后,在用户的硬盘上没有留下有关播放内容的任何痕迹,这对保护版权是非常有利的。播放流式音频/视频的用户,仅仅能够在屏幕上观赏播放的内容。用户既不能修改节目内容,也不能把播放的内容存储下来,因此也无法再转发给其他人。但技术总是在不断进步,现在已经有了能够存储在网上播放的流式音频/视频文件的软件。

于是现在就出现另一个新的词汇——流媒体(Streaming Media)。流媒体其实就是上面所说的流式音频/视频。流媒体的特点就是“边传送流媒体边播放”(streaming and playing),但不能存储在硬盘上,成为用户的文件。在国外的一些文献中,常常把流媒体的“网上传送”称为 streaming。目前还没有找到对 streaming 更好的译名。

限于篇幅,下面简单介绍上面的第一种和第三种音频/视频类型的服务。

8.5.2 流式存储音频/视频

在讨论流式存储音频/视频文件下载方法之前,先回忆一下使用传统的浏览器是怎样从服务器下载音频/视频文件的。图 8-20 说明了这种下载的 3 个步骤。

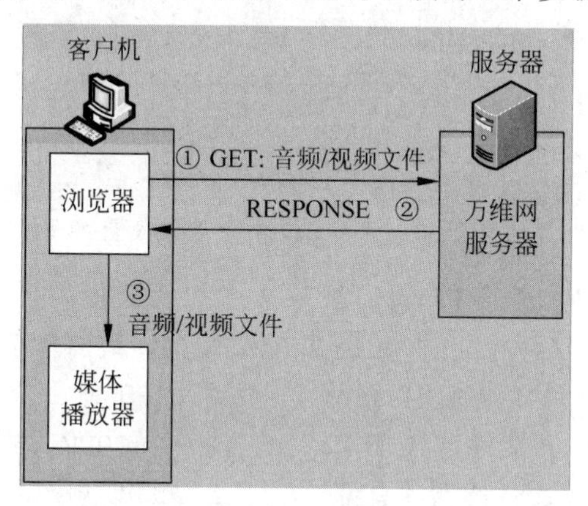

图 8-20 传统的下载文件方法

① 用户从客户机(Client Machine)的浏览器上用 HTTP 协议向服务器请求下载某个音频/视频文件,GET 表示请求下载 HTTP 报文的方法。注意,HTTP 使用 TCP 连接。

② 服务器如果有此文件就发送给浏览器,RESPONSE 表示服务器对请求报文的 HTTP 响应报文。在响应报文中装有用户所要的音频/视频文件。整个下载过程可能会花费很长的时间。

③ 当浏览器完全接收到这个文件后,就可以传送给自己计算机上的媒体播放器进行解压缩,然后播放。

为什么不能直接在浏览器中播放音频/视频文件呢?这是因为这种播放器并没有集成在万维网浏览器中。所以必须使用一个单独的应用程序来播放这种音频/视频节目。这个应用程序通常称为媒体播放器(Media Player)。现在流行的媒体播放器有 Real Networks

公司的RealPlayer、微软公司的Windows Media Player和苹果公司的QuickTime等。媒体播放器的主要功能是管理用户界面、解压缩、消除时延抖动和处理传输带来的差错。

注意,图8-20中传统的下载文件的方法并没有涉及"流式"(即边下载边播放)的概念。传统的下载方法最大缺点就是历时太长(下载一部高清电影通常需要几分钟到几小时,取决于网络速度),必须把所下载的音频/视频文件全部下载完毕后才能开始播放(差几字节都不行)。为此,已经找出了几种改进的措施。

1. 具有元文件的万维网服务器

第一种改进的措施就是在万维网服务器中,除了真正的音频/视频文件外,增加一个元文件(Metafile)。所谓元文件(注意,不是源文件),就是一种非常小的文件,它描述或指明其他文件的一些重要信息。这里的元文件保存了有关这个音频/视频文件的信息。图8-21说明了使用元文件下载音频/视频文件的几个步骤。

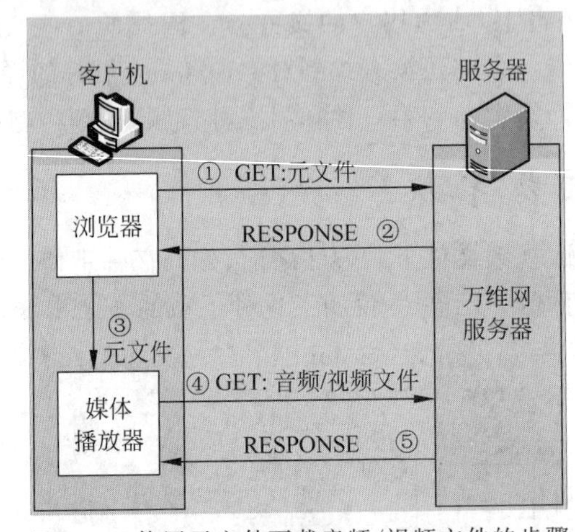

图8-21　使用元文件下载音频/视频文件的步骤

① 浏览器用户单击所要观看的音频/视频文件的超链接,使用HTTP的GET报文方法接入到万维网服务器。实际上,这个超链接并没有直接指向所请求的音频/视频文件,而是指向一个元文件。这个元文件有实际的音频/视频文件的统一资源定位符(URL)。

② 万维网服务器把该元文件装入HTTP响应报文的主体,发回给浏览器。在响应报文中还有指明该音频/视频文件类型的首部。

③ 客户机浏览器收到万维网服务器的响应,分析其内容类型首部行,调用相关的媒体播放器(客户机可能装有多个媒体播放器),把提取出的元文件传送给媒体播放器。

④ 媒体播放器使用元文件中的URL直接和万维网服务器建立TCP连接,并向万维网服务器发送HTTP请求报文,要求下载浏览器想要的音频/视频文件。

⑤ 万维网服务器发送HTTP响应报文,把该音频/视频文件发送给媒体播放器。媒体播放器在存储了若干秒的音频/视频文件后(这是为了消除抖动),就以音频/视频流的形式边下载、边解压缩、边播放。

2. 媒体服务器

为了更好地提供播放流式音频/视频文件的服务,现在较为流行的做法就是使用两个分开的服务器。如图8-22所示,使用一个普通的万维网服务器和另一个媒体服务器(Media Server)。媒体服务器和万维网服务器可以运行在一个端系统中,也可以运行在两个不同的端系统中。媒体服务器与普通的万维网服务器的最大区别就是，媒体服务器是专门为播放流式音频/视频文件而设计的，因此能够更加有效地为用户提供播放流式多媒体文件的服务。因此媒体服务器也常被称为流式服务器(Streaming Server)。下面介绍其工作原理。

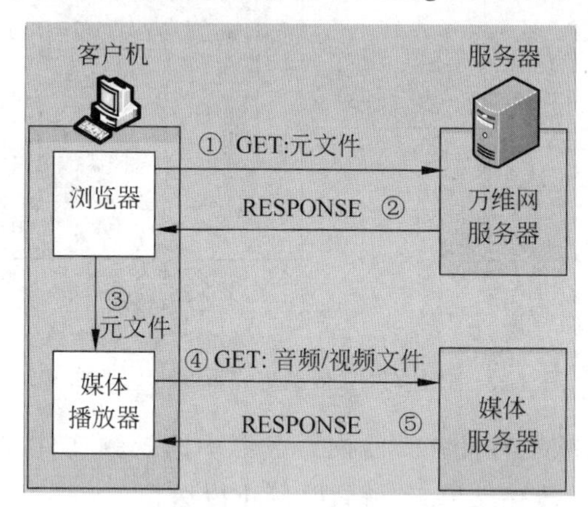

图 8-22　使用媒体服务器

在用户端的媒体播放器与媒体服务器的关系是客户机与服务器的关系。与图 8-21 中不同的是，现在媒体播放器不是向万维网服务器请求音频/视频文件，而是向媒体服务器请求音频/视频文件。媒体服务器和媒体播放器之间采用另外的协议(如 RTSP、RTP 或 RTCP 等)进行交互。

采用媒体服务器后，下载音频/视频文件的前 3 个步骤仍然和前述相同，区别在后面的两个步骤，具体描述如下。

步骤①～③与图 8-21 中的步骤相同。

④ 媒体播放器使用元文件中的 URL 接入到媒体服务器，请求下载浏览器所请求的音频/视频文件。下载文件可以使用前面讲过的 HTTP/TCP，也可以借助于使用 UDP 的任何协议，如使用实时传输协议(RTP)。

⑤ 媒体服务器给出响应，把该音频/视频文件发送给媒体播放器。媒体播放器在延迟了若干秒后(如 2～5s)，以流的形式边下载、边解压缩、边播放。

起初人们选用 UDP 来传送分组。不采用 TCP 的主要原因是担心当网络出现分组丢失时，TCP 的重传机制会使重传的分组不能按时到达接收端，使得媒体播放器的播放不流畅。但经过后来的实践发现，采用 UDP 会有以下几个缺点。

(1) 发送端按正常播放的速率发送流媒体数据帧，但由于网络的情况多变，在接收端的播放器很难做到始终按规定的速率播放。例如，一个视频节目需要以 1Mb/s 的速率播放。如果从媒体服务器到媒体播放器之间的网络容量突然降低到 1Mb/s 以下，那么这时播放器就会暂停，影响正常的观看。

(2) 很多单位的防火墙往往阻拦外部 UDP 分组的进入，因而使用 UDP 传送多媒体文件时会被防火墙阻拦掉。

(3) 使用 UDP 传送流式多媒体文件时，如果在用户端希望能够控制媒体的播放进度，如进行暂停、快进、回看等操作，那么还需要使用另外的协议(如 RTP 和 RTSP 等)，这样就反而增加了传输成本和协议复杂性。

于是,现在对流式存储音频/视频的播放,如YouTube和Netflix,都采用TCP来传送。图8-23说明了使用TCP传送流式视频的几个主要步骤。

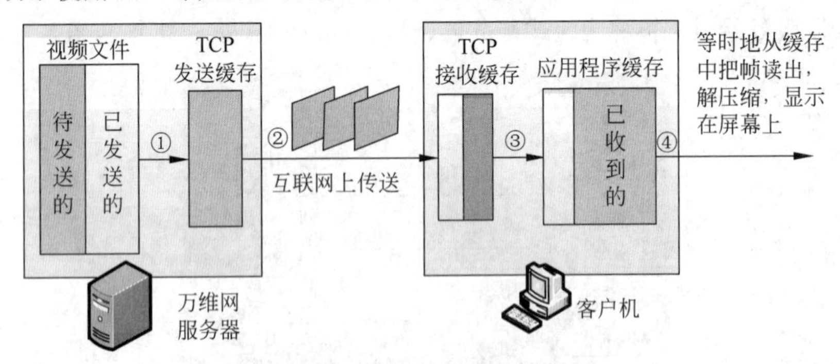

图8-23 使用TCP传送流式视频的主要步骤

① 用户使用HTTP获取存储在万维网服务器中的视频文件,然后把视频数据传送到TCP发送缓存中。若发送缓存已填满,就暂时停止传送。

② 从TCP发送缓存通过互联网向客户机中的TCP接收缓存传送视频数据,直到接收缓存被填满。

③ 从TCP接收缓存把视频数据再传送到应用程序缓存(即媒体播放器的缓存)。当这个缓存中的视频数据存储到一定程度时,就开始播放(这个过程一般不超过1min,目前大多数视频播放器在启动视频播放前需要缓存2～10s的数据)。

④ 在播放时,媒体播放器等时地(即周期性地)把视频数据按帧读出,经解压缩后,把视频节目显示在用户的屏幕上。

需要注意的是,这里只有步骤④的读出速率是严格按照视频元文件的规定速率来播放的,而前面3个步骤中的数据传送速率则可以是任意的。如果用户暂停播放,那么图8-23中的3个缓存将很快被填满,这时TCP发送缓存就暂停读取所存储的视频文件。如果客户机中的两个缓存经常处于填满状态,就能够较好地应对网上偶然出现的网络拥塞情况。

如果步骤②的传送速率小于步骤④的读出速率,那么客户机中的两个缓存中的存储量就会逐渐减少。当媒体播放器缓存的数据被取空后,播放就不得不暂停,直到后序的视频数据重新注入进来后才能再继续播放。实践证明,只要在步骤②的TCP平均传送速率达到视频节目规定的播放速率的两倍,媒体播放器一般就能按照原始的分辨率流畅地播放网上的视频节目。如果TCP平均传送速率降低,大多数媒体播放器会以牺牲分辨率的方式以较低的分辨率来流畅地播放视频节目。

这里要指出,如果是观看实况转播,那么应当考虑使用UDP来传送。如果使用TCP传送,则当出现网络严重拥塞而产生播放的暂停时,就会使人难以接受。使用UDP传送时,即使因网络拥塞丢失了一些分组,观看时可能出现画面局部的马赛克现象,但不会影响画面的流畅性,这样的观感比突然暂停视频画面要好一些。

顺便指出,宽带上网并不能保证媒体播放器一定能够流畅地回放任何视频节目。这是因为网络运营商只能保证从媒体播放器到网络运营商这一段网络的数据速率,但从网络运营商到互联网上的某个媒体服务器的这段网络状况则是未知的,很可能在某些时段会出现一些网络拥塞。此外,还要考虑所选的视频节目的清晰度。标清(物理分辨率在720p以下的一种视频格式，如分辨率在400线左右的DVD)质量的视频节目和高清(HDTV，包括720p、1080i和1080p，其中1080p的电视在逐行扫描下能够达到1920×1080的分辨率)电视节目所要求的网速就相差很远。标清视频节目需要几百kb/s的网速即可，而高清视频节目需要的网速就要达到6Mb/s。

流式媒体播放器问世后就很受欢迎。网民们不需要再随身携带刻录有视频节目的光盘，只要有能够上网的智能手机或轻巧的平板计算机，就能够随时上网观看各种音频/视频节目。曾经在城市中很热闹的光盘销售商店，由于受到流式媒体的冲击，现已几乎消失。

3. 实时流式协议

实时流式协议(Real-Time Streaming Protocol，RTSP)是TCP/IP协议体系结构中的一个应用层协议，由哥伦比亚大学、网景公司和Real Networks公司提交的IETF RFC标准发展而来。该协议定义了一对多应用程序如何有效地通过IP网络传送多媒体数据的规程和规约。RTSP在体系结构上位于RTP和RTCP之上，它使用TCP或UDP完成数据传输。RTSP协议是为了给流式过程增加更多的功能而设计的协议。RTSP本身并不传送数据，而仅仅使媒体播放器能够控制多媒体流的传送(有点像FTP有一个控制信道一样)，因此RTSP又称为带外协议(Out-of-Band Protocol)。

RTSP以客户机/服务器方式工作，它是一个应用层的多媒体播放控制协议，用来使用户在播放从互联网下载的实时数据时能够进行控制(像在影碟机上那样的控制)，如暂停/继续、快退、快进等。因此，RTSP又称为“互联网录像机遥控协议”。

RTSP的语法和操作与HTTP相似(所有的请求和响应报文都是ASCII文本)。但与HTTP不同的地方是RTSP是有状态的协议(HTTP是无状态的)。HTTP与RTSP相比，HTTP请求由客户机发出，服务器做出响应；使用RTSP时，客户机和服务器都可以发出请求，即RTSP可以是双向的。RTSP记录客户机所处的状态(初始化状态、播放状态或暂停状态)。RTSP控制分组既可在TCP上传送，也可在UDP上传送。RTSP没有定义音频/视频的压缩方案，也没有规定音频/视频在网络中传送时应如何封装在分组中。RTSP不规定音频/视频流在媒体播放器中应如何缓存。

在使用RTSP的播放器中比较著名的是苹果公司的QuickTime和Real Networks公司的RealPlayer。

图8-24给出了使用RTSP协议的媒体服务器的工作过程。

① 浏览器使用HTTP的GET报文向万维网服务器请求音频/视频文件。

② 万维网服务器向客户机的浏览器发送携带有元文件的响应。

③ 浏览器把收到的元文件传送给媒体播放器。

④ 媒体播放器的RTSP客户发送SETUP报文，与媒体服务器的RTSP服务器建立连接。

⑤ 媒体服务器的RTSP服务器发送响应RESPONSE报文。

⑥ 媒体播放器的RTSP客户发送PLAY报文，开始下载音频/视频文件(即开始播放)。

⑦ 媒体服务器的RTSP服务器发送响应RESPONSE报文。

此后，音频/视频文件被下载，所用的协议是运行在UDP上的。可以是后面要介绍的RTP，也可以是其他专用的协议。在音频/视频流播放的过程中，媒体播放器可以随时暂停(利用PAUSE报文)和继续播放(利用PLAY报文)，也可以快进或快退。

⑧ 用户若不想继续观看，可以由RTSP客户发送TEARDOWN报文，断开连接。

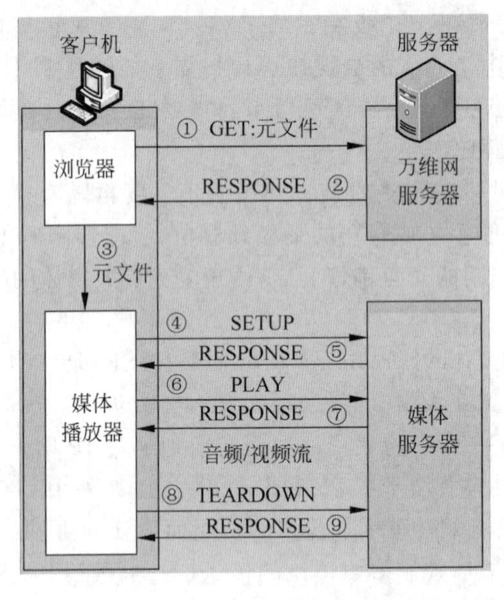

图 8-24　使用 RTSP 的媒体服务器的工作过程

⑨ 媒体服务器的 RTSP 服务器发送响应 RESPONSE 报文。

注意,以上步骤中的④～⑨都使用 RTSP。在图 8-24 中步骤⑦后面没有编号的"音频/视频流"则使用另外的传送音频/视频数据的协议,如 RTP 等。

8.5.3　交互式音频/视频

限于篇幅,这里只介绍交互式音频,即 IP 电话。IP 电话是在互联网上传送多媒体信息的一个例子。通过 IP 电话的讨论,有助于了解在互联网上传送多媒体信息时需要解决好哪些问题。

1. IP 电话概述

1) 狭义的和广义的 IP 电话

IP 电话有多个英文同义词,常见的有 VoIP(Voice over IP)、Internet Telephony 和 VON(Voice On the Net),但 IP 电话的含义却有不同的解释。

狭义的 IP 电话就是指在 IP 网络上打电话,所谓"IP 网络",就是"使用 IP 协议的分组交换网"的简称。这里的网络可以是互联网,也可以是包含有传统的电路交换网的互联网,不过在互联网中至少要有一个 IP 网络。

广义的 IP 电话则不仅仅是在 IP 网络上打电话,而且还可以包括在 IP 网络上进行交互式多媒体实时通信(包括语音、视频等),甚至还包括即时消息(服务)(Instant Messaging, IM),即时消息是在用户一上网就能从屏幕上得知哪些朋友也在上网(在线)。若有即时消息,则彼此可以在网上即时交换信息(文字的、声音的,甚至是图像的或者视频的),也包括使用一点对多点的多播技术。目前流行的即时消息应用程序有 QQ、微信、Skype、Gtalk、钉钉等。IP 电话可看作一个正在演进的多媒体服务平台,是语音、视频、数据综合的基础结构。在某些条件下(如在带宽较宽的局域网内),IP 电话的语音质量甚至还可能优于传统电话。

下面讨论狭义的 IP 电话,而广义的 IP 电话在原理上是一样的。

其实 IP 电话并非新概念。早在 20 世纪 70 年代初期 ARPANET 刚开始运行不久，美国就着手研究如何在计算机网络上传送电话信息，即所谓的分组语音通信。但在很长一段时间中，分组语音通信发展得并不快，主要原因如下。

(1) 缺少廉价的高质量、低速率的语音信号编解码软件和相应的芯片。

(2) 计算机网络的传输速率和路由器的处理速率均不够快，因而导致传输时延过大。

(3) 没有保证实时通信服务质量(Quality of Service，QoS)的网络协议。

(4) 计算机网络的规模较小，而通信网只有在具有一定规模后才能产生经济效益。

2) IP 电话网关

到了 20 世纪 90 年代中期，上述几个问题才相继得到了较好的解决。于是美国的 VocalTec 公司在 1995 年初率先推出了实用化的 IP 电话，但是这种 IP 电话必须使用 PC 来完成。1996 年 3 月，IP 电话进入了一个转折点：VocalTec 公司成功地推出了 IP 电话网关(IP Telephony Gateway)，它是公用电话网与 IP 网络的接口设备。IP 电话网关的作用如下。

(1) 在电话呼叫阶段和呼叫释放阶段进行电话信令的转换。

(2) 在通话期间进行语音编码的转换。

有了这种 IP 电话网关，就可实现 PC 用户与固定电话通 IP 电话(仅需经过 IP 电话网关一次)，以及固定电话用户之间通 IP 电话(需要经过 IP 电话网关两次)。

3) IP 电话的通话质量

IP 电话的通话质量与电路交换网的通话质量有很大的差别。在电路交换电话网中，任何两端之间的通话质量都是有保证的，但 IP 电话则不然。IP 电话的通话质量主要由两个因素决定，一个是通话双方端到端的时延和时延抖动，另一个是话音分组的丢失率。但这两个因素都是不确定的，而是取决于当时网络上的通信量。若网络上的通信量非常大以致发生了网络拥塞，那么端到端时延和时延抖动及分组丢失率都会很高，这就导致 IP 电话的通话质量下降。因此，一个用户使用 IP 电话的通话质量取决于当时其他许多用户的行为。注意，电路交换电话网的情况则完全不是这样。当电路交换电话网的通信量太大时，往往使用户无法拨通电话(听到的是忙音)，即电话网拒绝对正在拨号的用户提供连通服务。但是只要用户拨通了电话，那么电信公司就能保证让用户获得满意的通话质量。

经验证明，在电话交谈中，端到端的时延不应超过 250ms，否则交谈者就会感到不自然。陆地公用电话网的时延一般为 50～70ms，但经过同步卫星的电话端到端时延就超过 250ms，一般人都不太适应经过卫星传送的过长的时延。IP 电话的时延有时会超过 250ms，因此 IP 电话必须努力减小端到端的时延。当通信线路产生回声时，则允许的端到端时延就更小些(有时甚至只允许几十毫秒的时延)。

IP 电话的端到端时延是由以下几个因素造成的。

(1) 语音信号进行模数转换要产生时延。

(2) 已经数字化的语音比特流要积累到一定数量才能够装配成一个话音分组，这也会产生时延。

(3) 语音分组的发送需要时间，此时间等于语音分组长度与通信线路的数据率之比。

(4) 语音分组在互联网中经过许多路由器的排队、存储和转发时延。

(5) 语音分组到达接收端在缓存中暂存所引起的时延。

(6) 把语音分组还原成模拟语音信号的数模转换也要产生一定的时延。

(7) 语音信号在通信线路上的传播时延。

(8) 由终端设备的硬件和操作系统产生的接入时延,由IP电话网关引起的接入时延为20～40ms,而用户PC声卡引起的接入时延为20～180ms,有的调制解调器(如V.34)还会再增加20～40ms的时延(进行数字信号处理、均衡等)。

语音信号在通信线路上的传播时延一般都很小(卫星通信除外),通常可不予考虑。当采用高速光纤主干网时,上述的时延(3)也不大。

时延(1)、(2)和(6)取决于语音编码的方法,很明显,在保证语音质量的前提下,话音信号的数码率应尽可能低些,为了能够在世界范围提供IP电话服务,语音编码必须采用统一的国际标准。ITU-T已制定出不少语音质量不错的低速率语音编码的标准。目前适合IP电话使用的ITU-T标准主要有G.729和G.723.1两种声码器,这两种标准与传统的G.711主要性能的比较如表8-4所示。

表8-4 G.729、G.723.1和G.711主要性能的比较

标　　准	比特率(kb/s)	帧长(ms)	实际占用带宽(kb/s)
G.711	64	10	90.4
G.729	8	10	34.4
G.723.1	5.3/6.3	30	22.9/23.9

表8-4中的比特率是输入为64kb/s标准PCM信号时在编码器(通常进行数据压缩后)输出的数据速率。帧长是压缩到每一个分组中的话音信号时间长度。不难看出,G.723.1标准虽然可得到更低的数据速率,但由于帧长更大,因此其时延也更大。

当网络发生拥塞而产生话音分组丢失时,必须采用一定的策略(称为"丢失掩蔽算法")对丢失的话音分组进行处理,如可使用前一个话音分组来填补丢失的话音分组的间隙。

提高路由器的转发分组的速率对提高IP电话的质量也是很重要的。据统计,一个跨大西洋的IP电话一般要经过20～30个路由器。现在一个普通路由器每秒转发100万～500万个分组,若能改用线速路由器,则每秒可转发500万至上亿个分组(目前性能较高的骨干路由器每秒可转发上亿个分组,即大于10Gp/s,交换速率可达几百Tb/s,如华为公司2020年推出的骨干路由器NetEngine 800×8转发速率达172 800Mp/s,即每秒转发1728亿个分组),这样还可进一步减少由网络造成的时延。

近几年来,IP电话的质量得到了很大的提高。现在许多IP电话的话音质量已经从单纯的语音通话发展为音频/视频通话,一些电信运营商还建造了自己专用的IP电话线路,以便提供更好的音频/视频电话服务。在IP电话发展史上,最值得一提的就是微软公司的Skype,它给全世界的广大用户带来了高品质并且廉价的通话服务。Skype使用了Global IP Sound公司开发的互联网低比特率编解码器(internet Low Bit Codec,iLBC)进行话音的编解码和压缩,使其话音质量优于传统的公用电话网(采用电路交换)的话音质量。Skype支持两种帧长:20ms(速率为15.2kb/s,一个话音分组块为304b)和30ms(速率为13.33kb/s,一个话音分组块400b)。Skype的另一个特点是对话音分组的丢失进行特殊的处理,因而能够容忍高达30%的话音分组丢失率,通话的用户一般感觉不到话音的断续或时延,杂音也很小。

Skype采用了P2P和全球索引(Global Index)技术提供快速路由器选择机制(而不是单

纯依靠服务器来完成这些工作),因而其管理成本大大降低,在用户呼叫时,由于用户路由信息分布式存储于互联网的结点中,因此呼叫连接完成得很快。Skype还采用了端对端的加密方式,保证信息的安全性。Skype在信息发送之前进行加密,在接收时进行解密,在数据传输过程中几乎没有被中途窃听的可能。

由于Skype使用的是P2P技术,用户数据主要存储在P2P网络中,因此必须保证存储在公共网络中的数据是可靠的和没有被篡改的。Skype对公共目录中存储的和用户相关的数据都采用了数字签名,保证了数据无法被篡改。

自2003年8月Skype在伦敦创立以来,在短短15个月内,Skype已拥有超过5000万次的下载量,注册用户量超过2000万。2011年10月,Skype被微软收购。到2021年,Skype在IP电话市场中仍占据较大份额,其他应用较多的IP电话包括有信网络电话、阿里通、云拨电话、WhatApp、FaceTime、Google Meet等。Skype的问世给全球信息技术和通信产业带来深远的影响,也给每一位网络使用者带来生活方式的改变。

2. IP电话所需要的应用协议

在IP电话的通信中,至少需要两种协议。一种是信令协议,它使用户能够在互联网上找到被叫用户。另一种是话音分组的传送协议,它使用户用来进行电话通信的话音数据能够以时延敏感属性在互联网中传送。这样,为了在互联网中提供实时交互式的音频/视频服务,就需要新的多媒体体系结构。

图8-25给出了在这样的体系结构中的3种应用层协议。第一种协议是与信令有关的,如H.323和SIP;第二种协议是实时传送音频/视频数据的,如RTP;第三种协议是为了提高服务质量,如RSVP和RTCP。

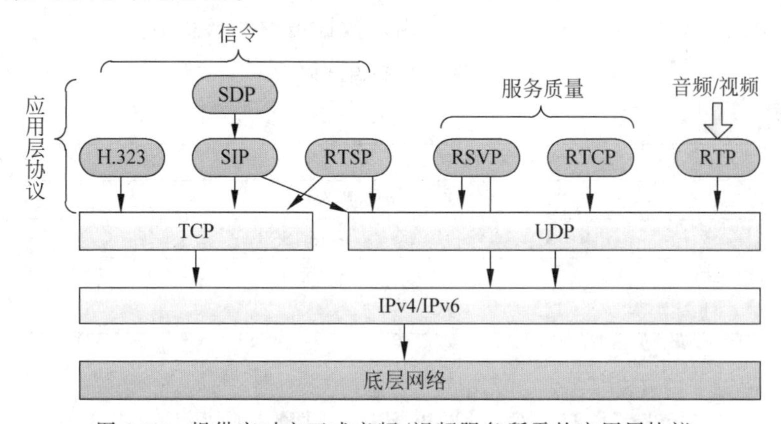

图8-25　提供实时交互式音频/视频服务所需的应用层协议

下面先介绍实时传输协议(RTP)及其配套的协议——实时传输控制协议(RTCP),然后再介绍IP电话的信令协议(H.323)和会话发起协议(SIP)。

1) 实时传输协议

实时传输协议(Real-time Transport Protocol,RTP)是一个网络传输协议,它是由IETF的多媒体传输工作小组1996年在RFC 1889中公布的,RTP详细说明了在互联网上传送音频和视频的标准数据包格式。它一开始被设计为一个多播协议,但后来被用在很多单播应用中。RTP常用于流媒体系统(配合RTSP)、视频会议和一键通(Push to Talk)系统(配合H.323或SIP),使它成为IP电话产业的技术基础。RTP和RTCP一起使用,而且它是建立在用户数据报协议(UDP)之上的。RTP广泛应用于流媒体相关的通信和娱乐,包括电话、视频会议、电视和基于网络的一键通业务(类似对讲机的通话)。

RTP尽管能为实时应用提供端到端的传输,但却不能提供任何服务质量的保证。需要发送的多媒体数据块(音频/视频)经过压缩编码处理后,发送给RTP封装成为RTP分组(也可称为RTP报文),RTP分组装入传输层的UDP用户数据报后,再向下递交给IP层。RTP现已成为互联网正式标准,并且已被广泛使用,RTP同时也是ITU-T的标准(H.225.0)。实际上,RTP是一个协议框架,因为它只包含实时应用的一些共同功能。RTP自己并不对多媒体数据块进行任何处理,而只是向应用层提供一些附加的信息,让应用层知道应当如何处理。

图8-25中把RTP画在应用层,这是因为从应用开发者的角度看,RTP应当是应用层的一部分。在应用程序的发送端,开发者必须编写用RTP封装分组的程序代码,然后把RTP分组交给UDP套接字接口。在接收端,RTP分组通过UDP套接字接口进入应用层后,还要利用开发者编写的程序代码从RTP分组中把应用数据块提取出来。RTP在端口号1025～65535选择一个未使用的偶数UDP端口号,而在同一次会话中的RTCP则使用下一个奇数UDP端口号。但端口号5004和5005则分别用作RTP和RTCP的默认端口号。

然而RTP的名称又隐含地表示它是一个传输层协议。这样划分也是可以的,因为RTP封装了多媒体应用的数据块,并且由于RTP向多媒体应用程序提供了服务(如时间戳和序号),所以也可以把RTP看作在UDP之上的一个传输层子层的协议。

RTP分组只包含RTP数据,而控制是由另一个配套使用的RTCP协议提供的。

图8-26给出了RTP分组封装到UDP用户数据报中的示意图。

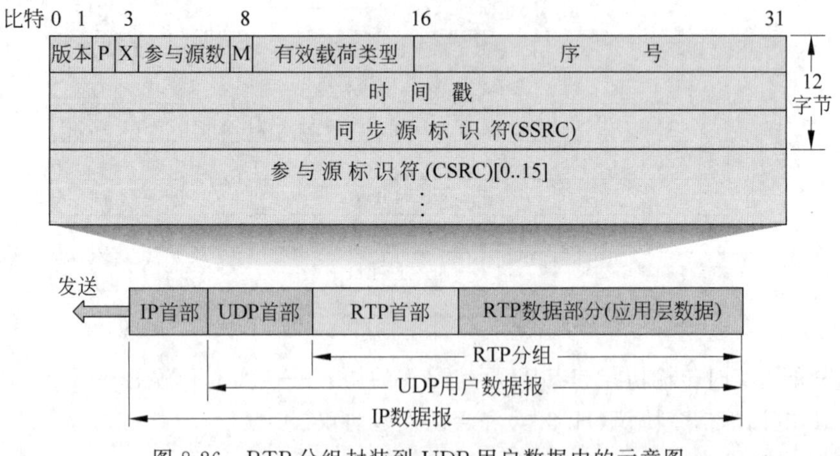

图8-26 RTP分组封装到UDP用户数据中的示意图

在RTP分组的首部中有许多字段,有的字段指明了RTP的数据部分是哪种格式的应用(如PCM,G.728等),另外还有序号字段(给每个RTP分组进行编号)、时间戳字段(指明每个RTP分组的第1字节的采样时刻)等。

2) 实时传输控制协议

实时传输控制协议(RTCP)是与RTP配合使用的协议,也是RTP不可分割的部分。

RTCP 的主要功能是：服务质量的监视与反馈，媒体间的同步（如某一个 RTP 发送的声音和图像的配合），以及多播组中成员的标记。RTCP 分组（也可称为 RTCP 报文）也使用 UDP 来传送，但 RTCP 并不对音频/视频分组进行封装。由于 RTCP 分组很短，因此可把多个 RTCP 分组封装在一个 UDP 用户数据报中，RTCP 分组周期性地在网上传送，它带有发送端和接收端对服务质量的统计信息报告（如已发送的分组数和字节数、分组丢失率、分组到达时间间隔的抖动等），服务器可以利用这些信息动态地改变传输速率，甚至改变有效载荷类型。RTP 和 RTCP 配合使用，能以有效的反馈和最小的开销使传输效率最佳化。

3）H.323

IP 电话有两套信令标准：一套是 ITU-T 定义的 H.323 协议，另一套是 IETF 提出的会话发起协议（Session Initiation Protocol，SIP）。

H.323 是 ITU-T 于 1996 年制定的为在局域网上传送话音信息的建议书。1998 年的第二个版本改用的名称是"基于分组的多媒体通信系统"。基于分组的网络包括互联网、局域网、企业网、城域网和广域网。H.323 是互联网的端系统之间进行实时声音和视频会议的标准。注意，H.323 不是一个单独的协议，而是一组协议。H.323 包括系统和构件的描述、呼叫模型的描述、呼叫信令过程、控制报文、复用、语音编解码器、视频编解码器以及数据协议等。

H.323 标准指明了 4 种构件，使用这些构件连网就可以进行点对点或一点对多点的多媒体通信。

（1）H.323 终端。H.323 可以是一台计算机，也可以是运行 H.323 程序的单个设备。

（2）网关。网关连接到两种不同的网络，使得 H.323 网络可以和非 H.323 网络（如公用电话网）进行通信，仅在一个 H.323 网络上运行通信的两个终端当然就不要使用网关了。

（3）网守（Gatekeeper）。网守相当于整个 H.323 网络的大脑，负责网络上信号的交换及控制，其功能类似于传统电话交换网 PSTN 上的交换机。所有的呼叫都要通过网守，因为网守提供地址转换、授权、宽带管理和计费功能。网守还可以帮助 H.323 终端找到距离公用电话网上的被叫用户最近的一个网关。

（4）多点控制单元（Multipoint Control Unit，MCU）。MCU 支持 3 个或更多的 H.323 终端的音频或视频会议。MCU 管理会议资源，确定使用的音频或视频编解码器。

网关、网守和 MCU 在逻辑上是各自独立的构件，但它们可实现在一个物理设备中。在 H.323 标准中，将 H.323 终端、网关、MCU 管理和 MCU 都称为 H.323 端点（End Point）。

图 8-27 表示了利用 H.323 网关将互联网和公用电话网进行连接并进行通信的原理。

4）会话发起协议

虽然 H.323 系列现在已被大部分生产 IP 电话的厂商采用，但由于 H.323 过于复杂（整个文档多达 736 页），不便于发展基于 IP 的新业务，因此 IETF 的 MMUSIC 工作组制定了另一套较为简单且实用的标准，即会话发起协议（Session Initiation Protocol，SIP），它是一个基于文本的应用层控制协议，用于创建、修改和释放一个或多个参与者的会话。SIP 目前已成为互联网的建议标准。SIP 使用了 KISS 原则，即"保持简单、傻瓜"（Keep It Simple Stupid）。

SIP 的出发点是以互联网为基础，而把 IP 电话视为互联网上的新应用。因此 SIP 只涉及 IP 电话所需的信令和有关服务质量的问题，而没有提供像 H.323 那样多的功能。SIP 没

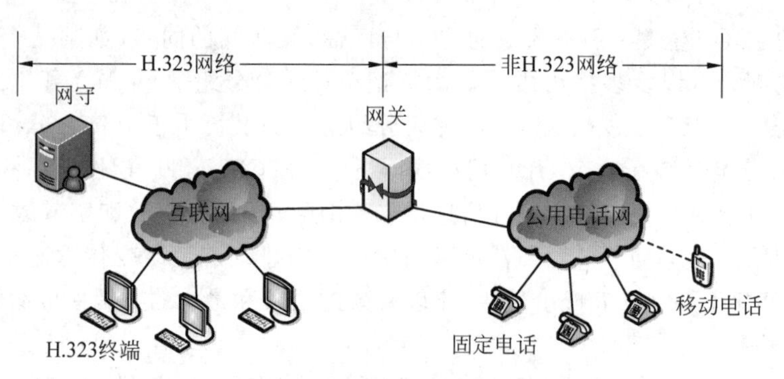

图 8-27　H.323 网关将互联网和公用电话网进行连接

有强制使用特定的编解码器,也不强制使用 RTP。然而,实际上大家还是选用 RTP 和 RTCP 作为与之配合使用的协议。

SIP 使用文本方式的客户服务器协议。SIP 系统只有两种构件,即用户代理(User Agent)和网络服务器(Network Server)。

用户代理包括两个程序,即用户代理客户(User Agent Client,UAC)和用户代理服务器(User Agent Server,UAS),前者用来发起呼叫,后者用来接受呼叫。

网络服务器分为代理服务器(Proxy Server)和重定向服务器(Redirect Server)。代理服务器接受来自主叫用户的呼叫请求(实际上是来自用户代理客户的呼叫请求),并将其转发给被叫用户或下一跳代理服务器,然后下一跳代理服务器再把呼叫请求转发给被叫用户(实际上是转发给用户代理服务器)。重定向服务器不接受呼叫,它通过响应告诉客户下一跳代理服务器的地址,由客户按此地址向下一跳代理服务器重新发送呼叫请求。

SIP 的地址十分灵活。它可以是电话号码,也可以是电子邮件地址、IP 地址或其他类型的地址。但一定要使用 SIP 的地址格式,例如:

(1) 电话号码:sip:frank@86931-7654321。

(2) IPv4 地址:sip:frank@202.201.32.18。

(3) 电子邮件地址:sip:frank@163.com。

图 8-28 显示了两个客户基于 SIP 的通信过程。通信会话的具体过程如下。

(1) 主叫方(Frank)首先发起 Invite 消息到被叫方(Vivian)。Invite 消息包含会话类型和一些呼叫所必须的参数。会话类型可能是单纯的语音,也可能是网络会议所用的多媒体视频,还可能是游戏会话。

(2) 当被叫方接收到 Invite 请求消息后,将回复 180 Ringing。顾名思义,就是发回铃音,提示主叫方电话已连接上了,正等待被叫应答。被叫方接收到 Invite 消息后也会发生响铃或者其他的呼入提示,这由被叫方设定(可以把它想象成自己设定的手机铃声)。

(3) 被叫响铃后,如果被叫用户(Vivian)接起电话,则发出 200 OK 响应。这个响应除了作为接通指示之外,还有一个功能是用来指定被叫允许的连接媒体格式,让主叫方确认是否可以接收该媒体。

(4) 通话前最后一步是主叫方确认 ACK 响应。该项确认证明连接被允许,即将使用另一种协议(如 RTP)开始媒体连接。

(5) 通过专门的多媒体会话软件(如 Media Session)进行双向的多媒体会话通信。

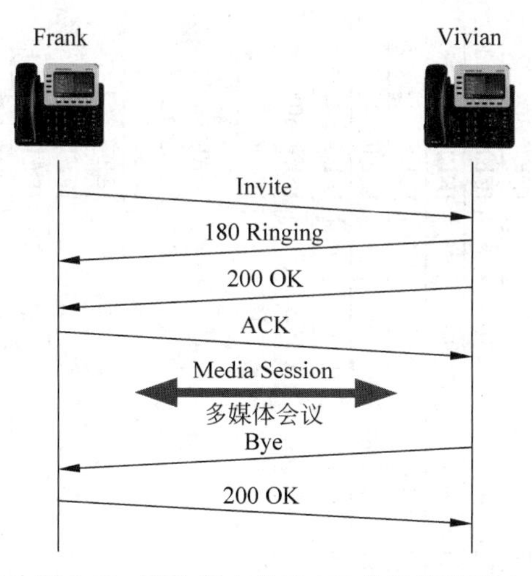

图 8-28　两个客户基于 SIP 的通信过程

Media Session(多媒体会议)是谷歌公司推出的专门解决媒体播放时界面和服务通信问题的媒体框架,由 Media Browser(媒体浏览器)和 Media Browser Service(媒体浏览器服务)两部分组成。其主要作用是规范媒体服务和界面的通信接口,并达到完全解耦,可以自由、高效地进行不同媒体之间的切换。

(6) 通话完毕后,由被叫方(Vivian)首先挂机,发送 Bye 请求命令。

(7) 最后,要求主叫方发送 200 OK 确认,也就是让主叫知道被叫已经挂断了(注意这里所说的主叫和被叫角色已经倒过来了)。例如,通话之后,有一方要求挂机,另一方需要知道他已经挂机了。

和 HTTP 相似,SIP 是基于报文的协议。SIP 使用了 HTTP 的许多首部、编解码器、差错码及一些鉴别机制,它比 H.323 具有更好的可扩展性。

由于 SIP 问世较晚,因此比 H.323 占有的市场份额小,但也出现了一些基于 SIP 的应用程序,如基于 Android 系统的 SIP 电话、IMSDroidGoogle、Bria、SIPPHONE 和 LinPhone 等。

附录 A　以太网的常见类型及参数

	以太网类型	工作方式	协议	数据帧 64-1518B	最大传输距离(m)	电缆类型(传输介质)	争用期/帧间间隔	编码方式	标　准
10Mb/s	10Base-2	半双工	CSMA/CD	以太网帧	5×185	细同轴电缆	51.2/9.6μs	曼彻斯特	IEEE 802.3a
	10Base-5	半双工	CSMA/CD	以太网帧	5×500	粗同轴电缆	51.2/9.6μs	曼彻斯特	IEEE 802.3
	10Base-T	半双工	CSMA/CD	以太网帧	5×100	3 类以上双绞线	51.2/9.6μs	曼彻斯特	IEEE 802.3i
	10Base-T	全双工	—	以太网帧	单网段 100	3 类以上双绞线	帧间 9.6μs	曼彻斯特	IEEE 802.3i
	10Base-F	全双工	—	以太网帧	2000	多模光纤	帧间 9.6μs	曼彻斯特	IEEE 802.3j
100Mb/s	100Base-T	半双工	CSMA/CD	以太网帧	5×100	5 类以上双绞线	5.12/0.96μs	4B/5B	IEEE 802.3u
	100Base-T	全双工	—	以太网帧	单网段 100	5 类以上双绞线	帧间 0.96μs	4B/5B	IEEE 802.3u
	100Base-F	全双工	—	以太网帧	2000	多模光纤	帧间 0.96μs	4B/5B	IEEE 802.3u
1000Mb/s	1000Base-T	半双工	CSMA/CD	以太网帧	5×100	5 类以上双绞线	0.4096/0.096μs	8B/10B	IEEE 802.3ab
	1000Base-T	全双工	—	以太网帧	单网段 100	5 类以上双绞线	帧间 0.096μs	8B/10B	IEEE 802.3ab
	1000Base-LX	全双工	—	以太网帧	3000	单模光纤	帧间 0.096μs	8B/10B	IEEE 802.3z
	1000Base-SX	全双工	—	以太网帧	550	多模光纤	帧间 0.096μs	8B/10B	IEEE 802.3z
10Gb/s	10GBase-LX4	全双工	—	以太网帧	300 10000	多模光纤 单模光纤	帧间 0.0096μs	8B/10B	IEEE 802.3ae
	10GBase-SR	全双工	—	以太网帧	300	多模光纤	帧间 0.0096μs	64B/66B	IEEE 802.3ae
	10GBase-LR	全双工	—	以太网帧	10000	单模光纤	帧间 0.0096μs	64B/66B	IEEE 802.3ae
	10GBase-ER	全双工	—	以太网帧	40000	单模光纤	帧间 0.0096μs	64B/66B	IEEE 802.3ae
40/100Gb/s	100GBASE-LR4	全双工	—	以太网帧	10000	2 芯单模光纤	帧间 0.96ns	64B/66B	IEEE 802.3ba
	100GBASE-SR10	全双工	—	以太网帧	100/150	20 芯多模光纤	帧间 0.96ns	64B/66B	IEEE 802.3ba
	100GBASE-ER4	全双工	—	以太网帧	40000	2 芯单模光纤	帧间 0.96ns	64B/66B	IEEE 802.3ba
	100GBASE-CR10	全双工	—	以太网帧	7	Twinax 铜缆	帧间 0.96ns	64B/66B	IEEE 802.3ba
	40GBASE-SR4	全双工	—	以太网帧	100/150	8 芯多模光纤	帧间 2.4ns	64B/66B	IEEE 802.3ba
	40GBASE-LR4	全双工	—	以太网帧	10000	2 芯单模光纤	帧间 2.4ns	64B/66B	IEEE 802.3ba
	40GBASE-CR4	全双工	—	以太网帧	7	Twinax 铜缆	帧间 2.4ns	64B/66B	IEEE 802.3ba
	40GBASE-KR4	全双工	—	以太网帧	1	背板	帧间 2.4ns	64B/66B	IEEE 802.3ba

注："—"表示不再使用 **CSMA/CD** 协议，因此也就不需要冲突检测，没有争用期。

参考文献

[1] 谢希仁.计算机网络[M].8版.北京:电子工业出版社,2021.

[2] 谢希仁.计算机网络简明教程[M].4版.北京:电子工业出版社,2022.

[3] 吴功宜,吴英.计算机网络[M].4版.北京:清华大学出版社,2017.

[4] 吴功宜.计算机网络高级教程[M].2版.北京:清华大学出版社,2015.

[5] 吴英.计算机网络应用软件编程技术[M].北京:机械工业出版社,2010.

[6] 张杰,甘勇,黄道颖,等.计算机网络[M].北京:机械工业出版社,2010.

[7] 吴功宜,吴英.计算机网络技术教程:自顶向下分析与设计方法[M].北京:机械工业出版社,2009.

[8] 谢钧,谢希仁.计算机网络教程[M].4版.北京:人民邮电出版社,2014.

[9] 李志球.计算机网络基础[M].4版.北京:电子工业出版社,2014.

[10] TANENBAUM A S,WETHERALL D J. 计算机网络[M].严伟,潘爱民,译.5版.北京:清华大学出版社,2012.

[11] KUROSE J F,ROSS K W.计算机网络:自顶向下方法[M].陈鸣,译.6版.北京:机械工业出版社,2014.

[12] 韩立刚.计算机网络原理创新教程[M].北京:中国水利水电出版社,2017.

[13] DOOLEY M,ROONEY T. IPv6部署和管理[M].董守玲,译.北京:机械工业出版社,2015.

[14] 吴辰文.计算机网络测试技术及其性能评价[M].兰州:兰州大学出版社,2005.

[15] 吴辰文.网络安全教程及实践[M].北京:清华大学出版社,2012.

[16] CARRELL J L,CHAPPELL L A,TITTEL E,et al. TCP/IP协议原理与应用[M].金名,等译.4版.北京:清华大学出版社,2014.

[17] 王晓明,李海庆,杨士纪.TCP/IP实践教程[M].2版.北京:清华大学出版社,2016.

[18] 余智豪,顾艳春,范灵.接入网技术[M].北京:清华大学出版社,2017.

[19] 金光,江先亮.无线网络技术教程:原理、应用与实验[M].3版.北京:清华大学出版社,2017.

[20] 李志远.计算机网络综合实验教程:协议分析与应用[M].北京:电子工业出版社,2019.

[21] 刘伟荣.物联网与无线传感器网络[M].2版.北京:电子工业出版社,2021.

图书资源支持

感谢您一直以来对清华版图书的支持和爱护。为了配合本书的使用，本书提供配套的资源，有需求的读者请扫描下方的“书圈”微信公众号二维码，在图书专区下载，也可以拨打电话或发送电子邮件咨询。

如果您在使用本书的过程中遇到了什么问题，或者有相关图书出版计划，也请您发邮件告诉我们，以便我们更好地为您服务。

我们的联系方式：

清华大学出版社计算机与信息分社网站：https://www.shuimushuhui.com/

地　　址：北京市海淀区双清路学研大厦 A 座 714

邮　　编：100084

电　　话：010-83470236　010-83470237

客服邮箱：2301891038@qq.com

QQ：2301891038（请写明您的单位和姓名）

资源下载：关注公众号“书圈”下载配套资源。

资源下载、样书申请

书圈

图书案例

清华计算机学堂

观看课程直播